리 스몰린
Lee Smolin

이론물리학자. 캐나다 워털루에 위치한 페리미터 이론물리학연구소의 창립 멤버이자 수석교수. 워털루대학 물리학과 겸임교수이자 토론토대학 대학원 철학과 교수이며, 미국물리학회와 캐나다 왕립학회 회원이다. 양자중력 연구의 권위자로 특별히 고리양자중력 연구와 변형된 특수상대성이론 연구에 크게 이바지하였으며, 우주론적 자연선택이라는 개념을 제안하여 우주론 연구에도 기여하였다. 그 외에도 양자역학의 기초인 양자장이론, 이론생물학, 과학철학, 경제학 등을 연구했다. 2008년과 2015년 두 차례에 걸쳐 〈프로스펙트〉와 〈포린 폴리시〉에서 함께 뽑은 '21세기 가장 영향력 있는 대중 지성 100인'에 이름을 올렸다.
뉴욕에서 태어나 고등학교를 자퇴했고, 이데오플라스토스Ideoplastos라는 록밴드의 일원으로 활동했으며, 지하신문을 발행했다. 햄프셔대학에서 공부하고 하버드대학에서 이론물리학 박사학위를 받았다. 프린스턴 고등연구소IAS와 캘리포니아대학의 이론물리연구소ITP, 시카고대학 엔리코페르미연구소에서 박사후과정을 마친 뒤 예일대학, 시러큐스대학, 펜실베이니아주립대학에서 교수로 재직했다. 런던 임페리얼칼리지에서 방문교수를 지냈으며, 영국의 옥스퍼드대학과 케임브리지대학, 이탈리아의 로마대학, 트렌토대학, 국제고등과학원SISSA에서 여러 객원직을 맡았다. 2009년 미국물리교사협회에서 수여하는 클롭스테그 상, 2015년 버챌터 우주론 상 등을 받았다.
150여 편의 연구 논문 외에도 현대 물리학과 우주론이 제기하는 철학적 질문들에 관한 책을 꾸준히 써왔다. 단독 저서로는 《우주의 일생The Life of the Cosmos》(1997), 《양자 중력의 세 가지 길Three Roads to Quantum Gravity》(2001), 《물리학의 문제들The Trouble with Physics》(2006), 《아인슈타인처럼 양자역학하기Einstein's Unfinished Revolution》(2019) 등이 있고, 로베르토 망가베이라 웅거와 《하나뿐인 우주와 시간의 실재성 The Singular Universe and The Reality of Time》(2014)을 썼다.

리 스몰린의

시간의 물리학

TIME REBORN
by Lee Smolin

실재하는 시간을
찾아 떠나는
물리학의 모험

리 스몰린의
시간의 물리학

강형구 옮김

Time Reborn

From the Crisis
in Physics
to the Future
of the Universe

Lee Smolin

김영사

리 스몰린의
시간의 물리학

1판 1쇄 발행 2022. 8. 16.
1판 2쇄 발행 2022. 10. 11.

지은이 리 스몰린
옮긴이 강형구

발행인 고세규
편집 임솜이 디자인 조명이 마케팅 박인지 홍보 장예림
발행처 김영사

등록 1979년 5월 17일 (제406-2003-036호)
주소 경기도 파주시 문발로 197(문발동) 우편번호 10881
전화 마케팅부 031)955-3100, 편집부 031)955-3200 | 팩스 031)955-3111

값은 뒤표지에 있습니다.
ISBN 978-89-349-4247-4 93420

홈페이지 www.gimmyoung.com 블로그 blog.naver.com/gybook
인스타그램 instagram.com/gimmyoung 이메일 bestbook@gimmyoung.com

좋은 독자가 좋은 책을 만듭니다.
김영사는 독자 여러분의 의견에 항상 귀 기울이고 있습니다.

이 책을 나의 부모님 파울린과 마이클에게 바친다.
여정에 동행해준
로베르토 망가베이라 웅거에게 깊이 감사드린다.

모든 것은 다른 것으로부터 비롯되고

또 다른 것이 되어 사라지네

이러한 과정은 필연성을 따라

시간의 질서에 부합하게끔 이루어지네

아낙시만드로스, 《자연에 대하여》

차례

여는 글

시간이란 무엇인가?

시간이란 무엇인가?

언뜻 단순해 보이는 이 질문은, 우주의 근본적인 측면에 더 깊이 다가갈수록 우리의 과학이 직면하는 가장 중요한 문제라고 할 수 있다. 빅뱅에서부터 우주의 미래까지, 양자물리학의 퍼즐에서 힘과 입자의 통합까지, 물리학자와 우주론자가 마주하게 되는 모든 미스터리는 시간의 본성으로 요약된다.

과학의 진보는 환상을 몰아낸다. 물질은 매끈하게 보이지만 실제로는 원자들로 구성되어 있음이 밝혀졌다. 원자는 더는 분리 불가능한 것으로 여겨졌지만 실제로는 양성자, 중성자, 전자로 구성되며, 양성자와 중성자는 쿼크라 불리는 좀 더 기본적인 입자들로 구성된다는 것이 밝혀졌다. 태양은 지구 주변을 회전하는 것처럼 보이지만, 실제로는 그 반대다. 좀 더 정확히 생각해보면, 모든 사물은 다른 사물에 대해 상대적으로 움직인다는 것을 알 수 있다.

시간은 우리의 일상에서 가장 광범위하게 나타나는 특징이다. 우리는 생각하고 느끼고 행하는 모든 일에서 시간의 존재를 느낀다. 우리는 삶을 채우는 순간들의 흐름으로 세계를 지각한다. 그러나 물리학자와 철학자는 오래전부터 시간은 궁극적으로 환상에 지나지 않는다고 이야기해왔다(많은 사람이 그렇게 생각한다).

과학자가 아닌 친구들에게 시간이 무엇이라고 생각하는지 물어보면 많은 경우 시간의 흐름은 허상이며, 실제로 존재하는 것—진리, 정의, 신성함, 과학 법칙—은 시간 바깥에 놓여 있다고 답한다. 시간이 환상이라는 개념은 철학이나 종교에서 쉽게 찾아볼 수 있다. 수천 년 동안 사람들은 언젠가 비시간적이고 좀 더 실재적인 세계로 탈출할 수 있다고 믿음으로써 삶의 고단함 및 죽음의 필연성과 화해할 수 있었다.

가장 저명한 몇몇 사상가는 시간이 실재하지 않는다고 주장했다. 고대의 가장 위대한 철학자인 플라톤과 현대의 가장 위대한 물리학자인 알베르트 아인슈타인은 실재하는 것이 비시간적이라는 자연관을 제시했다. 이들은 시간을 경험하는 것은 우리가 환경 속에서 겪는 하나의 우발적인 사건이며, 이 사건이 진리를 숨긴다고 보았다. 두 사람 모두 실재와 진리를 지각하려면 시간이라는 환상을 초월해야 한다고 믿었다.

한때 나는 시간의 본질적인 비실재성을 믿었다. 실제로 나는 젊은 시절, 추하고 불편하고 시간에 얽매인 듯 보이는 인간 세계를 순수하고 비시간적인 진리의 세계로 바꾸고자 열망했고, 바로 그 이유로 물리학을 연구하기 시작했다. 이후 나는 인간으로 사는 것이 아주 멋진 일임을 깨달았고, 초월적인 탈출의 필요성은 점차 희미해졌다.

좀 더 직접적으로 말하자면, 나는 더는 시간이 비실재적인 것이라고 믿지 않는다. 사실상 정반대의 관점으로 생각을 바꾸었다. 시간은 실재할 뿐만 아니라, 시간의 실재성은 우리가 알거나 경험하는 그 어떤 것보다 자연의 본성과 더 가까이 있다.

내가 이렇듯 이전과 정반대의 관점을 갖게 된 근거들은 과학에서, 구체적으로 말해 물리학과 우주론에서 일어난 최근의 발전에서 찾을 수 있다. 나는 양자이론의 의미에, 그리고 양자이론을 공간, 시간, 중력, 우주론과 궁극적으로 통합하는 데 시간이 핵심적인 역할을 한다고 믿게 되었다. 가장 중요한 것은, 우주론적 관측 결과들이 우리에게 알려주는 우주의 모습을 이해하려면 반드시 새로운 방식으로 시간의 실재성을 받아들여야만 한다고 믿게 되었다는 것이다. 이것이 바로 내가 시간의 재탄생rebirth of time이라고 말할 때의 의미이다.

이 책의 많은 부분에서 나는 시간의 실재성에 대한 믿음을 뒷받침하는 과학적 논증을 제시했다. 시간은 환상이라고 믿는 사람이 있다면, 그 견해를 바꾸고자 할 것이다. 이미 시간이 실재한다고 믿는 사람에게는 그 믿음을 위한 더 좋은 근거들을 제공할 것이다.

이 책은 모든 사람을 위한 책이다. 왜냐하면 시간을 바라보는 방식에 따라 세계에 대해 생각하는 방식이 달라지기 때문이다. 설혹 시간의 의미에 대해 한 번도 생각해보지 않았다고 하더라도, 사고—우리가 자신의 생각을 표현하는 데 사용하는 바로 그 언어—는 시간에 대한 고대의 형이상학적 개념들로 채색되어 있기 때문이다.

시간이 실재한다는 혁명적인 관점을 받아들인다면, 그에 따라서 다른 모든 것을 생각하는 방식도 변할 것이다. 특히 미래를 새로운 방식으로 바라보게 될 것이다. 이 새로운 방식은 인간 종이 당면하고 있는 기회와 위험 모두를 생생하게 드러낸다.

이 책 일부에서 나는 시간을 다시 발견하게 된 개인적인 여정을 이야기할 것이다. 나에게 최초로 동기를 부여한 사건은 과학의 언어가 아니라 아버지의 언어로 서술될 것이다. 밤에 어린 아들을 재우며 나눈 대화에서 영감을 얻었기 때문이다. 아들에게 책을 읽어주고 있을 때 아들이 내게 물었다. "아빠, 아빠는 내 나이일 때 내 이름을 알고 있었어?" 아이는 자신이 태어나기 전에도 시간이 존재했다는 것을 깨닫고, 자신의 길지 않은 삶을 이보다 훨씬 더 긴 시기와 연결시키고자 한 것이다.

모든 여행에는 귀감이 될 교훈이 있는 법이고, 내가 탐구의 여정에서 얻은 것은 시간이 실재한다는 단순한 진술 속에 얼마나 혁신적인 개념이 녹아 있는지에 대한 깨달음이다. 나는 시간에 얽매이지 않는 방정식을 찾기 위해 과학자로서의 삶을 시작했지만, 이제 우주의 가장 심오한 비밀은 우주가 시간 속에서 순간순간 그 본질을 펼쳐놓는 방식에 있다고 믿는다.

◈

우리가 시간을 생각하는 방식에는 하나의 역설이 숨어 있다. 우리는 우리가 시간 속에서 살아간다고 생각하지만, 많은 경우 우리는 세계와 우리 자신의 더 나은 측면들이 시간을 초월한다고 여긴다. 우리는 무언가를 정말 진리로 만드는 것은 지금 진리인 것이 아니라 항상 진리였고 앞으로도 진리일 무언가라고 믿는다. 필멸성의 원리가 절대적인 이유는 이 원리가 모든 시간과 모든 상황에 적용되기 때문이다. 우리는 만약 어떤 것이 가치 있다면 그것이 시간 바깥에 존재하기 때문이라는 뿌리 깊은 개념을 갖고 있는 것처럼 보인다. 우리는 '영원한 사랑'을 열망한다. 우리는 '진리'와 '정의'를 비시간적인 것이라고 말한다. 우리는 신, 수학의 진리, 자연의 법칙 등 우리가 가장 존경하고 우러러보는 것이라면 모두 시간을 초월하는 존재라고 본다. 우리는 시간 속에서 행동하지만 비시간적인 기준들에 따라 우리의 행동을 판단한다.

이러한 역설의 결과 우리는 스스로 가장 가치 있다고 여기는 것으로부터 소외된 상태에서 사는 셈이 된다. 이러한 소외는 우리의 모든 열망에 영향을 미친다. 과학에서의 실험과 분석은 자연에 대한 모든 관측이 그러하듯 시간의 제약을 받지만, 우리는 비시간적인 자연법칙을 지지하는 증거를 발견하는 과정이라고 생각한다. 또한 이 역설은 개인, 가족 구성원, 시민으로서의 우리의 행동에 영향을 미친다. 왜냐하면 시간을 이해하는 방식이 미래를 생각하는 방식을 결정하기 때문이다.

이 책에서 나는 시간 속에서 살면서 비시간적인 것을 믿는 역설을 새로운 방식으로 해결하고자 한다. 나는 시간과 시간의 흐름은 본질적이고 실재하는 것이며, 비시간적인 진리 및 비시간적인 영역에 대한 희망과 믿음은 신화라고 제안할 것이다.

시간을 받아들인다는 것은 실재가 시간의 각 순간 속에서 실재하는 것들로만 구성되어 있다고 믿는 것을 의미한다. 이 개념은 과학, 도덕, 수학 또는 정부 등 그 어떤 영역에서도 비시간적인 존재 또는 진리를 거부하기 때문에 급진적이다. 이 모든 것은 시간이라는 틀 속에서 그 자신의 진리를 갖출 수 있도록 재개념화되어야 한다.

시간을 받아들인다는 것은 또한 우주가 가장 근본적인 수준에서 어떻게 작동하는지에 대한 우리의 기본적인 가정들이 불완전하다는 것을 의미한다. 시간이 실재한다는 나의 주장은 다음과 같은 것들을 의미한다.

- 우주 속에서 실재하는 모든 것은 시간의 순간 속에서 실재한다. 이때 시간의 순간이란 순간들의 연속 속의 하나이다.
- 과거는 실재했지만 이제는 더 이상 실재하지 않는다. 그러나 우리는 과거를 해석하고 분석할 수 있다. 왜냐하면 우리는 현재 속에서 과거에 진행된 과정에 관한 증거를 찾기 때문이다.
- 미래는 아직 존재하지 않는다는 의미에서 열려 있다. 우리는 합리적으로 몇몇 예측을 추론할 수 있지만 미래를 완전히 예측하지는 못한다. 실제로 미래는 진정으로 새로운 현상을 생성해낼 수 있다. 이때 진정한 새로움이란, 과거의 그 어떤 지식도 미래의 현상을 예측할 수 없다는 뜻이다.
- 그 무엇도, 심지어는 자연법칙마저도 시간을 초월하지 않는다. 법칙은 비시간적인 것이 아니다. 다른 모든 것과 마찬가지

로 법칙은 현재의 특정한 측면이며, 시간에 따라서 진화할 수 있다.

이 책에서 우리는 이러한 가설들이 물리학이 가야 할 근본적으로 새로운 방향을 가리키고 있음을 보게 될 것이다. 나는 이러한 새로운 방향이 현재 이론물리학과 우주론이 직면한 난관을 해결할 유일한 방법임을 주장할 것이다. 이 가설들은 또한 우리가 우리의 삶을 어떻게 이해해야 하는지, 현재 인류가 직면한 도전들을 어떻게 다루어야 하는지를 암시하기도 한다.

왜 시간의 실재성이 과학과 과학을 넘어서는 일들에 그토록 중요한지 설명하기 위해, 나는 시간 안에서 생각하는 것을 시간 밖에서 생각하는 것과 비교해보고자 한다. 진리란 비시간적이고 우주 바깥에 있는 것이라는 개념은 너무나 광범위하게 퍼져 있어 브라질의 철학자인 로베르토 망가베이라 웅거Roberto Mangabeira Unger는 이런 경향을 아예 '영원함의 철학perennial philosophy'이라고 명명했다. 플라톤 사상의 핵심인 이 개념은 그의 책《메논Meno》에 나오는 일화에서 살펴볼 수 있다. 이는 노예 소년과 정사각형의 기하학에 관한 것인데, 여기서 소크라테스는 모든 발견은 단지 회상에 지나지 않는다고 주장한다.

우리가 숙고하는 모든 문제에 대한 답이 비시간적 진리의 영원한 영역 속 어딘가에 있다고 여긴다면, 우리는 시간 바깥에서 생각하는 것이다. 좋은 부모, 배우자, 혹은 시민이 되는 방법을 찾거나 사회를 위한 최적의 조직이 어떤 모습일지 그려볼 때, 우리는 모종의 불변하는 진리를 발견하기를 기대한다.

만약 과학자들이 자신의 일을 새롭게 발견된 현상을 기술하는 새로운 개념을 고안하는 것이라고 생각한다면, 이들은 시간 속에서 생각하는 것이다. 만약 과학자들이 시간 밖에서 생각한다면, 그들은 이 개념들이 우리가 고안하기 전에도 어떤 방식으로든 존재했다고 믿을 것이다. 만약 우리가 시간 속에서 생각한다면 우리에게는 그렇게 가정할 근거가 없다.

시간 안에서 생각하는 것과 시간 밖에서 생각하는 것의 차이는 인간 사고와 행위의 여러 측면에서 명백하게 나타난다. 우리가 기술적이거나 사회적인 문제에 직면했을 때, 이 문제를 해결할 접근법이 절대적이고 이미 존재하는 범주들의 집합으로서 결정되어 있다고 가정한다면, 이는 시간 밖에서 생각하는 것이다. 경제학 또는 정치학의 참된 이론이 20세기 이전에 완성되었다고 생각하는 사람은 시간 밖에서 생각하는 것이다. 대신 정치학의 목표란 사회가 진화함에 따라 발생하는 새로운 문제들에 대한 참신한 해법들을 발견하는 것이라고 본다면 이는 시간 안에서 생각하는 것이다. 만약 기술, 사회, 과학에서의 진보가 진정 새로운 개념, 전략, 사회조직의 형태를 발명하는 것이며 우리가 그것을 할 수 있다고 믿는다면, 이 역시 시간 안에서 생각하는 것이다.

다양한 공동체와 조직이 보여주는 구조, 관습, 관료 제도를 마치 절대적인 양 아무런 이의 없이 받아들인다면, 이는 시간 밖에 갇힌 것이다. 인간이 만든 조직의 모든 특징이 역사의 산물이며 따라서 그에 관한 모든 것은 협상 가능하고 새로운 방법을 발명함으로써 개선될 수 있음을 깨달으면, 우리는 다시금 시간 속으로 들어오게 된다.

만약 물리학의 임무가 우주의 모든 측면을 기술하는 비시간적인 수학 방정식을 발견하는 것이라면, 이는 우주 밖에 있는 우주에 대한 진리를 믿는 것이다. 이것은 아주 친숙한 사고방식이지만 동시에 아주 어리석은 것이라는 사실을 우리는 잘 알아차리지 못한다. 우주가 존재하는 모든 것이라면, 어떻게 우주 밖에 존재하는 무언가를 기술할 수 있단 말인가? 하지만 만약 시간의 실재성을 명백한 것으로 받아들이면, 세계의 모든 측면을 기술하는 수학 방정식은 존재하지 않는다. 그 어떤 수학 방정식에서도 공유되지 않는 실재 세계의 한 가지 속성은 그것이 언제나 특정한 순간에 속한다는 것이다.

찰스 다윈의 진화생물학은 시간 속에서 생각하는 대표적인 이론이다. 진화생물학의 핵심에는 시간 속에서 발전해나가는 자연적 과정이 진정으로 새로운 구조를 만들어내도록 할 수 있다는 깨달음이 있기 때문이다. 그러한 새로운 구조들이 존재하게 되면 심지어 새로운 법칙도 출현할 수 있다. 예를 들어, 성 선택의 원리는 성이 존재하지 않았다면 존재할 수 없었을 것이다. 모든 가능한 동물, DNA 계열, 단백질 집합, 생물학적 법칙과 마찬가지로 진화적 동역학에는 광대한 추상적 공간이 필요하지 않다. 이론생물학자 스튜어트 카우프만이 말했듯이, 진화적 동역학은 그다음에 무엇이 생물계에서 가능한지를, 즉 '인접한 가능성'을 시간 안에서 탐색하는 것이라고 보는 것이 좋을 것이다. 기술, 경제, 사회의 진화 역시 마찬가지다.

시간 안에서 생각하는 것은 상대주의가 아니라 일종의 **관계주의** relationalism다. 관계주의는 어떤 것에 대한 가장 참된 기술은 그것이 속한 계의 다른 부분들과 어떤 관계를 맺고 있는지를 구체화하는 것이라고 주장하는 철학이다. 진리는 그것이 사물에 대한 것일 때 시간에 붙들려 있으면서도 객관적일 수 있다. 이때의 사물은 진화 또는 인간 사고에 의해 발명된 것이다.

개인적인 차원에서, 시간 속에서 생각한다는 것은 삶의 불확실성을 살아가는 데 필수적으로 지불해야 하는 비용으로 받아들이는 것이다. 삶의 변덕에 대항하고, 불확실성을 부정하고, 그 어떤 위험도 감수하지 않고, 위험이 완전히 제거되도록 삶이 조직화될 수 있다고 여기는 것은 시간 밖에서 생각하는 것이다. 인간은 위험과 행운 사이에 매달린 채 산다.

우리는 불확실한 세계 속에서 번영하고 우리가 사랑하는 사람들과 사물들을 돌보기 위해 최선을 다하며, 그 과정에서 행복을 느낀다. 우리는 계획을 수립하지만 앞으로 다가올 위험과 기회를 완벽히 예상하지는 못한다. 불교 교리에 따르면, 우리는 불이 난 집에 살고 있지만 아직 그것을 깨닫지 못하고 있는 셈이다. 위험은 언제든 발생할 수 있지만 수렵·채집 사회에서는 그러한 위험이 상존했고, 오늘날 우리는 사회를 조직함으로써 위험이 비교적 덜 발생하도록 만들었다. 인생의 과제는 아주 많은 가능한 위험 중에서 걱정할 만한 것이 무엇인지를 현명하게 선택하는 것이다. 또 그것은 매 순간이 가져다주는 모든 기회로부터 다음 차례에 무엇을 할지 선택하는 것과도 관련이 있다. 우리는 우리의 에너지와 주의를 어디에

쏟을지 선택하는데, 이 선택은 늘 그 선택이 불러올 결과들에 대한 불완전한 지식 속에서 이루어진다.

과연 우리가 그 이상을 할 수 있을까? 과연 우리는 삶의 변덕을 극복하고, 모든 것까지는 아니더라도 우리가 알고 있는 것에 대해 우리의 선택이 어떤 결과를 불러올지, 그것이 위험이든 기회든 똑같이, 충분히 내다볼 수 있는 수준에 이르게 될 것인가? 즉 우리는 예기치 않은 일이 일어나지 않는, 진정으로 합리적인 삶을 살 수 있을까? 시간이 일종의 환상이라면 우리는 이러한 삶이 가능하리라 기대해볼 수 있다. 시간이 없어도 되는 세계에서는 현재에 대한 지식과 미래에 대한 지식에 근본적인 차이가 없을 것이기 때문이다. 미래에 대한 지식을 얻기 위해서는 계산을 더 하기만 하면 된다. 몇몇 숫자와 공식을 계산하면 우리는 알아야 할 모든 정보를 파악할 수 있다.

그러나 만약 시간이 실재한다면, 미래는 현재에 대한 지식으로부터 결정되지 않는다. 우리의 행동이 불러일으킬 대부분의 귀결을 모른 채 살아감으로써 마주하게 되는 예기치 않은 일로부터 구원 받을 방법, 현재의 상황으로부터 탈출할 방법은 존재하지 않는다. 예기치 않은 일은 세계의 구조에 내재한다. 자연은 우리가 아주 많은 지식을 갖추고 있더라도 예기치 않은 놀라움을 던져줄 수 있다. 새로움은 실재한다. 우리는 상상력을 활용하여 현재에 대한 지식으로는 계산할 수 없는 귀결들을 창조할 수 있다. 바로 그렇기에 시간이 실재하는지 그렇지 않은지가 개개인에게 문제가 된다. 이에 대한 답은 미지의 우주 속에서 행복과 의미를 찾아가는 사람으로서 우리가 상황을 보는 관점을 바꿀 수 있다. 이 주제는 에필로그에서 다시 다룰 것이다. 에필로그에서 나는 시간의 실재성이 우리가 기후 변화, 환경 위기 등과 같은 과제를 사유하는 것을 도와줄 수 있다고 주장할 것이다.

이 책의 주된 논증을 시작하기 전에, 몇 가지를 안내하고자 한다.

나는 물리학 또는 수학에 배경지식이 없는 일반 독자들도 이해할 수 있도록 이 책을 쓰려고 했다. 책에는 수식이 나오지 않으며, 논증을 따라가기 위해 독자가 알아야 할 모든 것을 책 속에서 설명했다. 핵심적인 질문은 가능한 한 가장 단순한 예를 들어 설명했다. 점점 더 복잡한 주제를 다루는 과정에서 혼란스러워진다면 과학자들이 배우는 방법을 사용하기를 권한다. 그 방법은 어려운 부분은 훑어보거나 건너뛰면서 분명하게 여겨지는 내용으로 나아가는 것이다. 더 많은 배경지식을 얻고자 하는 독자는 본문 뒤의 항목을 참고하면 될 텐데, 이는 www.timereborn.com에서 온라인으로도 확인할 수 있다. 독자들은 인용문, 일반인과 전문가 모두를 위한 유용한 정보, 몇몇 독자가 관심을 가질 만한 추가 논의를 담은 주에서도 도움을 얻을 수 있을 것이다.

시간으로 되돌아오는 나의 여정은 20년이 넘게 걸렸다. 나는 법칙은 그 자체의 진화로 설명해야 함을 깨달았고, 상대성이론과 양자역학의 토대 및 양자중력을 붙들고 씨름했으며, 이러한 과정을 거쳐 최종적으로 이 책에 서술한 관점에 도달하게 되었다. 내가 이 길을 걸어가는 동안 몇몇 친구 및 동료와의 대화와 협력이 핵심적인 역할을 했다. 이러한 내용은 감사의 글과 주에 자세하게 나와 있으며, 내가 다른 사람들의 연구 결과와 생각을 어떻게 사용했는지도 감사의 글과 주에 기재되어 있다. 무엇보다 로베르트 망가베이라 웅거와의 생산적이고 과감한 협력이 중요했다. 이러한 협력 과정에서 우리는 이 책에서 제시되는 핵심 논증 및 주요 개념을 공식화했다.[1]

독자들은 시간, 양자이론, 우주론 및 이 책에서 논의되지 않은 다른 주제들을 바라보는 다양한 관점이 존재한다는 사실에 주의하길 바란다. 내가 다루는 주제와 관련해서는 물리학자, 우주론자, 철학자가 쓴 방대한 양의 문헌이 있다. 이 책은 학술적인 의도로 쓰인 책이 아니다. 나는 이 분야에 관한 논의에 처음으로 입문하는 독자에게 복잡한 논의의 지형을 지나갈 수 있는 하나의 길을 제시하고자 했고, 이를 위해 중심이 되는 몇몇 논증을 부각시켰다.[2] (예를 들면) 이 책에서 언급하지 않은 이마누엘 칸트의 시간과 공간 이론을 분석하는 저술들만 해도 서가 하나를 가득 채울 것이다. 또한 나는 오늘날의 몇몇 철학자들이 갖고 있는 견해들 역시 이 책에 담지 않았다. 이에 대해 나의 학식 있는 친구들에게 용서를 구한다. 관심 있는 독자는 시간에 관한 다른 도서를 소개한 참고문헌을 확인하시기 바란다.

2012년 8월 토론토에서

리 스몰린

서문

시간의 존재가 환상이라는 것을 뒷받침하는 과학적 사례는 강력하다. 그렇기 때문에 시간이 실재한다는 관점을 받아들이는 것은 혁명적인 결과를 낳는다.

물리학자들이 시간에 반대하며 제시하는 사례의 핵심에는 우리가 물리학의 법칙이 무엇인지를 이해하는 방법이 있다. 지배적인 관점에 따르면, 우주에서 일어나는 모든 일은 법칙에 따라 결정되며, 이 법칙은 미래가 현재로부터 어떻게 진화해나가는지를 정확하게 말해준다. 이 법칙은 절대적이며, 한번 현재의 조건들이 구체화되면 미래가 진화하는 방식에서 자유나 불확실성은 존재하지 않게 된다.

톰 스토파드Tom Stoppard의 연극 〈아르카디아Arcadia〉의 조숙한 여주인공 토머시나는 가정교사에게 이렇게 설명한다. "만약 당신이 모든 원자의 위치와 방향을 고정시킬 수 있고, 만약 당신의 마음이 이 순간 원자들에 가해지는 모든 작용을 이해한다면, 그리고 당신이 계산에 아주 뛰어나다면, 당신은 모든 미래를 계산해내는 공식을 쓸 수 있겠지요. 비록 그 누구도 그렇게 똑똑하지는 않겠지만 마치 그러한 사람이 존재할 수 있는 것처럼, 그러한 완벽한 공식은 분명히 존재해요."

한때 나는 이론물리학자로서의 내 역할이 그러한 공식을 찾는 것이라고 믿었다. 이제 나는 그 공식이 존재하리라는 믿음이 과학보다는 신화에 가깝다고 본다.

만약 스토파드가 오늘날 극본을 썼다면, 아마도 토머시나는 우주가 컴퓨터와 같다고 말했을 것이다. 물리법칙은 일종의 프로그램이다. 만약 우리가 이 프로그램에 입력값—우주에 있는 모든 기본 입자들의 현재 위치—을 넣으면, 컴퓨터는 적절한 시간 동안 작동하여 출력값을 제시할 것이다. 이때의 출력값은 미래의 특정 시각에 기본 입자들이 있는 모든 위치다. 자연에 대한 이와 같은 관점하에서는 비시간적 법칙들에 따른 입자 재배열만이 일어날 뿐이다. 비시간적 법칙들에 따르면 미래는 현재에 의해 결정되어 있고, 현재는 과거에 의해서 결정되어 있다.

이러한 관점은 여러 가지 방식으로 시간의 역할을 축소한다.[1] 예기치 못한 사건이나 진정으로 새로운 현상은 더는 나타나지 않는다. 일어나는 모든 현상은 원자들의 재배열일 뿐이기 때문이다. 원자들의 특성은 원자들을 통제하는 법칙과 마찬가지로 그 자체로 비시간적이다. 둘 다 변하지 않는다. 미래의 시간에 일어날 세계의 모든 면모를 현재의 배열로부터 계산해낼 수 있다. 즉 시간의 흐름을 계산으로 대체할 수 있다. 이는 미래가 현재의 논리적 귀결임을 의미한다.

6장에서 설명하는 것처럼, 아인슈타인의 상대성이론은 세계에 대한 근본적인 기술에서 시간이 비본질적이라는 더욱 강력한 논증을 제시한다. 상대성은 세계의 역사 전체가 비시간적 단일체임을 강력하게 암시한다. 인간의 주관성을 떠나서는 현재, 과거, 미래가 의미를 갖지 않는다는 것이다. 시간은 공간의 또 다른 차원에 지나지 않으며, 매 순간이 지나간다고 느끼는 우리의 경험은 비시간적 실재 뒤에 드리워진 하나의 환상에 지나지 않는다.

이상과 같은 주장들은 자유의지 혹은 인간 행위자의 자리가 있다는 세계관을 지닌 사람들을 몸서리치게 만들 것이다. 그러나 이 책에서는 이에 관한 논증은 다루지 않겠다. 시간의 실재성을 다루는 나의 논의는 순수하게 과학에 토대를 둔다. 나는 미래가 이미 결정되어 있다는 일반적인 논증들이 왜 과학적으로 잘못되었는지를 설명할 것이다.

1부에서는 시간이 환상이라고 믿게끔 하는 과학의 사례를 제시할 것이다. 2부에서는 이러한 논증을 논박하고, 기초 물리학과 우주론이 현재 당면한 위기들을 극복하기 위해 왜 시간을 실재하는 것으로 받아들여야 하는지를 보일 것이다.

1부에서 이루어지는 논증의 골격을 세우기 위해 나는 아리스토텔레스와 프톨레마이오스로부터 갈릴레오, 뉴턴, 아인슈타인, 오늘날의 양자우주론자에 이르기까지 물리학에서 이룩한 시간 개념의 발전을 추적할 것이다. 그리고 물리학이 발전하는 과정에서 우리의 시간 개념이 어떻게 약화되었는지를 단계적으로 보일 것이다. 이와 같은 방식으로 이야기를 이끌어가는 과정에서 일반 독자들이 논증을 이해하는 데 필요한 내용을 자연스럽게 설명할 것이다. 실제로 핵심 논지는 떨어지는 공이나 궤도를 도는 행성 등과 같은 일상적인 사례로 소개할 수 있다. 2부에서는 좀 더 최근의 이야기를 할 것이다. 왜냐하면 시간을 과학의 핵심에 다시 도입해야 한다는 주장은 최근의 물리학 발전의 결과로 등장한 것이기 때문이다.

나의 논증은 다음과 같은 단순한 관찰에서 시작한다. 뉴턴부터 오늘날에 이르는 과학 이론들의 성공은 뉴턴이 발명한 특수한 틀을 사용함으로써 가능했다. 이 틀은 자연이 비시간적 속성을 가진 입자들로 구성되어 있다고 본다. 입자들의 운동과 상호작용은 비시간적 법칙에 따라 결정된다. 질량, 전하 등과 같은 입자의 속성은 결코 변하지 않으며, 입자에 작용하는 법칙 또한 변하지 않는다. 이 틀은 우주의 작은 일부를 기술하는 데는 이상적이지만, **전체로서의 우주에 적용할 때는 실패하고 만다.**

물리학의 주요 이론은 모두 전파, 날아가는 공, 생물의 세포, 지구, 은하 등 우주의 부분에 관한 것이다. 우주의 부분을 기술할 때 우리는 우리 자신과 측정 도구를 문제가 되는 계의 바깥에 놔둔다. 이는 곧 연구 대상인 계를 선택하거나 준비하는 우리의 역할을 배제하고, 계의 위치를 확정하는 기준틀을 빼버리는 것이다. 시간의 본성과 관련된 우리의 주제에서 가장 핵심적인 것은, 계의 변화를 측정하는 데 사용하는 시계들을 계의 기술에서 제외한다는 점이다.

물리학을 우주론으로 확장하려는 시도는 새로운 사고를 필요로 하는 새로운 과제들을 초래한다. 우주론적 이론은 그 어떤 것도 누락해선 안 된다. 우주론이 완전하기 위해서는 우주의 모든 것을 고려해야 하기에 관찰자인 우리 자신도 고려해야 한다. 완전한 우주론은 우리의 측정 도구와 시계도 설명해야 한다. 우리는 우주론을 연구하면서 새로운 상황과 마주하게 된다. 연구 대상이 되는 계가 우주 전체일 경우, 우리가 계의 밖으로 나가는 것은 불가능하다.

더욱이 우주론적 이론은 과학의 방법론에서 중요한 두 가지 측면 없이 이루어져야 한다. 과학의 기본 규칙은 실험 결과를 확신하려면 실험이 여러 번 수행될 수 있어야 한다는 것이다. 그러나 우리는 전체로서의 우주에 실험을 반복해서 할 수 없다. 우주는 오직 한 번만 일어나는 현상이다. 그뿐 아니라 우주를 다양한 방식으로 준비한 상태에서 실험을 하고 그 결과들을 연구할 수도 없다. 이는 전체로서의 우주 수준에서 과학을 하는 것을 아주 어렵게 만드는 매우 실질적인 제약사항들이다.

그럼에도 우리는 물리학을 우주론의 과학으로 확장하려 한다. 우리는 본능적으로 우주의 작은 부분에서 아주 잘 작동한 이론들의 규모를 확대하여 전체로서의 우주를 기술하는 데 사용하려 한다. 8장과 9장에서 논의하듯이 이러한 시도는 성공하지 못한다. 비시간적 속성을 가진 입자들에 비시간적 법칙이 작용하는 것으로 자연을 보는 뉴턴의 틀은, 전체 우주를 기술하기에는 적절하지 않다.

앞으로 상세히 밝히겠지만, 우주의 작은 부분에 적용했을 때 이러한 이론들을 아주 성공적으로 만들어준 바로 그 측면들이 전체로서의 우주에 적용할 때 이론을 실패로 이끈다.

이와 같은 주장이 많은 동료의 실천과 희망에 반한다는 사실을 잘 알고 있지만, 내가 할 수 있는 말은 단지 2부에서 제시되는 사례들에 주의를 기울여달라는 것뿐이다. 2부에서 나는 표준적인 이론들을 우주론적 이론으로 확장할 경우 일반적으로 딜레마, 역설, 답변 불가능한 문제들에 부딪힌다는 것을 구체적인 사례를 들어 설명할 것이다. 이러한 문제 중에는 현재의 그 어떤 이론도 초기 우주에서 이루어진 선택을 설명하지 못한다는 문제, 즉 초기 조건 및 자연법칙 그 자체에 대한 선택은 설명하지 못한다는 문제가 있다.

최신 우주론에 관한 몇몇 문헌에서 아주 똑똑한 물리학자들은 이와 같은 딜레마, 역설, 답변 불가능한 문제들과 씨름하려 했다. 우리 우주가 아주 많은 혹은 무한한 수의 다중우주 중 하나라는 개념은 대중적으로도 잘 알려져 있는데, 다중우주의 이러한 유명세는 충분히 이해할 만하다. 왜냐하면 이 개념은 빠지기 쉬운 방법론적 오류에 기초해 있기 때문이다. 현재의 이론들은 오직 우리의 우주가 좀 더 커다란 계의 부분인 경우에만 우주 차원에서 작동할 수 있다. 따라서 우리는 허구적인 환경을 고안하여 이 환경을 다른 우주들로 채우는 것이다. 이러한 방식으로는 그 어떤 과학적 진보로도 나아가지 못한다. 우리 우주와 인과적으로 연결되어 있지 않은 우주들에 대한 그 어떤 가설도 입증하거나 반증할 수 없기 때문이다.[2]

이 책은 이와는 다른 방법이 있음을 보여주기 위해 쓴 것이다. 이제 우리는 기존의 방식에서 벗어나 우주 전체에 적용할 수 있는 새로운 종류의 이론을 탐색할 필요가 있다. 이러한 새로운 이론은 혼동과 역설을 피해갈 것이고, 답변 불가능한 문제들에 답할 것이며, 우주론적 관측을 위한 진정으로 새로운 물리학적 예측을 생성해낼 것이다.

나는 이런 이론 그 자체는 아니지만 이를 찾는 데에 실마리가 될 만한 원리들의 집합을 제시할 수는 있다. 이 원리들은 10장에서 제시된다. 이 책에서 나는 이 원리들이 진정한 우주론적 이론을 지향하는 새로운 우주 가설과 모형을 세우는 데 어떻게 영감을 불어넣을 수 있는지를 보여줄 것이다. 핵심 원리는 시간이 반드시 실재해야 하며 물리적 법칙은 그러한 실재하는 시간 속에서 진화해야만 한다는 것이다.

법칙이 진화한다는 개념은 새로운 것이 아니며, 우주론적 과학에 진화하는 법칙이 필요하다는 개념 역시 새로운 것이 아니다.[3] 미국의 철학자 찰스 샌더스 퍼스Charles Sanders Peirce는 1891년에 아래와 같이 저술했다.

> 자연의 보편 법칙을 마음으로 이해할 수 있다고 가정하면서도 이 법칙들의 특수한 형태에 대한 근거 없이 그저 이것들이 설명 불가능하거나 비합리적이라고 하는 것은 정당화하기 어려운 태도다. 일양성一樣性, uniformity은 정확히 설명이 필요한 종류의 사실이다. … 법칙이란 근거를 필요로 하는 탁월한 무언가다.
>
> 자연법칙과 일양성 일반을 설명할 유일하게 가능한 방법은 그것들이 진화의 결과물이라고 여기는 것이다.[4]

더 최근에 철학자 로베르트 망가베이라 웅거는 다음과 같이 선언했다.

> 당신은 현재 우주의 속성을 추적하여 태초에 우주가 분명 갖고 있었을 속성을 알아낼 수 있다. 그러나 당신은 이 속성들이 어떤 우주라도 가질 수 있던 유일한 속성임을 보여주지는 못한다. … 그보다 더 이르게 혹은 더 이후에 등장한 우주들은 완전히 다른 법칙을 따를 수 있다. … 자연법칙을 기술하는 것은 가능한 모든 우주의 가능한 모든 역사를 기술하거나 설명하는 것이 아니다. 한 번 일어나는 역사적 계열에 대해서는 이에 대한 법칙적 설명과 서사 사이에 오직 상대적인 구분만이 존재할 뿐이다.[5]

아인슈타인, 닐스 보어와 더불어 20세기의 가장 영향력 있는 물리학자로 여겨지는 폴 디랙Paul Dirac은 다음과 같이 추측했다. "시간이 시작된 초기에는 아마도 자연의 법칙이 지금의 법칙과는 상당히 달랐을 것이다. 따라서 우리는 자연의 법칙을 시공간에 관계없이 단일하게 적용되는 것이 아니라 시기에 따라 연속적으로 변화하는 것으로 고려할 필요가 있다."[6] 미국의 위대한 물리학자 중 하나인 존 아치볼드 휠러John Archibald Wheeler 역시 법칙들이 진화한다고 생각했다. 그는 빅뱅이 물리법칙이 재처리되는 일련의 사건 중 하나였다고 주장했다. 그는 이렇게 쓰기도 했다. "법칙이 존재하지 않는다는 법칙 이외의 법칙은 존재하지 않는다."[7] 또 다른 미국의 물리학자이자 휠러의 제자인 리처드 파인먼은 어느 대담에서 다음과 같이 이야기했다. "그 어떤 진화론적 물음도 허용하지 않는 영역이 물리학이다. 그런데 우리가 물리학의 법칙을 알고 있긴 하지만 … 이 법칙은 어떻게 시간 속에서 그와 같은 형태를 띠게 되었을까? … 따라서 법칙은 시간 속에서 항상 같지는 않았음이 드러날 수 있으며, 이에 대한 역사적이고 진화론적인 물음이 존재한다."[8]

나는《우주의 일생The Life of the Cosmos》(1997)에서 법칙의 진화 메커니즘을 제시했는데, 이 메커니즘은 생물학적 진화를 모형화한 것이었다.[9] 나는 우주가 블랙홀 안에 아기 우주를 형성함으로써 재생산할 수 있으리라고 상상했으며, 이러한 일이 일어날 때마다 물리학의 법칙들이 약간씩 달라질 것이라고 추정했다. 이 이론에서 법칙은 생물학에서 유전자가 하는 역할을 한다. 우주는 그 형성기에 선택된 법칙들의 발현이라고 볼 수 있으며, 이는 마치 한 유기체를 그 유전자의 발현으로 볼 수 있는 것과 같다. 유전자와 마찬가지로 법칙 역시 세대에서 세대로 이동하며 무작위적으로 변할 수 있다. 당시 새로 등장한 끈이론의 성과에 영감을 받은 나는, 근본적인 통합 이론에 관한 연구가 단일한 '모든 것의 이론ToE, Theory of Everything'으로 귀결되지 않고 가능한 법칙들의 광대한 영역에 도달할 것이라고 보았다. 나는 이를 이론 지형landscape of theories이라 부르는데, 이 용어는 집단 유전학의 언어에서 차용한 것이다. 그 분야의 연구자들은 적합도 지형fitness landscape이라는 개념을 사용한다. 이것은 11장의 주제이므로 여기서는 더 말하지 않겠다. 다만 나의 우주론적 자연선택 이론이 몇 가지 예측을 했고, 이론이 제시된 이후 이 이론을 반증할 기회가 몇 번 있었지만 아직 반증되지 않았다는 것만을 언급하고자 한다.

최근 10년 동안 많은 끈이론가들은 이론 지형이라는 개념을 받아들였다. 그 결과 우주가 어떻게 자신이 따를 법칙을 선택하는가 하는 문제가 매우 중요해졌다. 나는 이 문제가, 오직 시간이 실재하고 법칙들이 진화한다는, 우주론을 위한 새로운 틀을 받아들일 때만 대답할 수 있는 질문 중 하나임을 논증할 것이다.

만약 나의 이론이 맞다면 법칙들은 우주 밖에서 우주에 부여되는 것이 아니다. 그 어떤 외부적인 존재도, 그것이 신적인 것이든 수학적인 것이든 상관없이, 사전에 자연법칙이 어떠할 것이라고 구체화할 수 없다. 그뿐 아니라 자연의 법칙들은 시간 밖에서 우주가 시작되기를 기다리지도 않는다. 오히려 자연법칙들은 우주 내부에서 출현하며, 이 법칙들이 서술하는 우주와 함께 시간 속에서 진화한다. 게다가 생물학에서처럼, 우주의 역사 속에서 새로운 현상이 발생하면 이 현상 속의 규칙성으로서 새로운 물리법칙이 출현하는 것도 가능하다.

어떤 사람은 영원한 법칙을 부정하는 것이 과학의 목표로부터 후퇴하는 것이라고 본다. 그러나 나는 이것이 우리의 진리 탐구에 부담을 주는 과도한 형이상학적 짐을 덜어버리는 것이라고 본다. 이어지는 장에서 나는 시간 속에서 진화하는 법칙이라는 개념이 좀 더 과학적인 우주론에 도달하게 한다는 것을 보여주는 사례들을 제시할 것이다. 여기서 더 과학적인 우주론이라는 것은 실험적인 시험을 할 수 있는 예측을 더 많이 생성해내는 이론을 뜻한다.

◈

내가 아는 한 과학혁명이 시작된 이후 전체로서의 우주에 대한 이론을 어떻게 만들어야 하는지를 진정으로 열심히 사유한 최초의 과학자는 고트프리트 빌헬름 라이프니츠였다. 그는 무엇보다 미적분학의 발명 순서를 두고 뉴턴과 경쟁한 사람이었다. 또한 현대 논리학을 예견했고, 이진법 수 체계를 발전시키는 등 많은 업적을 남겼다. 그는 여태까지 살았던 사람 중 가장 똑똑한 사람이라고 불리기도 했다. 그는 우주론적 이론의 틀을 짓는 원리를 공식화했는데 이는 **충분한 근거의 원리**충분근거원리, principle of sufficient reason라 불린다. 이 원리에 따르면 우주를 구성하는 과정에서 일어난 모든 명백한 선택에는 반드시 합리적인 이유가 존재한다. "왜 우주는 Y가 아니라 X와 같을까?" 같은 형태의 모든 물음에는 답이 존재해야 한다. 따라서 만약 신이 세계를 창조했다면, 그가 세계의 청사진을 설계할 때 그 어떤 선택의 여지도 없었을 것이다. 라이프니츠의 원리는 지금까지 물리학이 발전하는 데 심오한 영향을 미쳤으며, 우리가 앞으로 보게 될 것처럼 우주론적 이론을 고안하고자 하는 우리의 노력을 믿음직스럽게 안내할 것이다.

라이프니츠의 세계관은 모든 사물이 공간 속에 있는 것이 아니라 관계의 그물망에 속해 있다는 것이었다. 사물들 사이의 이러한 관계들이 공간을 정의하는 것이지, 그 역이 아니다. 오늘날에는 개체들이 관계망 속에서 연결되어 우주를 구성한다는 개념이 생물학과 컴퓨터과학뿐만 아니라 물리학에도 광범위하게 퍼져 있다.

관계론적인 세계(관계가 공간에 선행하는 세계를 이렇게 부른다)에서는 사물 없이는 공간도 존재하지 않는다. 공간에 대한 뉴턴의 개념은 이와 정반대였다. 뉴턴은 공간을 절대적인 것으로 이해했다. 이는 원자들은 공간 속의 위치로 정의되는 반면 공간은 결코 원자들의 운동에 영향을 받지 않음을 의미한다. 관계론적 세계에서는 그와 같은 비대칭성이 존재하지 않는다. 사물은 관계에 의해 정의된다. 존재하는 개체들은 부분적으로 자율적일 수 있으나, 이 개체들의 가능성은 관계의 연결망에 의해 결정된다. 개체들은 관계망 속에서 개체들을 이어주는 끈을 통해 다른 개체와 만나고 지각하며, 관계망 자체는 동적이고 계속 진화한다.

3장에서 설명하겠지만, 라이프니츠의 위대한 원리로부터 세계에서의 위치와 무관하게 흘러가는 절대적인 시간은 존재할 수 없다는 결론이 따라 나온다. 시간은 변화의 귀결이어야 한다. 세계에 변화가 없다면 시간은 존재할 수 없다. 철학자들은 시간이 관계론적인 것이라고 말한다. 즉 시간이란 인과성과 같이 변화를 통제하는 관계들의 한 측면이다. 이와 마찬가지로 공간 역시 관계론적이어야 한다. 사실상 자연 속 사물의 모든 속성은 세계 속에서 다른 사물들과의 관계 같은 동역학적[10] 관계를 반영한 것이어야 한다.

라이프니츠의 원리들은 뉴턴 물리학의 기본 개념들과 모순되었으므로, 일선 과학자들이 이 원리들을 충분히 수용하기까지는 어느 정도 시간이 걸렸다. 아인슈타인은 라이프니츠의 관점을 받아들여, 뉴턴의 물리학을 폐기하고 일반상대성으로 뉴턴 물리학을 대체하는 과정에서도 라이프니츠의 원리들을 주요한 동기로 삼았다. 일반상대성은 시간과 공간에 대한 라이프니츠의 관계론적 관점을 구현할 수 있을 정도로 발전된 시간, 공간, 중력에 관한 이론이었다. 그뿐 아니라 라이프니츠의 원리들은 이와 나란히 이루어진 양자혁명에서 다른 방식으로 구현되었다. 나는 20세기 물리학의 혁명을 관계론적 혁명이라고 부른다.

물리학을 통합하는 문제, 특히 양자이론을 일반상대성과 함께 하나의 틀로 합치는 것은 크게 보면 물리학에서 관계론적 혁명을 완수하는 것이다. 이러한 혁명을 완수하기 위해서는 시간이 실재하고 법칙들이 진화한다는 개념을 받아들일 필요가 있다는 게 이 책의 주된 메시지다.

관계론적 혁명은 이미 과학의 나머지 분야에서 강력한 영향력을 미치고 있다. 생물학에서의 다윈 혁명이 그 대표적인 예다. 생물학에서 '종'은 환경 속에서 그것이 다른 모든 유기체와 맺는 관계에 의해 정의된다. 또한 유전자의 활동은 그것을 규제하는 유전자들의 연결망이라는 맥락 속에서만 정의된다. 여기서 쉽게 알 수 있듯이 생물학은 정보에 관한 것이며, 정보는 그 어떤 개념보다 관계론적이다. 정보란 소통 경로의 양 끝에 있는 송신자와 수신자의 관계에 의존하기 때문이다.

사회를 다루는 영역에서는 '자율적인 개인으로 구성된 세계'(아이작 뉴턴의 물리학과 유사한 관점의 개념으로, 그의 친구였던 철학자 존 로크가 제창했다)라는 개념이 새로운 관계론적 개념에 도전을 받고 있다. 사회는 오직 부분적으로만 자율적인 개인들로 구성되어 있으며, 이 개인들의 삶은 오직 관계의 실타래 속에서만 의미를 가진다는 것이다. 최근 아주 친숙해진 새로운 정보 개념은 연결망의 은유를 통해 관계론적 개념을 드러낸다. 우리는 사회적 존재로서 스스로를 연결망 속의 매듭이라고 보며, 이 연결망이 우리를 정의한다. 오늘날 서로 연결된 연결망 속 개체들로 구성된 사회 체계라는 개념은 여성주의 정치철학자의 이론부터 경영 지도자의 이론까지 모든 사람의 사회이론에서 갈수록 자주 등장하고 있다. 얼마나 많은 페이스북 사용자들이 그들의 사회적 삶이 이제는 강력한 과학적 개념에 의해 조직화되어 있다는 사실을 알고 있을까?

관계론적 혁명은 이미 만연해 있다. 더불어 이 혁명은 위기에 처해 있다. 몇몇 전선에서 이 혁명은 정체되어 있다. 관계론적 혁명이 위기에 처할 때마다 우리는 뜨거운 논쟁 아래 있는 세 가지 종류의 질문을 발견한다. 개체란 무엇인가? 어떻게 새로운 종류의 체계와 개체가 출현할 수 있을까? 어떻게 우리는 전체로서의 우주를 적절하게 이해할 수 있을까?

이러한 문제를 해결하려면 개체, 체계, 전체로서의 우주 모두를 그 자체로 단순하게 생각해서는 안 된다. 이들은 모두 시간 속에서 일어나는 과정들로 이루어진 복합체다. 위에서 제시된 질문에 답하려면, 이들을 시간 속에서 발전해가는 과정으로 바라보아야 한다. 나는 관계론적 혁명이 성공하려면 반드시 시간이라는 개념을 받아들이고 현재의 순간을 실재의 근본적인 측면으로 받아들여야 한다고 주장할 것이다.

오래된 사고방식에서 개체는 그저 계 안의 가장 작은 단위일 뿐이었고, 이 계가 어떻게 작동하는지를 알고자 할 때는 이 계를 부분으로 쪼개서 그 부분들이 어떻게 작동하는지를 연구하면 되었다. 그러나 가장 근본적인 개체의 속성은 어떻게 이해해야 할까? 가장 근본적인 개체에는 부분이 없으므로 환원주의(앞서 언급한 방법론의 이름)가 더는 적용되지 않는다. 이 지점에서 원자론적인 관점은 적용되지 않으므로 진정으로 난관에 부딪힌다. 이는 한창 부상하고 있는 관계론적 프로그램의 입장에서는 훌륭한 기회다. 관계론적 프로그램은 기본 입자들의 속성을 그 관계의 연결망 속에서 설명할 수 있고 또 그래야만 하기 때문이다.

이런 일은 기존의 통합 이론들에서 일어나고 있다. 기본 입자에 대한 현존하는 최상의 이론인 표준모형Standard Model에서는, 질량과 같은 전자의 속성이 전자가 참여하는 상호작용에 의해 동역학적으로 결정된다. 한 입자가 가질 수 있는 가장 기본적인 속성은 질량으로, 그것은 해당 입자의 운동을 변화시키는 데 얼마나 큰 힘이 필요한지를 결정한다. 표준모형에서 모든 입자의 질량은 그것들이 다른 입자와 맺는 상호작용에 따라 나타나며, 주로 힉스 입자 하나에 의해 결정된다. 더 이상 절대적으로 '기본적인' 입자는 없다. 입자처럼 행동하는 모든 것은 어느 정도는 관계의 연결망 속에서 나타난 것이다.

관계론적 세계에서 중요한 용어로 **출현**창발, emergence이라는 것이 있다. 부분들로 이루어진 어떤 것의 한 속성이 그 부분들 중 어떤 것에도 부여되지 않을 때 그 속성이 '출현'했다고 한다. 바위는 단단하고 물은 흐르지만, 바위와 물을 이루고 있는 원자들은 단단하거나 축축하지 않다. 출현한 속성은 종종 근사적으로 평가되는

데, 상세한 세부사항을 누락한 평균적이거나 높은 수준의 기술記述, description을 나타내기 때문이다.

과학이 발전해나가면서 한때 근본적이라 여겨졌던 자연의 측면들이 출현한 것이고 근사적인 것이라는 사실이 드러났다. 한때 우리는 고체, 액체, 기체가 물질의 근본적인 상태라고 생각했다. 이제 우리는 이런 상태가 '출현한 속성'임을 알고 있다. 이는 모든 것을 구성하는 원자들의 서로 다른 배열 방식으로 이해할 수 있기 때문이다. 대부분의 자연법칙은 한때 근본적인 것으로 여겨졌으나 이제는 출현한 것, 근사적인 것으로 이해된다. 온도 역시 무작위적 운동을 하는 원자들의 평균 에너지일 뿐이므로, 온도를 지칭하는 열역학 법칙도 출현한 것이고 근사적인 것이다.

나는 오늘날 우리가 근본적이라고 생각하는 모든 것 또한 결국에는 근사적인 것, 출현한 것으로 이해되지 않을까 생각한다. 중력에 대한 뉴턴과 아인슈타인의 법칙, 양자역학의 법칙들, 심지어는 공간 그 자체도 말이다.

우리가 찾는 근본적인 물리 이론은 공간에서 움직이는 사물들에 대한 것이 아닐 것이다. 이 이론에서 중력, 전기력, 자기력은 근본적인 힘이 아닐 것이다. 양자역학은 그러한 근본적인 이론이 아닐 것이다. 이 모든 것은 우리의 우주가 충분히 커졌을 때 출현하는 근사적인 개념들일 것이다.

만약 공간이 출현한 것이라면, 그것은 시간 또한 출현한 것임을 의미할까? 만약 우리가 자연의 근본적인 수준으로 충분히 들어간다면 시간은 사라지게 될까? 지난 세기에 우리는 시간이 자연의 좀 더 근본적인 기술로부터 출현했다고 보는 관점에 도달했다. 이 근본적인 기술에서는 시간이 사라진다.

나는 과학자로서 그들이 잘못되었다고 믿는다. 시간은 우리의 일상적인 경험 중 유일하게 근본적인 측면이라는 사실이 밝혀질 것이다. 시간이 항상 우리의 지각 속 어떤 순간이라는 사실, 우리가 순간을 순간들의 흐름 속 하나로 경험한다는 사실은 환상이 아니다. 시간은 근본 실재에 대해 알려줄 최선의 단서다.

1 부

무게: 추방된 시간

Weight: The Expulsion of Time

1장

떨어진다는 것

시작하기 전에 혹은 탐사를 떠나기 전에 그리스의 철학자 헤라클레이토스가 남긴 조언에 귀를 기울여보자. 그는 과학이라는 장대한 이야기의 초창기에 등장하는 인물로, "자연은 숨기를 즐겨한다"라는 지혜로운 경고를 남긴 바 있다. 실제로 자연은 그러하다. 오늘날 근본적인 것으로 여겨지는 힘과 입자 중 대부분이 지난 세기 전까지 원자 속에 숨어 있었다는 사실을 생각해보라. 헤라클레이토스의 동시대인 몇몇은 원자에 대해 말하기도 했지만 이들은 원자가 존재하는지 그렇지 않은지 실제로 알지는 못했다. 그리고 이들의 개념은 잘못된 것이었다. 왜냐하면 이들은 원자를 더 이상 나눌 수 없는 것으로 상상했기 때문이다. 아인슈타인의 논문이 등장한 1905년 이후에야 비로소 과학에서는 물질이 원자들로 이루어져 있다는 의견에 합의했다. 그리고 6년 후에 원자는 더 작은 조각들로 분해되었다. 이때부터 원자 내부를 들춰내고 그 안에 숨어 있는 세계를 발견하기 시작했다.

자연의 스스로를 숨기는 겸손함에서 가장 큰 예외는 중력이다. 중력은 특별한 도구가 없어도 누구나 그 효과를 관찰할 수 있는 유일한 근본 힘이다. 우리의 첫 번째 투쟁과 실패의 경험은 중력에 대항하는 것이다. 그렇기 때문에 중력은 우리 종에 의해 이름이 붙여진 최초의 자연 현상 중 하나였음이 틀림없다.

그럼에도 떨어짐이라는 일상적인 경험의 핵심적인 측면들은 과학의 여명이 밝기 전까지는 평범한 사람들의 시야에서 벗어나 있었고, 많은 부분은 아직도 숨겨져 있다. 이어지는 장들에서 보게 되겠지만, 중력이 시간과 어떤 관계인지는 여전히 숨겨져 있다. 따라서 우리는 시간의 발견을 향한 여행을 떨어짐과 함께 시작한다.

◈

"아빠, 나는 왜 못 날아?"

아이와 나는 옥상에서 세 층 아래 있는 뒤뜰 정원을 내려다보고 있었다.

"저 새들처럼 뛰어내려서 정원에 있는 엄마한테 날아갈래."

병실 창밖에 있는 나무에서 지저귀는 참새들을 보고 아들이 처음으로 말한 단어가 "새"다. 여기에서 부모의 근본적인 갈등을 찾아볼 수 있다. 우리는 아이들이 우리를 넘어서 날아오르기를 바라지만, 또한 우리는 아이들이 불확실한 세계에서 안전하기를 바란다.

나는 아들에게 사람은 날 수 없으니 날려고 해서는 안 된다고 단호하게 말했고, 아이는 울음을 터뜨렸다. 아이의 관심을 돌리고 싶었던 나는 아이에게 중력에 대해 이야기할 수 있는 기회를 잡았다. 중력이란 지구를 향해 우리를 잡아끄는 것이다. 중력은 우리를 떨어지게 하는 원인이고, 이 때문에 다른 모든 것이 아래로 떨어진다.

이를 들은 아이의 입에서 나온 단어는 "왜?"였고 이는 놀랍지 않은 반응이었다. 심지어 세 살배기 아이도 어떤 현상에 이름을 붙이는 것이 그에 대한 설명이 아니라는 것을 알고 있었던 것이다.

그러나 나와 아이는 사물들이 **어떻게** 떨어지는지 바라보는 놀이를 할 수 있었다. 곧 우리는 온갖 종류의 장난감을 정원 아래로 던지는 '실험'을 하며 이것들이 같은 방식으로 떨어지는지 그렇지 않은지 살펴보았다. 나는 곧 세 살배기 아이의 마음을 초월하는 문제에 대해 생각해보게 되었다. 우리가 한 사물을 던지고 그것이 우리로부터 멀어지면서 땅으로 떨어질 때, 그 사물은 공간 속에서 어떤 곡선을 따라간다. 이 곡선은 어떤 종류의 것일까?

이와 같은 물음이 세 살배기 아이에게 떠오르지 않았다는 것은 놀랍지 않은 일이었다. 이 물음은 인간이 스스로 고도로 문명화되었다고 생각한 이후 수천 년 동안 그 어떤 사람에게도 떠오르지 않았을 것이다. 플라톤, 아리스토텔레스 및 다른 고대의 위대한 철학자들도 떨어지는 물체를 보면서 그 물체가 구체적으로 어떤 곡선 궤도를 그리는지 묻지 않은 채 그저 떨어지는 것을 보는 데 만족했던 것으로 보인다.

떨어지는 물체의 궤도를 최초로 탐구한 사람은 17세기 초에 활동했던 갈릴레오 갈릴레이였다. 그는 자신의 연구 결과를 70대에 교황청의 유죄 판결로 가택 연금된 상태에서 쓴 책《새로운 두 과학에 관한 대화》에서 제시했다. 이 책에서 그는 떨어지는 물체들은 항상 같은 종류의 곡선, 즉 포물선을 그린다고 말했다.

갈릴레오는 물체들이 어떻게 떨어지는지 발견했을 뿐 아니라 그 발견을 설명했다. 떨어지는 물체가 포물선을 그린다는 사실은 갈릴레오가 최초로 관측한 또 다른 사실, 즉 모든 사물은 던지거나 떨어뜨릴 경우 동일한 가속도로 떨어진다는 사실의 직접적인 결과다.

떨어지는 모든 물체가 포물선을 그린다는 갈릴레오의 관찰은 과학 전체에서 가장 멋진 발견 중 하나다. 떨어짐은 보편적인 현상이며, 떨어지는 물체들이 따라가는 곡선의 종류 역시 보편적이다. 그 물체가 무엇으로 만들어져 있는지, 어떤 방식으로 구성되어 있는지, 기능은 무엇인지는 전혀 문제가 되지 않았다. 얼마나 많이 던지는지, 어떤 높이에서 던지는지, 어떤 속도로 떨어트리거나 던지는지도 전혀 관계가 없었다. 우리는 실험을 반복할 수 있으며, 그 결과로 얻는 곡선은 늘 포물선이다. 포물선은 그 특성을 기술하기가 가장 단순한 곡선 중 하나다. 포물선은 하나의 점과 하나의 직선으로부터 같은 거리에 있는 점들의 집합이다. 가장 보편적인 현상 중 하나는 가장 단순한 것 중 하나이기도 하다.

포물선은 갈릴레오 이전 시대의 수학자들에게 잘 알려져 있던 수학 개념—우리가 수학적 대상이라 부르는 것의 전형—이다. 물체가 포물선을 따라 떨어진다는 갈릴레오의 관찰은 우리가 가진 자연법칙, 즉 우주의 특정한 작은 부분계의 움직임 속에서 찾을 수 있는

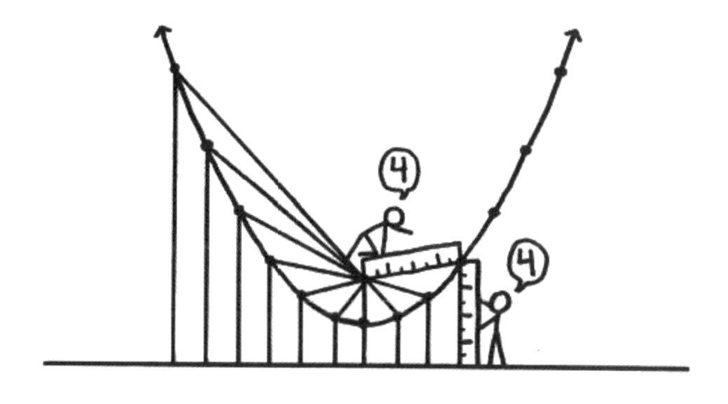

그림 1 포물선이란 한 점과 한 직선으로부터 같은 거리에 있는 점들의 집합이다.

규칙성을 보여주는 최초의 사례 중 하나다. 이 경우 부분계는 행성 표면 근처에서 떨어지는 물체다. 떨어짐이라는 현상은 우주가 시작된 이래로 엄청나게 많은 장소에서 엄청나게 빈번하게 일어났다. 따라서 이 법칙이 적용되는 사례가 많은 셈이다.

여기에서 조금 더 나이가 든 아이들이 물을 법한 질문들이 제기된다. 떨어지는 물체들이 그와 같은 단순한 곡선을 그린다는 것이 세계에 대해 무엇을 말해주는 것일까? 왜 포물선과 같은 수학적 개념이자 사고의 발명품이 자연과 관련된 것일까? 왜 떨어짐과 같은 보편적인 현상이 수학적 대응물을 가지는 것일까? 왜 이 수학적 대응물이 기하학 전체에서 가장 단순하고 아름다운 곡선들 중 하나인 것일까?

◈

갈릴레오의 발견 이후 물리학자들은 물리적 현상을 기술하는 데 수학을 유용하게 사용해왔다. 우리에게는 법칙이 수학적이어야 한다는 것이 분명해 보일지 몰라도, 유클리드가 자신의 공리 체계를 수립한 이후 거의 2,000년 동안 아무도 지구 위 물체의 운동에 수학 법칙을 적용하자는 제안을 하지 않았다. 고대 그리스 시대부터 17세기에 이르기까지 교육받은 사람들은 포물선이 무엇인지 알고 있었지만, 그들 중 그 누구도 공, 화살 등과 같은 물체를 떨어뜨리거나 던지거나 쏘았을 때 이것들이 특정한 종류의 곡선을 그리는지 어떠는지 궁금해하지 않았다.[1] 그들 중 누구라도 갈릴레오와 같은 발견을 할 수 있었다. 갈릴레오가 사용한 도구들은 아테네의 플라톤이나 알렉산드리아의 히파티아도 사용할 수 있었던 것들이다. 그러나 그 누구도 갈릴레오와 같은 발견을 하지는 못했다. 대체 갈릴레오는 어떻게 물체가 떨어지는 과정과 같은 단순한 것을 기술하는 데 수학이 중요한 역할을 한다고 생각하게 되었을까?

이 물음은 제기하기는 쉽지만 답하기는 어려운 다음과 같은 질문으로 이어진다. 수학은 무엇에 관한 것일까? 왜 과학에 수학이 도입되었을까?

수학적 사물은 순수한 사고로 구성된다. 우리는 세계 속에서 포물선을 발견하는 것이 아니라 발명해낸다. 포물선, 원, 직선은 개념이다. 개념은 공식화된 정의 속에서 포착된다. **"원은 한 점으로부터 동일한 거리에 있는 점들의 집합이다. … 포물선은 한 점과 한 직선**

으로부터 동일한 거리에 있는 점들의 집합이다." 개념이 정립되면 곡선의 정의에서부터 직접적으로 곡선의 특성을 추론할 수 있다. 고등학교 기하학 시간에 가르치는 것처럼, 이러한 추론은 하나의 증명으로 공식화될 수 있다. 증명에서 각각의 논증은 단순한 추론 규칙들에 따라, 선행하는 논증으로부터 유도된다. 이와 같은 추론의 형식적 과정에서는 관측 또는 측정이 아무런 역할을 하지 않는다.[2]

증명에 의해 논증된 특성들을 그림을 그려 비슷하게 추론해낼 수도 있지만 그런 방법으로는 항상 불완전하게만 결론을 도출할 뿐이다. 우리가 세계에서 보는 곡선들 역시 마찬가지다. 기지개를 켜는 고양이의 등이나 현수교의 케이블이 늘어진 모양은 완벽하게 수학적인 곡선이 아니다. 이들은 수학적 곡선을 근사적으로 따라 하고 있을 뿐이다. 자세히 들여다보면 항상 이들이 수학적 곡선을 불완전하게 구현하고 있음을 알 수 있다. 따라서 다음과 같은 수학의 기본적인 역설이 제기된다. 수학이 연구하는 대상은 비실재적인 것이지만, 이 대상은 어느 정도는 실재에 대해 말해준다. 그러나 대체 어떻게 그럴 수 있을까? 이와 같은 아주 단순한 경우에도 실재와 수학 사이의 관계는 전혀 명백하게 여겨지지 않는다.

아마도 수학을 탐구하는 것이 중력을 탐구하는 것과 무슨 관계가 있는지 의아할 것이다. 하지만 이것은 반드시 필요한 사전 논의다. 왜냐하면 시간의 신비로움에 대한 이야기에서 수학은 중력만큼이나 중요하기 때문에, 우리는 물체들이 곡선을 따라 떨어지는 단순한 경우에서 자연이 수학과 어떻게 관계되는지를 파헤쳐보아야 한다. 그렇지 않을 경우, 오늘날 "우주는 4차원 시공간 다양체다" 같은 진술과 마주쳤을 때 난처한 상황에 빠질 것이다. 바닥이 보일 만큼 얕은 물이라도 탐색해보지 않는다면, 우리는 급진적인 형이상학적 환상을 과학이랍시고 팔아치우려 하는 신비론자의 희생양이 되고 말 것이다.

비록 자연 속에서 완벽한 원과 포물선을 찾을 수는 없지만, 수학적 대상들이 자연적 사물들과 공유하는 하나의 특성이 있다. 이들은 우리의 환상과 의지에 의해 조작되지 않는다. 원의 둘레와 지름 사이의 비율인 '파이'라는 수는 하나의 개념이다. 그러나 이 개념이 일단 발명되고 나면, 이 개념의 값은 객관적인 속성이 되어 추가적인 추론에 의해 발견되어야 한다. 파이의 값을 규정화하고자 하는 여러 시도가 있었는데, 이러한 시도는 모두 중요한 오해를 드러냈다. 아무리 우리가 파이의 값으로 특정한 수를 정하는 것을 바란다 해도 파이의 값이 달라지지는 않는다. 수학적 곡선의 다른 속성 및 다른 수학적 대상 역시 마찬가지다. 이 대상들은 그저 그 대상일 뿐이다. 우리는 이 대상이 갖는 속성이 옳고 그른지는 알 수 있지만 바꿀 수는 없다.

우리 대부분은 날지 못한다는 것을 수긍하고 받아들인다. 자연의 많은 측면에 영향력을 행사할 수 없음을 인정한다. 그러나 오직 우리의 마음속에만 존재하면서도 마치 자연 속 사물들처럼 그 속성이 객관적이고, 우리의 의지에 영향을 받지 않는 개념이 존재한다는 사실이 어딘가 좀 불편하지 않은가? 우리는 수학의 곡선과 수를 발명하지만, 그것들을 한번 발명한 뒤에는 바꿀 수 없다.

그러나 설혹 곡선과 수가 안정된 속성을 갖고 있고 우리의 의지에 저항한다는 측면에서 자연 세계에 존재하는 사물들과 닮았다 하더라도, 이러한 수학적 대상이 자연적 대상과 꼭 같지는 않다. 수학적 대상은 자연에 있는 모든 대상이 공유하고 있는 기본적인 속성 하나를 결여하고 있다. 여기 실제 세계에서는 항상 시간 속 한순간이 있다. 우리가 세계에 대해 아는 모든 것은 시간의 흐름에 참여한다. 세계에 대해서 우리가 행하는 모든 관측에는 시간을 매길 수 있다. 우리 모두와 자연 속에서 우리가 아는 모든 것은 하나의 시간 간격 동안 존재한다. 그 시간 간격의 전과 후에 우리는 존재하지 않는다.

곡선을 비롯한 수학적 대상은 시간 속에 살지 않는다. 파이의 값은 시간과 관계가 없다. 그 값이 다르거나 정의되지 않는 이전의 시간이 없으며, 이후에도 그 값이 변하지 않는다. 만약 유클리드가 정의한 것처럼 평면 위에 있는 두 평행선이 결코 만나지 않는다면, 그러한 만나지 않음은 항상 그러했고 앞으로도 그럴 것이다. 곡선과 수 같은 수학적 대상에 대한 진술은 시간과 관련된 그 어떤 증명도 필요 없는 방식으로 참이다. 수학적 대상은 시간을 초월한다. 그러나 어떻게 어떤 것이 시간 속에서 존재하지 않으면서 존재할 수 있다는 말인가?[3]

사람들은 이런 주제를 놓고 수천 년 동안 논쟁해왔지만 철학자들은 아직도 합의점에 도달하지 못했다. 그러나 이 질문이 최초로 제기된 이후 이에 답하고자 하는 하나의 안이 제시되었다. 이 제안에 따르면 곡선과 수를 비롯한 수학적 대상은 우리가 자연 속에서 보는 사물들과 마찬가지로 확고하게 존재한다. 다만 이 대상은 우리의 세계가 아니라 시간이 없는 다른 영역에 존재한다. 따라서 우리의 세계 속에 시간에 붙들린 사물과 비시간적 사물이라는 두 종류의 사물이 존재하는 것이 **아니다.** 오히려 두 종류의 세계가 존재한다. 시간에 붙들린 세계와 비시간적 세계timeless world가 그것이다.

수학적 대상이 따로 분리된 비시간적 세계에 존재한다는 생각은 많은 경우 플라톤과 연관된다. 플라톤은 수학에서의 삼각형에 대해 말할 때 그 삼각형은 세계 속에 있지 않고, 그것은 이상적인 삼각형이며, 실재하지만(심지어 더 실재적이라 볼 수도 있지만) 시간 밖에 있는 또 다른 영역에 존재한다고 가르쳤다. 내각의 합이 180도라는 삼각형의 정리는 우리의 물리적 세계에 있는 실제 삼각형에 대해서는 정확한 참이 아니지만, 수학적 세계에서 존재하는 이상적인 삼각형에 대해서는 정확히 참이다. 따라서 정리를 증명할 때 우리는 시간 밖에 존재하는 무언가에 대한 지식을 얻는 것이며, 이와 유사하게 현재, 과거 또는 미래에 구애받지 않는 참을 증명하는 것이다.

만약 플라톤이 맞다면 인간은 단순한 추론을 통해 시간을 초월하여 존재의 비시간적 영역에 대한 비시간적 진리를 배울 수 있다. 몇몇 수학자는 플라톤적인 영역에 대한 특정한 지식을 연역했다고 주장한다. 만약 이러한 주장이 옳다면 이는 그들에게 신성의 흔적이 있다는 것과 다름없다. 그런 수학자들은 어떻게 자신들이 그 일을 해냈다고 상상할 수 있는 것일까? 그들의 주장은 믿을 만한 것일까?

플라톤주의에 대해 알고 싶을 때마다 나는 친구 짐 브라운Jim Brown에게 점심을 같이 먹자고 청한다. 식사를 즐기는 도중 그는 인내심을 가지고 다시 한번 나에게 수학적 세계의 비시간적 실재에 대한 믿음을 지지하는 사례를 설명한다. 짐은 날카로운 지성과 낙천적인 기질을 동시에 갖고 있는 유별난 철학자다. 그는 행복하게 살고 있으며, 그를 보는 것만으로도 행복해진다. 그는 훌륭한 철학자다. 그는 양쪽 편의 모든 논증을 알고 있으며, 자신이 논파할 수 없는 사람들과 토론하는 것을 전혀 꺼리지 않는다. 그러나 나는 수학적 대상의 비시간적 영역이 존재한다는 그의 확신에 도전할 수 있는 방법을 찾지 못했다. 나는 때때로 인간 세계를 넘어서는 진리에 대한 그의 믿음이 그가 인간으로서 행복한 것에 기여하는지 그렇지 않은지 궁금하다.

짐을 비롯한 플라톤주의자들이 스스로 답변하기 어렵다고 인정하는 질문은 다음과 같다. 시간에 붙들려 있는 존재이자 마찬가지로 시간 속에 있는 다른 사물들과만 접촉할 수 있는 우리 인간이 어떻게 수학의 비시간적 영역에 대한 명확한 지식을 얻을 수 있는 것일까? 우리는 추론을 통해 수학적 진리에 다다르게 되는데, 정말로 우리의 추론이 옳다는 것을 확신할 수 있을까? 사실 우리는 이를 확신하지 못한다. 가끔은 교과서에 수록된 증명 속에서도 오류가 발견되므로 여전히 오류가 남아 있을 수 있다. 어쩌면 심지어 시간 바깥에서도 수학적 대상은 전혀 존재하지 않는다고 주장함으로써 어려움을 해결하려 할 수도 있다. 그러나 우리가 존재하지 않는 대상들의 영역에 대한 믿을 만한 지식을 갖고 있다고 주장하는 것이 대체 무슨 의미를 갖는다는 말인가?

내가 플라톤주의에 대해 함께 논의하는 또 다른 친구는 영국의 수리물리학자 로저 펜로즈Roser Penrose다. 그는 수학적 세계의 진리는 그 어떤 공리체계에 의해서도 포착되지 않는 실재성을 가진다고 본다. 그는 위대한 논리학자 쿠르트 괴델을 따라 우리가 수학적 영역에 관한 진리, 즉 그 어떤 형식적인 공리적 증명을 넘어서는 진리를 직접적으로 추론할 수 있다고 주장한다. 언젠가 그는 나에게 다음과 비슷한 이야기를 했다. "분명 자네는 1 더하기 1이 2임을 확신해. 이는 자네가 직관적으로 확신할 수 있는, 수학적 세계에 관한 하나의 사실이지. 따라서 1 더하기 1이 2라는 것은 그 자체로 이성이 시간을 초월할 수 있음을 보여주는 충분한 증거야. 그러면 2 더하기 2는 4는 어떨까? 자네는 이에 대해서도 확신할 수 있지! 그렇다면 5 더하기 5는 어떻지? 자네는 이것도 의심하지 않을 걸세. 그렇지 않은가? 따라서 자네가 확실하게 알고 있다고 할 수 있는, 수학의 비시간적 영역에 대한 매우 많은 수의 사실이 존재한다네." 펜로즈는 우리의 마음이 가변적인 경험의 흐름 너머에 있는 비시간적이고 영원한 실재에 도달할 수 있다고 믿는다.[4]

떨어지는 경험이 보편적인 자연적 사건과 마주친 것임을 깨달았을 때 우리는 중력이라는 현상을 발견했다. 이 현상을 이해하려는 노력 끝에 우리는 놀랄 만한 규칙성을 식별해냈다. 모든 떨어지는 물체는 고대인이 발명하여 포물선이라 이름 붙인 단순한 곡선을 따른다. 따라서 우리는 세계 속에서 시간에 붙들린 사물들에 영향을 미치는 보편적인 현상을, 시간 밖에서 우리가 발명했고 그 완전성이 진리의 (그리고 존재의) 가능성을 암시하는 개념과 연관시킬 수 있다. 만약 브라운이나 펜로즈 같은 플라톤주의자라면, 물체들이 보편적으로 포물선을 그리며 떨어지는 것에 대한 발견은, 시간에 붙들린 지구의 세계와 영원한 진리와 아름다움의 비시간적 세계의 관계에 대한 지각인 셈이다. 그렇게 되면 갈릴레오의 단순한 발견은 초월적 또는 종교적 의의를 갖게 된다. 비시간적인 신성이 우리 세계에 보편적으로 반영되는 모습에 대한 발견인 것이다. 우리가 사는 불완전한 세계에서 시간에 따라 떨어지는 물체는 자연의 심상부에 있는 완벽함의 비시간적 본성을 나타내준다.

과학을 통해 비시간적 실재로 초월할 수 있다는 환상 때문에 나를 포함한 많은 사람이 과학에 이끌렸지만, 이제 나는 이런 관점이 잘못된 것임을 확신한다. 초월이라는 꿈은 그 핵심에 치명적인 오류가 있다. 그 핵심은 비시간적인 것으로 시간에 붙들려 있는 것을 설명한다는 주장과 관련이 있다. 우리에게는 상상의 비시간적 세계에 접촉할 수 있는 물리적 방법이 없기 때문에, 우리는 곧 우리가 그저 없는 것을 지어내고 있음을 발견하게 될 것이다(이후의 장들에서 이러한 실패에 관한 사례를 제시할 것이다). 우리의 우주가 우리가 지각하는 모든 것과 분리되어 있는 더 완벽한 세계에 의해서 궁극적으로 설명된다는 모든 주장은 기본적으로 거저먹으려는 주장이다. 그러한 주장에 굴복한다면, 우리는 과학과 신비주의의 경계가 흐려지도록 놔두는 셈이다.

초월을 향한 우리의 열망은 근본적으로 종교적인 열망이다. 죽음으로부터, 우리 삶의 고통과 한계로부터 해방되고자 하는 염원은 종교와 신비주의의 원동력이다. 수학 지식을 탐구하는 것은 비범한 지식에 접근하는 특별한 경로를 오르는 사제를 만드는 것인가? 수학은 단지 종교적인 활동을 위한 것이라고 여기면 되는 것일까? 아니면 우리의 사상가들 중 가장 이성적이라 할 수 있는 수학자들이 자신의 일이 마치 인간 삶의 한계를 초월하는 경로인 양 이야기할 때, 이를 경계해야 하는가?

우리가 지각하고 경험하는 우주를 오직 그 자체의 용어로 설명하는 학문, 즉 실재적인 것을 실재적인 것으로 설명하고, 시간에 붙들려 있는 것을 시간에 붙들려 있는 것으로 설명하는 학문을 받아들이는 것은 훨씬 더 도전적인 과제이다. 하지만 이 과제가 더 도전적이라고 하더라도, 제한적이고 덜 낭만적인 이 경로가 궁극적으로는 더 성공적일 것이다. 최종적으로 우리를 기다리고 있는 보상은 시간의 의미를 시간 그 자체의 언어로 이해하는 것이다.

2장

사라진 시간

갈릴레오가 운동을 곡선과 연관시킨 최초의 사람은 아니었다. 그는 단지 지구에서의 운동을 곡선과 연관시킨 최초의 사람일 뿐이다. 갈릴레오 이전의 누구도 지구에서의 물체 운동이 포물선을 따른다는 것을 알아차리지 못한 이유는 아무도 그러한 포물선을 직접적으로 지각하지 못했기 때문이다. 떨어지는 물체들의 경로는 눈으로 보기에는 너무나 빨랐다.[1] 그러나 갈릴레오보다 훨씬 오래전부터 사람들은 쉽게 기록할 수 있을 정도로 충분히 느린 운동의 예들을 알고 있었다. 그것은 다름 아닌 해, 달, 행성의 운동이었다. 플라톤과 그의 제자들은 이집트인과 바빌로니아인이 수천 년 동안 간직해온 천체들의 위치 기록을 갖고 있었다.

그 기록을 연구한 사람들은 놀라움과 기쁨을 느꼈다. 왜냐하면 그 기록 속에는 일정한 규칙성이 있기 때문이었다. 이 규칙성 중 해의 연주 운동과 같은 몇몇은 명백하게 여겨졌고, 일식 기록에서 볼 수 있는 18년 11일의 주기와 같은 것은 전혀 명백하지 않았다. 고대인은 이러한 규칙성을 단서로 삼아 참된 우주를 구성하고자 했다. 수 세기 동안 학자들은 이러한 규칙성을 해독하고자 애썼고, 이러한 노력을 통해 수학이 처음으로 과학에 도입되었다.

그러나 이것은 완전한 대답이 아니다. 갈릴레오도 그리스인들과 같은 도구를 사용했다. 따라서 지구상의 운동에 대한 연구에 발전이 없던 개념적인 이유가 분명히 있었을 것이다. 갈릴레오 이전의 학자들에게 지구상에서의 운동에 관해 갈릴레오에게는 없던 어떤 맹점이 있었을까? 이들은 갈릴레오와는 다른 것을 믿었을까?

고대 천문학자들이 발견한 가장 단순하고 심오한 규칙성 중 하나를 보자. '행성planet'이라는 단어는 '떠돌이'를 뜻하는 그리스어 단어에서 유래했지만, 행성들이 하늘 전체를 떠돌아다니는 것은 아니다. 행성은 모두 황도ecliptic라는 거대한 원을 따라 도는데, 황도는 항성들에 고정되어 있다. 황도의 발견은 행성의 위치 기록을 해독하는 최초의 발걸음이었음이 분명하다.

원은 단순한 규칙으로 정의되는 수학적 대상이다. 만약 하늘 속 운동에서 원이 보인다면 이는 무슨 의미일까? 비시간적인 현상이 일시적이고 시간에 붙들린 세계 속에 잠시 들른 것일까? 이러한 해석은 우리에게는 설득력이 있을 수도 있겠지만 고대인은 다르게 이해했다. 고대인은 우주가 두 개의 영역으로 이루어졌다고 보았다. 지상계에는 삶과 죽음이 있고, 변화와 쇠퇴가 있다. 위쪽에 있는 천상계는 이와 달리 비시간적 완벽함이 존재하는 곳이다. 고대인들이 보기에 하늘은 이미 초월적인 영역이었다. 하늘은 더 이상 자라지도 쇠퇴하지도 않는 신성한 사물들이 거주하는 곳이었다. 고대인은 이러한 관점으로 천체 현상을 관측했다. 아리스토텔레스는 다음과 같은 말을 남겼다. "우리가 전승받은 기록들이 말하는 바에 따르면, 모든 과거 시간 속에서 저 위 천상의 전체적인 구조나 부분에서는 그 어떤 변화도 일어나지 않은 것으로 보인다."[2]

만약 이와 같이 신성한 영역에 있는 사물들이 움직인다면, 이 움직임은 완벽하고 따라서 영원할 수밖에 없었다. 고대인에게는 행성들이 원을 따라 움직이는 것이 명백하게 여겨졌다. 신성하고 완벽한 존재인 행성들은 가장 완벽한 곡선 위에서만 움직일 수 있을 것이기 때문이다. 그러나 지상계는 완벽하지 않기 때문에, 고대인에게는 완벽한 수학적 곡선으로 지구 위의 운동을 기술하는 것이 이상하게 여겨졌을 것이다.

세계를 지상계와 천상계로 구분하는 관점은 아리스토텔레스의 물리학에 체계적으로 정리되어 있다. 지상계의 모든 것은 네 원소(흙, 공기, 불, 물)의 혼합으로 구성된다. 원소 각각은 자연적으로 운동한다. 예를 들어 땅의 자연스러운 움직임은 우주의 중심을 찾는 것이다. 네 원소가 혼합되면서 변화가 뒤따른다. 에테르는 다섯 번째 원소이며 완벽한 물질이므로, 천상의 영역 및 이 영역을 가로지르는 물체들은 에테르로 이루어져 있다.

이와 같은 구분은 상승을 초월과 연결시키게 된 기원이다. 신, 천상, 완벽함은 우리의 위에 있고, 우리는 이곳 아래에 붙잡혀 있다. 이러한 관점에서 보면 하늘에서의 운동이 수학적 형태를 따른다는 것을 이해할 수 있었다. 왜냐하면 수학적인 것과 천상계 모두 시간과 변화를 초월한 영역이기 때문이다. 이 각각에 대해 아는 것은 지상계를 초월하는 것이나 다름없었다.

그렇기에 수학은 천상계의 비시간적 완벽함에 대한 믿음의 표현으로 과학에 도입되었다. 비록 수학이 유용하다는 것이 드러났다고 하더라도, 비시간적 수학 법칙을 공준으로 삼은 것이 결코 완전히 흠 없는 일은 아니었다. 이는 항상 우리의 지상계로부터 완벽한 형식의 세계로 초월하고자 하는 형이상학적 흔적을 동반하기 때문이었다.

고대인이 우주론을 정립한 이래로 오랜 세월 과학이 이어졌지만, 고대인이 생각한 우주의 기본 형태는 여전히 우리의 일상적인 말과 은유에 영향을 미치고 있다. 우리는 수완을 발휘해 위기에서 벗어날 때 'rise to the occasion(기회를 향해 오르다)'이라는 표현을 쓴다. 영감을 얻기 위해서는 위를 바라본다. 이에 반해 떨어진다는 것은 (예를 들어 '사랑에 빠지는falling in love' 것처럼) 통제하지 못하는 상황에 굴복한다는 것을 의미한다. 이에 더해, 오름과 떨어짐 사이의 대립은 육체적인 것과 정신적인 것의 갈등을 상징한다. 천상은 우리 위에 있고 지옥은 우리 아래 있다. 자신을 평가절하할 때는 땅 밑으로 가라앉는다고 말한다. 신과 같이 궁극적인 모든 것은 위에 있다.

음악은 고대인이 초월을 경험한 또 다른 방법이었다. 음악을 듣고 있을 때 우리는 자주 '그 순간으로부터 벗어나게 하는out of the moment' 심오한 아름다움을 경험한다. 고대인들이 음악의 아름다움 뒤에서 해독되기를 기다리는 수학적 신비를 감지한 것은 놀랄 일이 아니다. 피타고라스 학파의 위대한 발견 중 하나는 음악의 화음을 숫자들의 완전한 비율과 연관시킨 것이었다. 이는 고대인들에게는 수학에 신성한 규칙성이 있음을 보여주는 두 번째 단서였다. 우리는 피타고라스와 그의 추종자들을 자세히 알지 못하지만, 상상하건대 그들은 어떤 사람이 수학에 대한 친밀성이 높은 경우 음악에 대한 재능도 있음을 파악했을 것이다. 우리는 수학자와 음악가가 추상적인 규칙성을 인지, 창조, 조작하는 능력을 공유하고 있다고 말할 수 있다. 고대인은 이를 둘이 공유하는 능력이라기보다는 신성을 지각하는 것이라고 말했을 것이다.

갈릴레오는 과학자가 되기 전 어린 시절에 음악을 접했다.[3] 그의 아버지 빈센초 갈릴레이는 작곡가이자 영향력 있는 음악 이론가였고, 그는 바이올린의 현을 피사에 있는 집 천장에 붙여 아들이 화음과 비율의 관계를 경험할 수 있도록 했다고 전해진다. 피사 성당에서 예배를 드리며 지루함을 느낀 갈릴레오는, 천장에 걸린 등이 양끝 사이를 왔다 갔다 하는 데 걸리는 시간이 등이 움직이는 폭에 영향을 받지 않는다는 사실을 알아차렸다. 이와 같이 진자의 진폭과 주기(흔들림 또는 궤도 운동을 완전히 수행하는 데 걸리는 시간)가 서로 무관하다는 것은 갈릴레오가 최초로 발견한 것 중 하나였다. 그런데 그는 어떻게 이를 알아낼 수 있었을까? 지금 우리라면 초시계나 시계를 사용하겠지만 갈릴레오는 그러한 도구를 사용할 수 없었다. 우리는 그가 머리 위로 등이 흔들리는 것을 보면서 나지막이 노래를 읊조렸을 것이라 상상할 수 있다. 왜냐하면 그는 이후에 자신이 맥박의 10분의 1 정도의 정확도로 시간을 잴 수 있었다고 주장했기 때문이다.

갈릴레오가 코페르니쿠스주의를 사람들에게 소개할 때 그는 음악가로서 사람들의 이목을 끄는 능력을 십분 발휘했다. 그는 자신의 생각을 학자들의 언어인 라틴어가 아니라 이탈리아어로 썼고, 가상의 인물들이 함께 식사를 하거나 산책을 하며 과학에 대해 나누는 대화 속에서 자신의 생각을 생생하게 드러냈다. 이러한 이유로 갈릴레오는 교회와 대학의 위계질서를 거부하고 일반인의 지성에 직접 호소한 민주주의자로 칭송된다.

갈릴레오는 뛰어난 논객이자 실험가였지만 갈릴레오의 작업에서 무엇보다 놀라운 것은 그가 제기한 새로운 질문들이었다. 그는 어느 정도 고대의 도그마로부터 벗어난 덕분에(이것이 이탈리아 르네상스의 유산이다) 이러한 질문들을 던질 수 있었다. 오랫동안 사람들의 생각을 잠식한 지상계와 천상계의 고전적인 구분에 갈릴레오는 그다지 큰 영향을 받지 않은 것으로 보인다. 레오나르도는 정적인 형태에서 비례와 조화를 발견했으나, 갈릴레오는 진자와 경사면을 구르는 공의 움직임 같은 일상적인 운동에서 수학적 조화를 찾았다. 민주적인 소통의 전략을 채택하기 전에 이미 그는 우주에 대해 한 명의 민주주의자였던 것이다.

갈릴레오는 천상계의 완벽함이 거짓임을 발견함으로써 하늘의 신성함을 파괴했다. 그는 망원경을 발명하지 않았고, 이 새로운 발명품을 천상을 들여다보는 데 사용한 유일한 사람이 아니었을 수도 있다. 그러나 그의 독특한 관점과 재능은 망원경으로 천상계의 불완전함을 발견해 소동을 일으켰다. 태양에는 점들이 있다. 달은 완전무결한 구가 아니며, 지구에서와 같이 산이 있다. 토성은 이상한 세 겹의 형태를 갖고 있다. 목성 주위에는 달들이 있으며, 우주에는 맨눈에 보이는 것보다 훨씬 더 많은 별이 있다.

이와 같은 신성함의 쇠퇴는 그보다 몇 해 앞서 1577년 덴마크의 천문학자 튀코 브라헤가 천상의 완벽한 구를 가로지르는 혜성을 관측했을 때 어느 정도 예견된 것이었다. 튀코 브라헤는 맨눈으로 관측을 한 마지막 천문학자이자 가장 위대한 천문학자였다. 그와 그의 조수들은 평생의 노력을 통해 그전까지의 누구보다 정밀하게 행성 운동을 측정해 기록으로 남겼다. 이 기록들은 그의 책에 기록되어 해독되기를 기다렸고, 브라헤는 마침내 1600년에 신경질적이고 젊은 조수 요하네스 케플러를 고용했다.

행성들은 황도를 따라 돌지만 움직임에 일관성이 없어 보였다. 행성들은 모두 동일한 방향으로 움직였지만 가끔 멈춰 잠시 역방향으로 움직였다. 이와 같은 행성들의 역행 운동은 고대인에게 커다란 미스터리였다. 이 역행 운동이 알려주는 것은 지구 또한 하나의 행성이며 다른 행성들과 마찬가지로 태양 근처를 움직인다는 사실이었다. 행성들은 오직 지구의 관점에서만 정지했다가 다시 움직이는 것처럼 보였다. 화성은 지구 앞에 있을 때 하늘 오른쪽으로 움직이고, 지구가 화성을 따라잡으면 그 운동 방향을 반대로 바꾼다. 화성의 역행 운동은 단지 지구의 운동 효과에 지나지 않았으나 고대인들은 이를 알지 못했다. 왜냐하면 그들은 지구가 우주의 중심이라는 생각에 사로잡혀 있었기 때문이다. 지구는 정지해 있으므로 눈에 보이는 행성들의 움직임이 실제 움직임이어야만 했다. 따라서 고대의 천문학자들은 행성들의 역행 운동이 마치 행성 고유의 운동에서 비롯된 것처럼 설명해야만 했다. 이를 위해 고대 천문학자들은 두 종류의 원을 포함하는 이상한 형태의 배열을 상상했는데, 이 배열 속에서 행성은 한 점 주위를 회전하는 작은 원 위에 부착되어 있고, 그 점은 지구 근처의 더 큰 원 주위를 회전한다.

이 배열에 등장하는 작은 원인 주전원들은 1지구년을 주기로 회전했다. 왜냐하면 이들은 그저 지구 운동의 그림자에 지나지 않았기 때문이다. 다른 조정을 위해서는 더 많은 원이 필요했다. 이 체계를 제대로 작동시키려면 모두 55개의 원이 필요했다. 각각의 대원에 합당한 주기를 부여함으로써 알렉산드리아의 천문학자 프톨레마이오스는 이 모형의 정확성을 놀라울 정도로 높일 수 있었다. 몇 세기가 지난 후 이슬람의 천문학자들은 프톨레마이오스의 모형을 미세하게 조정했고, 튀코 브라헤의 시대에 이 모형은 행성, 태양, 달 등의 위치를 1,000분의 1의 정확도로 예측했다. 이러한 정확성 덕에 이 모형은 튀코 브라헤가 행한 대부분의 관측과 충분히 일치했다. 프톨레마이오스의 모형은 수학적으로 아름다웠고, 천문학자와 신학자들은 1,000년 이상 이 모형의 전제들이 옳다고 확신했다. 어떻게 이 전제들이 틀릴 수 있다는 말인가? 결과적으로 볼 때 이 모형은 관측으로 입증되었기 때문이다.

이 사례가 말해주는 교훈이 있다. 수학적으로 아름답고 실험 결과가 일치한다고 해도 이론의 기초가 되는 개념과 실재의 관계를 조금도 보장하지 못한다는 것이다. 때때로 자연 속의 규칙성을 해독하는 작업은 우리를 잘못된 방향으로 이끈다. 가끔 우리는 개인

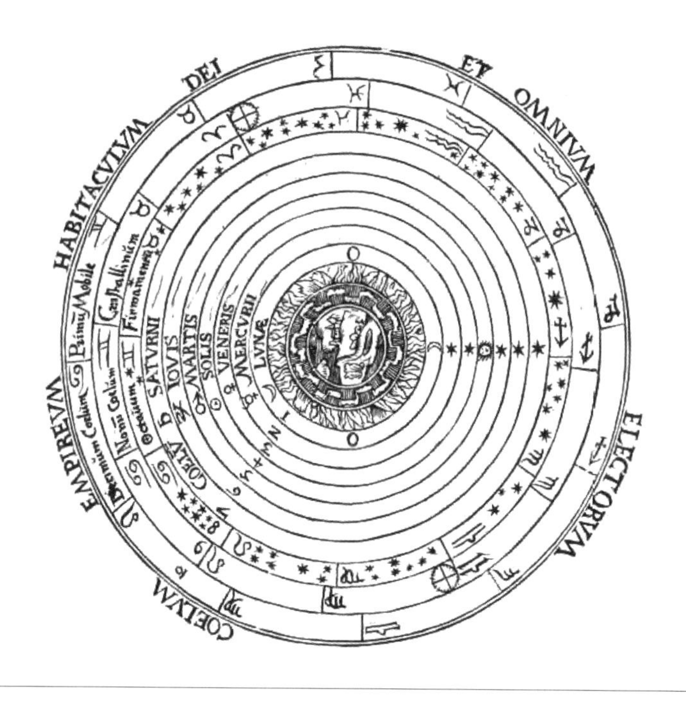

그림 2 우주에 대한 프톨레마이오스의 통찰을 그린 도식4

으로서나 사회 집단으로서 우리 자신을 고약한 방식으로 기만한다. 프톨레마이오스와 아리스토텔레스는 결코 오늘날의 과학자보다 덜 과학적인 사람들이 아니었다. 이들은 단지 몇 개의 잘못된 가설이 공모하여 잘 작동한 탓에 운이 나빴을 뿐이다. 자신을 기만하는 우리의 능력에 대한 유일한 해독제는, 계속 과학이 작동하게끔 해서 결국 오류들이 스스로 드러나게 하는 것이다.

코페르니쿠스는 모든 주전원이 동일한 주기를 따라 태양의 궤도에 맞춰 움직인다는 사실의 의미를 해독하고자 했다. 그는 지구를 행성이라는 합당한 위치에 두었고, 태양을 우주의 중심 근처에 두었다. 이는 단순한 모형이었지만 고대의 우주론을 끝장낼 긴장을 불러일으켰다. 만약 지구가 그저 천상을 여행하는 또 하나의 행성일 뿐이라면, 왜 지구의 천구가 천상의 다른 천구들과 달라야만 하는 것일까?

그러나 코페르니쿠스는 다른 단서들을 놓친 어설픈 혁명가였다. 그가 놓친 단서 중 중요한 것은, 지구의 움직임이 설명된 이후에도 행성들의 궤도가 정확하게 원이 아니라는 것이었다. 하늘에서의 운동은 반드시 원으로 이루어져야 한다는 생각에서 벗어나지 못한 코페르니쿠스는 열네 세기 전 프톨레마이오스가 했던 방식으로 이 문제를 해결했다. 자신의 이론을 자료와 일치시키는 데 필요한 주전원을 도입한 것이다.

화성의 궤도는 그중에서도 원형에서 가장 멀었다. 튀코 브라헤가 케플러에게 화성의 궤도를 해독하라는 문제를 제시한 것은 케플러에게만이 아니라 과학에도 대단한 행운이었다. 튀코의 조수직을 그만둔 이후 케플러는 여러 해 동안 계산을 했고, 결국 우주에서 화성이 타원 궤도를 따라 움직인다는 것을 발견했다.

오늘날에는 의아할 수 있겠지만 이는 여러 방면에서 혁명적이었다. 지구 중심의 우주론에서 행성들은 그 어떤 종류의 닫힌 경로도 따르지 않는다. 왜냐하면 지구에 상대적인 행성들의 경로는 서로 다른 주기를 가진 두 개의 운동이 결합된 것이기 때문이다. 행성들의 궤도는 오직 태양 주위로 설정되어야만 닫힌 경로를 이룬다. 오직 그렇게 되어야만 그 경로의 형태가 무엇인지 물을 수 있다. 따라서 태양을 중심에 두는 것은 세계를 더 조화롭게 이해하도록 한다.

일단 행성들의 궤도를 타원으로 이해하고 나면 프톨레마이오스 이론의 설명력은 훼손된다. 이제 다음과 같은 아주 다양한 질문이 새로 제기된다. **왜** 행성들은 타원 궤도를 도는 것일까? 행성들이 궤도를 이탈하지 않도록 묶어두는 것은 무엇일까? 행성들을 공간 속에 그냥 정지하도록 하는 것이 아니라 움직이게끔 하는 것은 무엇일까? 이에 대한 케플러의 대답은 아주 거친 추측이었으며, 이후 오직 절반만 옳다는 사실이 드러났다. **행성들이 궤도를 따라 돌게 하는 것은 태양으로부터 나오는 힘이다.** 태양을 회전하는 문어라고 상상해보라. 문어가 회전하면서 문어의 팔들이 행성들을 휘젓는다. 케플러는 태양이 행성들에 영향을 미치는 힘의 근원이라고 했던 최초의 사람이었다. 단지 그는 힘의 방향을 잘못 파악했다.

튀코와 케플러는 천상의 구들을 부수고 세계를 통합했다. 이러한 통합은 시간을 이해하는 일에 큰 영향을 미친다. 아리스토텔레스와 프톨레마이오스의 우주론에서는 영원한 완전함을 갖춘 비시간적 영역이 지상계를 감싸고 있었다. 위쪽에는 영원하며 완벽한 불변의 원운동이 있었다. 이제 시간에 붙들린 영역과 비시간적 영역을 분리하던 구가 부서졌고, 오직 하나의 시간 개념만 남을 수 있었다. 이 새로운 세계는 전체적으로 시간의 제약을 받기 때문에 우주 전체는 성장과 쇠퇴에 종속되는 것일까? 아니면 비시간적 완벽함이 모든 창조물에 확장되어 변화, 탄생, 죽음이 단순히 환상으로만 여겨지게 될까? 우리는 여전히 이 물음과 씨름하고 있다.

케플러와 갈릴레오는 신성함, 수학의 비시간적 영역과 우리가 사는 실제 세계 사이의 관계라는 신비를 해결하지 않았다. 이들은 이 신비를 더 심화시켰다. 이들은 지구를 하늘 속 신성한 행성 중 하나로 둠으로써 하늘과 지구 사이에 있던 장벽을 파괴했다. 이들은 지구 위 물체의 운동과 태양 주위를 도는 행성의 운동에서 수학적 곡선을 찾았다. 그러나 이들은 시간에 붙들린 실재와 비시간적 수학 사이에 새겨진 근본적인 균열을 해결하지는 못했다.

17세기 중엽에 이르러 과학자와 철학자 들은 냉혹한 선택의 기로에 섰다. 세계는 본질적으로 수학적이거나 시간 속에 살아 있는 것이어야 했다. 실재의 본성에 관한 두 개의 단서가 나타나 해결되기를 기다리고 있었다. 케플러는 행성들이 타원을 따라 움직인다는 것을 발견했다. 갈릴레오는 떨어지는 물체가 포물선을 따라 움직인다는 것을 발견했다. 각각은 단순한 수학적 곡선으로 표현되었고, 또한 운동의 비밀을 부분적으로 해독했다. 이들은 모두 심오한 발견이었고, 서로 결합하여 곧 만개할 과학혁명의 씨앗이 되었다.

이는 오늘날 이론물리학의 상황과 비슷하다. 우리는 양자이론과 일반상대성이론이라는 두 개의 위대한 발견을 했고, 이 둘을 통합하는 방법을 찾고 있다. 나는 생의 대부분 동안 이 문제에 매달렸고, 지금까지 우리가 이루어낸 성과에 깊은 인상을 받았다. 이와 동시에 나는 우리의 평범한 시야 뒤에 이를 해결할 수 있는 어떤 단순한 개념이 존재할 것이라고 확신한다. 단지 하나의 개념이 발명되기만을 기다리며 우리가 이룬 진보를 유지할 수 있다는 것을 인정하는 것은 겸손한 일이지만, 실제로 이런 일은 예전에도 일어난 바 있다. 갈릴레오와 케플러의 단순한 발견으로부터 과학혁명이 시작되기까지 시간이 오래 지연된 것은 우주가 지상계와 천상계로 구분되어 있다는 개념 때문이었다. 이 개념은 아래쪽 세계에 수학을 적용하는 것을 막은 반면, 완벽한 천상 운동의 원인은 찾을 필요가 없다는 믿음에 따라 위쪽 세계에 대한 우리의 이해를 좌절시켰다.

갈릴레오가 내디딜 발걸음에 필요한 모든 자료와 수학적 도구를 이미 갖고 있었던 뛰어난 사람들을 1,000년 이상 눈멀게 한 이러한 기본적인 개념적 실수가 없었다면 무슨 일이 일어났을까? 이를 상상해보면 흥미롭다. 헬레니즘 시대 혹은 이슬람 시대의 천문학자는 튀코보다 1,000년 앞서 확보한 자료들로 케플러가 발견한 것의 전부 또는 일부를 발견할 수 있었다. 지구가 태양 주위를 돈다는 개념이 나타나기까지 코페르니쿠스를 기다리지 않아도 되었다. 이미 기원전 3세기에 아리스타르코스가 이러한 개념을 제시한 바 있다. 프톨레마이오스를 비롯한 다른 학자들도 태양 중심적 우주론을 논했으며, 알렉산드리아의 뛰어난 수학자이자 철학자였던 히파티아와 같은 위대한 학자들도 이를 알고 있었다. 히파티아 또는 그녀의 뛰어난 제자들 중 누군가가 떨어지는 물체에 대한 갈릴레오의 법칙 또는 케플러의 타원 궤도의 법칙을 발견했다고 가정해보자.[5] 그렇다면 6세기 정도에는 뉴턴이 나타났을 것이며, 과학혁명은 1,000년은 더 일찍 시작되었을 것이다.

역사가들은 르네상스에 의해 암흑시대의 교조주의로부터 사상가들이 해방되지 않았다면 코페르니쿠스, 갈릴레오, 케플러의 발견이 등장하지 못했을 것이라고 항변할 것이다. 그러나 히파티아 시대는 암흑시대가 아니었고, 그리스 학문의 대표자와 종교 근본주의자의 투쟁이 합리적 탐구의 정신을 말살하지도 않았다. 만약 로마 시대의 알렉산드리아 혹은 몇 세기 뒤 이슬람 세계의 학문적 중심지에서 누군가가 지구 중심적 우주관을 폐기했더라면, 아마도 역사는 지금과 아주 달라졌을 것이다. 그러나 최상의 조건에 있던 가장 뛰어난 과학자들도 지상계의 운동을 지배하는 수학적 법칙 또는 천상계에서 그 역할을 하는 동역학적 힘을 상상하는 개념적 도약을 해내지는 못했다. 갈릴레오와 케플러는 그것을 발견하기 위해 두 영역을 구분하는 천구들을 산산조각 내야 했다.

그러나 심지어 그들조차 지구의 포물선과 행성의 타원 아래 놓여 있는 단일성을 포착하는 그다음 발걸음을 내딛지 못했다. 그 발걸음을 내디딘 사람은 아이작 뉴턴이었다.

갈릴레오와 케플러는 이전의 세계관을 무너뜨린 이후에도 살았기에, 무엇인가를 충분히 세게 던지면 그 물체가 궤도 운동을 할 것인지, 속도가 느려지면 그 물체가 떨어질 것인지도 물을 수 있었다. 우리는 이것이 두 개가 아니라 하나의 현상임을 분명히 안다. 그러나 이러한 사실이 갈릴레오와 케플러에게는 분명하지 않았다. 가끔 새로운 발견이 갖는 가장 단순한 함의에 학자들이 주목하는 데에는 한두 세대의 시간이 걸린다. 반세기가 지난 후 뉴턴은 궤도를 도는 것이 떨어지는 것의 한 형식임을 이해했고, 천상과 지구의 통합을 완성했다.

하나의 실마리는 운동을 규정하는 두 곡선이 공유하는 수학적 단일성이었다. 타원은 행성 궤도를 따르고, 포물선은 지구 위에서 떨

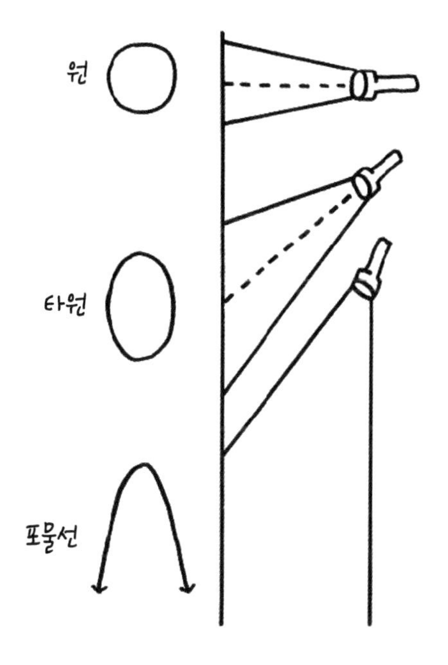

그림 3 벽에 비친 빛의 모양에서 원뿔곡선을 볼 수 있다.

어지는 물체들을 따른다. 이 두 곡선은 서로 긴밀하게 연관되어 있다. 이 두 곡선 모두 원뿔을 평면으로 가로지름으로써 만들 수 있다. 이렇게 만들어진 곡선들을 원뿔곡선이라고 부른다. 원뿔곡선의 또 다른 예로 원과 쌍곡선이 있다.

17세기 후반에는 이러한 수학적 단일성을 설명하는 물리적 단일성을 찾는 것이 과학자들의 가장 중요한 과제였다. 뉴턴이 과학혁명에 착수할 수 있게 한 통찰은 수학이 아니라 자연에 관한 것이었으며, 이 통찰은 뉴턴에게만 있었던 것도 아니었다. 뉴턴의 동시대인 몇몇은 위대한 비밀을 밝혀냈다. **지구 위에 있는 모든 것을 지구 쪽으로 떨어지게 하는 힘은 보편적인 것으로, 이 힘이 행성들을 태양 쪽으로 잡아당기며 달을 지구 쪽으로 잡아당긴다.** 이것이 바로 중력이다.

전해지는 이야기에 따르면, 달의 운동에 관해 생각하던 뉴턴이 나무에서 떨어지는 사과를 보고 불현듯 이러한 사실을 깨달았다고 한다. 그 생각을 완성시키기 위해 뉴턴은 다음과 같은 또 다른 핵심적인 질문을 던졌다. 사물들 사이의 거리는 이 힘을 어떻게 줄어들게 만드는 것일까? 이 힘은 줄어들어야만 했다. 그렇지 않았다면 우리는 지구 쪽이 아니라 태양 쪽인 위로 끌어당겨졌을 것이다. 그리고 힘은 어떻게 운동을 생성해내는 것일까?

뉴턴과 동시대인이었던 로버트 후크 같은 사람도 이와 같은 질문을 던졌으나, 뉴턴의 진정한 성취는 그 답변에 있었다. 뉴턴은 20년 동안 심혈을 기울여 운동과 힘에 관한 이론을 만들어냈고, 이를 우리는 뉴턴 물리학이라고 부른다.

이러한 질문에서 가장 중요한 점은 이 질문들이 수학적이라는 것이다. 거리에 따라 힘이 어떻게 줄어드는지는 단순한 방정식으로 나타낼 수 있다. 모든 물리학 전공 대학 신입생이 아는 바와 같이, 정답은 힘이 거리의 제곱에 비례해서 줄어든다는 것이다. 이처럼 단순한 수학적 관계가 자연의 보편적인 현상을 포착한다는 사실은 자연에 대한 우리의 개념에 비추어 보았을 때 놀라운 귀결이었다. 자연은 그토록 놀라울 정도로 단순해선 안 되었고, 사실상 고대인은 운동의 원인에 그처럼 단순하고 보편적인 수학을 적용할 수 있으리라고는 상상조차 하지 못했다.

힘이 어떻게 운동을 일으키는지 물으려면 움직이는 물체가 공간 속에서 곡선을 따라 움직인다고 생각해야만 한다. 그러면 문제는 물체에 힘이 작용하는지 그렇지 않은지에 따라 곡선이 어떻게 달라지는가이다. 이에 대한 답은 뉴턴의 법칙들 중 처음의 두 법칙에 진술되어 있다. 첫째, 힘이 없다면 물체가 따라 움직이는 곡선은 직선이다. 둘째, 힘이 작용하면 힘은 물체에 가속도를 일으킨다.

이러한 법칙은 수학 없이 진술할 수 없다. 직선은 이상적인 수학적 개념이다. 이것은 우리 세계가 아니라 이상적인 선들로 이루어진 플라톤적 세계에서 산다. 그렇다면 가속도란 무엇인가? 가속도는 속도의 변화율이며, 그 자체로 위치 변화의 비율이다. 이를 제대로 기술하기 위해 뉴턴은 완전히 새로운 수학 분야인 미적분학을 발명해야만 했다.

일단 필요한 수학이 구비되고 나면 그 귀결을 직접 도출해낼 수 있다. 뉴턴이 자신의 새로운 수학적 도구로 답해야 했던 최초의 질문 중 하나는,[6] 태양으로부터의 거리의 제곱에 반비례하여 줄어드는 힘의 영향 아래에서 행성이 어떤 궤도를 따를지의 문제였다. 이에 대한 답은, 행성이 태양 근처에서 닫힌 궤도를 따라 움직이느냐 아니면 한 번만 스쳐 지나가느냐에 따라 타원, 포물선, 쌍곡선이 될 수 있었다.[7] 또한 뉴턴은 갈릴레오의 낙하 법칙까지 포괄해 설명해낼 수 있었다. 갈릴레오와 케플러는 중력이라는 단일한 현상의 서로 다른 측면을 보았던 것이다.

인간 사고의 역사에서, 떨어지는 것과 궤도를 도는 것 사이에 숨겨진 공통점을 발견한 것보다 심오한 발견은 없다. 그러나 뉴턴의 어마어마한 성취는 의도하지 않은 결과를 낳았는데, 그것은 그의 작업이 자연에 대한 우리의 개념을 그 어떤 시기보다 더 수학적인 것으로 만들었다는 것이다. 아리스토텔레스와 그의 동시대인들은 경향성으로 운동을 기술했다. 지상계의 물체에는 지구의 중심을 찾으려는 경향성이 있고, 공기에는 중심으로부터 달아나려는 경향성이 있다는 식으로 설명했다. 이들의 과학은 본질적으로 설명적인 과학이었다. 물체가 따라 도는 궤도에 특수한 성질이 있음을 전혀 눈치채지 못했기에, 이들은 지구 위에서의 운동을 기술할 때 수학을 적용하는 것에 흥미를 느끼지 못했다. 비시간적인 수학은 신성한 것이었고, 따라서 수학은 오직 천상계에서만 볼 수 있는 신성하고 비시간적인 현상에만 적용될 수 있었다.

갈릴레오가 단순한 수학적 곡선을 이용해 떨어지는 물체를 기술할 수 있음을 발견했을 때 그는 신성함의 한 측면을 포착하여 이를 하늘에서 끌어내렸고, 지구 위에 있는 일상적인 물체의 운동 속에서도 이를 발견할 수 있음을 보여주었다. 뉴턴은 중력 또는 다른 힘에 의해 추동되는, 지구와 하늘에서 볼 수 있는 엄청나게 다양한 운동이 숨겨진 단일성의 발현임을 증명했다. 이러한 다양한 운동은 모두 단일한 **운동 법칙**의 귀결이었다.

뉴턴이 마침내 하늘의 운동과 지상의 운동을 통합했을 무렵, 우리는 단일하게 합쳐진 세계에 살고 있었다. 그리고 이 세계는 신성함이 스며든 세계였다. 왜냐하면 지구와 하늘 속에서 움직이는 모든 것의 심장에 비시간적 수학이 있었기 때문이다. 만약 비시간성과 영원성이 신성함을 나타내는 측면이라면 우리의 세계, 즉 이 세계의 역사 전체는 수학적 곡선과도 같이 영원하고 신성할 수 있을 것이었다.

3장

캐치볼 게임

앞선 두 장에서 제기한 주제들을 더 자세히 알려면 우리가 어떻게 운동을 정의하는지를 좀 더 알 필요가 있다. 운동은 시간이 지나는 동안 일어나는 위치의 변화다. 이는 아주 단순한 정의인 것처럼 보인다. 그러나 위치란 무엇이며, 시간이란 무엇인가?

위치를 정의하는 문제는 얼핏 심각한 문제로 보이지 않는다. 이 문제에 대해 물리학자들이 제시한 답변이 두 개 있다. 첫째는 한 사물의 위치는 특정한 기준 지점에 대해 상대적으로 정의된다는 일반적인 개념이다. 둘째는 다른 사물에 대한 관계를 넘어서서, 특정 사물이 공간 속에서 갖는 위치에는 절대적인 무엇인가가 있다는 것이다. 이 각각을 공간에 관한 관계(론)적 개념과 절대적 개념이라고 부른다.

위치의 관계적 개념은 친숙하다. 나는 지금 의자에서 약 90센티미터 떨어져 있다. 비행기는 서쪽에서 공항으로 날아오고 있는데, 1활주로의 끝으로부터 2킬로미터 떨어진 300미터 상공에 있다. 이것들은 모두 위치에 대한 상대적 기술이다.

그러나 관계적 위치에는 무언가가 생략된 것처럼 보인다. 궁극적인 기준계는 어디에 있는가? 이에 대한 답으로 지구를 제시할 수 있겠으나, 그렇다면 지구는 어디에 있나? 지구는 태양에서부터 물병자리 방향으로 아주 먼 거리에 떨어져 있다. 그렇다면 태양은 어디에 있는가? 우리은하의 중심으로부터 수만 광년 떨어진 곳에 있다. 이런 물음은 끝없이 이어진다.

이러한 방식으로 계속하면 우리는 우주에 있는 모든 것의 위치를 다른 모든 것들에 대해 상대적으로 제시할 수 있다. 이는 많은 정보를 담고 있지만, 과연 이것만으로 충분할까? 위치의 절대적인 개념, 즉 이러한 모든 상대적인 위치들 너머에 어떤 것이 **실제로** 있는 곳이 존재하지 않을까?

공간에 대한 관계론적이고 절대적인 개념 사이의 이러한 논쟁은 물리학의 역사 전체를 관통하고 있다. 거칠게 말하자면, 뉴턴의 물리학은 절대적인 개념의 승리였지만, 이는 관계론적인 관점을 수립한 아인슈타인의 상대성이론에 의해 전복되었다. 나는 관계적 관점이 옳다고 믿으며, 독자들에게 이러한 믿음을 납득시키고자 한다. 그러나 동시에 나는 왜 뉴턴과 같은 훌륭한 과학자가 절대적인 관점을 받아들였는지, 절대적 관점 대신 상대적 관점을 받아들였을 때 우리가 무엇을 포기하게 되는지를 독자들에게 생생하게 전달하고자 한다.

뉴턴이 이 문제를 어떻게 생각했는지 제대로 파악하기 위해 우리는 위치만이 아니라 아니라 운동에 대해서도 물어야 한다. 시간을 잠시 내버려두고 우리가 지금껏 논의한 바를 적용해보자. 만약 위치가 상대적이라면 운동은 상대적인 위치의 변화, 즉 어떤 기준 물체에 대한 상대적인 위치의 변화이다.

운동에 관한 모든 일상적인 대화는 상대운동에 관한 대화이다. 갈릴레오는 지구 표면에 상대적으로 떨어지는 물체를 연구했다. 나는 공 하나를 던지고 이 공이 나로부터 멀어지는 것을 본다. 지구는 태양 주변을 움직인다. 모두 상대운동의 사례이다.

상대운동은 누가 혹은 무엇이 움직이는가가 항상 관점의 문제라는 결론으로 이어진다. 지구와 태양은 서로의 주변을 움직이고 있지만, 둘 중 실제로 움직이는 것은 무엇인가? 지구가 우주의 중심에 고정되어 있고 지구 주위를 태양이 움직이는 것이 옳은가? 아니면 이와 달리 태양이 고정되어 있고 지구가 태양 주위를 움직이는 것인가? 만약 운동이 오직 상대적인 것이라면 이 물음에 대한 옳은 답은 존재하지 않는 것처럼 여겨진다.

상대운동에서는 모든 것이 움직이거나 고정될 수 있다는 사실 때문에 운동의 원인을 설명하기가 어려워진다. 만약 지구가 전혀 움직이지 않는다고 보는 동등하고 타당한 다른 관점이 존재할 경우, 어떻게 무언가가 태양 근처를 움직이는 지구 운동의 원인이 될 수 있을까? 만약 운동이 상대적이라면 관측자는 자유롭게 모든 운동이 자신에 대해 상대적으로 정의된다는 관점을 채택할 수 있다. 이 교착 상태를 해결하고 운동의 원인에 대해 말하기 위해 뉴턴은 위치의 절대적인 의미가 반드시 있을 것이라고 주장했다. 뉴턴에게 이것은 그가 '절대적 공간'이라 부른 것에 대한 상대적인 위치였다. 물체들은 절대적인 의미에서, 이 절대적 공간에 상대적으로 움직이거나 움직이지 않는다. 뉴턴은 절대적으로 움직이는 것은 태양이 아니라 지구라고 주장했다.

절대공간의 공준화는 무한 퇴행을 멈추고 우주에 있는 모든 사물의 위치에 의미를 부여해주며, 더는 다른 사물을 지칭할 필요가 없게 만든다. 이는 만족스러운 개념일 수 있지만 여기에는 문제가 하나 남는다. 이 절대공간은 어디에 있으며, 우리는 어떤 물체가 이 공간에서 차지하는 위치를 어떻게 측정할 것인가?

그 누구도 절대공간을 보거나 탐지한 적이 없다. 그 누구도 상대적 위치가 아닌 위치를 측정한 적이 없다. 따라서 물리학의 방정식들이 절대공간에서의 위치를 지칭하는 한, 이 방정식들은 실험과 연관될 수 없다.

뉴턴은 이 사실을 알고 있었지만 이로 인해 괴롭지는 않았다. 그는 아주 종교적인 사상가였고 절대공간은 그에게 신학적인 의미가 있었다. 신은 절대공간을 통해 세계를 바라보았으며 뉴턴에게는 그것이면 충분했다. 심지어 뉴턴은 이 사실을 더 강력하게 표현하기도 했다. 공간은 신의 감각 중 하나라고 말이다. 그에게 사물은 신의 마음속에 존재하므로 공간 속에 존재하는 것이다.

뉴턴과 같은 전문 해독자에게는 이러한 이야기가 그다지 이상하게 들리지 않을 것이다. 뉴턴은 몇 년에 걸친 작업을 통해 성경에 숨어 있는 의미를 연구했고, 연금술사로서 덕과 불멸성을 위한 숨겨진 암호를 찾고자 노력했다. 물리학자로서 그는 이전까지 숨겨져 있던, 우주의 모든 운동을 지배하는 보편 법칙들을 발견했다. 그런 뉴턴으로서는 공간의 본성이 신에게는 보이지만 인간의 감각으로부터는 숨어 있다고 믿는 것이 자연스러웠다.

게다가 뉴턴에게는 절대공간에 대한 물리적 논증이 있었다. 설혹 절대공간에서의 위치가 인간에게 지각되지 않더라도, 절대공간에 대한 특정한 종류의 운동은 인간에게도 지각될 수 있었다.

아이들은 날 수 없지만 회전할 수는 있다. 실제로 아이들은 회전한다. 자기 스스로 어지럽게 할 수 있다는 것을 발견하고 기뻐하는 아이의 얼굴은 얼마나 예쁜가. 아이는 자신이 원할 때마다 계속해서 빙글빙글 돈다. 한 번 더! 뉴턴에게는 아이가 없었지만, 나는 그가 어린 질녀인 캐서린이 서재에서 빙글빙글 돌면서 즐거움을 느끼는 것을 보며 조용한 충격을 느꼈으리라고 상상해보곤 한다. 뉴턴은 기우뚱하며 웃고 있는 아이를 무릎에 앉히며 아이가 느끼는 어지러움은 절대공간에 대한 직접적인 지각이라고 말한다. "네가 어지러움을 느낄 때 사실 네가 느끼는 것은 신이 네게 내리는 손길이란다"라고 뉴턴이 말한다. 뉴턴이 아이가 어지러운 것은 가구, 집, 고양이에 대해서 회전한 것 때문이 아니라 공간 그 자체에 대해 회전했기 때문이라고 설명하기 시작하자 아이는 몸을 꼬며 킥킥거리고 웃는다. 만약 공간이 아이를 어지럽게 할 수 있다면 공간은 실재하는 무엇임이 틀림없다. 아이는 "왜요?"라고 말하며 뉴턴의 무릎에서 뛰어내려 방 밖으로 나간 고양이를 쫓는다. 이제 뉴턴은 중력과 필멸성에 대해 사색하도록 그곳에 남겨두고, 우리는 운동의 정의에 관한 문제로 돌아오자.

어떤 것이 움직인다는 것은 그것의 위치가 시간에 따라서 변한다는 것을 의미한다. 이것이 상식이지만, 정확하게 말하려면 우리가 시간이라는 것이 무엇을 의미하는지 정말 안다고 확신할 수 있어야 한다. 여기서 우리는 관계론적인 것 대 절대적인 것 사이의 동일한 딜레마에 직면한다.

인간은 시간을 변화로 지각한다. 하나의 사건이 일어나는 시간은 다른 사건들에 대해 상대적으로, 예를 들어 시계의 지침을 읽음으로써 측정된다. 모든 시계와 달력 읽기는, 모든 주소 읽기처럼 상대적인 것을 읽는 것이다. 그러나 뉴턴은 변화 뒤에 신이 지각하는 절대적 시간이 숨어 있다고 보았다.

절대적 시간이라는 주제에 대해서 지금까지 이루어진 논쟁을 간단히 살펴보자. 뉴턴의 경쟁자였던 고트프리트 빌헬름 라이프니츠 역시 신을 믿었지만, 그의 신은 원하는 대로 할 수 있는 뉴턴의 신과 달리 자유로운 신이 아니었다. 라이프니츠는 극도로 합리적인 신을 숭배했다. 그러나 만약 신이 완벽하게 합리적이라면 자연 속에 있는 모든 것은 분명 이유를 갖고 있어야 한다. 이것이 라이프니츠의 '충분한 근거의 원리'이다. 이 원리를 진술하는 하나의 방식은 '왜 우주는 저러저러하지 않고 이러이러할까?'와 같은 형식의 질문에는 반드시 합리적인 답이 있다는 것이다. 물론 합리적인 답을 제시할 수 없는 질문이 있다. 라이프니츠의 논점은 합리적으로 정당화될 수 있는 답을 제시할 수 없는 질문을 제시하는 것은 사고의 오류를 범하는 일이라는 것이다.

라이프니츠는 다음과 같이 자신의 원리를 설명한다. 그는 묻는다. "왜 우주는 10분 후에 시작하지 않고 자신이 시작한 시간에 시작했을까?" 그는 모든 것이 10분 후에 일어나는 우주보다 지금의 우주를 선호할 만한 그 어떤 합리적인 이유도 있을 수 없다고 대답했다. 이 두 우주에서 모든 상대적 시간은 동일할 것이다. 오직 절대적인 시간만이 다르다. 그러나 자연법칙은 오직 상대적 시간에 대해서만 이야기한다. 따라서 만약 우주가 하나의 절대시간에 시작하는 것을 다른 절대시간에 시작하는 것보다 선호할 만한 이유가 없다면, 절대시간에는 의미가 있을 수 없다고 라이프니츠는 주장했다.

나는 라이프니츠의 추론을 받아들인다. 따라서 시간에 대해서 언급할 때 내가 의미하는 것은 항상 상대적인 시간이다. 비록 우리가 절대시간이 존재하는 초월적인 감각이 존재하는지 논증할 수 있다고 할지라도, 사실상 확실한 한 가지 사실은 실제 세계에 살고 있는 우리 인간은 오직 상대적인 시간만 접할 수 있다는 것이다. 따라서 운동을 기술한다는 목적을 달성하기 위해서라면 우리는 시계로 측정한 시간을 고려할 것이다. 우리의 목적을 위해서는 증가하는 일련의 숫자들을 나타내는 모든 도구를 시계라고 할 수 있다.

이제 우리는 시간과 위치를 모두 정의했으므로, 논의를 더 진행시킬 수 있다. 운동은 시간에 따른 위치의 변화이며, 이때 위치는 어떤 기준 물체에 대해 상대적으로 측정되며, 시간은 시계의 시간 읽기에 대해 상대적으로 측정된다.

이러한 준비를 통해 우리는 다음 단계로 넘어간다. 과학을 한다는 것은 정의를 만들고 개념에 대해 주장하는 것만으로는 부족하다. 우리는 운동을 측정해야만 한다. 이는 시계와 자 같은 도구를 이용해서 위치와 시간을 수와 연계시켜야 한다는 것을 의미한다.

눈에 보이지 않는 절대적 위치와 달리, 상대적인 거리와 상대적인 시간은 숫자로 측정될 수 있으며, 종이 또는 디지털 메모리에 기록될 수 있다. 이와 같은 방법으로 운동을 관측한 결과는 수들의 목록으로 바뀔 수 있으며, 이 목록은 수학적인 방법으로 연구할 수 있다. 가능한 수학적인 방법 중 하나는 기록을 그래프로 그리는 것인데, 이는 수들의 목록을 우리의 이해와 상상을 자극할 수 있는 그림으로 바꾸는 것이다.

이 강력한 도구는 르네 데카르트가 발전시켰으며 모든 학생은 학교에서 이 방법을 배운다. 케플러는 튀코가 화성의 궤도에 대해 남긴 자료들과 씨름할 때 분명 이 방법을 사용했을 것이다. [그림 4]는 지구 주변을 도는 달의 궤도를 그린 것이다.

학교에서 우리는 운동을 그리는 두 번째 방법을 배웠다. 이는 시간을 나타내는 축을 하나 추가해, 시간에 따른 위치를 그래프로 그리는 것이다. 이는 [그림 5]에서 볼 수 있는 바와 같이 궤도를 공간과 시간 속에서 나타낸다. 이제 우리는 달의 궤도가 나선으로 나타나는 것을 볼 수 있다. 궤도가 원래의 시작점으로 돌아올 때는 한 달이 지난 것이다.

관측 기록을 그래프로 나타내는 과정에서 무언가 멋진 일이 일어났음을 주목하자. [그림 5]에서의 곡선은 시간 속에서 무언가가 진화하는 도중에 행해진 측정들을 나타내지만, 측정 그 자체는 비시간적이다. 즉 한번 측정되면 더는 변하지 않는다. 그리고 측정들을

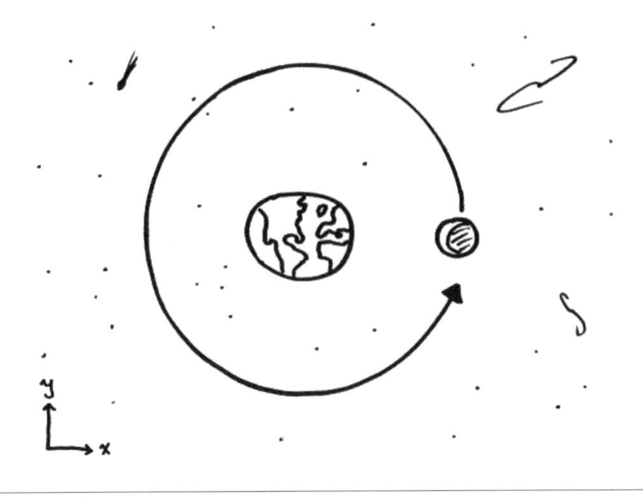

그림 4 지구 주변을 도는 달의 궤도

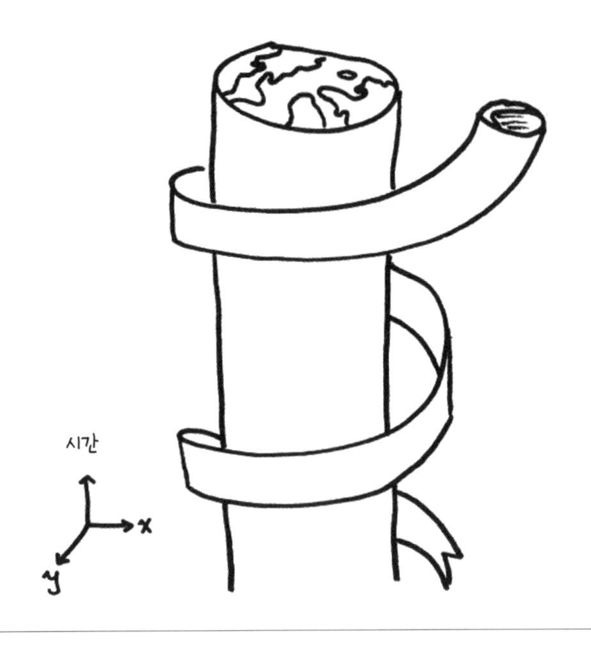

그림 5 공간과 시간 속에서 곡선으로 나타낸 달의 궤도

나타내는 곡선 역시도 비시간적이다. 이를 통해 우리는 세계 속의 변화인 운동을 수학의 연구 대상으로 만들었다. 수학은 변하지 않는 사물에 대한 연구다.

이처럼 시간을 얼어붙게 만드는 능력은 과학에 엄청난 도움이 되었다. 왜냐하면 이를 통해 실시간으로 펼쳐지는 운동을 관찰하지 않아도 되었기 때문이다. 우리는 언제나 원하는 시간에 과거 운동에 대한 기록을 연구할 수 있다. 그러나 이 발명은 이러한 유용함을 넘어 심오한 철학적 귀결을 가져왔다. 왜냐하면 이것은 시간이 일종의 환상이라는 논증을 지지하기 때문이다. 시간을 얼어붙게 만드는 이 기법은 너무나 잘 작동해서, 대부분의 물리학자는 이 기법이 자연에 대한 그들의 이해에 영향을 미친다는 것을 의식하지 못한다. 이 기법은 자연에 대한 기술에서 시간을 추방하는 데 큰 역할을 했다. 왜냐하면 이로 인해 우리는 실재하는 것과 수학적인 것 사이, 시간에 붙들린 것과 비시간적인 것 사이의 관계를 궁금해하게 되었기 때문이다.

이 상관관계는 너무나 중요하므로 일상에서 찾아볼 수 있는 예를 가지고 이를 설명해보겠다. 캐치볼 놀이만 가지고도 이 주제를 다뤄볼 수 있다.

◈

2010년 10월 4일 오후 1시 15분경, 토론토에 있는 하이파크의 동쪽에서 소설가 대니가 그날 아침 양말장에서 발견한 공을 방금 만난 시인 재닛에게 던졌다.

물리학의 관점에서 대니가 던진 공을 연구하기 위해 튀코와 케플러가 화성에 대해 했던 일을 해보자. 먼저 운동을 관측하며 시간의 계열 속에서 공의 위치를 기록한 후, 그 결과를 갖고 그래프를 그린다. 이 일을 하려면 어떤 물체에 상대적인 공의 위치를 제시해야 하며, 이때 기준이 되는 물체는 공을 던지는 대니 자신으로 삼는다. 물론 시계도 필요하다.

공이 빠르기 때문에 이런 작업을 하는 것이 갈릴레오에게는 일종의 도전이었겠지만, 우리는 그저 대니가 공을 던지는 것을 촬영하여 시간에 따라 각 장면에 등장하는 공의 위치를 측정하기만 하면

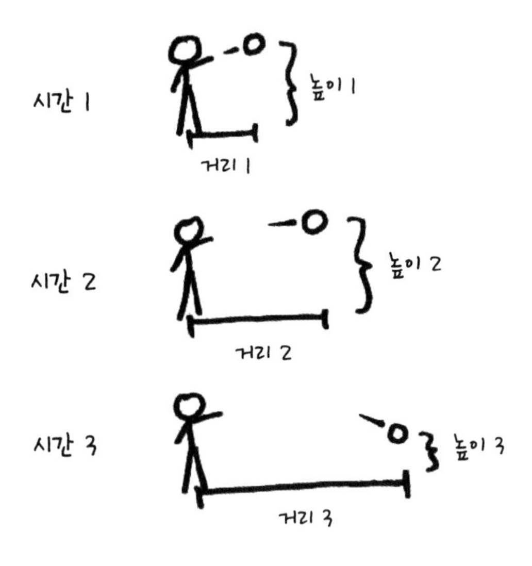

그림 6 대니가 던진 공을 측정한 결과

된다. 공이 등장하는 각 장면의 공의 위치로부터 두 개의 숫자를 얻을 수 있는데, 하나는 땅으로부터 수직으로 떨어진 거리, 즉 높이이고 다른 하나는 대니로부터 공이 떠나간 수평 거리이다(물론 공간은 3차원적이므로, 대니가 공을 던진 방향도 기술해야 한다. 논의를 단순화하기 위해 이를 생략하고자 한다). 각각의 장면에 맞는 시간까지 포함하면 공의 궤적에 대한 기록은 숫자 세 개로 이루어진 하나의 계열이 되며, 세 숫자로 이루어진 한 벌은 필름의 각 장면에 대응한다.

(시간 1, 높이 1, 거리 1)
(시간 2, 높이 2, 거리 2)
(시간 3, 높이 3, 거리 3)

이런 식으로 기술할 수 있다.

이와 같은 수의 목록은 운동을 과학적으로 연구하는 데 중요한 도구이다. 그러나 이 목록이 운동 그 자체는 아니다. 이는 그저 숫자들일 뿐이며, 운동하는 공을 특정한 순간에 측정함으로써 의미를 부여한 것이다. 실제 현상은 이것의 기록인 숫자 목록과 몇 가지 점에서 다르다. 예를 들어, 공의 많은 측면이 생략되어 있다. 우리는 공의 위치만을 기록하지만 공에는 색깔, 무게, 형태, 크기, 구성도 있다. 더 중요한 것은 현상이 시간 속에서 펼쳐진다는 점이다. 현상은 오직 한 번 일어나며 과거 속으로 사라진다. 남는 것은 기록이며, 기록은 얼어붙은 채 변하지 않는다.

다음 단계는 기록 속에 있는 정보를 그래프로 그리는 것이다. [그

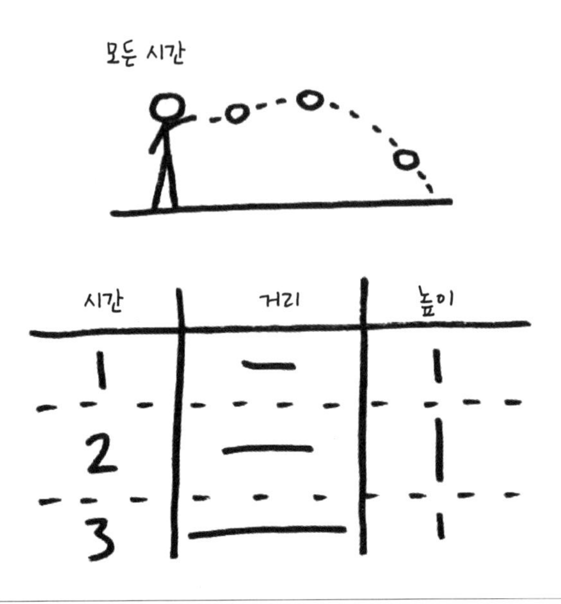

그림 7 대니가 던진 공을 기록하여 그린 그래프

림 7]에는 공간 속에서 움직이는 공의 경로가 나타나 있다. 우리는 갈릴레오가 예측한 것과 같이 공이 포물선을 따라 날아가는 것을 본다.

우리는 다시 한 번 시간 속에서 이루어지는 **운동**의 기록 과정이 시간이 얼어붙은 **기록**으로 귀결되는 것을 본다. 기록은 그래프 속의 곡선으로 나타낼 수 있으며, 이 곡선 역시 시간 속에서 얼어붙어 있다.

몇몇 철학자와 물리학자는 이것을 실재의 본성에 대한 심오한 통찰로 본다. 다른 학자들은 그와 정반대를 주장한다. 수학은 오직 도구일 뿐이며, 수학이 유용하다고 해서 세계를 본질적으로 수학적인 것으로 볼 필요는 없다는 것이다. 우리는 이러한 대립되는 입장을 각각 **신비주의**와 **실용주의**라고 부를 수 있다.

실용주의자는 운동을 수들의 목록으로 변환시켜 이 속에서 규칙성을 찾음으로써 운동 법칙에 관한 가설을 확인하는 것에는 문제가 없다고 주장할 것이다. 그러나 실용주의자는 동시에 곡선을 통해 운동을 수학적으로 표현하는 것이 운동은 그러한 표상과 어떤 방식으로든 동일하다는 것을 함축하지는 않는다고 주장할 것이다. 운동은 시간 속에서 일어나는 반면 운동의 수학적 표상이 비시간적인 것은 그저 그 둘이 같지 않다는 것을 의미한다.

뉴턴 이래로 몇몇 물리학자는 수학적 곡선이 운동 그 자체보다 '더 실재적'이라는 신비주의적 관점을 받아들였다. 곧 사라지는 경험의 연속과 대비되는, 좀 더 심오한 비시간적인 수학적 실재라는 개념은 너무나 매력적이다. 실재를 그것에 대한 표상과 뒤섞고 운동 기록을 그래프로 나타낸 것을 운동 그 자체와 동일시하려는 유혹에 빠짐으로써, 이 과학자들은 우리의 자연 개념에서 시간을 추방하는 일에서 큰 발걸음을 내디뎠다.

[그림 5]에서 나타낸 것처럼 시간을 그래프상 하나의 축으로 나타내면 혼동은 더 심각해진다. [그림 8]은 시계 읽기를 포함하여 공의 궤적에 대한 정보를 나타내는데, 여기서는 시계 읽기가 마치 자로 측정한 것처럼 나타나 있다. 이것을 시간의 공간화라고 한다.

공간과 시간에 각각 축을 부여함으로써 공간과 시간의 표상을 수학적으로 연결한 것을 **시공간**時空間, spacetime이라 부를 수 있다. 실

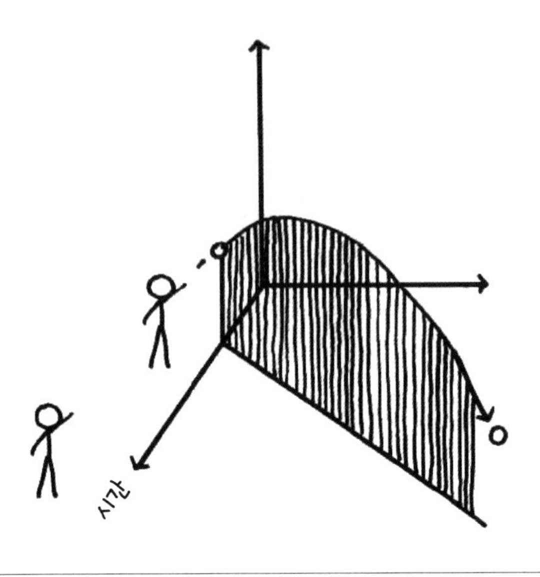

그림 8 대니의 공 던지기를 시간과 공간 속 곡선으로 그린 그래프

용주의자는 이러한 시공간이 실제 세계가 아니라고 주장할 것이다. 이것은 전적으로 인위적인 발명품이며, 이런 표현은 대니가 재닛에게 던진 공의 운동 기록을 또 다른 방식으로 나타낸 것일 뿐이다. 만약 우리가 시공간을 실재와 혼동한다면 이는 오류를 범하고 있는 것이며, 이것을 시간의 공간화 오류라고 부를 수 있다. 시간 속에서 이루어진 운동의 기록과 시간 그 자체의 구분을 잊어버린 결과로 나타난 일이다.

일단 이와 같은 오류를 범하고 나면, 우주가 비시간적이며 심지어는 우주가 수학에 지나지 않는다는 환상에 자유롭게 빠질 수 있다. 그러나 실용주의적 관점에 따르면 비시간성과 수학은 운동 기록에 대한 표상이 갖는 속성이며 오직 그뿐이다. 이 속성들은 실제 운동의 속성이 아니며 그럴 수도 없다. 사실상 운동을 '비시간적'이라 부르는 것은 말이 되지 않는다. 왜냐하면 운동이란 **단지** 시간을 나타낸 것에 불과하기 때문이다.

그 어떤 수학적 대상도 우주의 역사를 완전히 나타낼 수 없는 단순한 이유가 있다. 우주는 우주에 대한 수학적 표상이 가실 수 없는 속성 하나를 갖고 있기 때문이다. 실제 세계는 항상 특정한 시간 속에 있고, 특정한 현재의 순간 속에 있다. 그 어떤 수학적 대상도 이와 같은 개별성을 가질 수 없다. 왜냐하면 한번 구성된 수학적 대상은 비시간적이기 때문이다.[1]

실용주의자와 신비주의자 중에서 누가 맞을까? 물리학과 우주론의 미래는 바로 이 질문에 대한 답이 무엇인지에 달려 있다.

4장

상자 속의 물리학

나는 고등학생일 때 장 폴 사르트르의 연극 〈출구 없음No Exit〉에 출연해 조제프 가르생 역을 연기한 적이 있다. 가르생은 작은 방에 다른 여자 두 명과 갇힌 남자였는데, 이들은 모두 사망한다. 연극은 방 안에 등장인물을 가두는 설정으로 사회를 극적으로 형상화했다. 작가는 연극을 통해 우리의 도덕적 선택이 일으키는 결과를 검토할 수 있었다. 절정에 이르는 장면에서 나는 교실 문을 두드리며 다음과 같은 유명한 대사를 하기로 되어 있었다. "타인은 지옥이다!" 그러나 그때 문의 판유리가 산산조각 나면서 유리조각들이 쏟아졌고, 이후 다시는 연극을 하지 않았다.

음악 공연은 극장과 같이 우리를 통제된 환경 속에 고립시킴으로써 우리의 감정을 끝까지 밀고 나가 그것을 살펴보도록 한다. 10대 시절 나는 그리니치빌리지에 있는 머서아트센터의 지하에서 사촌이 속한 밴드인 수어사이드가 상연했던 끔찍한 퍼포먼스를 보았다. 가수는 문을 잠근 채 맹목적 살인에 관한 긴 아리아로 청중들의 넋을 빼놓았다. 아마추어 록 음악의 고전인 〈96 티어스〉의 반복된 화음 속에서 청중들은 멍해져갔다. 가수의 울부짖음이 위협적으로 변할수록 공연장의 분위기는 점점 갑갑하고 답답해졌지만, 연극 〈출구 없음〉에 등장하는 인물들처럼 우리는 그곳에 갇혀 있었다. 좀 더 최근에는 개념예술가들이 이처럼 밀실 같은 환경을 만들어 통찰을 얻는 기법을 활용했다. 그들은 서로 잘 어울리지 않는 두 사람—예를 들어 예술가와 과학자—을 24시간 동안 방 안에 함께 있게 하면서 그곳에서 벌어지는 모든 일을 촬영하기도 했다.[1]

연극과 퍼포먼스 모두에서 고립은 일종의 속임수다. 충분한 노력을 기울이기만 하면 누구나 언제라도 걸어 나갈 수 있다. 그럼에도 우리는 나가지 않는다. 제한된 사회적 환경 속에 자신을 둠으로써 많은 것을 배울 수 있기 때문이다. 이 경우에는 다소 비현실적인 것이 더 도움이 된다. 예술은 개별 요소를 상세하게 검토함으로써 보편 요소를 찾는데,[2] 많은 경우 이를 위해 인위적으로 환경을 제약할 필요가 생긴다.

물리학에서도 상황은 마찬가지다. 우리가 자연에 대해 아는 것의 대부분은 우리가 인위적으로 구분하고 우주의 연속적 혼란으로부터 고립시킨 현상을 가지고 수행한 실험으로부터 얻어진 것이다. 우리는 현상의 가장 단순한 측면에 주의를 제한함으로써 물리학의 보편성에 관한 통찰을 구한다. 우주의 작은 부분에 주의를 제한하는 방법 덕분에 갈릴레오 시대 이래로 물리학의 성공이 가능할 수 있었다. 나는 이를 **상자 속의 물리학**doing physics in a box이라고 부른다. 이 방법은 아주 강력하지만 몇몇 약점도 있고, 시간이 물리학으로부터 추방되었다가 다시 태어나는 우리의 이야기에 이러한 강점과 약점은 둘 다 핵심적인 역할을 한다.

우리는 끊임없이 움직이는 물질로 가득한, 늘 변화하는 우주 속에서 산다. 데카르트, 갈릴레오, 케플러, 뉴턴이 배운 것은 세계의 작은 조각들을 고립시켜 검사하고, 그 속에서 일어나는 변화들을 기록하는 것이었다. 앞서 언급한 과학자들은 이 운동 기록을 간단한 다이어그램으로 나타내는 방법을 보여주었다. 이 다이어그램의 축들은 모두 얼어붙어 있는 방식으로 위치와 시간을 나타내므로, 우리는 여유로운 시간에 이들을 연구할 수 있다.

수학을 물리계에 적용하려면 제일 먼저 이 계를 고립시킨 후, 사고 속에서 이 계를 실제 우주의 운동이 갖는 복잡성으로부터 분리시켜야 한다는 사실에 주목하라. 만약 우주 속에 있는 모든 것이 다른 모든 것에 어떻게 영향을 미치는지 걱정한다면 운동에 대한 연구를 그다지 진전시키지 못할 것이다. 갈릴레오에서 아인슈타인을 거쳐 오늘날에 이르기까지 물리학의 선구자들은 단순한 부분계를 고립시킬 수 있었기 때문에 진보를 이룰 수 있었다. 마치 캐치볼 게임에서 공이 어떻게 움직이는지를 연구한 것처럼 말이다. 그러나 실제 세계에서 날아가는 공은 우리가 정의한 부분계 밖에 있는 사물들에 의해서 숱하게 많은 방식으로 영향을 받는다. 캐치볼 게임을 하나의 고립계로서 단순하게 기술하는 것은 실제 세계에 대한 거친 근사이다. 비록 이것이 우리 우주의 모든 운동을 지배하는 것

으로 보이는 근본적인 원리들을 발견하는 데 성과가 있음이 증명되기는 했지만 말이다.[3]

우리의 주의를 몇몇 변수, 사물 또는 입자로 제한하는 이와 같은 종류의 근사는 상자 속 물리학의 특징이다. 여기서 핵심 단계는 전체 우주로부터 연구하고자 하는 부분계를 선택하는 것이다. 중요한 것은 이것이 항상 더 풍부한 실재에 대한 하나의 근사라는 것이다.

캐치볼 게임에서 사용한 방식을 물리학에서 연구하는 많은 수의 계에 일반화하기는 쉽다. 하나의 계를 연구하기 위해서는 이 계가 포함하고 있는 것과 이 계로부터 배제되는 것을 정의할 필요가 있다. 우리는 계를 마치 우주의 나머지 부분으로부터 고립된 것처럼 다루는데, 이러한 고립 그 자체가 과감한 근사이다. 우리는 한 계를 우주로부터 제거하지 못하므로, 그 어떤 실험에서도 우리는 우리 계에 미치는 외부의 영향을 줄일 수 있을 뿐 완전히 제거하지는 못한다. 많은 경우 우리는 고립계의 이상화가 유용한 지성적 구성물이 되기에 충분할 정도의 정확도로 이러한 작업을 수행한다.

부분계를 정의하는 것 중에는 '시간의 특정 순간에 우리가 계에 대해서 알고자 하는 모든 것을 결정하기 위해 측정할 필요가 있는 모든 변수의 목록'이 있다. 이러한 변수의 목록은 우리가 **계의 배열** configuration of the system이라고 부르는 추상물을 구성한다. 모든 가능한 배열의 집합을 나타내기 위해 우리는 배위공간이라 불리는 추상공간을 정의한다. 배위공간 속 각각의 점은 그 계의 가능한 배열을 나타낸다.

배위공간을 정의하는 과정은 더 큰 우주로부터 부분계를 추출하는 것에서 시작된다. 따라서 배위공간은 항상 더 깊고 완전한 기술에 대한 하나의 근사이다. 배위공간에서 배열과 그것의 표현은 모두 추상물이다. 이들은 모두 상자 속에서 물리학을 하는 방법에 도움이 되는 인위적인 발명품이다.

포켓볼 게임을 기술하고자 한다면 2차원의 당구대 위에 있는 공 16개의 위치를 기록하면 된다. 당구대 위에 있는 공 하나의 위치를 지정하는 데는 두 개의 숫자가 필요하므로(당구대의 길이와 너비에 상대적인 공의 위치), 전체 배열에는 32개의 숫자들로 이루어진 목록이 필요할 것이다. 배위공간은 측정되어야 하는 각각의 수에 대해서 하나의 차원을 가지므로, 포켓볼의 경우 배위공간은 32차원의 공간이 된다.

그러나 실제 당구공은 어마어마하게 복잡한 계이며, 이것을 단일한 위치를 갖는 단일한 대상으로 표현하는 것은 과감한 근사이다. 만약 우리가 포켓볼 게임을 더 정확하게 기술하고자 한다면, 우리는 공들의 위치뿐 아니라 각각의 공 속에 있는 모든 원자의 위치도 기록해야 할 것이다. 이를 위해서는 최소한 10^{24}개의 수가 필요하며, 따라서 배위공간의 차원 역시 그 정도로 높아질 것이다. 그러나 왜 여기서 멈추는 것일까? 만약 원자 수준의 기술이 필요하다면 당구대에 있는 모든 원자, 공과 맞닿은 공기에 있는 모든 원자, 방을 밝히는 모든 광자의 위치까지도 포함해야 할 것이다. 그렇다면 왜 공을 중력으로 끌어당기는 지구, 태양, 달 속의 모든 원자는 포함시키지 않는 것일까? 이런 이유로 우주론적 기술 이외의 모든 것은 하나의 근사에 지나지 않을 것이다.

부분계 바깥에 남겨진 다른 것은 시계인데, 우리는 시계를 이용해서 관측이 이루어지는 순간을 구체화한다. 시계는 부분계의 일부가 아닌 것으로 간주된다. 왜냐하면 시계는 부분계에서 무슨 일이 일어나든 상관없이 균일하게 작동하는 것으로 가정되기 때문이다. 시계는 기록되어야 하는 부분계의 운동에 기준을 제공해준다.

외부 시계의 사용은 시간이 관계론적이라는 개념을 위반한다. 계에서 일어나는 변화는 외부 시계를 참조하여 측정되지만, 계에서 일어나는 그 어떤 일도 외부 시계에 영향을 미칠 수 없어야 한다. 이와 같은 가정은 편리한 것이 사실이나, 우리가 오직 거친 근사를 제시하기 때문에 비로소 허용되는 것이다. 사실상 우리는 계들 사이의 모든 상호작용, 시계를 포함하여 계 바깥에 있는 모든 것을 무시하고 있는 것이다.

만약 이 방법을 너무 과하게 받아들인다면, 전체 우주의 외부에 있는 시계로 우주에서 일어나는 변화를 측정할 수 있다고 여기고 싶은 유혹에 빠질 수 있다. 이것은 아주 큰 개념적 실수를 범하게 되는 경로다. 우주 밖에서부터 오는 어떤 절대적인 시간 개념에 따라서 전체로서의 우주가 진화한다고 믿는 것은 심각한 개념적 오류다. 뉴턴은 이와 같은 오류를 저질렀다. 왜냐하면 그는 자신이 발명한 물리학이 전체로서의 우주에 대한 신의 관점을 포착했다는 환상에 사로잡혔기 때문이다. 이러한 오류는 아인슈타인이 정정할 때까지 지속되었다. 아인슈타인은 상대성이론을 통해 시계를 우주 속에 두는 방법을 찾아냈다. 이와 같은 실수를 다시는 반복해서는 안 된다.

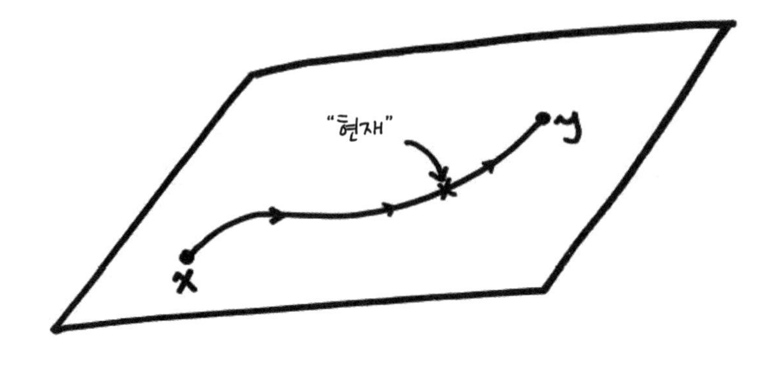

그림 9 배위공간과 이 공간을 통과하는 역사. X는 시간 속의 순간을 표시한 것이다.

그러나 이 방법을 너무 과하게 받아들이지 않는다면, 외부 시계를 읽음으로써 측정되는 진화하는 우주의 한 부분계에 대한 그림은 유용한 근사가 된다. 우리가 측정하는 시간마다 우리는 그 시간의 배열을 특성화하는 수들의 목록을 얻는데, 이 목록은 배위공간에서의 한 점을 정의한다. 시간 측정이 속사포처럼 연속적으로 일어난다고 상상하면, 우리는 이 점들의 집합을 배위공간을 통과하는 곡선으로 이상화할 수 있다[그림 9]. 이 곡선은 부분계의 배열을 연속적으로 측정함으로써 포착된 부분계의 역사를 나타낸다.

대니가 던진 공의 사례에서와 같이, 이 그림에서도 시간은 사라진다. 가능한 배열들의 공간을 통과하는 하나의 궤적이 남겨졌을 뿐이다. 이 궤적은 과거에 일어난 일에 대한 기록들의 집합 속 정보를 요약하는 곡선이다. 작업을 끝내고 나면, 우리는 시간 속에서 단 한 번 펼쳐진 부분계의 운동을 그 부분계의 가능한 배열들로 구성된 공간 속 곡선이자 비시간적인 수학적 대상으로 나타낼 수 있다.

배위공간은 비시간적이다. 이것은 그곳에 영원히 존재한다고 가정된다. 배위공간을 '가능한 배열들의 공간'이라고 일컫는 것은, 원하기만 하면 문제의 부분계를 임의의 시간에 가능한 배열들 중 하나에 집어넣을 수 있음을 의미한다. 그러면 계의 역사는 그렇게 선택된 초기 배열에서 시작하는 곡선으로 나타난다. 일단 한 차례 그려진 그 곡선은 비시간적이다. 이 때문에 우리는 핵심 문제로 돌아간다. 표상 속에서 시간이 사라지는 것이 실재의 본성에 대한 심오한 통찰인 것일까? 아니면 시간의 사라짐은 우주의 작은 부분을 근사적으로 기술하는 방법의 오도되고 의도하지 않은 결과일 뿐일까?

◈

뉴턴은 운동을 기술하는 방법만 발명한 것이 아니라 운동을 예측하는 방법도 발명했다. 갈릴레오는 던진 공의 곡선이 포물선임을 발견했다. 뉴턴은 엄청나게 다양한 사례에서 곡선이 무엇이 될지를 결정하는 방법을 제시했다. 이것은 그가 제시한 운동의 세 가지 법칙의 내용이다. 뉴턴의 법칙은 다음과 같이 요약된다.

공이 어떻게 움직일지 예측하려면 세 가지 정보가 필요하다.

- 공의 초기 위치
- 공의 초기 속도(즉, 공이 어떤 방향으로 얼마나 빠르게 움직이느냐)
- 공이 움직이는 동안 공에 영향을 줄 힘들

이 세 가지 입력값이 주어지면 뉴턴의 운동 법칙을 이용해 공의 미래 궤적을 예측할 수 있다. 컴퓨터 프로그램이 이 일에 활용될 수 있다. 세 가지 입력값을 컴퓨터에 넣으면 컴퓨터는 공이 앞으로 따라갈 궤적을 산출값으로 도출해낸다. 이것이 우리가 뉴턴의 법칙에 대한 '해solution'라고 말할 때 의미하는 것이다. 해는 배위공간에서의 곡선이다. 해는 계가 준비되거나 최초로 관측된 순간 이후의 계의 역사를 나타낸다. 그와 같은 최초의 순간을 초기 조건이라고 부른다. 초기 위치와 속도를 부여하면 초기 조건을 기술한 것이다. 그러면 법칙들이 개입하여 이후의 역사를 결정한다.

하나의 법칙에는 무한한 수의 해가 있으며, 각각의 해는 법칙들을 만족시키는 계의 가능한 역사를 기술한다. 우리는 초기 조건을 부여함으로써 하나의 개별적인 실험이 어떤 역사를 기술하는지를 구체화한다. 따라서 미래를 예측하거나 무언가를 설명하기 위해서는 법칙들을 아는 것만으로는 부족하다. 초기 조건 역시 알아야 한다. 실험실 안에서는 초기 조건을 쉽게 알 수 있다. 실험자가 특정한 초기 조건에서 시작하도록 계를 준비하기 때문이다.

떨어지는 물체에 대한 갈릴레오의 법칙은 대니가 던진 공이 포물선을 그릴 것이라고 말한다. 그러나 어떤 포물선인가? 이에 대한 답은 대니가 공을 던진 위치와 빠르기와 각도에 의해, 즉 초기 조건에 의해서 결정된다.

이 방법은 일반적이다. 이 방법은 배위공간에 의해 기술될 수 있는 모든 계에 적용될 수 있다. 일단 계가 구체화되면 동일한 세 가지 입력값이 필요하다.

- **계의 초기 배열** – 이 배열은 배위공간에서의 한 점을 제시한다.
- **계의 초기 방향 및 변화 속력**
- 계가 시간 속에서 변하는 동안 계에 작용하는 힘들

그러면 뉴턴의 법칙은 배위공간에서 계가 따를 정확한 곡선을 예측한다.

뉴턴의 방법이 갖는 일반성과 힘은 과소평가될 수 없다. 이 방법은 항성, 행성, 위성, 은하, 항성의 무리, 은하의 무리, 암흑물질, 원자, 전자, 광자, 기체, 고체, 액체, 다리, 고층 건물, 자동차, 비행기, 인공위성, 로켓 등에 적용되었다. 이 방법은 1체, 2체, 3체로 구성된 계와 10^{23}개 또는 10^{60}개의 입자로 이루어진 계에도 유용하게 적용되었다. 이 방법은 전자기장과 같은 장場, field에도 적용되었으며, 장은 정의상 무한한 변수들에 대한 측정(예를 들어 공간의 각 점에 있는 전기장과 자기장)을 필요로 한다. 이 방법은 계를 정의하는 변수들 사이에서 일어나는 막대한 수의 가능한 힘 또는 상호작용을 기술해왔다.

이 방법은 워낙 강력해서 그 자체를 하나의 패러다임이라 부를 수 있을 정도다. 우리는 이 방법을 발견한 사람의 이름을 따 이를 **뉴턴적 패러다임**이라 부를 것이다. 이는 상자 안에서 물리학을 하는 방법을 좀 더 격식 있게 일컫는 말이다.

뉴턴적 패러다임은 근본적으로 두 개의 기본적인 물음에 대한 답으로부터 구성되었다.

- 계의 가능한 배열들은 무엇인가?
- 각각의 배열에서 계에 미치는 힘들은 무엇인가?

가능한 배열은 **초기 조건**initial condition이라고도 불린다. 왜냐하면 이를 구체화하면서 계에 대한 기술을 시작하기 때문이다. 힘과 힘의 영향을 기술하는 규칙은 **운동 법칙**이라고 부른다. 이 법칙은 방정식으로 표현된다. 방정식에 초기 조건을 입력하면 방정식은 그 계가 미래에 어떻게 진화할지를 알려준다. 이를 방정식의 풀이라 부른다. 방정식의 해는 무한히 많다. 가능한 초기 조건 역시 무한히 많기 때문이다.

이러한 강력한 방법이 몇몇 강력한 가정에 기초하고 있다는 사실을 알고 있어야 한다. 첫째, 배위공간은 비시간적이라는 가정이다. 이는 우리가 계의 실제 진화를 관측하기 시작하는 시간 이전에, 어떤 방법을 이용하여 가능한 배열의 전체 집합을 제시할 수 있다고 가정한다. 가능한 배열들은 진화하지 않으며, 단순히 배열 그 자신인 채로 남아 있다. 둘째 가정은 계에 영향을 미치는 힘과 이에 관한 법칙이 비시간적이라는 것이다. 이들은 시간 속에서 변하지 않으며, 이들 역시 계에 대한 실제 연구 전에 구체화될 수 있다고 여겨진다.

여기서 얻을 수 있는 교훈은 단순하면서도 끔찍하다. 뉴턴적 패러다임의 근저에 있는 가정들이 자연 속에서 구현되는 한, 시간은 비본질적이며 세계에 대한 기술에서 제거될 수 있다. 만약 가능한 배열들의 공간이 비시간적으로 구체화될 수 있다면, 그리고 법칙들 역시 그러한 구체화가 가능하다면, 그 어떤 계의 역사도 시간 속에서 진화하는 것으로 보일 필요가 없다. 그 어떤 계의 역사 전체도 배위공간 내에 얼어붙은 단일한 곡선으로 볼 수 있고, 이는 물리학이 제시하는 그 어떤 질문에 대해서도 충분히 대답할 수 있다. 세계에 대한 우리의 경험이 갖는 가장 본질적인 측면으로 보이는 것, 즉 우리가 세계를 순간들이 계속 잇따르는 것으로 경험하는 것이, 자연을 기술하는 데 우리에게 가장 성공적이었던 패러다임에는 부재하는 것이다.

우리는 2010년 10월 4일 오후 하이파크에서 두 사람이 던지는 공을 지켜보면서 논의를 시작했다. 이 공이 어떻게 움직이는지에 대한 우리의 가장 깊은 이해 방식은, 추상 공간 속에서 색깔 없는 곡선 하나를 포함하는 비시간적인 그림을 고찰하는 것과 같은 것이었다.

5장

새로움과 놀라움의 추방

상자 속 물리학의 일반적인 방법으로 뉴턴적 패러다임이 발명된 것은 시간의 추방에서 핵심적인 단계였다. 그 결과로 피에르-시몽 라플라스Pierre-Simon Laplace가 결정론을 지지하는 유명한 논증을 제시했다. 그는 만약 우주에 있는 모든 원자의 정확한 위치와 운동을 알 수 있다면, 또한 원자들에 작용하는 힘을 정확하게 기술할 수 있다면, 아주 정확하게 우주의 미래를 예측할 수 있을 것이라고 주장했다. 이러한 그의 주장이 제시된 이래로 많은 사람이 미래가 현재에 의해서 완전히 결정된다고 확신하게 되었다.

그러나 이 논증에는 그 타당성에 의문을 제기할 수 있는 하나의 중요한 가정이 있다. 그것은 상자 안에 있는 모든 것을 포함함으로써 전체로서의 우주로 뉴턴의 방법을 확장할 수 있다는 가정이다. 그러나 상자 속의 물리학은 우주의 작은 부분계를 고립시킴으로써 시작한다. 피에르-시몽 라플라스는 진정으로 이 단계를 무시하고 논증을 할 수 있었던 것일까?

다시 캐치볼 게임으로 돌아가자.

지금은 2062년 8월 14일 오후 3시 15분이다. 대니와 재닛의 손녀인 로라는, 빌리와 록산느의 딸이자 공원 근처에서 자란 프란체스카에게 원반을 던지려고 한다. 로라가 원반을 던지는 순간 프란체스카는 자신의 망막에 심은 마이크로전화기로부터 오는 섬광 메시지 탓에 주의가 흐트러진다. 프란체스카는 원반을 놓칠 것인가?

만약 뉴턴적 패러다임이 정확하게 세계에 적용된다고 믿는다면, 2010년에 이미 대니와 재닛이 누구와 결혼할지(그 둘은 늘 그렇듯 서로 결혼하게 되지만, 그때는 이를 예상하지 못했다), 그들이 언제 아들을 임신할지, 그 아들이 누구와 결혼할지, 그 아들네가 언제 딸을 임신할지, 그 딸이 원반던지기 놀이를 좋아할지 그렇지 않을지가 결정되어 있다고 믿을 것이다. 이 모든 운동, 생각, 개념, 감정이 이미 현재의 순간에 결정되어 있다고 믿어야만 하고, 지구상에서 살게 되는 모든 사람의 목록이 이미 정해져 있다고 믿어야 한다. 설혹 그 목록을 해독하는 기술을 상상하는 것이 불가능하더라도 말이다.

그 오후에 로라와 프란체스카가 원반을 던지며 노는 것이 이미 10억 년 전에 결정되었다고 믿어야 한다. 비록 그 둘이 공원의 양쪽 끝 지역에서 자랐고 서로 고작 5분 전에 만났다고 하더라도 말이다. 그리고 망막에 이식할 수 있는 마이크로전화기가 발전하는 것을 방해할 그 어떤 일도 지금 이 순간 일어날 수 없다. 또한 정확히 바로 그 순간에 프란체스카의 주의를 흐트러뜨리는 그 운명적인 메시지가 프란체스카에게 전송되는 것을 막을 수 있는 그 어떤 일도 지금 이 순간 일어날 수 없다. 그럼에도 프란체스카는 원반을 잡을 것인가? 만약 미래가 이미 결정되어 있다면, 원리상 프란체스카의 마이크로전화기가 번쩍이기 전에 이 물음에 답할 수 있는 특정한 양이 측정될 수 있을 것이다. 그녀를 지켜보고 있는 사람들 중 그 누구도 이 양을 알지 못하겠지만 말이다.

물리학의 법칙들과 초기 조건이 아주 작은 세부사항까지 결정한다는 것은 놀라운 주장이다. 결국 중요한 것은 세부사항이기 때문이다. 성공적인 임신이 이루어지는 경우는 대략 1억 개의 정자 중 하나가 난자와의 결합에 성공하는 것이다. 이러한 과정이 인간이 지구상에 생긴 이래 대략 1000억 번 정도 이루어졌고, 우리 선조들이 진화하는 과정 중에 대략 1조 번 정도 일어났다. 1억 개 중 하나를 1조 번 선택하는 것은 어마어마하게 많은 정보지만, 우리는 이 모든 것이 좀 더 이전의 특정한 시점에서 초기 조건들에 이미 기입되어 있었다고 믿어야만 한다. 그리고 이것은 작은 행성 위에 살아가는 생명의 아주 작은 세부사항 중 단 하나의 사례에 지나지 않는다.

이것은 시간이 사라진다는 뉴턴적 패러다임의 진술에 담긴 의미의 일부다. 이미 일어난 모든 일, 지금 일어나고 있는 모든 일, 앞으로 일어날 모든 일은, 우주의 배위공간 속 한 궤적 위에 있는 점들에 지나지 않으며, 이 곡선은 이미 결정되어 있다. 시간의 경로를 따라서는 그 어떤 새로움과 놀라움도 발생하지 않는다. 왜냐하면 변화란 그저 동일한 사실들의 재배열에 지나지 않기 때문이다.

만약 새로움과 놀라움의 여지가 존재해야 한다면, 뉴턴적 패러다임 또는 최소한 뉴턴적 패러다임을 우주의 작은 부분계를 연구하는 방법으로부터 우주 전체에 대한 정확한 기술로 확장하는 것에는 반드시 무슨 문제가 있는 것이 틀림없다. 그중 하나의 제약 사항은 다음과 같다. 만약 미래가 초기 조건에 따라 결정된다면, 무엇이 초기 조건을 결정하는지 알 필요가 있다. 어떤 사물이 왜 그러하며 왜 그러하지 않는지를 찾으면 찾을수록 점점 더 과거 속으로 깊숙이 빠져들게 된다.

과거 속으로 점점 더 깊이 빠져들수록 대니 또는 재닛의 조상에게 영향을 미쳤을 수도 있는 사건들을 포함하는, 점점 더 큰 우주를 고려해야 한다. 만약 서로 다른 유목 집단에 속한 호모 에렉투스 선조 두 사람이 만날 확률을 계산하기 위해 100만 년 전으로 돌아간다면, 지구에 해를 끼치기 충분할 정도로 가까운 초신성이 없는지 확신하기 위해 200만 광년 정도의 영역을 살펴야 한다. 만약 우리가 지구 생명의 기원으로 돌아간다면, 우리는 관측 가능한 우주의 상당한 영역을 살펴야만 한다.

따라서 만약 그저 필요 원인이 아니라 충분 원인을 찾는다면, 대니가 재닛을 만나게 된 것에 관한 충분 원인들의 집합은 그러한 만남으로부터 우주론적인 거리와 시간만큼 떨어져 있는 영역의 조건들을 포함한다는 결론을 피할 수 없다. 원인들의 사슬을 계속 거슬러 올라가면 곧 우주 전체가 포함된다. 그리고 원인들의 끝에 다다르기 전에 우리 자신이 빅뱅의 순간에 있음을 발견한다. 따라서 대니와 재닛의 만남의 궁극적인 충분 원인은 빅뱅 당시 우주의 초기 조건들에 있다. 따라서 결정론을 위한 논증의 궁극적인 적용 가능성은 우주론에 관한 물음이다. 만약 대니와 재닛의 만남이 어떻게 결정되었는지, 그것이 결정된 것이기는 한 것인지를 알고자 한다면, 전체로서의 우주에 대한 이론이 필요하다.

결정론의 문제는 상자 속 물리학의 방법론이 우주의 작은 부분계에 적용된다는 사실과 충돌한다. 삶에서 우연한 사건으로 보이는 것들이 과거 조건에 의해 완전히 결정되는지에 관한 문제에 답하기 전에, 우리는 우리의 이론이 완전한 우주에 대한 이론으로 확장될 수 있는지 알아야만 한다.

우리는 나비의 날갯짓이 몇 달 뒤 대양 건너편의 날씨에 영향을 미칠 수 있는 세계에 살고 있다. 초기 조건의 작은 변화가 지수 함수적으로 확대되어 결과값에 커다란 변화가 생기는 것이다. 바로 이 때문에 상자 속 물리학은 필연적으로 근사를 포함하게 된다. 이러한 근사에는 배위공간 속에서 모형화하기 위해 관측 가능한 양들을 선택하고, 세계 속 다른 것들이 그 양들에 미치는 영향을 무시하는 것이 포함된다.

그러나 이러한 세부사항을 채워 넣는 것은 쉽게 상상할 수 있다. 만약 부분계를 구성하는 가장 작은 입자들에도 물리법칙을 적용할 수 있음을 안다면, 최소한 그 부분계를 기술하는 데 필요한 모든 변수와 이 변수들이 상호작용하게 만드는 모든 힘에 대해 정확히 기술하는 것 또한 상상할 수 있다. 우리가 현재 자연법칙과 기본 입자들에 대해 갖고 있는 가장 정확한 기술은 입자물리학에서의 표준모형이고, 이 모형은 쉽게 뉴턴적 패러다임 속에 자리매김할 수 있다.

이 모형은 중력을 제외하고는 우리가 자연에 대해 알고 있는 모든 것을 포함하고 있고, 거듭된 다양한 실험적인 시험 속에서도 살아남았다.

그러나 늘 무언가 빠진 것이 존재한다. 태양계만 벗어나면 1년 안에 태양을 삼켜버릴 수 있는 거대한 검은 구름이 있을 수 있으며, 10년 안에 지구를 스쳐 지나갈 혜성이 있을 수도 있다. 이와 같은 사건들은 앞으로 있을 대니와 재닛의 결혼을 방해할 것이다. 교란이 크거나 지구를 직접 포함할 필요는 없다. 대니가 목성 근처로 다가온 혜성에 관한 뉴스를 보느라 몇 분 후에 공원에서 재닛을 만나지 못할 수 있다. 그렇게 되면 둘 사이에서 비롯한 수백만의 자손들은 결코 살지 못하게 된다. 우리가 사는 세계에서 작은 사건이 증폭되어 커다란 결과를 일으키는 것은 일상적인 일이다.

결정론적인 물리 이론은 일종의 컴퓨터라고 생각할 수 있다. 배위공간은 자료를 입력하는 메모리와 같다. 법칙은 프로그램과 유사하다. 프로그램은 입력 자료를 가지고 작업하여 출력 자료를 산출해낸다. 입력값과 프로그램이 주어지면 출력값은 완전히 결정된다. 매 순간 동일한 입력값을 주입하면 항상 동일한 출력값을 얻는다. 그러나 여기서 다음과 같은 점을 생각해보아야 한다. 출력값은 입력값과 프로그램이라는 두 개의 다른 방식으로부터 결정된다는 것이다.

만약 컴퓨터를 일종의 물리적 장치라고 생각한다면, 컴퓨터는 물리학의 법칙들을 따라서 작동한다. 이와 같은 관점에서 보면 출력값은 입력값에 의해서 인과적으로 결정되어 있다. 이것은 초기 조건에 대해 작동한 물리법칙의 귀결이다. 이 과정에는 시간이 든다. 물리학의 법칙들에 의해 지휘되는 인과적 과정은 시간 속에서 수행되기 때문이다.

그러나 출력값은 다른 방식으로 결정되었을 수 있다. 출력값은 입력값과 프로그램에 의해서 **논리적으로** 도출된다는 것이다. 입력값과 출력값은 수학적 대상을 나타낸다. 프로그램 역시 수학적 대상이다. 출력값이 입력값과 프로그램을 조합한 수학적 귀결임은 논리적으로 증명할 수 있다. 이와 같은 논리적 결정에는 시간이 필요하지 않다. 여기에는 그 어떤 물리적 과정도 포함되지 않기 때문이다. 출력값이 입력값과 프로그램에 의해서 도출된다는 증명은 하나의 수학적 사실이며, 이는 수학적 대상들에 대한 참된 사실들로 이루어진 비시간적 세계 속에 존재한다.

이것이 뉴턴적 패러다임 내의 물리학 기술로부터 시간이 제거되었다는 것의 의미다. 출력값을 알기 위해 실제로 컴퓨터를 작동시킬 필요는 없다. 왜냐하면 출력값은 논리적 논증의 계열을 통해 연역될 수 있기 때문이다. 연역이 어떻게 수행되는지는 중요한 문제가 아니다. 컴퓨터는 단지 인과적 과정을 통해 물리법칙이 갖는 논리적 함축을 모형화하는 데 사용되는 하나의 도구에 지나지 않기 때문이다. 그러나 정확히 동일한 결과를 얻도록 컴퓨터를 조립하고 프로그래밍하는 방법은 무한히 많다.

여기서 출력값에는 입력값에 이미 논리적으로 함축되지 않은 그 어떤 정보도 존재하지 않는다는 것이 중요하다. 출력값은 그저 동일한 논리적 규칙에 따라 입력값을 재배열한 것일 뿐이다. 이것이 바로 그 어떤 새로움이나 놀라움도 생성될 수 없다고 할 때의 의미이다. 논리적이고 따라서 비시간적인 함축의 결과를 단지 재생하기만 하는 것이라면 굳이 시간 속에서 인과적인 진화가 작동할 필요가 없다.

뉴턴적 패러다임의 틀 안에서 기술되는 모든 계에 대해서도 동일한 논리가 적용된다. 그와 같은 모든 경우에서 최종 배열은 단지 물리학 법칙이 초기 조건에 작용한 결과일 뿐이다. 초기 배열과 최종 배열이 존재하는 배위공간은 배열들과 같이 일종의 수학적인 대상이다. 일단 법칙들이 수학적 방정식의 형태로 표현되고 나면, 일정 시간이 지난 후에 초기 조건이 최종 배열로 진화하는 것은 하나의 수학적 사실이다. 이것은 수학적으로 연역될 수 있다. 사실상 이것은 하나의 수학적 정리와 같이 증명될 수 있다. 뉴턴적 패러다임이 하는 것은 시간 속에서 작동하는 인과적인 과정을 비시간적인 논리적 함축으로 대체하는 것이다. 그러나 이것은 뉴턴적 패러다임에 의해 시간이 제거되는 또 다른 방식이다.

◈

놀라움과 새로움이 아무런 역할을 하지 않음을 보는 하나의 방법은 물리학의 법칙이 많은 경우 역으로 작동할 수 있음을 고려하는 것이다. 만약 물리법칙을 초기 조건을 최종 배열로 전환하는 하나의 컴퓨터나 기계라고 생각한다면, 법칙이 시간의 방향을 역행시킬 수 있도록 하는 토글스위치(아래위로 젖히게 되어 있는 스위치 – 옮긴이)가 있다고 상상할 수 있다. 토글스위치를 작동시켜서 최종 배열을 입력값으로 주입한다고 해보자. 이전과 동일한 시간 동안 법칙을 작동시키지만, 이번에는 법칙이 거꾸로 작동하여 최종 배열을 초기 조건으로 전환시킬 것이다. 우리는 법칙이 역으로 작동해서 모든 최종 배열을 초기 조건으로 전환할 수 있는 것을 시간가역적時間可逆的, time-reversible이라고 한다.

이에 관한 단순한 예를 하나 들어보자. 지구는 자신의 축을 따라 자전 운동을 하고 태양 주위를 도는 공전 운동을 한다. 시간의 방향을 거꾸로 돌리면 궤도의 방향과 지구 회전의 방향이 반대로 변하지만, 그와 같은 변화 역시 뉴턴의 법칙들에 의해 허용된다. 만약 지구의 운동을 담은 영화를 찍어 외계인에게 보여준다면, 외계인은 (만약 법칙이라는 개념을 갖고 있다면) 뉴턴의 법칙이 운동을 통제한다고 말할 것이다. 그러나 만약 외계인에게 거꾸로 튼 영화를 보여준다고 해도 외계인은 그 속에 있는 지구의 궤도가 뉴턴의 법칙에 의해 허용되는 것이라고 말할 것이다. 사실상 만약 그 두 영화를 모두 외계인에게 보여주며 어떤 것이 원본이고 어떤 것이 거꾸로 튼 것인지 구분하라고 하면 외계인은 답을 하지 못할 것이다. 이와 동일한 이야기가 8개의 행성 및 아주 많은 천체를 포함하는 태양계 전체의 운동에 대해서도 참이다.

물론 우리 중 많은 사람이 거꾸로 튼 영화를 본 적이 있고, 그런 영화 장면은 대부분 이상하거나 우스꽝스럽게 보인다. 그것은 많은 경우 거꾸로 이루어지는 운동이 물리학의 법칙에 비추어 불가능하기 때문이 아니다. 오히려 운동은 가능하지만 그러한 운동이 일어날 가능성이 극도로 작기 때문에 이상하게 보이는 것이다. 이는 원자와 같은 사물이 아주 많이 모여 있는 복잡한 계에 대해 일반적으로 참이다. 여기서 우리는 열역학의 법칙을 다루어야 하며, 이 법칙들은 시간가역적이지 않다. 16장과 17장에서 열역학 법칙들에 대해 논할 것이다.[1] 지금은 단순한 사례 두 개만 살펴보자.

많은 물리법칙은 시간가역적이다. 뉴턴역학, 일반상대성이론, 양자역학 모두 시간가역적이다. 입자물리학의 표준모형은 대부분 시간가역적이지만 완전히 그렇지는 않다(약한 핵 상호작용에 가역적이지 않은 측면이 하나 존재하지만, 이는 그다지 중요하지 않다). 만약 표준모형에 따라 진화한 하나의 역사를 선택한다면, 시간의 방향을 바꿈과 동시에 두 가지 다른 사항을 변화시킬 경우 표준모형이 허용하는 또 다른 역사를 얻는다. 이때 두 가지 사항을 변화시킨다는 것은, 입자들을 반입자로 대체하고 왼쪽과 오른쪽을 서로 바꾸는 것이다. 이 연산을 CPT(전하, 패리티, 시간 역행)라고 부르며, 이는 영화를 거꾸로 돌리는 다른 방법이라고도 생각할 수 있다. 양자역학 및 특수상대성이론을 비롯해 일관적인 그 어떤 이론도 이 방식으로 역행된 시간 방향을 허용한다.

이와 같은 시간가역성은 시간의 비실재성을 지지하는 또 다른 논증이다. 만약 자연법칙의 방향이 거꾸로 될 수 있다면, 원리상 과거와 미래 사이에 그 어떤 차이도 있을 수 없다. 그리고 우리가 과거와 미래에 대해 매우 다른 관계를 맺는 것은 세계의 근본적인 속성이 될 수 없다. 미래와 과거의 겉보기 차이는 분명 환상이거나 특수한 초기 조건의 귀결일 것이다.

엔트로피의 본성에 관한 통찰력을 바탕으로 우리가 경험하는 거시 세계를 원자 세계와 연결하는 데 누구보다 큰 공헌을 한 루트비히 볼츠만은 다음과 같이 말한 바 있다. "우주의 관점에서는, 공간에 위와 아래의 구분이 없는 것처럼 시간의 두 방향을 구분할 수 없다."[2] 그리고 만약 과거와 미래 사이에 실제적인 구분이 존재하지 않는다면, 즉 과거와 미래는 정확히 동일한 내용을 가지며 그저 논리적으로 재배열된 것일 뿐이라면, 현재 순간의 실재성 또는 시간 흐름의 실재성을 믿을 필요가 없다. 물리법칙의 시간가역성은 많은 경우 자연에 대한 물리학자의 개념으로부터 시간을 제거한 또 다른 단계라고 여겨진다.

이제 우리에게는 물리학으로부터 시간이 완전히 사라지기 전의 아주 적은 몇 단계만이 남아 있을 뿐이다. 다음 단계는 아인슈타인의 상대성이론으로부터 비롯되며, 이는 시간의 비실재성을 옹호하는 가장 강력한 논증을 제공해줄 것이다.

6장

상대성과 비시간성

내가 아홉 살 때 아버지는 맨해튼의 북서쪽 외곽에 있던 우리 아파트에 링컨 바넷Lincoln Barnett이 쓴《우주와 아인슈타인 박사The Universe and Dr. Einstein》라는 책을 한 권 들고 오셨다. 우리는 이 책에 담긴 상대성이론에 대한 설명을 읽으며 함께 고민에 빠졌다. 심지어 지금도 나는 이 책에 담긴, 빠른 속력으로 움직이는 기차와 휘어지는 별빛에 대한 그림을 기억할 수 있다. 이때 처음으로 물리학을 접했다.

이후 열여섯 살 때 나는 록 밴드 활동을 하는 사촌을 만나기 위해 지하철을 타고 시내 중심가로 가는 동안 일반상대성이론에 관한 아인슈타인의 첫 번째 논문을 읽었다. 당시는 아인슈타인의 중요한 논문들을 저렴하게 구해서 읽을 수 있었다.[1] 나는 그의 글을 읽으면서 물리학에 빠져들었다. 교과서를 읽기 전에 그의 글을 접한 것은 일종의 행운이었다. 아인슈타인의 글은 자연의 본질을 명료한 개념으로 표현한 최고의 예시라는 것을 그때는 알지 못했다. 이것은 마치 최고급 프랑스 레스토랑의 이유식을 맛본 바람에 그 뒤로는 억지로 울며불며 시리얼과 땅콩버터 샌드위치를 먹어야 하는 것과도 같았다.

그 뒤로 나는 아인슈타인 이론의 개념적 명료함과 우아함은 물리학에서 그 상대를 찾기 힘들 정도로 드물다는 사실을 알게 되었다. 양자역학에서도, 오늘날의 양자장이론에서도, 심지어 뉴턴역학에서도 이러한 명료함과 우아함을 찾기 어렵다. 교과서에서 뉴턴역학은 많은 경우 논리적인 방식으로 제시되지만, 질량과 힘 같은 기본적인 개념들을 혼란스럽게 순환적으로 정의하므로 그 논리성이 훼손된다. 나는 아인슈타인의 물리학으로 공부를 시작했으므로 그의 물리학은 나의 과학적 기준이 되었고, 그의 상대성이론이 나의 과학적 주춧돌이 되었다. 상대성이론의 원리들은 학교에서 과학의 회의주의를 학습한 나와 같은 학생에게도 신성하게 여겨졌다.

아인슈타인의 상대성이론은 시간이, 더 참되고 비시간적인 우주를 가리는 일종의 환상이라는 주장에 대한 가장 강력한 논증을 제시한다. 시간은 환상이라고 믿은 지난날을 돌이켜보면, 그렇게 믿은 주된 근거는 상대성이론과 관련되어 있다.

아인슈타인은 두 개의 상대성이론을 발명했다. 첫 번째 이론인 특수상대성이론은 중력이 존재하지 않는 세계에 관한 것이다. 이 이론은 아인슈타인의 '기적의 해'인 1905년에 출판한 두 편의 논문에 담겨 있다.[2] 10년 후 발표한 일반상대성이론은 중력을 포함한다.

아인슈타인의 두 가지 상대성이론은 가장 기본적인 차원에서 보면 시간에 관한, 더 정확히 말해 비시간성에 관한 이론이다. 상대성이론은 아주 어렵다는 부적절한 명성을 얻고 있다. 그러나 나는 이 이론이 아름다울 정도로 단순하고 설명하기 쉽다고 본다. 상대성이론이 처음에는 반직관적으로 보이는 것은 사실이다. 왜냐하면 이 이론은 기존의 잘못된 직관을 더 깊은 직관, 즉 실험을 통해 진리에 더 가까이 다가갈 수 있다고 말해주는 직관으로 대체하기 때문이다. 상대성이론을 배우는 것은 세계를 마음속에서 조직화하는 하나의 방식에서 다른 방식으로 이행하는 것과 같다. 시간에 관한 특정한 무의식적 가정들을 포기해야 하지만, 그 뒤에는 주요 개념들이 논리적으로 도출된다.

이 장에서 나는 시간의 본성과 관련이 있는 상대성이론의 개념과 결과에 대해서만 이야기할 것이다. 나는 여기서 명료한 주장들만을 제시할 것이지만, 대중적인 물리학 서적에서 흔히 볼 수 있는 것, 즉 아인슈타인의 단순한 공준들을 이들의 반직관적인 귀결들과 연결시키는 논증을 제시하지는 않을 것이다.[3]

우리는 특수상대성이론의 두 개념에 대해 논의할 것이다. 첫째 개념은 **동시성의 상대성**relativity of simultaneity이다. 둘째 개념은 첫째 개념으로부터 따라 나오는 개념인 **블록우주**block universe다. 각각의 개념은 물리학에서 시간을 추방하는 데 중요한 역할을 했다.

특수상대성이론을 개발하며 아인슈타인은 시간의 본성과 관련된 두 개의 전략을 활용했다. 첫째, 그는 시간이 관계적인지 절대적인지에 관한 논점에서 관계적인 입장을 받아들였다. 시간은 변화하며, 지각된 관계에 관한 것이라는 뜻이다. 절대적 혹은 보편적 시간이란 존재하지 않는다.

초기 저술에서 아인슈타인은 **조작주의**operationalism라고 불리는 전략을 활용했다. 이 접근법에 따르면 시간과 같은 양을 정의하는 유일하게 의미 있는 방법은 그것을 측정하는 방법을 정의하는 것이다. 만약 시간에 대해 말하고자 한다면 시계란 무엇이며 시계가 어떻게 작동하는지 기술해야만 한다. 과학에 조작적으로 접근할 때는 무엇이 실재인지를 묻는 것이 아니라 관측자가 무엇을 관측할지를 물어야 한다. 우주 안에서 관측자가 어떤 상황에 있는지, 그가 어디에 있으며 움직이고 있는지 아닌지를 반드시 고려해야 한다. 이를 통해 서로 다른 관측자들이 자신들이 보고 있는 것에 대해 동의할지 말지를 물을 수 있다. 아인슈타인의 가장 흥미로운 발견 중 몇몇은 관측자들이 서로 동의하지 않는 사항에 관한 것이다.

그러나 왜 실재에 대해서는 말하지 않는가? 물리학자들은 그저 무엇이 관측되었는지보다는 무엇이 실재인지에 더 관심이 많지 않은가? 그렇다. 그러나 대부분의 조작주의자들이 실재를 믿지만, 그들은 또한 실재에 이르는 유일한 방법이 관측이라는 것도 믿는다. 어떤 것이 실재인지 아닌지, 즉 객관적으로 참인지 아닌지를 결정하는 것은 모든 관측자가 그것에 동의하는지의 여부이다.

아인슈타인의 특수상대성이론에서 찾을 수 있는 시간에 대한 위대한 발견은 동시성의 상대성이라 불린다. 이것은 서로 멀리 떨어진 곳에서 일어나는 두 사건이 동시에 일어나는 것으로 간주될 수 있는지와 관련이 있다. 아인슈타인이 발견한 것은 서로 떨어진 곳에서 일어나는 사건들을 동시적으로 일어난다고 말할 때 '동시적'이라는 말의 어떤 정의에도 모호함이 존재한다는 것이었다. 서로 상대적으로 움직이는 관측자들은 두 사건이 서로 떨어져 있을 때 두 사건이 동시적인지 그렇지 않은지에 대해 서로 다른 결론을 내릴 것이다.

토론토에서 잠에서 깨어난 어떤 사람이 바로 그 순간 싱가포르에 있는 연인이 무엇을 하고 있는지 궁금해하는 것은 완전히 자연스러운 일이다. 만약 이런 궁금증이 이해가 된다면 그 순간 명왕성에서, 더 나아가 우주 전체에서 무엇이 일어나고 있는지 묻는 것도 의미가 있어야 한다. 아인슈타인이 보여준 것은 우리로부터 멀리 떨어진 곳에서 지금 이 순간 무엇이 일어나는지를 말하는 것이 의미 있다는 우리의 자연스러운 직관이 잘못되었다는 것이었다. 서로 상대적으로 움직이고 있는 두 관측자는 멀리 떨어진 두 사건이 동시적인지를 놓고 서로 의견을 달리할 것이다.

동시성의 상대성은 몇몇 가정에 기대고 있는데, 그중 하나가 빛의 속력은 보편적이라는 것이다. 이는 광자의 속력을 재는 임의의 두 관측자가 그들의 측정 결과에 동의할 것이라는 뜻이다. 그들이 서로에 대해서 혹은 광자에 대해서 움직이는 것과 상관없이 말이다. 우리는 또한 그 어떤 것도 이 보편 속력보다 더 빨리 움직일 수 없다고 가정할 수 있다.[4] 이렇게 가정하면 하나의 사건은 그 사건으로부터 하나의 신호가 출발하여 빛의 속도 혹은 그보다 느린 속도로 다른 하나의 사건에 도착할 때만 다른 사건에 영향을 끼칠 수 있다. 만약 이러한 일이 일어날 경우 두 사건은 서로 **인과적으로 연관되어**

있다고 말하며, 첫 번째 사건은 두 번째 사건의 원인이 될 수 있다.

그러나 두 사건이 공간적으로 너무 멀리 떨어져 있거나 시간적으로 너무 근접해 있어 두 사건 사이에 그 어떤 신호도 전달될 수 없는 경우도 있다. 그런 경우에는 그 두 사건 중 어떤 것도 다른 사건의 원인이 될 수 없다. 우리는 그와 같은 사건들이 서로 인과적으로 연관되어 있지 않다고 말한다. 아인슈타인은 이러한 경우 두 사건이 동시적인지 아니면 둘 중 어떤 사건이 먼저 일어났고 어떤 사건이 나중에 일어났는지를 말할 수 없음을 보였다. 이에 대해서는 시계를 운반하는 관측자의 운동에 따라 두 가지 대답이 모두 가능하다.

물리학이 의미가 있기 위해서는 인과적으로 연관된 사건들의 질서에 대해 관측자들이 동의해야 한다. 그래야만 원인을 부여하는 것에 관한 혼동을 피할 수 있기 때문이다. 그러나 서로 영향을 미칠 수 없는 사건들 사이의 질서에 대해 관측자들이 동의할 필요는 없다. 아인슈타인의 특수상대성이론에서는 그러한 경우 관측자들이 서로 동의하지 않는다.

따라서 토론토에 있는 사람이 싱가포르에 있는 연인이 **지금 이 순간** 무엇을 하는지 궁금해하는 것은 의미가 없다.[5] 그러나 자신의 연인이 몇 초 전에 무엇을 했는지 생각하는 것은 완전히 의미가 있다. 그 몇 초 동안은 연인에게 문자 메시지를 보내 전달하기에 충분한 시간이기 때문이다. 그가 문자 메시지를 보내는 것과 그녀가 그 메시지를 읽는 것은 인과적으로 연관된 사건이다. 그리고 지금 그녀가 보내는 메시지가 그의 남은 삶을 바꾸리라는 것, 몇 분 후 그가 그녀로부터 온 메시지를 읽은 순간부터 그의 삶이 바뀌리라는 데는 모든 관측자들이 동의할 것이다.

모든 관측자가 동의하는 보편적인 속력 제약의 존재와 더불어 특수상대성이론은 또 하나의 다른 가설에 의존한다. 그것은 **상대성원리** 그 자체다. 이 원리에 따르면 빛의 속력을 제외하면 속력이란 순수하게 상대적인 양이다. 우리는 어떤 관측자가 움직이고 있고 어떤 관측자가 정지해 있는지 구분할 수 없다. 두 관측자가 서로에게 일정한 속력으로 접근한다고 해보자. 상대성원리에 따르면 두 관측자 모두 자신이 정지해 있고 서로가 접근하는 이유를 온전히 상대방의 운동에 귀속시킬 수 있다.

따라서 서로 멀리 떨어져 있는 두 사건이 동시에 일어나는지 여부와 같이 관측자들의 의견이 일치하지 않는 질문에 대한 옳은 답은 존재하지 않는다. 따라서 동시적으로 객관적으로 실재하는 것은 없으며 '지금' 실재하는 것도 있을 수 없다. 동시성의 상대성은 시간이 실재한다는 개념에 대한 커다란 공격이었다.

관측자들이 서로 동의하는 것을 **인과적 구조**causal structure라 부를 수 있을 것이다. 우주의 역사 속에서 임의의 두 사건을 선택하여 하나를 X, 다른 하나를 Y라고 부르자. 그러면 다음의 세 가지 중 하나가 참일 것이다. X가 Y의 원인이거나, Y가 X의 원인이거나, 둘 중 어느 것도 다른 것의 원인이 아니다. 이러한 인과적 관계에는 모든 관측자가 동의한다. 인과적 구조란 우주에 있는 모든 사건에 대한 모든 인과적 관계의 목록이다. 따라서 우주의 역사 속에서 물리적으로 실재하는 것에는 우주의 인과적 구조도 포함된다고 말할 수 있다.

이것은 비시간적인 그림이다. 우주의 역사 전체를 단번에 가리키기 때문이다. 시간에서 우선하는 순간이란 존재하지 않으며, 지금 이 순간이 언제인지에 대한 기준도 존재하지 않고, 지금 이 순간에 대한 우리의 경험에 대응하는 그 어떤 것에 대한 기준도 존재하지 않는다. '미래', '과거', '현재'에는 그 어떤 의미도 없다.

만약 특수상대성이론에 따라 자연에 대한 기술로부터 개별 관측자들의 관측에 대응하는 모든 것을 제거한다면, 남는 것은 인과적 구조다. 인과적 구조만이 관측자 독립적인 것이므로, 만약 이 이론이 옳다면 인과적 구조는 물리적 실재에 대응해야만 한다. 따라서 특수상대성이론이 참인 원리들에 근거하는 한 우주는 비시간적이다. 우주는 두 가지 의미에서 비시간적이다. 현재 순간의 경험에 대응하는 것이 존재하지 않으며, 가장 깊이 있는 기술은 인과적 관계들의 전체 역사를 단번에 기술하는 것이다.

인과적 관계에 의해서 주어지는 우주의 역사에 관한 이와 같은 그림은, 시간이 완전히 사건들 간의 관계에 따라 정의되는, 라이프니츠가 꿈꾼 우주를 실현한다. 관계만이 시간에 대응하는 유일한 실재이다. 이때의 관계란 인과적인 종류의 것이다.

사실 인과적 구조 이외에도 관측자들이 서로 동의하는 또 다른 정보가 있다. 공간에서 자유롭게 떠다니며 초를 째깍거리는 물리적인 시계를 떠올려보자. 정오를 가리킨 시계는 1분이 지난 뒤에는 12시 1분을 가리킨다. 첫 번째 사건은 두 번째 사건의 원인으로 간주될 수 있다. 두 사건 사이에서 시계는 60번 째깍거렸다. 두 사건 사이에서 시계가 째깍거린 횟수는 모든 관측자가 그들의 상대적 운동 상태와는 관계없이 동의할 수 있는 사실이다. 이를 **고유 시간**proper time이라 부른다.[6]

인과적 관계들로 연결된 사건들의 단일한 체계로 우주의 역사를 바라보는 모형을 **블록우주**라고 부른다. 이러한 특별한 이름이 붙은 이유는 이 이름이, 실재하는 것은 한순간에 담긴 전체 역사라는 의미를 담고 있기 때문이다. 돌로 만들어진 블록에 무엇인가 단단하고 변하지 않는 것이 새겨질 수 있는 것처럼 말이다.

블록우주는 시간을 공간의 또 다른 차원인 것처럼 다루려는 운동, 갈릴레오와 데카르트에 의해서 시작된 운동의 정점을 보여준다. 블록우주는 우주 전체의 역사를 하나의 수학적 대상으로 기술하며, 1장에서 살펴보았듯 이 수학적 대상은 비시간적이다. 만약 블록우주가 자연 속에서 객관적으로 실재하는 것과 대응한다고 믿는다면, 이는 우주가 비시간적임을 주장하는 것이다. 이와 같은 블록우주 모형은 아인슈타인의 특수상대성이론에 의해 함축된 시간 제거의 두 번째 단계이다.

블록우주는 시간과 공간을 결합한다. 이것은 일종의 시공간으로 그려질 수 있는데, 세 개의 차원은 공간이고 네 번째 차원은 시간이다[그림 10]. 시간의 한 순간에 일어나는 하나의 사건은 시공간 속의 한 점으로 나타나며, 한 입자의 역사는 세계선world line이라 불리는 시공간 속 곡선을 통해 추적된다. 따라서 시간은 완전히 기하학에 포함된다. 이를 시간이 공간화되었다거나 기하학화되었다고 말한다. 물리법칙은 기하학적으로 나타난다. 예를 들어, 자유 입자들의 세계선은 시공간 속의 직선들이다. 만약 한 입자가 광자라면, 우리는 이것을 45도 각도로 움직이는 것으로 나타낸다(이것은 시간의 단위로 공간을 측정하는 것에 대응한다. 여기서는 거리를 광년이라 말한다). 그 어떤 일반적인 입자도 빛의 담지자인 광자보다는 낮은 속도로 움직여야 한다. 따라서 그것의 세계선은 더 가파른 각도를 가질 것이다.

특수상대성에 관한 이와 같은 우아한 기하학적 표현은 1909년에 아인슈타인의 수학 교사 중 하나였던 헤르만 민코프스키Hermann Minkowski가 발명했다. 이 표현법 아래에서는 특수상대성에 의해 함축된 운동의 모든 물리적 사실이 시공간의 기하학적 구조에 관한 하나의 정리로 나타난다. 우리가 오늘날 민코프스키 시공간이라 부르는 민코프스키의 발명품은 시간을 제거하는 과정에서 결정적인 단계였다. 왜냐하면 이 시공간은 시간 속에서의 운동에 관한 모든 논의가 비시간적 기하학에 관한 수학적 정리로 번역될 수 있음을 설득력 있게 보여주었기 때문이다. 20세기의 위대한 수학자들 중 한 명인 헤르만 바일Hermann Weyl은 다음과 같이 말했다. "객관적인 세계는 단순히 존재할 뿐이며, 그 속에서는 사건이 일어나지 않는다. 오직 나의 의식을 통해 바라볼 때에만 세계의 일부분이 나의 신체의 세계선을 따라 올라오면서 나에게 포착된다. 이때 포착되는 세계는 시간 속에서 연속적으로 변화하는, 공간 안에서 잠시 머무르는 상과 같다."[7]

블록우주 모형이 얼마나 강력한지를 보여주기 위해 나는 이를 지지하는 몇몇 철학자가 제시한 논증 하나를 제시할 것이다. 이 논증은 오직 동시성의 상대성에만 의존한다. 현재가 실재한다는 것에

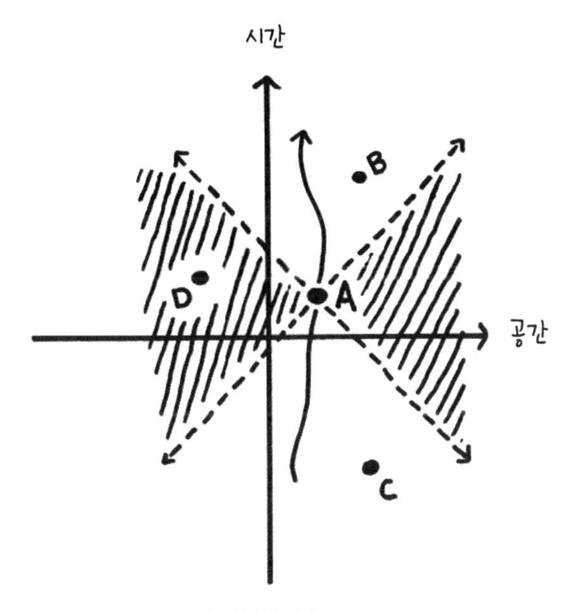

- B는 A의 미래 안에 있다.
- C는 A의 과거 안에 있다.
- D는 A와 인과적으로 연결되어 있지 않다.

그림 10 시공간의 블록우주. 하나의 공간 차원과 하나의 시간 차원으로 구성된 시공간이다. 빛 광선이 45도 각도로 이동하게끔 시간과 공간 단위를 설정하면 인과적 구조는 기하학적으로 나타난다. 만약 두 사건이 45도 또는 그보다 더 가파른 선으로 연결될 수 있다면 두 사건은 인과적으로 연관된다. 우리는 또한 과거로부터 사건 A를 거쳐 미래로 가는 한 입자의 세계선을 본다. 또한 사건 A를 통과하는 두 개의 빛 광선도 그려져 있다. 그림자로 된 영역은 A와 인과적으로 연관되어 있지 않은 사건들을 포함한다.

동의하는 것으로 논증을 시작해보자. 우리는 미래 또는 과거가 실재하는지 확신하지 못할 수 있다. 사실 이 논증의 요점은 미래 또는 과거가 얼마나 실재적인지 찾아내는 것이다. 그러나 우리는 현재가 실재한다는 것에는 의심을 갖지 않는다. 현재는 다수의 사건들로 구성되며, 이들 중 그 어떤 사건도 다른 사건들보다 실재적이지 않다. 우리는 미래의 두 사건이 실재적인지는 모르지만, 만약 두 사건이 동일한 시간에 일어난다면 우리는 이 시간이 현재든 과거든 미래든 상관없이 동등하게 실재한다는 것에 동의할 것이다.

만약 우리가 조작주의자라면 우리는 관측자들이 무엇을 보는지에 대해서 이야기해야만 한다. 따라서 우리는 **만약 두 사건이 어떤 관측자에게 동시적인 것으로 보인다면 두 사건은 동등하게 실재한다**고 주장한다. 또한 우리는 동등하게 실재하는 것이 이른바 전이적轉移的, transitive 속성이라고 가정한다. 즉 만약 A와 B가 동등하게 실재하고 B와 C가 동등하게 실재하면, A와 C도 동등하게 실재한다. 이제 논증은 특수상대성에서 현재가 관측자 의존적이라는 사실을 이용한다. 우주의 역사 속에서 임의의 두 사건을 선택해보라. 두 사건 중 하나는 다른 사건의 원인이다. 두 사건을 A와 B라 부르자. 이제 다음과 같은 속성을 갖는 사건 X가 항상 존재할 것이다. 한 명의 관측자인 마리아는 A가 X와 동시적이라고 본다. 또 다른 관측자인 프레디는 X가 B와 동시적이라고 본다. 이 상황은 [그림 11]에 묘사되어 있다.

사건 X가 반드시 존재해야 하는 이유를 이해하려면 동시성이 상대적일 뿐 아니라 가능한 한 최대한 상대적이라는 사실을 알아야만 한다. 이는 다음과 같은 의미에서 그렇다. 아인슈타인의 공준들에 따른 결과 중 하나는, 만약 어떤 관측자에게 두 사건이 동시적으로 일어나는 것으로 관측되면 모든 다른 관측자는 이 사건들이 서

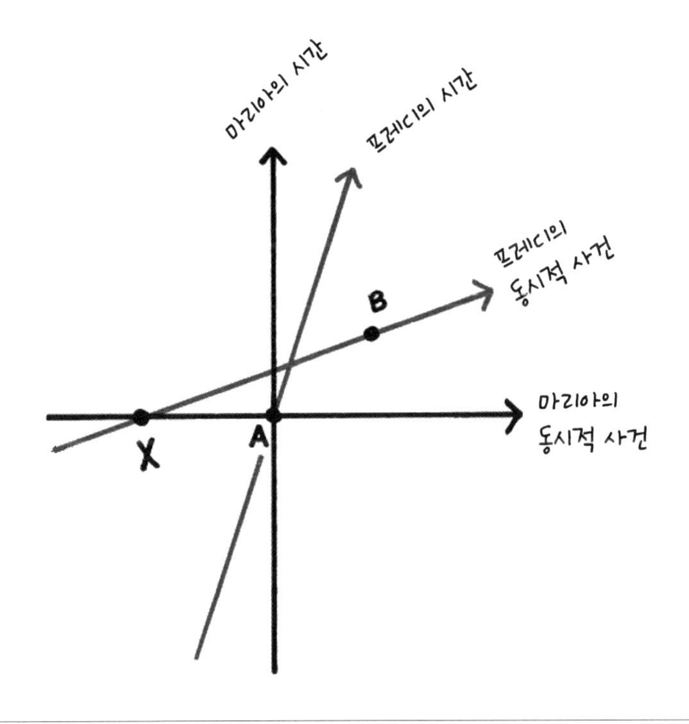

그림 11 동시성으로부터 따라 나오는, 블록우주를 지지하는 논증. 인과적으로 관련된 임의의 두 사건 A와 B에 대해, 한 관측자가 X와 A를 동시적으로 보고 다른 관측자가 X와 B를 동시적으로 보는 사건 X가 항상 존재한다.

로 인과적으로 연관되어 있지 않다고 판단해야 한다는 것이다. 만약 두 사건이 서로 인과적으로 연관되어 있지 않다면, 그 두 사건이 동시적이라고 관측하는 관측자가 어디엔가 존재할 것이다. 따라서 동시성은 인과성을 충족시키면서도 최대한 상대적이다.

만약 B가 A의 미래 속에서 멀리 있다면 X는 둘 다로부터 충분히 멀리 있어 A로부터 X까지 또는 X로부터 B까지 빛 신호가 이동하

지 못해야 한다. 그러나 민코프스키가 기술하는 우주는 무한하므로 이것은 문제가 되지 않는다.[8]

이제 다음과 같이 추론할 수 있다. 내가 제시한 기준에 따르면 A는 X만큼 실재한다. 그러나 B 역시 X만큼 실재한다. 따라서 A와 B는 동등하게 실재한다. 그러나 A와 B는 우주의 역사에서 임의로 선택된, 인과적으로 연관된 두 사건이다. 따라서 만약 우주 속에 있는 어떤 사건이 실재한다는 것이 의미를 가진다면, 그러한 실재성은 모든 다른 사건들에도 공유된다. 따라서 현재, 과거, 미래 사이에는 차이가 없다. 실재하는 것은 우주의 모든 사건들의 총합이다. 따라서 우리는 세계의 실재성은 하나로 간주되는 세계의 역사 속에 있다고 결론 내린다. 시간의 순간 또는 시간의 흐름에는 실재성이 없다.

이와 같은 블록우주 논증의 강력함은 이 논증을 주장하기 위해서는 오직 현재가 실재한다고 믿기만 하면 된다는 데 있다. 그러면 미래와 과거도 현재만큼이나 실재한다고 믿게 된다. 그러나 만약 현재, 과거, 미래 사이에 아무런 구분이 없다면—만약 지구의 형성 또는 나의 증증증증손녀의 출생이 내가 이 문장을 쓰고 있는 이 순간과 같이 실재한다면—현재가 특별하게 실재한다고 주장할 수는 없으며, 실재하는 것은 모두 우주의 역사 전체인 것이다.

우리 시대의 선도적인 철학자인 힐러리 퍼트넘Hilary Putnam은 이 논증에 관해 다음과 같이 성찰한 바 있다.

> 나는 이제 미래 사건들의 결정성과 실재성의 문제가 해결되었다고 결론 내린다. 게다가 이 문제는 철학이 아니라 물리학에 의해

해결되었다. … 사실상 나는 시간에 관한 철학적 문제들이 더는 존재하지 않는다고 믿는다. 오직 우리가 살아가는 4차원 연속체의 물리적 기하학을 면밀하게 밝혀내는 물리학적인 문제들만이 남아 있을 뿐이다.[9]

블록우주 관점의 또 다른 이름은 영원주의eternalism다. 현대 철학자들은 이 영원주의의 여러 면모에 관해 상당히 많은 저술을 남겼다. 이들이 논의하는 문제들 중 하나는 블록우주의 관점이 우리가 시간에 대해 이야기하는 방식과 일관되는지의 여부다. 일반인과 철학자 모두 '지금', '미래', '과거'와 같은 단어를 사용한다. 만약 실재가 세계의 전체 역사 하나로 구성된다면, 이러한 단어들에 의미가 있는가? 우리가 "지금 나는 영국해협 아래를 지나는 기차 안에 있다"라고 말할 때 이는 무엇을 의미하는 것일까? 만약 지금이 다른 순간보다 더 실재적이지 않다면 말이다.

양립가능주의compatibilism라 불리는 관점은, 우리가 '지금', '내일' 등과 같은 단어를 특별히 비시간적 실재에 관한 몇몇 사실들에는 직접 접근할 수 있도록 하고 다른 사실들에는 접근하기 어렵게 만드는 하나의 관점을 표현하는 것으로 이해하는 한, 일상적인 언어에는 아무런 문제가 없다고 본다. 우리는 가깝거나 멀리 있는 사물들이 서로 동등하게 실재한다고 믿으면서도 자연스럽게 '여기', '저기'라고 말한다. 따라서 몇몇 철학자는 '지금'과 '미래'가 '여기', '저기'와 실제로는 크게 다르지 않다고 주장한다. 이들은 모두 우리가 주변을 돌아볼 때 무엇을 보는지에는 영향을 미치지만 실재하는 것에는 영향을 미치지 않는 특정한 관점을 보여준다. 내가 '지금'이라는 단어를 사용할 때 나는 지금이 특별하다고 주장할 필요가 없다. 나는 나 자신의 관점을 기술하고 있을 뿐이다. 내가 지금이라고 말할 때는 항상 내가 함께 말하는 사람과 공유하고 있다고 가정하는 함축적인 지시체가 존재한다.

이상과 같은 논증이 훌륭하기는 하나, 이 논증은 블록우주가 자연에 대한 올바른 기술인 경우에 한해서만 문제가 된다. 다른 철학자들은 블록우주가 옳은지 의심한다. 존 랜돌프 루카스John Randolph Lucas는 다음과 같이 이야기했다. "블록우주는 시간에 대해 매우 불충분한 관점을 보여준다. 이 관점은 시간의 흐름, 현재의 두드러짐, 시간의 방향, 미래와 과거의 차이를 설명하는 데 실패한다."[10]

이 책에서 제시되는 논증들은 바로 위의 논쟁과 관련된다. 그러나 나는 철학자들이 선호하는 방식으로, 즉 많은 경우 언어적 분석과 밀접한 관계가 있는 논증처럼 제시하지는 않겠다. 그보다 나는 논증의 전제를 물리학의 관점에서 논하겠다. 논증의 전제들 중에는 특수상대성이 우주의 전체 역사에 적용될 수 있다는 전제도 있다. 그러나 특수상대성은 우주의 역사 전체에 적용될 수 없다. 왜냐하면 이 이론은 물리학의 모든 것을 포함하지 않기 때문이다. 구체적으로 말해 특수상대성은 중력을 포함하지 않는다. 이 이론은 기껏해야 중력을 포함하는 이론의 근사일 뿐이다. 상대성이론을 중력에까지 확장하는 문제는 일반상대성이론이라는 더 심오한 이론의 발견으로 해결되었다. 아인슈타인은 이를 위해 10년 동안 연구에 매진해야 했다.

그러나 특수상대성이론에 담긴 철학적으로 흥미로운 면모들은 일반상대성이론으로 확장된다. 동시성의 상대성은 참으로 남으며 사실상 확장된다. 따라서 내가 지금까지 그 개요만을 그린 철학적 논증은 여전히 적용되며 동일한 결론으로 이어진다. 유일한 실재는 단일한 것으로 취급되는 우주의 역사 전체다.

일반상대성이론에서도 관측자 독립적인 모든 정보는 인과적 구조와 고유 시간에 의해 포착된다는 사실이 여전히 참으로 남는다. 만약 일반상대성이론에서 전체 우주의 역사가 나타난다면, 그 결과는 여전히 블록우주 모형이다.

일반상대성은 시간이 비실재적이라고 주장하는 특수상대성의 면모들을 보존할 뿐 아니라 동일한 효과를 가지는 새로운 측면들을 도입한다. 첫째, 시공간을 공간과 시간으로 분리하는 많은 방식이 존재한다[그림 12]. 우주를 가로질러 흩어져 있는 시계들의 연결망에 따라 시간을 정의할 수 있지만, 시계들은 제멋대로일 수 있다. 즉 시계들은 서로 다른 장소에서 서로 다른 속도로 흘러갈 수 있으며, 각각의 시계는 빨라지거나 느려질 수 있다. 우리는 이러한 특징을 '일반상대성이론에서는 시간이 여러 개의 손가락을 가질 수 있다'고 표현하기도 한다. 둘째, 공간과 시공간의 기하학적 구조는 더 이상 단순하거나 규칙적이지 않다. 이 기하학적 구조는 일반적인 것이 된다. 단순한 평면 또는 구와 대조되는 **임의의** 굽은 평면을 생각해보라. 기하는 역동적인 것이 된다. 우리가 중력파라고 부르는 파동은 시공간의 기하를 통해 이동한다. 블랙홀은 서로를 만들고, 움직이고, 상대의 주위를 돌 수 있다. 세계의 배열은 더 이상 공간 속에 위치한 입자들에 따라 주어지지 않는다. 배열은 이제 공간의 기하학 그 자체를 포함한다.

그러나 공간과 시공간의 기하학이 중력과 무슨 상관이 있는가? 일반상대성은 모든 과학적 개념 중에서 가장 단순한 개념, 즉 떨어지는 것은 자연적인 상태라는 개념에 기초해 있다.

물리학에서 일어난 위대한 혁명들은 자연스러운 운동으로 간주되는 것들에서 나타나는 변화들로 특징지어진다. 여기서 '자연스럽다'는 것은 해당 운동에 더 이상 설명이 필요 없다는 것을 의미한다. 아리스토텔레스에게 자연스러운 운동이란 지구의 중심에 대해 상대적으로 정지해 있는 것이었다. 그 이외의 운동은 물체에 어떤 힘이 작용하여 움직이는 것처럼 부자연스러운 것으로, 별도의 설명이 필요했다. 갈릴레오와 뉴턴에게는 일정한 속력으로 직선 위를 움직이는 운동이 자연스러운 운동이었으며, 운동의 속력 또는 방향이 변할 경우에만(이를 우리는 가속한다고 한다) 이를 설명하기 위해 힘을 도입했다. 바로 이러한 이유 때문에 비행기 또는 기차가 가속 없이 움직이는 한 운동을 느끼지 못하는 것이다.

다음과 같이 질문이 제기될 수 있다. 만약 모든 운동이 상대적이라면, 비행기 또는 기차가 어떤 것에 대해서 가속되는지가 문제가 되지 않는가? 문제가 된다. 그리고 이에 대한 답은 '가속을 하지 않는 다른 관측자들에 대해서'이다. 그러나 이러한 답은 순환적이지 않은가? 만약 자신의 운동 효과를 느끼지 못하는 커다란 관측자 집단의 존재를 추가한다면 이는 순환적이지 않으며, 이때 관측자들은 모두 서로에 대해 일정한 속력과 방향으로 움직인다는 공통점을

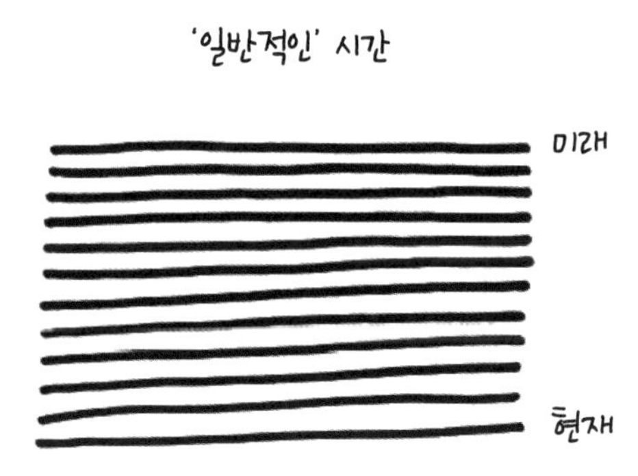

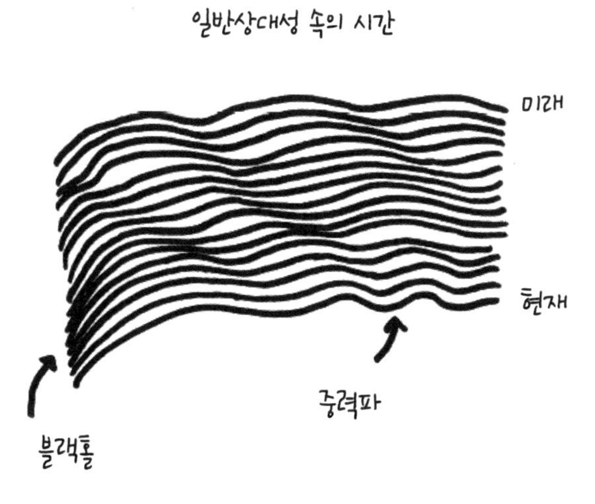

그림 12 우리는 시간의 일반적인 개념을 일반상대성에서의 좀 더 임의적인 개념과 대조한다. 일반적으로 우리는 시간이 모든 곳에서 같은 속도로 흐른다고 생각하므로 동일한 시간의 표면은 위에 있는 그림에서 보이는 것처럼 평평하게 위치한다. 일반상대성에서 시간은 서로 다른 시계에 의해 각각의 점에서 측정될 수 있다. 동일한 시간의 표면이 서로 인과적으로 관련되어 있지 않은 한 말이다. 위 그림에 나타나 있는 것처럼 우리는 시간의 이와 같은 자유를 '여러 손가락을 가졌다'고 표현한다.

가진다. 이와 같은 특별한 관측자들을 **관성적 관측자**inertial observer라고 부르는데, 뉴턴의 법칙들은 관성적 관측자들을 기준으로 정의되었다. 예를 들어 뉴턴의 첫 번째 법칙은 자유롭게 움직이는 입자들(이 입자들에 어떠한 힘도 부여되지 않는다는 의미에서)이 관성적 관측자들을 기준으로 두었을 때 일정한 속력과 방향을 가진다고 주장한다.

바로 이 때문에 태양이 움직이는지 지구가 움직이는지가 중요한 것이다. 지구의 운동 방향은 태양 주변을 도는 동안 관성적 관측자들을 기준으로 연속적으로 변한다. 이것은 가속 운동이다. 이는 태양 중력의 영향으로 설명된다.

뉴턴에게 중력은 다른 힘들과 마찬가지로 하나의 힘이었다. 그러나 아인슈타인은 중력에 의해 강제되는 운동에는 무엇인가 특별한 것이 있음을 깨달았다. 모든 물체는 그 질량 또는 그 어떤 다른 속성과도 상관없이 동일한 가속도로 떨어진다는 것이었다. 이는 뉴턴 법칙들의 귀결이었다. 한 물체의 가속도는 물체의 질량에 반비례하지만, 뉴턴은 중력이 물체의 질량에 비례하는 힘으로 물체를 끌어당긴다고 추정했다. 질량의 효과는 상쇄되기 때문에 중력에 의해 유발된 가속도는 물체의 질량과 무관하게 작용하고, 결국 모든 물체는 동일한 가속도로 떨어진다.

아인슈타인은 **등가 원리**equivalence principle라고 부른 원리를 통해 떨어짐의 자연스러움을 포착했는데, 이 원리는 그의 모든 업적 중에서, 아마도 물리학 전체를 통틀어 가장 아름다운 원리일 것이다. 이 원리는 떨어지는 사람은 자신의 운동을 느끼지 못한다는 것이다. 떨어지는 엘리베이터 안에서 누군가가 경험하는 것은 공간 속에서 자유롭게 떠다니는 누군가가 경험하는 것과 동일하다. 중력이라고 말할 때 우리가 경험하는 것은 우리가 떨어지지 **않는다**는 사실이다. 우리가 앉아 있거나 서 있을 때 느끼는 힘은 우리를 아래로 잡아당기는 중력이 아니라, 우리로 하여금 떨어지지 못하도록 바닥이나 의자가 우리를 지탱해주고 있는 것이다. 내가 책상 앞에 앉아 있는 동안 나는 실제로 부자연스럽게 운동하고 있는 것이다.

바로 이것이 아인슈타인이 최고 수준의 천재인 이유다. 일반상대성의 최종적인 구현물 속에서 찾을 수 있는 수학적인 복잡함 때문이 아니라—이러한 것은 수학과 물리학을 공부하는 대부분의 학생들이 쉽게 습득할 수 있는 것이다—우리 경험의 가장 단순한 측면 중 하나에 대한 관점을 변화시키는 데 성공했기 때문이다. 아인슈타인 이전까지 우리는 우리가 종일, 매일 느끼는 것이 우리를 아래로 잡아당기는 중력이라고 생각했다. 아인슈타인은 우리의 생각이 잘못되었음을 깨달았다. 우리가 느끼는 것은 우리를 떠받치고 있는 바닥이다.

아인슈타인은 수학자 친구 마르셀 그로스만Marcel Grossmann의 도움을 받아 이 가장 단순하고 물리적인 개념을 세계의 기하학에 관한 가설로 변환시켰다. 이 가설은 기하학의 가장 단순한 개념인 직선의 역할에 기초한다.

고등학교 기하학에서 직선이란 두 점 사이를 잇는 가장 짧은 거리의 경로라고 정의된다. 이 정의는 평면에는 적용되지만 곡면에도 확장될 수 있다. 지구의 표면 같은 하나의 구를 생각해보자. 표면이 굽어 있기 때문에 구 위에는 더 이상 직선이 없다고 생각할 수 있겠지만, 만약 직선을 두 점 사이의 최단거리를 갖는 경로라는 의미로 받아들이면 이야기는 달라진다. 우리는 이 정의를 만족시키는 곡선들을 **측지선**測地線, geodesic이라고 부른다. 만약 공간이 평면이라면 측지선은 직선이다. 만약 공간이 구라면 측지선은 대원大圓의 일부이며, 비행기가 도시들을 최단 거리로 여행할 때 취하는 경로가 바로 이 측지선이다.[11]

만약 중력장 안에서 사물들이 떨어지는 경로가 자연스러운 운동경로라면, 이 운동은 아무런 힘이 작용하지 않을 때 사물들이 자연스럽게 따라 움직이는 직선을 일반화하는 것이어야 한다는 것이 뉴턴의 생각이다. 그러나 이제 우리는 선택에 직면한다. 왜냐하면 자유 입자는 공간 속에서 직선을 따라 움직일 수 있는 것처럼 민코프스키 시공간 속에서 직선을 따라 움직일 수 있기 때문이다. 우리는 휘어진 공간으로 중력을 나타내야 할까, 아니면 휘어진 시공간으로 중력을 나타내야 할까?

블록우주의 관점에서 보면 해답은 분명하다. 휘어진 시공간으로 나타내야 한다. 동시성의 상대성으로 인해 서로 다른 관측자들은 어떤 사건들이 동시적인지에 대해 의견을 달리한다. 공간이 어떻게 굽어 있는지를 기술하는 단순하고 객관적이며 관측자 독립적인 방법은 존재하지 않는다.

아인슈타인이 휘어진 시공간으로 등가 원리를 구현하려고 선택했을 때, 그의 개념은 중력장에서 떨어지는 사물들이 측지선을 따라 움직이는 방식으로 곡률이 중력의 영향을 전달한다는 것이었다.

자유 낙하하는 물체는 힘을 느껴서가 아니라 시공간이 굽어 있어서, 측지선의 호가 지구 중심을 향해 있기 때문에 떨어지는 것이다. 행성들이 태양 주위를 도는 것은 태양의 힘이 행성들에 작용해서가 아니라, 태양의 엄청난 질량이 시공간의 기하학을 굽게 만들어 측지선이 태양 주위를 도는 곡선이 되기 때문이다.

이것이 아인슈타인이 중력을 시공간의 한 측면으로 설명한 방식이다. 기하학은 물질이 측지선을 따라 움직이도록 안내함으로써 물질에 작용한다. 그러나 아인슈타인 일반상대성이론의 멋진 점은 이와 같은 작용이 상호적이라는 것이다. 아인슈타인은 질량이 기하학을 변화시켜 측지선이 질량을 가진 물체를 가속하게 만든다고 추정했다. 이 개념을 구현하기 위해 아인슈타인은 시공간이 정확히 중력의 효과를 따라 굽어지게 안내하는 방정식들을 제안했다.

이 방정식들은 측정을 통해 높은 정확도로 입증된 많은 예측을 가능케 했다. 이들은 전체로서의 우주가 팽창하도록 만든다. 이 방정식들은 태양 주변을 운동하는 행성들의 궤도와 지구 주변을 운동하는 달의 궤도를 뉴턴 물리학에 따라 예측한 것과 미세하게 다르게 예측하며, 이러한 차이들은 이미 관측되었다. 극도로 압축된 물체는 주변의 시공간을 극도로 굽게 만들어 빛조차 빠져나올 수 없게 한다. 이것이 바로 블랙홀이다. 대부분의 은하 중심에는 극도로 질량이 큰 블랙홀들이, 수백만 개의 별들을 합친 것만큼 큰 질량으로 존재한다.

일반상대성 방정식들의 가장 주목할 만한 귀결은 아마도 시공간의 기하학적 구조가 그것을 통과하는 파동들의 경로에 의해서 비틀린다는 것이겠다. 이것은 연못의 표면이 뒤틀리는 것과 유사하다. 파동이 통과하면 공간의 기하학적 구조가 진동한다. 이러한 중력파는 질량이 아주 큰 물체들의 운동 변화로부터 발생한다. 서로의 주위를 도는 두 개의 중성자별이 그 예이며, 이때 이러한 격렬한 사건의 상이 우주를 통해 전달된다. 현재 이와 같은 상을 탐지하려는 엄청난 노력이 이루어지고 있는데, 이를 통해 천문학에 새로운 창이 열릴 것이다. 우리는 붕괴하는 초신성 내부를 볼 수 있을 것이며 빅뱅 최초의 순간에 대해서도 알 수 있을 것이다.

중력파의 효과는 지금까지 간접적으로 측정되어 왔다. 두 개의 중성자별이 서로의 주위를 빠르게 회전하는 경우, 이들이 생성하는 중력파가 에너지를 가져가므로 중성자별은 상대를 향해 나선 모양의 궤적을 그릴 것이다. 이처럼 나선 내부로 움직이는 모습이 관측되었고 관측 결과는 높은 정도의 정확성으로 일반상대성의 예측들과 합치하는 것으로 밝혀졌다.

◈

일반상대성이론을 발명함으로써 아인슈타인은 공간과 시간 개념에 급진적인 변환을 일으켰다.

뉴턴 물리학에서 공간의 기하학적 구조는 한번 정해지면 계속 고정되어 있다. 공간은 3차원 유클리드 공간의 기하학적 구조를 가진 것으로 가정된다. 그렇게 되면 뉴턴 물리학에는 공간과 물질 사이의 관계에서 무언가 우려되는 비대칭성이 생긴다. 공간은 물질에게 어떻게 움직이라고 말하는 것처럼 보이지만, 공간 그 자체는 절대로 변하지 않는다. 여기에는 상호성이 없다. 공간은 물질의 운동에 혹은 물질의 존재에 결코 영향을 받지 않는다. 공간은 공간 속에 물질이 전혀 없어도 정확히 동일할 것으로 여겨진다.

이러한 비대칭성은 공간이 역동적으로 변하는 일반상대성이론에서 교정되었다. 정확히 기하학적 구조가 물질의 운동에 영향을 미치는 것과 같이, 물질은 기하학적 구조의 변화에 영향을 미친다. 그 구조는 마치 전자기장과 같이 완전히 물리학의 한 측면이 된다. 그러면 시공간의 동역학을 기술하는 아인슈타인 방정식들도 다른 가설들과 같이 물리적 현상의 속성들과 이들 사이의 관계를 탐색한다.

시공간의 기하학이 모든 시간에 고정되는 경우 우리는 시간과 공간이 절대적이라고 말할 것이다. 즉 오직 세부적인 사항에서만 뉴턴의 비시간적이고 고정된 시간과 공간의 속성에 대한 개념과 차이가 날 것이다. 물질의 분포로부터 영향을 받는 역동적인 기하학은 시간과 공간이 순수하게 관계적이라는 라이프니츠의 개념을 구현한다.

시간과 공간에 대한 관계론적인 이론을 공식화하는 과정에서 아인슈타인은 에른스트 마흐Ernst Mach로부터 도움을 받았는데, 마흐는 우리가 **마흐의 원리**Mach'sprinciple라 부르는 원리를 도입한 사람이다. 이 원리에 따르면 오직 상대적인 운동만이 문제가 되므로, 만약 우리가 회전을 할 때 어지러움을 느낀다면 그것은 분명 우리가 멀리 떨어져 있는 은하들에 대해 상대적으로 회전을 하고 있어서 그런 것이다. 그 결과가 순수한 상대적 운동이라는 주장은 만약 우리가 정지해 있고 우주 전체가 우리 주위를 회전하는 경우에도 우리는 동일한 어지러움을 느끼리라는 것을 의미한다.

그러나 일반상대성이 이러한 측면에서 급진적이라고 하더라도, 이 이론은 다른 측면에서 보수적이며 이는 뉴턴적 패러다임과 잘 맞아떨어진다. 기하학적 구조와 물질이 함께 있는 가능한 배열들의 공간이 존재한다. 초기 조건이 주어지면 아인슈타인의 방정식들은 개별적인 시공간의 기하학적 구조의 미래 전체와, 물질과 복사를 포함해 그 시공간이 포함하고 있는 모든 것을 결정한다.

그리고 일반상대성에서 세계의 역사 전체는 여전히 하나의 수학적 대상으로 나타난다. 일반상대성의 시공간은 뉴턴 이론에서의 3차원 유클리드 공간보다 훨씬 복잡한 수학적 대상에 대응한다. 그러나 이 블록우주로서의 시공간은 비시간적이고 오염되지 않으며, 미래가 과거와 구분되지 않으며, 현재에 대한 우리의 의식은 여기서 그 어떤 역할도 하지 않는다.

◈

일반상대성이론에는 물리학에서 시간이 차지하는 근본적인 역할에 대한 또 하나의 공격이 있었다. 시간이 실재하고 근본적이라는 개념은 시간에 시작이 없다는 의미를 함축한다. 만약 시간에 시작이 있다면 시간의 기원은 시간이 아닌 무언가를 통해 해명될 수 있어야 할 것이기 때문이다. 그리고 만약 시간이 비시간적인 무언가를 통해 해명 가능한 것이라면, 시간은 근본적인 것이 아니며 그것이 무엇이든 시간을 그로부터 출현하게 만드는 그것이 더 근본적이다. 그러나 일반상대성의 방정식들로 기술되는 그 어떤 그럴듯한 모형에서도 시간은 항상 시작이 있다.

1916년에 일반상대성이론에 관한 논문을 발표한 후, 아인슈타인은 1년도 채 지나지 않아 이 이론을 전체 우주에 적용했다. 그는 우주가 마치 구와 같이 유한한 연장을 갖고 있지만 경계가 없다고 상상하며 이와 같이 작업했다. 이것은 매우 심오한 단계였다. 최초로 우주를 자기충족적이고 유한한 것으로 본 것이다. 우주의 경계에 다가갈 수 있지만 우주 밖으로 벗어날 수는 없다. '우주의 밖'은 전혀 의미가 없다.

아인슈타인은 우주를 닫힌 것으로 만들면서, 시간을 측정하는 데 쓰이는 모든 시계는 계의 내부에 있다고 가정해야 했다. 아인슈타인은 자신이 세운 이론의 방정식에 담긴 새로운 측면으로 이러한 일을 할 수 있었다. 방정식들은 시간을 측정하는 데 무슨 시계가 사용되었는지, 공간을 측정하는 데 무슨 도구가 사용되었는지와 관계없이 의미를 가졌다. 시간과 공간은 가능한 한 파격적이고 혼란스럽게 측정될 수 있었으나 방정식들은 여전히 제 기능을 했다. 따라서 이론은 더 이상 계 바깥에서 동작하는 특수한 시계들의 측정에 얽매이지 않게 되었다. 계 밖에 있는 시계에 대한 필요성을 없앰으로써 일반상대성이론은 관계론적인 물리학을 구축하는 여정에서 진일보를 이루어냈다. 그러나 이 이론은 여전히 뉴턴적 패러다임에 기초해 있었다. 왜냐하면 이 이론은 비시간적인 배위공간에 비시간적인 법칙이 작동하는 것으로 공식화될 수 있기 때문이다.

처음에 아인슈타인은 공간적으로는 유한하지만 시간적으로는 영원하고 변하지 않는 우주 모형을 추구했다. 아인슈타인은 우리가 아는 그 어떤 과학자보다 독창적으로 생각하는 사람이었지만, 아인슈타인의 상상력은 이 지점에서 실패로 이어졌다. 당시 아인슈타인은 우주를 정적이고 영원한 것이 아닌 다른 것으로는 상상할 수 없었던 것으로 보인다. 그러나 문제가 하나 있었다. 중력이라는 힘은 보편적으로 무언가를 잡아당기며 항상 사물을 끌어모으는 작용을 하기 때문이다. 이것은 중력이 전체 우주가 수축하게 만듦을 의미한다. 만약 우주가 팽창하고 있다면 중력은 그 팽창을 느리게 만들 것이다. 만약 우주가 팽창도 수축도 하지 않는다면 중력은 수축이 시작하게끔 작용할 것이다. 그래서 아인슈타인은 우주가 시간에 따라서 변해야만 할 것이라고, 아니면 팽창하거나 수축하는 중이라고 예측했을지 모른다. 그 대신에 그는 우주를 정적으로 유지하기 위해 자신의 이론을 변경시켰고, 이를 통해 의도치 않게 다른 발견을 했다. 이 발견은 최근에 들어서야 실험으로 입증되었다.

아인슈타인에게 우주는 팽창하는 것이어야 했기 때문에 그는 중력을 상쇄시키는 항을 추가하는 식으로 자신의 방정식들을 수정했다. 이러한 수정을 통해 새로운 자연 상수를 발견하게 되었는데, 이 상수는 빈 공간의 에너지 밀도를 나타낸다. 아인슈타인은 이를 **우주상수**cosmological constant라고 불렀다. 최근에 관측된 우주 가속 팽창은 이 상수를 뒷받침하는 좋은 증거다. 가속 팽창의 원인을 가리키는 더 일반적인 명칭은 **암흑에너지**dark energy지만, 만약 이 에너지의 밀도가 시간과 공간 속에서 일정하다면 이것은 아인슈타인의 우주상수로 기술할 수 있다. 현재로서는 관측 결과들이 우주상수와 모순되지 않지만, 몇몇 우주론적 시나리오는 암흑에너지가 궁극적으로 달라지기를 요구한다.

나는 아인슈타인이 언젠가 우주상수가 측정될 수 있을 것이라 생각하지는 않았을 것이라 짐작하지만, 실제로 이는 측정되었다. 우주상수의 값은 믿어지지 않을 정도로 작지만, 이것이 만들어내는 결과는 어마어마하다. 비록 우주상수의 값이 작더라도 이것의 효과는 우주 전체를 통해 더해진다. 따라서 우주에는 서로 반대되는 두 힘이 작용한다. 모든 물질로부터 나오는 중력은 수축을 유발하며, 이에 반해 우주상수는 팽창을 가속한다.

아인슈타인은 정적인 우주를 제시했고, 이 우주 속에서 두 힘은 정확히 균형을 이룬다. 그러나 이 모형에도 문제가 있었다. 두 힘 사이의 균형이 불안정하다는 것이었다. 우주를 아주 조금만 잡아당겨도 둘 중 하나의 경향이 우세하게 되어 우주는 영원히 팽창하거나 수축할 것이었다. 우주는 움직이는 별, 블랙홀, 중력파 등으로 가득하므로, 많은 것이 우주를 충분히 잡아당겨 우주가 균형을 맞춘 상태에 오래 있지 못하게 할 것이 분명했다.

우주에 분명히 역사가 있다는 것은 놀라운 결론이었다. 우주는 팽창할 수도 있고 수축할 수도 있었지만 일정하게 유지될 수는 없었다. 1920년대에 몇몇 천문학자와 물리학자는 일반상대성이론의 방정식들에 대한 해를 여럿 발견했는데, 이 해들은 팽창하는 우주를 기술하는 것이었다. 이 발견은 행운이었다. 왜냐하면 1927년경에 천문학자 에드윈 허블이 우주가 팽창한다는 증거를 발견했기 때문이다. 이는 우주에 시작이 있어야만 한다는 의미였다. 그리고 사실상 이러한 새로운 해는 모두 시간의 최초 순간을 갖고 있었다.

알렉산더 프리드먼Alexander Friedmann, H. P. 로버트슨H. P. Robertson, 아서 워커Arthur Walker, 조르주 르메트르Georges Lemaître 등이 발견한 이러한 해들은 이들의 이름 앞 글자를 따 FRWL 우주라고 불린다. 매우 단순한 이 모형들에서는 우주가 공간 속 모든 곳에서 동일하다고 가정한다. 즉 우주 전체에 걸쳐 물질과 복사의 밀도가 동일하다는 것이다. FRWL 우주에서는 시간의 최초 순간에 물질과 복사 밀도 및 중력장의 세기가 무한대로 되면서 **초기의 특이점**을 구성한다. 이 지점에서 일반상대성이론은 적용되지 않는다. 왜냐하면 방정식들은 더 이상 현재로부터 비롯되는 미래의 진화를 기술하지 않기 때문이다. 무한대의 양들 때문에 방정식들은 붕괴된다.

대부분의 물리학자는 연구되고 있는 모형들이 너무 단순하기 때문에 방정식들이 붕괴한다고 응답한다. 그들은 더 많은 세부사항들을 입력하여 우주가 별, 은하, 중력파와 같은 국소적인 측면을 갖게 된다면 특이점은 제거될 것이고 그 지점을 넘어선 지점까지 시간을 되돌려서 추정할 수 있을 것이라고 주장했다. 하지만 이러한 가설은 입증하기 어려웠다. 왜냐하면 슈퍼컴퓨터가 등장하기 이전 시기에는 아인슈타인 이론의 방정식에 대한 일반적인 해를 충분히 연구할 수 없었기 때문이다. 그래서 몇십 년 동안 이 가설은 단순히 시험하기 어렵다는 이유로 살아남았다. 그러나 이 가설은 틀린 것으로 드러났다. 1960년대에 스티븐 호킹과 로저 펜로즈는, 우리 우주를 기술할 수 있는 일반상대성 방정식에 대한 모든 해에는 특이점이 존재함을 진술하는 정리를 증명했다.

만약 일반상대성이 우리 우주에 대한 참된 기술이라면, 시간이 근본적인 것이 될 수 없다는 결론을 피하기 어렵다. 그렇지 않으면 우리는 대답하기 곤란한 질문들을 맞닥뜨리게 된다. 예를 들어, 시간이 시작되기 전에는 무슨 일이 일어났을까? 무엇이 우주가 시작하도록 만들었을까? 더욱 더 곤혹스러운 것은 비시간적 법칙에 관한 질문이다. 만약 법칙이 비시간적이라면, 법칙이 적용되는 우주가 생성되기 전에 법칙들은 무엇을 하고 있었을까? 분명히 이에 대한 답은 우주 이전에는 시간이 존재하지 않았다는 것이며, 이는 법칙이 시간에 비해 세계에 대한 더 심오한 측면임이 틀림없음을 의미한다.

일반상대성의 해들 중 일부에서는, 우주가 영원히 듬성듬성해지면서 팽창하고, 시간은 한번 시작된 후 영원히 지속된다. 그러나 다른 해들에서 우주는 최대로 팽창했다가 빅크런치Big Crunch로 붕괴하게 되는데, 이때 다수의 관측 가능한 양이 또다시 무한대가 된다. 후자의 해들은 시간 역시 끝이 있는 우주를 기술한다. 블록우주라는 그림에서, 시간이 시작하고 멈추는 것은 문제가 되지 않는다. 실재하는 것은 비시간적 전체로서의 우주 역사이기 때문이다. 그러한 실재는 시간이 시작되거나 끝나는 세계를 포함하더라도 영향을 받지 않는다. 대신에 전체로서의 우주를 기술하는 일반상대성의 해들에서 시간에 시작이 있다는 발견은 블록우주 모형을 강화하고 시간이 법칙보다 더 근본적이라는 모든 주장을 약화시킨다.

우리는 지금까지 자연에 대한 물리학자의 개념에서 시간이 추방되는 긴 이야기를 살펴보았다. 우리는 갈릴레오와 데카르트가 그랬던 것처럼 그래프로 운동을 포착하고 시간을 얼어붙게 만드는 것에서 시작했다. 여기서 시간은 마치 공간의 또 다른 차원과도 같이 나타난다. 상대성이론에서는 시간 속에서 펼쳐진 이와 같은 운동의 그림이 시공간의 그림으로 바뀌며, 시공간은 현재 순간에 관한 그 어떤 것도 실재하지 않는, 우주 역사에 대한 비시간적 그림이다. 동시성의 상대성에 따르면, 우리는 공간과 분리된 시간으로 돌아갈 수 없다. 우리는 오직 블록우주 모형으로 나아갈 수밖에 없고, 이 그림에서 우주의 역사는 비시간적인 전체로 나타난다. 특수상대성과 일반상대성이 실험에 의해 잘 입증된 상황이므로, 물리학자들은 실로 실재에 대한 비시간적 그림을 받아들일 합당한 이유를 갖고 있는 셈이다.

7장

양자우주론과 시간의 종말

햄프셔대학교에서 보낸 첫 번째 학기의 크리스마스 휴가 동안 나는 사촌이 사는 그리니치빌리지의 아파트에 머물기 위해 뉴욕으로 갔다. 아침에 나는 처음으로 참석하는 물리학 컨퍼런스에 가려고 지하철을 탔다. 컨퍼런스의 제목은 거창하게도 '제6회 텍사스 상대론적 천체물리학 심포지엄'이었고, 맨해튼 중심가의 어느 화려한 호텔에서 열렸다. 나는 초청받지 못했고 등록도 하지 않았지만, 물리학 교수였던 허브 번스타인Herb Bernstein이 참여하게 해주었다. 나는 컨퍼런스에 참여한 그 누구도 알지 못했으나, 어찌어찌해서 캘리포니아공과대학에 재직 중인 킵 손Kip Thorne을 만났다. 그는 내게 일반상대성이론을 잘 배우려면 자신이 얼마 전에 찰스 미스너Charles Misner, 존 아치볼드 휠러John Archibald Wheeler와 함께 쓴 교과서를 공부해야 한다고 말해주었다.[1] 나는 옥스퍼드에서 연구하고 있던 미국의 젊은 수학자 레인 휴스턴Lane Hughston도 만났는데, 그는 한 시간 동안 혁명적인 새 트위스터 이론을 설명해주었고 이 이론을 처음 주장한 로저 펜로즈를 나에게 소개해주었다.

컨퍼런스의 한 세션에서 나는 복도 쪽 자리에 앉아 있었는데 자동 휠체어를 탄 사람이 옆으로 왔다. 스티븐 호킹이었다. 그는 이미 일반상대성이론에 대한 연구로 유명했고, 1년 뒤에는 블랙홀이 뜨겁다는 놀라운 발견을 발표하게 될 터였다. 키가 크고 턱수염을 기른, 매너 좋은 남자 하나가 호킹과 이야기하다가 무대 위로 불려 올라갔다. 그는 브라이스 디위트Bryce DeWitt였다. 그때 그가 무엇에 대해 이야기했는지는 기억이 잘 나지 않지만 양자우주를 기술하는 그의 방정식과 그의 이름은 들어본 적이 있었다. 나는 둘 중 누구에게도 말을 걸 용기가 없었다. 당시에는 내가 7년 후에 박사학위를 끝냈을 때 현대 물리학의 거인들인 그 두 사람이 함께 연구하자고 나를 초청하리라고는 결코 상상하지 못했다.

브라이스 디위트, 존 휠러, 찰스 미스너, 스티븐 호킹은 새로운 분야의 탄생을 이끈 선구자들이었는데, 그것은 양자우주론quantum cosmology이었다. 이들은 일반상대성과 양자이론을 결합하는 방법을 발명해냈는데, 이것은 현대 물리학의 비시간적 세계를 오르는 우리의 등정에서 그 정점에 있다. 이들이 기술한 양자우주에서 시간은 단지 부수적일 뿐 아니라 완전히 사라진다. 양자우주는 진화하지도, 변하지도 않는다. 양자우주는 팽창하지도 수축하지도 않으며 그저 그것인 그 자체로 존재할 뿐이다.

이 분야는 이론물리학에서도 매우 사변적이고 시적인 영역이라 아직 관측과 견고하게 연결되어 있지 않다는 사실을 강조하고자 한다. 양자우주론으로부터 얻을 수 있는 결론들에는 상대성이론에 의해 주어진 자연의 그림이 가진 권위가 없다. 상대성이론은 실험적으로 거듭해서 성공을 거두었으며 그 예측의 정확성에 우리는 계속해서 놀라고 있다.

먼저 상자 속 물리학 방법론의 승리를 보여주는 양자역학으로 논의를 시작하겠다. 우선 양자역학에서 우주의 부분계들이 모형화되는 과정에 대한 몇 가지 기본적인 사항들을 설명할 필요가 있다. 이를 통해 오늘날 우리 물리학에서 볼 수 있는 두 단계의 추정으로 나아갈 수 있을 것이다. 첫째, 우리는 중력의 양자이론을 얻기 위해 양자역학을 일반상대성과 통합할 필요가 있다. 이러한 통합을 위한 여러 접근법이 있으나, 이 중 어떤 것을 선택해야 하는지 결정하기 위한 실험은 아직 이루어지지 않았다. 하지만 그와 같은 이론이 어떻게 공식화되어야 우리가 다음 단계로 나아갈 수 있는지는 충분히 잘 알려져 있다. 그다음 단계란 우주를 양자이론 속으로 포함시키는 것이다.

우리는 그 결과가 자연에 대한 비시간적인 그림임을 보게 될 것이다.

양자역학은 원자, 분자 등과 같은 미시적인 계에 관해 아주 성공적인 기술을 제공한다. 그러나 양자역학은 이해하기가 어렵다. 양자역학을 이해할 수 있게 하려는 여러 사람의 노력이 있었고, 그 결과 양자역학에 대해 이야기하는 근본적으로 다른 몇 개의 방법이 발명되었다. 이 방법들은 양자역학이 우주 전체에 적용되는지의 여부 및 이 방법이 시간과 관련하여 갖는 함의에서 서로 차이를 보였는데, 이 두 주제는 우리 논의의 주요 주제이기도 하다.[2]

나의 견해로는 양자역학을 설명하는 최선의 방법은 과학의 목적에 대한 이야기부터 시작하는 것이다. 우리 중 많은 이는 과학의 목적이 자연이 실제로 어떻게 존재하는지 기술하는 것이라고 생각한다. 즉 우리가 참이라고 믿을 수 있는 세계에 대한 그림, 심지어 우리가 세계를 보고 있지 않아도 참인 그림을 제시하는 것이다. 만약 그와 같은 방식으로 과학에 대해 생각한다면, 양자역학을 만나고 실망하게 될 것이다. 왜냐하면 양자역학은 개별적인 실험에서 무엇이 일어나고 있는지에 대해서는 아무런 그림도 제시하지 않기 때문이다.

양자이론의 창시자 중 하나인 닐스 보어는 위와 같은 방식으로 실망한 사람들은 과학의 목적에 대해 잘못된 개념을 갖고 있다고 주장했다. 문제는 이론이 아니라 이론이 우리를 위해 해줄 수 있는 일로 우리가 무엇을 기대하느냐에 달려 있다. 보어는 과학 이론의 목적은 자연을 기술하는 것이 아니라 세계 속에서 대상을 조작하기 위한 규칙 그리고 우리가 의사소통하는 데 사용할 수 있는 언어를 제공하는 것이라고 주장했다.

양자이론의 언어는 자연 속으로의 능동적인 개입을 전제한다. 왜냐하면 이 이론은 실험자가 어떻게 미시적인 계에 질문을 던지는지를 말하기 때문이다. 실험자는 계를 고립시키고 그것이 연구될 수 있도록 계를 준비할 수 있다. 실험자는 계를 다양한 외부적 영향들에 종속되게 함으로써 계를 변환할 수 있다. 그러면 실험자는 그 계에 대해 묻고자 하는 물음들에 대한 답을 읽을 수 있는 장치를 도입함으로써 이 계를 측정할 수 있다. 양자역학의 수학적 언어는 준비, 변환, 측정이라는 과정의 각 절차를 나타낸다. 이런 방법은 우리가 양자적인 계에 무엇을 하는지 강조하기 때문에 이것을 양자물리학에 대한 조작적 접근이라고 부를 수 있다.

한 계의 양자적 기술에서 핵심적인 수학적 대상은 **양자적 상태** quantum state라고 불린다. 이것은 관측자가 준비 및 측정 결과로 양자적 계에 대해 알 수 있는 모든 정보를 포함하고 있다. 이 정보는 제한되어 있고, 많은 경우 그 계를 구성하는 입자들이 정확히 어디에 있는지를 예측하기에 불충분하다. 대신 하나의 양자적 상태는 우리가 입자들의 위치를 측정하고자 할 경우 그 입자들을 어디에서 찾을 수 있을지에 대한 **확률**을 제공한다.

핵과 그 주변을 도는 몇 개의 전자로 이루어진 하나의 원자를 생각해보자. 원자에 대해서 제시할 수 있는 가장 정확한 기술은 전자의 위치를 말하는 것이다. 전자들의 배치 각각은 하나의 배열이다. 양자역학이 제시하는 최선의 기술은 무엇이 문제가 되는 배열이냐가 아니라, 전자들이 발견될 수 있는 각각의 가능한 배열이 갖는 확률을 제시하는 것이다.[3]

만약 한 이론의 예측 결과가 확률뿐일 경우, 어떻게 그 이론의 예측을 점검할 수 있을까? 동전 하나를 던졌을 때 앞면이 나올 확률이 50퍼센트라는 예측을 생각해보자. 이 예측을 확인하려면 동전을 단 한 번만 던져서는 안 된다. 동전은 앞면이 나올 수도 있고 뒷면이 나올 수도 있다. 그리고 그 두 가지 결과 모두 절반의 확률로 나온다는 예측과 일치한다. 동전을 여러 번 던져서 나온 결과들 중 앞면이 나온 비율을 기록해야 한다. 동전을 많이 던지면 던질수록 앞면이 나오는 비율은 50퍼센트에 가까이 다가갈 것이다. 이를 확인하기 위해서는 동전을 여러 차례 던져야 한다.[4] 바로 이와 같은 예측이 양자역학에서의 확률 예측과 동일하다. 단일한 양자적 계를 측정하는 것은 단 한 번 동전을 던지는 것과 같다. 그 어떤 무작위적인 결과를 얻는다고 하더라도 그 결과는 이론의 예측과 거의 대부분 일관될 것이다.

그런데 이 방법은 수소 원자처럼 작고 고립된 계에 적용할 때만 의미가 있다. 예측을 점검하려면 계에 대한 다수의 동일한 복제물이 있어야 한다. 만약 우리가 단지 하나의 계만을 갖고 있다면 우리는 예측을 점검할 수 없다. 왜냐하면 예측은 확률적이기 때문이다! 우리는 또한 이러한 계들의 집합을 조작할 수 있어야 한다. 초기에 우리가 관심을 갖고 있는 양자적 상태로 이 계들의 모임을 준비시킨 후 이들에 대한 무언가를 측정하기 때문이다. 그러나 만약 세계 속에 한 계에 대한 다수의 복제물이 있다면, 각각의 복제물은 실제로 존재하는 것들의 작은 일부에 지나지 않을 것임이 분명하다. 우리가 계의 배열을 측정하는 데 사용하는 도구들과 좌표축은 계의 부분이 아닌 것에 속한다.

따라서 양자역학은 고립된 계에만 적용할 수 있는 것처럼 보인다. 이것은 뉴턴적 패러다임의 확장판이다. 상자 속에서 물리학을 하는 것이다. 양자역학의 방법론이 얼마나 견고하게 고립된 계에 대한 연구에 기초해 있는지를 보기 위해서, 시간 속에서의 변화가 어떻게 기술되는지를 보도록 하자.

뉴턴 물리학의 법칙들은 결정론적이다. 이는 한 계가 시간 속에서 어떻게 진화하는지를 이론이 명확하게 예측할 수 있다는 뜻이다. 이와 유사하게, 양자역학의 법칙은 계의 양자적 상태가 어떻게 시간 속에서 진화하는지를 우리에게 말해준다. 이 법칙 역시 다음과 같은 의미에서 결정론적이다. 초기의 양자적 상태가 주어지면, 이후의 시간에 어떤 양자적 상태가 등장할지를 정확하게 예측할 수 있다.

양자적 상태의 진화 법칙을 **슈뢰딩거 방정식**이라고 부른다. 이 법칙은 뉴턴의 법칙들처럼 작동하지만, 이 법칙은 입자들의 위치가 아니라 시간 속에서 상태들이 어떻게 변하는지를 말해준다. 만약 초기의 양자적 상태를 입력하면, 슈뢰딩거 방정식은 이후의 시간에서 양자적 상태가 어떻게 될 것인지를 알려줄 것이다.

뉴턴 물리학에서처럼 관측자와 관측자의 측정 도구들은 계의 바깥에 있어야 하며, 시계 역시 계의 바깥에 있어야 한다.

그러나 비록 양자적 상태의 진화가 결정론적이라고 하더라도, 함축되어 있는 원자들의 정확한 배열은 오직 확률적일 뿐이다. 양자적 상태와 배열 사이의 연결 그 자체가 확률적이기 때문이다.

양자역학에서 시간을 측정하는 시계가 반드시 계의 바깥에 있어야 한다는 조건은 우리가 양자이론을 전체로서의 우주에 적용하고자 할 때 매우 극명한 결과를 불러일으킨다. 정의에 따라 그 어떤 것도 우주 바깥에 있을 수 없고, 시계 또한 마찬가지다. 따라서 우주의 양자적 상태가 어떻게 우주 바깥에 있는 시계에 대해 상대적으로 변할 수 있겠는가? 그와 같은 시계는 존재할 수 없으므로, 이에 대한 유일한 답은 우주의 양자적 상태가 외부의 시계에 대해 상대적으로 변하는 것이 아니라는 것이다. 그 결과, 우주의 양자적 상태는 우주 바깥의 신비주의적 관점에서 볼 때 시간 속에서 얼어붙어 있는 것으로 보인다.

이 논증은 쉽게 잘못된 결론을 도출해내는 교활한 말장난처럼 보인다. 그러나 이 경우 수학은 여전히 작동하며, 우리가 우주의 양자적 상태에 슈뢰딩거의 방정식을 적용했을 때 동일한 결과를 제시해준다. 상태는 시간 속에서 변하지 않는다.

양자이론에서 시간에 따른 변화는 에너지와 연결되어 있다. 이것은 파동-입자 이중성이라 불리는 양자물리학의 기본적인 측면에 따른 귀결이다.

뉴턴은 빛이 입자들로 구성되어 있어야 한다는 것을 이해했다. 이후 회절 및 간섭 현상이 연구되었고, 이러한 현상을 설명하기 위해 빛이 파동이라고 가정되었다. 1905년에 아인슈타인은 빛이 파동의 측면과 입자의 측면을 가진다고 제안함으로써 빛의 본성에 관한 딜레마를 해결했다. 대략 20년 후에 루이 드브로이는 이와 같은 이중성이 보편적이라고 주장했다. 움직이는 모든 것은 파동의 몇몇 측면과 입자의 몇몇 측면을 가진다.

이것은 신비로워 보일 것이다. 분명 파동이면서 동시에 입자인 무엇인가를 시각화하기란 불가능하다. 바로 그렇다! 내가 언급한 것처럼 양자역학은 시각화할 수 없는 현상을 기술한다. 우리는 실험에서 양자적인 입자들을 조작할 수 있고 입자들이 어떻게 측정에 반응하는지 이야기할 수 있지만, 자연에 대한 조작이 없을 때 어떤 일이 일어나는지를 시각화할 수는 없다.

빛의 파동적 측면을 나타내는 것 중 하나는 빛의 진동수인데, 이것은 1초 동안 빛이 몇 번 진동하는지를 알려주는 수다. 빛의 입자적 측면을 나타내는 것 중 하나는 빛의 에너지다. 각각의 빛 입자는 특정한 양의 에너지를 운반한다. 양자역학에서 입자 그림 속의 에너지는 항상 파동 그림 속의 진동수와 비례한다.[5]

파동-입자 이중성에 관한 이와 같은 이해를 바탕으로 우주의 양자적 상태 문제로 돌아가자. 우주 바깥에는 시계가 존재하지 않으므로 우주의 양자적 상태는 시간 속에서 변하지 않는다. 따라서 우주의 진동수는 분명 0일 것이다. 만약 우주가 얼어붙어 있다면, 우주는 진동하지 못한다. 진동수는 에너지에 비례하므로 이는 우주의 에너지가 0이 되어야 함을 의미한다.

중력이 작용하는 모든 계에는 음의 양을 갖는 에너지가 붙잡혀 있다. 태양계를 생각해보자. 만약 태양 주위를 도는 금성을 그 궤도에서 끌어내고 싶다면, 더 나아가 금성을 태양계로부터 없애고 싶다면, 여기에는 에너지가 필요할 것이다. 에너지가 없는 상태에서 금성을 옮기려면 에너지를 추가해야 한다. 따라서 금성이 자신의 궤도 안에서 잡혀 있는 동안에는 음의 에너지를 갖고 있는 셈이다. 이와 같은 음의 에너지는 중력 포텐셜 에너지라고 불린다.

우주는 그 총 에너지의 합이 0일 수 있다. 우주의 모든 부분을 붙잡고 있는 중력 포텐셜 에너지의 총합이 정확히 우주 내의 모든 양의 에너지를 상쇄하는 것이다. 이때 양의 에너지는 우주의 모든 물질의 질량 및 운동으로 표현된다.

0의 에너지와 진동수를 갖는 우주의 양자적 상태는 얼어붙어 있다. 양자적 우주는 팽창하지도 수축하지도 않는다. 우주를 통과하는 중력파는 존재하지 않는다. 은하의 형성도 없고, 별 주위를 도는 행성도 없다. 양자적 우주는 그저 그 자체로 존재할 뿐이다.[6]

양자역학을 전체 우주에 적용함으로써 얻게 되는 이와 같은 귀결은 1960년대 중반에 양자중력이론의 선구자들인 디위트, 휠러, 피터 베르그만Peter Bergmann에 의해서 발견되었다. 앞서 살펴본 것과 같이, 양자적 상태가 얼어붙는다는 조건을 부여하여 슈뢰딩거 방정식을 수정한 방정식을, 양자중력이론의 선구자들 중 두 명의 이름을 따서 **휠러-디위트 방정식**이라 부른다. 이들은 곧바로 시간이 사라짐을 파악했으며 사람들은 그것이 의미하는 바에 관해 논쟁하기 시작했다. 몇 년을 주기로 양자우주론에서의 시간 문제에 관한 컨퍼런스가 열리고 있다. 인간의 창조성이란 제한이 없기에, 아주 다양한 종류의 가설과 반응이 있었다.

우리가 양자이론을 우주론에 적용할 때 무엇인가 잘못되는 것이 우주의 얼어붙은 상태만은 아니다.[7]

우주는 오직 하나만 존재하며, 따라서 동일한 양자적 상태에 있는 계의 집단을 구성할 수 없고, 양자역학이 예측한 확률을 집단을 측정한 결과와 비교할 수도 없다. 이론을 실험 또는 관측과 비교할 수 있는 범위가 매우 직접적이고 극적으로 좁혀지는 것이다.

사실은 이보다 더 심각하다. 누구도 우주를 초기의 양자적 상태로 준비시킬 수 없으며, 초기 상태를 다르게 선택함으로써 얻어지는 귀결들에 대해서 연구하지 못한다는 것은 말할 필요도 없다. 우주는 오직 단 한 번만 발생하는 것이며 초기 상태가 무엇이든 오직 하나의 상태만이 있을 뿐이다. 우리는 우주의 초기 상태를 선택할 수 없으며, 설혹 선택할 수 있다 하더라도 우리는 우주의 일부이기에 우주를 조작할 수 없다. 우주를 초기 상태로 준비시킨다는 개념은 우리가 우주 밖에서 신처럼 존재하다는 상상으로 이어진다.

양자우주론이 초래하는 비극은 아주 많다. 우리는 양자우주의 초기 상태를 준비시킬 수 없으며, 우주 밖에서 우주를 변형시키기 위해 조작을 가할 수도 없다. 우리는 양자역학의 형식적 이론이 산출해내는 확률에 의미를 부여할 수 있는 우주들의 집합체에 접근할 수 없다. 무엇보다 심각한 것은 우리의 측정 도구들을 둘 수 있는 우주 바깥의 공간이 존재하지 않는다는 것이다. 따라서 연구의 대상이 되는 양자적 계의 외부에 있는 시계로 변화를 측정한다는 개념 자체가 존재하지 않는다.

조작주의적 관점에서 보면 양자역학을 우주에 적용하는 것은 그 시작부터 정신 나간 일이다. 이는 이론을 의미 있게 만드는 조작적 정의가 없는 상황에서 이론을 적용하기 때문에 실패하는 것이다. 이 모든 것은 우주의 작은 부분에 적용하기 적합한 방법론을 우주 전체로 적용하는 오류를 범함으로써 치르는 대가다.

심지어 문제는 여기서 살펴본 것보다 더 심각해진다. 왜냐하면 우리가 앞서 살펴본 것처럼 일반상대성에서 시간 좌표를 선택하는 것은 전적으로 임의적이기 때문이다. 따라서 다음과 같이 질문해야 한다. "만약 우주 바깥에 시계가 존재한다면, 이 시계는 우주 내부의 어떤 시간 개념과 대응하는가?" 그리고 "만약 진동하는 양자적 상태가 존재한다면, 우주 내의 어떤 시계가 그것을 규칙적 진동으로 골라낼 수 있을까?" 이에 대한 답은 다음과 같다. "모든 가능한 시간 개념, 모든 가능한 시계가 그와 같은 역할을 할 수 있다." 그 결과로 하나의 휠러-디위트 방정식이 아니라 무수히 많은 휠러-디위트 방정식이 존재하게 된다. 이 방정식들은 양자적 상태가 진동하는 진동수가 우주 내의 모든 가능한 시간 개념과 모든 가능한 시계에 대해서 0이라고 주장한다. 모든 가능한 관측자에 의해서 운반되는 모든 가능한 시계에 대해, 양자우주에서는 아무 일도 일어나지 않는다.

이상과 같은 문제들은 20년 동안 학계에 남아 있었다. 그 누구도 휠러-디위트 방정식을 실제로 풀 수 없었기 때문이다. 고리양자중력loop quantum gravity이라 불리는 양자중력에 대한 접근법이 발명된 이후에야 이 방정식들을 풀 수 있을 만큼 충분히 정확하게 방정식들이 공식화될 수 있었다. 이와 같은 혁명은 아비 아슈테카르Abhay Ashtekar가 1985년에 일반상대성에 관한 새로운 서술을 발견하면서 시작되었다.[8] 몇 달 후에 나는 산타바버라 캘리포니아주립대학교에 있는 이론물리학연구소(지금은 칼비이론물리학연구소라고 불린다)에서 테드 제이콥슨Ted Jacobson(현재 매릴랜드대학교에 재직 중이다)과 함께 연구하는 행운을 얻었다. 우리는 최초로 휠러-디위트 방정식에 대한 정확한 해들을 찾을 수 있었다. 해는 사실상 무한했다.[9] 중력장의 완전한 양자적 상태를 기술하기 위해 풀어야 하는 다른 방정식들이 있었는데, 이 문제는 2년 후 당시 로마대학교의 국가핵융합연구소에서 근무하던 카를로 로벨리와의 연구를 통해 해결되었다.[10] 이 분야의 연구는 빠른 속도로 진전되었고, 1990년대 초에 하버드 대학교의 토머스 티먼Thomas Thiemann에 의해 훨씬 더 큰 해들의 집합이 발견되었다.[11] 그때 이후 해를 생성해내는 더 강력한 기법들이 개발되었는데, 이 기법들은 우리가 오늘날 스핀거품모형spin-foam model이라 부르는 것에 기초한 것이었다.[12] 이러한 결과들은 비시간적 우주 속에서의 시간 문제를 해결하는 일의 시급성을 증대시켰다. 양자중력이론에서 발견된 이 모든 수학적 해들에 물리적인 의미를 부여해야 했기 때문이다.

이 주제에서 가장 중요한 부분은 시간이 비시간적 우주로부터 '출현(창발)'하는 것이기 때문에, 이 이론이 우리가 실제로 세계 속에서 작용하는 것으로 보는 시간의 측면들과 노골적인 갈등을 일으키지는 않는지를 판단하는 것이다. 나의 동료들 중 몇몇은 시간이 우주에 대한 근사적 기술—거시적 규모에서는 유용하지만 아주 가까이에서 살펴보면 허물어지는 기술—의 일부라고 제안했다. 온도가 이와 유사하다. 거시적 규모의 물체에는 온도가 있지만 단일한 입자에는 온도가 없다. 왜냐하면 한 물체의 온도란 그 물체를 구성하고 있는 원자들의 평균 에너지이기 때문이다. 몇몇 물리학자들은 시간이 마치 온도와 같이 거시적인 세계에서만 의미가 있고 플랑크 규모에서는 관련이 없다고 주장했다. 다른 접근법들은 우주의 서로 다른 부분계들 사이의 상관 관계 속에서 시간을 찾으려고 한다.

나는 비시간적인 우주로부터 시간이 어떻게 출현할 수 있는지를 말하는 이러한 접근법들에 대해서 아주 많은 시간을 고민했지만,

여전히 그 어떤 접근법도 제대로 작동할 것이라 확신하지 못하고 있다. 몇몇 경우 그 이유는 매우 기술적인 것이라 여기서 그 이유를 이야기하는 것은 별 쓸모가 없을 것이다. 양자적 우주론에 관한 나의 회의주의를 지지하는 좀 더 깊이 있는 근거는 이 책 2부의 주된 초점이 될 것이다.

이 논쟁의 다른 편에 있는 나의 친구들은 휠러-디위트 방정식으로 이끄는 가정들은 양자역학과 일반상대성이론의 원리들을 함께 고려했을 경우만을 고려한다고 주장한다. 이 원리들이 각각의 이론 영역에서 실험적으로 잘 입증되었음을 감안한다면, 우선 이 원리들의 모든 함의를 심각하게 받아들이고 난 후 이 함의들을 이해하고 발전시키기 위해 노력하는 것이 현명할 것이다.

내가 브라이스 디위트의 박사후연구원이던 시절, 그는 이론에 형이상학적 편견을 부여하지 말고 이론이 그 자신의 해석을 말하게 하도록 권고하곤 했다. 나는 아직도 그가 친절한 목소리로 다음과 같이 충고하던 것을 기억한다. "이론이 스스로 말하게끔 합시다."

휠러-디위트 방정식에 의해서 틀이 잡힌 양자적 우주론을 이해하는 가장 사려 깊은 접근법은 영국의 물리학자이자 철학자, 과학사학자인 줄리안 바버Julian Barbour가 제안했다. 그는 《시간의 종말The End of Time》(1999)에서 그와 같은 접근법을 기술했다. 바버의 생각은 급진적이지만 말로 설명하기는 어렵지 않다. 그는 존재하는 모든 것은 근본적으로 얼어붙은 순간들로 이루어진 광대한 집합체라고 주장한다. 각각의 순간은 우주의 배열이라는 형식을 갖고 있다. 각각의 배열은 시간의 순간으로 존재하며, 그 배열 안에 잡혀 있는 그 어떤 존재에 의해서도 순간으로 경험된다. 바버는 모든 순간의 집합체를 '순간들의 더미'라고 부른다. 더미 속의 순간들은 앞서거니 뒤서거니 하며 서로를 따르지 않는다. 순간들 사이에는 그 어떤 질서도 없다. 순간들은 단순히 그 자체로 존재한다. 바버의 형이상학적 그림에서는 이와 같은 시간의 순간들 이외에는 그 어떤 것도 존재하지 않는다.

"그렇지만 나는 시간이 지나가는 것을 경험해요"라고 반박하는 사람도 있을 것이다. 바버는 아니라고 말할 것이다. 바버는 우리가 경험하는 것은 모두 순간들일 뿐이라고 주장한다. 경험의 스냅사진인 것이다. 손가락을 까딱 움직여보라. 그것은 하나의 스냅사진, 즉 순간들의 더미 속 하나의 순간일 뿐이다. 다시 한 번 손가락을 까딱 움직여보라. 그것은 또 하나의 순간에 지나지 않는다. 두 번째 까딱임이 첫 번째 까딱임에 뒤따른다는 인상을 받겠지만, 그것은 착각이다. 그렇게 생각하는 것은 첫 번째 순간에 대한 기억을 갖고 있기 때문이다. 그러나 그 기억은 시간이 흐르는 것에 대한 **경험**이 아니다(바버에 따르면 그러한 경험은 결코 일어나지 않는다). 단지 첫 번째 순간에 대한 기억이 두 번째 순간에 대한 경험의 일부일 뿐이다. 바버에 따르면 우리가 경험하는 모든 것, 실재하는 모든 것은 더미 속에 있는 개별적인 순간에 지나지 않는다.

그러나 더미 속에도 약간의 구조가 존재한다. 순간들은 한 번 이상 나타날 수 있다. 우리는 순간들의 **상대 빈도**relative frequency에 대해 말할 수 있다. 하나의 순간은 다른 순간보다 10억 번 더 자주 나타날 수 있다.

이와 같은 순간들의 상대 빈도가 양자적 상태에 의해 주어지는 확률이 지칭하는 것이다. 두 개의 배열은 더미 속에 나타나는 일에 대한 상대 빈도를 가지며, 이는 양자적 상태에서 이들이 갖는 상대 확률로 주어진다.

그것이 존재하는 전부다. 하나의 양자적 상태에 의해서 기술되는 하나의 양자적 우주가 존재한다. 이 우주는 순간들의 매우 거대한 집합체로 구성된다. 어떤 순간들은 다른 순간들보다 더 많다. 실제로 몇몇 순간들은 다른 순간들보다 막대한 정도로 더 흔하다.

순간들의 더미 속에서 흔하게 볼 수 있는 배열 중 몇몇은 지루한 면모를 보인다. 이들은 우주가 광자의 기체로 가득 찬 시간의 한순간 또는 수소 원자의 기체로 가득 찬 순간을 기술한다. 바버는 실제의 양자적 상태에서 이렇게 지루한 배열 중 대부분은 부피가 작다고 주장한다. 따라서 그는 부피가 작은 부피와 지루한 것의 상관관계를 예측한다. 만약 우리가 시간의 존재를 가정한다면, 우리는 우주가 작았을 때 지루했다고 말할 것이다. 바버는 부피가 작은 것과 지루한 것은 더미 속 순간들이 갖는 고도로 상관된 속성들이라고 말하는 것으로 충분하다고 할 것이다.

더미 속 다른 배열들은 흥미롭다. 복잡함으로 가득 차 있다. 은하계 내에 있는 별들 주변을 도는 행성들 위에는 우리와 같은 생명체가 존재하며, 은하계 역시 종이처럼 가늘면서도 무리를 이루는 형태로 배열되어 있다. 바버는 올바른 양자적 상태에서는 복잡함으로 가득한 것과 생명이 우주의 큰 부피와 상관관계를 가진다고 주장한다. 따라서 아마도 더미 속에서 큰 부피를 가지는 배열 중 대부분은 그들 내부에 생명을 가진 존재를 포함하고 있을 것이다.

더 나아가 바버는 올바른 양자적 상태에서는 가장 흔한 배열들이 함축적인 방식으로 다른 순간들을 지칭하는 구조를 갖는다고 주장한다. 바버는 이를 '타임캡슐time capsule'이라고 부른다. 기억, 책, 유물, 화석, DNA 등과 같은 것이 타임캡슐이다. 타임캡슐은 순간들의 계열을 통해 해석할 여지가 있는 이야기를 들려준다. 이 해석에서 사물들은 서로 다른 것들을 기반으로 일어나며 복잡성으로 유도된다. 즉 타임캡슐은 시간이 흐른다는 환상을 지지한다.

바버의 이론에 따르면 인과성 역시 하나의 환상이다. 그 어떤 것도 다른 것의 원인이 될 수 없다. 실제로 우주에서는 아무 일도 일어나지 않기 때문이다. 그저 순간들로 이루어진 광대한 집합체가 존재할 뿐이며, 그중 몇몇 순간은 우리와 같은 존재가 경험한다. 실제로 각각의 순간에 대한 각각의 경험은 다른 나머지 순간들과 연결되어 있지 않다. 순간들이 존재하기는 하지만 순간들 사이에는 질서가 없으며 시간의 흐름도 존재하지 않는다.

그러나 휠러-디위트 방정식은 질서와 인과성에 대한 근사적 개념들이 출현하는 것을 사실상 허용한다. 따라서 가장 흔한 순간들 사이의 상관관계들이 존재하며, 이 상관관계들로 인해 마치 시간 속 순간들의 계열이 존재하고 이 계열 속에서 인과적 과정들이 작동하는 것처럼 보이게끔 만든다. 순간들의 연속이라는 이야기는 높은 정도의 근사로, 순간들 속에서 나타나는 구조들을 설명하는 데 도움이 될 수 있다. 그러나 이것은 근본적인 이야기는 아니며, 자세히 들여다보면 질서와 인과성은 존재하지 않는다. 오직 순간들로 이루어진 더미만이 있을 뿐이다.

바버의 이론은 어떤 면에서 우아하다. 이 이론은 양자우주론에서의 확률이 무엇을 지칭할 수 있는지에 관한 문제를 말끔하게 해결한다. 오직 하나의 우주만이 존재하지만, 이 우주는 많은 순간을 가진다. 양자적 확률은 실재의 부분으로서 존재하는 순간들을 위한 실재적인 상대 빈도이다. 바버가 제시하는 도식을 세부적으로 적용하면, 이 도식은 세계에 역사가 있는 것 같다는 인상이 어떻게 출현하는지를 설명해낸다. 어떤 인과적 과정이 복잡한 구조를 짓는 데 기여하는지도 설명한다. 또한 그의 제안은 시간의 겉보기 방향성도 설명한다. 배위공간에는 선호하는 방향이 존재하는데, 그것은 작은 부피의 배열에서 더 큰 부피의 배열로 나아가는 것이다. 시간이 출현하는 시기에는 증가하는 부피와 증가하는 시간 사이에 높은 상관관계가 있게 되므로, 이것은 왜 우주가 시간의 화살을 갖는 것처럼 보이는지를 설명한다.

바버가 제시하는 비시간적인 양자적 우주론은 우리의 필멸성에 분명한 위안을 제공한다. 나는 그것을 느낄 수 있다. 나는 나 자신이 이 이론을 믿을 수 있기를 바란다. 우리는 우리 자신을 순간들의 집합체 속에서 경험한다. 바버에 따르면 존재하는 것은 순간들의 집합체뿐이다. 그와 같은 순간들은 언제나 영원히 존재한다. 과거는 상실되지 않는다. 과거, 현재, 미래는 항상 우리와 함께 존재한다. 경험은 순간들의 유한한 집합 속에서 나타날 수 있으나, 그 순간들은 결코 사라지거나 없어지지 않는다. 따라서 우리가 숨을 거두는 마지막 순간에도 아무것도 끝나지 않는다. 단지 지금 우리가 간직할 모든 기억들을 갖고 있는 순간을 경험하고 있을 뿐이다. 그 어떤 것도 끝나지 않는다. 왜냐하면 애초에 시작된 것이 없기 때문이다. 죽음에 대한 공포는 환상에서 비롯되고, 결국 그 환상은 지성적인 오류에서 비롯된다. 점점 닳아 없어지는 시간의 흐름이란 존재하지 않는다. 왜냐하면 시간의 흐름 자체가 없기 때문이다. 오직 삶의 순간들만이 항상 존재해왔고 앞으로도 그럴 것이다.

나는 아인슈타인이 바버의 비시간적인 양자적 우주론을 어떻게 생각할지 추측해보지는 않을 것이다. 그러나 그가 블록우주 그림에서의 시간의 사라짐에서 큰 만족과 위안을 찾았다는 증거가 있다. 아인슈타인은 10대부터 자연의 비시간적 법칙들을 숙고함으로써 번잡스러운 인간 세계를 초월하고자 했다. 그의 친구 미헬레 베소의 미망인을 위로하는 편지에서 아인슈타인은 다음과 같이 썼다. "이제 그는 나보다 조금 더 일찍 이 이상한 세계로부터 떠났네요. 그것에는 그 어떤 의미도 없습니다. 저처럼 물리학을 믿는 사람들은 과거, 현재, 미래의 구분이 그저 고집스럽게 저항하는 하나의 환상에 지나지 않음을 알고 있습니다."

2 부

빛: 다시 태어난 시간

Light: Time Reborn

간주곡

아인슈타인의 불만

아인슈타인의 상대성이론에서 제시된 블록우주는 물리학에서 시간이 추방된 결정적인 단계였다. 그러나 아인슈타인은 자신이 그 설립에 혁혁히 기여한 자연의 개념으로부터 시간이 사라지는 것에 양가적인 감정을 느꼈다. 우리는 그가 비시간적 질서에 대한 블록우주의 그림 속에서 어떻게 위안을 찾았는지 살펴보았다. 그러나 아인슈타인은 이것이 함축한 의미에 대해서는 만족하지 못했던 것으로 보인다. 우리는 이러한 그의 불만을 빈의 철학자 루돌프 카르납Rudolf Carnap의 《지성적인 자서전Intellectual Autobiography》에서 찾을 수 있다. 카르납은 시간에 관해 아인슈타인과 나눈 대화를 다음과 같이 기록하고 있다.

아인슈타인은 '지금'의 문제를 두고 무척이나 고민하고 있다고 말한 적이 있다. 그는 인간에게 지금이라는 경험은 무언가 특별한 것, 과거나 미래와는 본질적으로 다른 무언가를 의미하는데, 이러한 중요한 차이가 물리학 내에는 존재하지 않고 그럴 수도 없기 때문이라고 설명했다. 이 경험이 과학에 의해 포착되지 않는 것이 그에게는 고통스럽지만 어쩔 수 없이 체념하고 받아들여야 하는 문제인 것처럼 보였다.

만약 아인슈타인의 태도가 성찰적이라고 한다면, 이와 달리 카르납은 자신의 견해를 전혀 의심스러워하지 않았다.

나는 객관적으로 발생하는 모든 것이 과학에서 기술될 수 있다고 말했다. 사건들의 시간적 계열은 물리학에서 기술된다. 다른 한편, 과거, 현재, 미래에 대해 인간이 서로 다른 태도를 갖는 것을 포함하여 시간에 관해 인간의 경험이 갖는 특성들은 (원리상) 심리학으로 기술되고 설명될 수 있다.

나는 카르납이 무엇을 생각하고 있었는지 상상할 수 없다. 나는 비시간적인 세계에서 우리가 시간을 경험하는 것에 대해 심리학 또는 생물학의 과학적 설명을 들어본 적이 없다.[1] 카르납에 따르면 아인슈타인 역시 카르납의 답변에 만족하지 못했다. 카르납은 이렇게 기록한다. "그러나 아인슈타인은 이러한 과학적 기술이 우리 인간의 필요를 충족시키지 못한다고 생각했다. 그는 과학의 영역 외부에 지금에 관한 본질적인 무언가가 있다고 생각했다."[2]

아인슈타인의 불만은 하나의 단순한 통찰에 근거한다. 하나의 과학적 이론이 성공하려면 우리가 자연에 대해서 행하는 관측들을 설명해야만 한다. 그러나 우리가 행하는 가장 기본적인 관측은 자연이 시간에 의해서 조직화된다는 것이다. 만약 과학이 우리가 자연 속에서 관측하는 모든 것을 아울러서 이야기를 해야 한다면, 과학은 세계를 순간들의 흐름으로 파악하는 우리의 경험을 설명해야 하는 것 아닌가? 어떻게 경험이 구조화되는지에 관한 가장 기초적인 사실은 물리학의 근본 이론이 반드시 포함해야 하는 자연의 한 부분이 아닌가?

우리의 모든 경험, 모든 생각, 인상, 행동, 의도 등은 순간의 한 부분이다. 세계는 우리에게 순간들의 연속으로 나타난다. 우리에게는 이에 관해 선택의 여지가 없다. 우리는 지금 살아가고 있는 이 순간을 선택할 수 없고, 시간 속에서 앞으로 나아갈지 혹은 돌아갈지를 선택할 수 없다. 시간의 흐름을 앞으로 뛰어넘을 수도 없다. 순간들이 흐르는 비율에 관해서도 선택의 여지가 없다. 이 점에서 시간은 공간과는 완전히 다르다. 누군가는 모든 사건 역시 특정한 위치에서 일어난다고 말함으로써 이에 반대할 수 있다. 그러나 우리는 우리가 공간 속에서 어디로 움직일지를 선택할 수 있다. 이것은 사소한 차이가 아니다. 이 차이가 우리 경험 전체의 형태를 빚는다.

아인슈타인과 카르납은 한 가지는 서로 동의했다. 현재 순간들의 연속으로서 자연을 경험하는 것은 물리학자들의 자연 개념의 한 부분이 아니라는 것이다. 물리학의 미래, 그리고 미래의 물리학은 단순한 하나의 선택으로 귀결될 것이다. 우리는 과학에서는 현재의 순간이 차지할 자리가 없다는 카르납의 생각에 동의할 것인가, 아니면 20세기에 가장 위대한 직관을 가졌던 아인슈타인의 본능을 따라 아인슈타인이 말한 "고통스러운 체념"을 필요로 하지 않는 새로운 과학을 찾으려고 노력할 것인가?

아인슈타인에게 현재의 순간은 실재하는 것이었고 어떻게든 실재에 대한 객관적 기술 속 일부가 되어야 하는 것이었다. 그는 (카르납이 서술한 것처럼) "과학의 영역 외부에 지금에 관한 본질적인 무언가가 있다"고 믿었다.

아인슈타인과 카르납이 대화를 나눈 뒤 60여 년이 흘렀다. 우리는 그때 이후로 물리학과 우주론에 대해 아주 많은 것을 배웠다. 그 결과 이제 우리는 자연에 대한 물리학자의 기술에 지금을 들여올 충분한 준비가 되어 있다. 2부에서 나는 왜 우리의 현재 지식이 시간을 물리학에서 중심적 개념으로 다시 포함시키도록 요구하는지 설명할 것이다.

1부에서 우리는 자연에 대한 물리학자의 개념으로부터 시간이 추방된 아홉 가지 단계를 추적했다. 그 추적은 떨어지는 물체들에 대한 갈릴레오의 발견에서 시작해 줄리안 바버의 비시간적 양자우주론으로 끝났다. 곧 우리는 시간이 다시 태어나게 되는 것을 보게 될 테지만, 우선 1부에서 주어진 얼핏 튼튼해 보이는 논증을 해체할 필요가 있다.

아홉 개의 논증은 세 가지 부류로 나눌 수 있다.

뉴턴적 논증(즉 뉴턴의 물리학 또는 물리학을 수행하는 뉴턴의 패러다임

으로부터 비롯된 논증들)

- 과거의 관측 기록을 그래프로 만들어 운동을 얼어붙게 하는 것
- 비시간적 배위공간의 발명
- 뉴턴적 패러다임
- 결정론을 위한 논증
- 시간가역성

특수 및 일반상대성이론으로부터 비롯되는 **아인슈타인적 논증**

- 동시성의 상대성
- 시공간에 대한 블록우주 모형
- 빅뱅에서의 시간의 시작

물리학을 전체로서의 우주로 확장하는 것으로부터 비롯되는 **우주론적 논증**

- 양자우주론과 시간의 종말

이러한 아홉 개의 논증은 현재 순간의 실재성을 부정하는 자연관으로 우리를 유도하며, 실재하는 것은 오직 단일체로서의 세계가 갖는 전체 역사라고 보는 블록우주 모형을 통해 자연을 이야기한다. 이 모형에서 시간은 공간의 한 차원으로서 다루어지며, 따라서 시간 속에서의 인과는 비시간적인 논리적 추론으로 대체될 수 있다. 일반상대성과 뉴턴역학은 시간을 통해 진화하는 역사에 대해 말할 수 있으나, 이때의 시간은 약한 의미에서 오직 수학적인 질서

일 뿐이다. 이 시간에서는 현재 순간으로 존재하게 된다는 사실을 찾을 수 없다. 이 이론들 속에서 시간은 실재하지 않는다. 이때 실재성의 의미는 내가 서문에서 정의한 것처럼 "모든 실재하는 것은 시간 속에서 실재한다"라고 했던 그 실재성이다. 선명한 대조를 위해 나는 이 이론들을 비시간적이라 부를 것이다.

이와 같은 시간의 추방은 과학이 발전하기 위해 반드시 치러야 하는 대가였을까? 우리 여행의 다음 단계에서는 이 논증들 속에 있는 결함을 드러내고자 한다.

이상의 아홉 개 논증은 하나의 공통된 오류에 기반하고 있다. 우리가 임의의 계에 대해 그 계의 초기 조건 및 그 계에 작동하는 법칙으로부터 그 계의 미래를 예측할 수 있다는 뉴턴적 패러다임을 우주 전체 이론을 만드는 것으로 확장할 수 있다고 보는 오류다. 그러나 내가 곧 보여줄 것처럼, 그 어떤 뉴턴적 패러다임의 확장도 전체로서의 우주에 대한 수용 가능한 이론을 생산해낼 수 없다. 비록 뉴턴적 패러다임이 상자 속 물리학에 적용될 때는 강력한 방법론일지 모르나, 우주론적 문제들에 직면하면 무능력해진다.

시간의 제거에 관한 가장 강력한 논증들은 상대성이론에서부터 비롯된다. 14장에서 우리는 이 논증들을 해체할 것이다. 일단 시간의 제거를 위한 논증들을 해체하고 난 후, 우리는 시간이 실재한다는 가설로부터 물리학과 우주론이 무엇을 얻을 수 있는지 고찰할 것이다.

8장

우주론적 오류

1부에서 우리는 시간에 의해 제약되는 우리의 경험을 초월해 영원한 진리를 발견하고자 하는 신비주의자의 궤적을 따라가보았다. 특히 우리는 물리학이 자신의 방법론인 뉴턴적 패러다임을 사용하는 데 엄청난 성공을 거두었음을 확인했다. 우리는 이와 같은 성공이 그 대가를 치렀음을 알았다. 물리학자들의 자연 개념으로부터 시간이 추방된 것이다.

2부에서 우리는 왜 그러한 대가를 치를 필요가 없는지를 알게 될 것이다. 전체로서의 우주에 뉴턴적 패러다임을 적용하고자 하는 시도는 불가능한 임무이기 때문이다. 전체로서의 우주를 이해하기 위해 과학을 확장하는 데는 새로운 이론이 필요하다. 이 새로운 이론에서는 시간의 실재성이 중심적인 요소가 된다.

과학의 시초로 돌아가 최초의 과학자로 불리는 소크라테스 이전

시기의 철학자 아낙시만드로스를 살펴보자. 카를로 로벨리의 최근 저서에서 기술된 것처럼, 아낙시만드로스는 자연 현상의 원인을 신들의 변덕스러운 의지가 아니라 자연 그 자체에서 찾은 최초의 인물이었다.[1]

아낙시만드로스의 시대에는 가장 지식이 풍부한 사람들조차도 자신들이 두 개의 편평한 매개물로 구성된 우주 속에서 살고 있다고 생각했다. 우리의 발밑에는 지구가 있는데, 지구는 주변의 모든 방향으로 뻗어 있다. 머리 위에는 하늘이 펼쳐져 있다. 고대인들이 이해한 바에 따르면 전체 우주는 특수한 방향의 영향력을 통해 조직화되어 있다. 그 방향이란 사물들이 떨어지는 아래였다. 고대인들의 경험으로 입증된 자연의 기초적 법칙은 사물들이 아래로 떨어진다는 것이다. 이에 대한 예외는 오직 하늘 그 자체 및 하늘에 고정되어 있는 천체들뿐이었다.

고대인들이 이러한 성공적인 법칙을 우주(땅과 하늘)로 확장하고자 했을 때 이들은 하나의 역설에 부딪혔다. 만약 하늘의 모든 것들이 고정되지 않은 채 떨어진다면, 왜 지구 자체는 떨어지지 않는가? 떨어지려는 경향성은 보편적인 것이기 때문에 지구 아래에는 지구를 받쳐주는 무엇인가가 있음이 틀림없다. 이에 대한 답으로 지구는 거대한 거북이의 등 위에 올라타 있다는 견해가 제시되었다. 그러나 그렇다면 그 거북이를 받치는 것은 무엇인가? 계속 아래로 이어지는 거북이의 행렬이 무한히 있어야 하는 것 아닌가?

아낙시만드로스는 거북들의 무한한 탑이라는 **귀류법적 결론**을 피할 수 있는 성공적인 우주 이론을 만들기 위해서는 개념적 혁명이 필요하다는 것을 깨달았다. 그는 우리에게는 자명하지만 당시에는 충격적이었던 개념을 제시했다. '아래'라는 것은 보편적인 방향이 아니라 단순히 지구를 향한 방향이다. 법칙을 진술하는 올바른 방법은 사물들이 아래로 떨어진다고 말하는 것이 아니라 지구 쪽으로 떨어진다고 말하는 것이다. 이러한 개념은 또 다른 혁명, 즉 지구는 편평하지 않고 둥글다는 발견으로 이어졌다. 아낙시만드로스 스스로 이러한 결정적인 발걸음을 내딛지는 않았지만, '아래'에 대한 그의 새로운 정의는 지구를 공간 속에서 떠 있는 물체로 바라볼 수 있는 자유를 주었다. 따라서 그는 하늘이 지구 둘레 전체를 에워싸도록 확장되어 있다는 놀라운 제안을 할 수 있었다. 하늘은 우리 머리 위뿐만 아니라 우리 발 아래에도 있다는 것이다.

이러한 통찰은 그 당시의 우주론을 상당히 단순화시켰다. 왜냐하면 태양, 달, 별이 동쪽에서 떠서 서쪽으로 진다는 사실을 하늘의 회전에 의한 것으로 이해할 수 있었기 때문이다. 더 이상 매일 아침 동쪽에서 뜨는 태양을 새로 만들고 매일 저녁 서쪽으로 지는 태양을 파괴할 필요가 없었다. 이제 태양은 저녁에 진 후 우리 발 밑에 있는 경로를 따라 움직임으로써 원래의 시작점으로 돌아올 수 있었다. 최초로 천체 현상에 대한 이해가 늘어났을 모습을 상상해보라! 이것은 고대인들의 큰 걱정거리를 제거한 셈이었다. 그 걱정거리란, 매일 아침 새로운 태양을 만드는 임무를 가진 그 어떤 정령이 늦잠을 자거나 그 업무를 그만두면 어쩌나 하는 것이었다. 아낙시만드로스의 혁명은 코페르니쿠스의 것보다 위대했다. 왜냐하면 '아래'에 대한 그의 새로운 정의는 무엇이 땅을 받치고 있는지를 설명해야 할 필요를 무색하게 만들었기 때문이다.

무엇이 지구를 떠받치고 있는지 이해하고자 했던 철학자들은 단순한 실수를 범하고 있었다. 국소적으로 적용되는 법칙을 전체 우주에 적용하고자 한 것이다. 이들의 우주는 지구와 하늘이었고 우리의 우주는 은하들로 가득 찬 광대한 우주이지만, 현재의 우주론적 추측들이 일으키는 혼동 중 많은 부분의 근저에는 동일한 실수가 있다. 그런데 한편으로는 어떤 법칙이 보편적이라면 그것을 우주에 적용하지 않을 이유는 없다고 생각하는 것은 자연스러워 보인다. 우리에게는 세계 속 모든 부분계들에 성공적으로 적용할 수 있는 법칙이나 원리를 전체로서의 우주에 적용하고자 하는 거대한 유혹이 남아 있다. 그렇게 하는 것은 오류를 범하는 것이며, 나는 그것을 **우주론적 오류**cosmological fallacy라 부를 것이다.

우주는 우주의 부분들과는 그 종류가 다른 개체다. 우주는 단순히 그 부분의 합이 아니다. 물리학에서 우주 속 사물들의 모든 속성은 다른 사물들과의 관계 혹은 상호작용을 통해 이해할 수 있다. 그러나 우주는 그러한 모든 관계의 합이며, 유사한 다른 개체와의 관계에 의해 정의되는 속성들을 갖지 못한다.

따라서 아낙시만드로스의 우주에서 지구는 떨어지지 않는 유일한 사물이다. 왜냐하면 지구는 다른 사물들이 떨어지는 곳이기 때문이다. 유사하게, 우리의 우주는 그 외부의 무엇인가에 의해서 유발되거나 설명될 수 없는 유일한 것이다. 왜냐하면 우주는 모든 원인의 총합이기 때문이다.

만약 우리 시대를 고대 그리스 과학과 비교해볼 수 있다면, 작은 규모의 법칙들을 전체로서의 우주로 확장하다가 역설과 대답 불가능한 질문들을 마주칠 것이다. 이러한 역설들과 질문들은 모두 존재한다. 오늘날 우리는 뉴턴적 패러다임에 기반한 이론으로는 결코 답할 수 없을 두 개의 단순한 물음을 앞에 두고 있다.

- **왜 이러한 법칙들인가?** 왜 우주는 특수한 법칙들의 집합에 의해 통제되는 것일까? 무엇이 세계를 통제할 수도 있던 다른 법칙들 속에서 실제의 법칙들을 선택한 것일까?
- 우주는 초기 조건들의 특수한 집합과 함께 빅뱅에서 시작했다. **왜 이러한 초기 조건들인가?** 일단 우리가 법칙들을 고정한다 해도, 우주가 시작했을 수도 있는 무한한 수의 초기 조건들이 여전히 남게 된다. 어떤 기제가 그러한 무한한 가능 집합 중에서 실제의 초기 조건들을 선택한 것일까?

뉴턴적 패러다임은 이러한 두 개의 거대한 질문들에 대해서는 심지어 대답하려고 시도할 수조차 없다. 왜냐하면 법칙들과 초기 조건들은 이 패러다임의 입력값이기 때문이다. 만약 물리학이 궁극적으로 뉴턴적 패러다임 내에서 공식화된다면, 이러한 거대한 질문들은 언제까지나 신비로 남게 될 것이다.

우리는 **'왜 이러한 법칙들인가?'**라는 질문에 어떻게 답해야 하는지를 알고 있다고 믿었다. 많은 이론가는 오직 수학적으로 일관된 하나의 이론이 자연의 네 가지 근본 힘인 전자기력, 강한 핵력, 약한 핵력, 중력을 양자이론 안에서 통합할 수 있을 것이라고 믿었다.

만약에 이와 같은 일이 이루어진다면, **'왜 이러한 법칙들인가?'**라는 질문에 대한 답은 오직 하나의 가능한 물리법칙이 대체로 우리의 것과 비슷한 세계를 형성할 수 있었다는 것이 될 것이다.

그러나 이러한 희망은 물거품이 되었다. 우리는 오늘날 우리가 자연에 대해 알고 있는 모든 것을 통합하는, 본질적으로 일반상대성과 양자역학을 통합하는 유일한 이론은 존재하지 않는다는 좋은 증거를 가지고 있다. 지난 30년 동안 양자중력으로 향하는 몇몇 다른 접근법을 발전시키는 데 많은 진전이 있었으며, 각각의 접근법은 전혀 유일하지 않은 방식으로 성공을 거둔다는 결론에 이르게 되었다. 양자중력에 대해 가장 잘 연구된 접근법은 고리양자중력인데, 이 접근법은 기본 입자들과 힘들에 대한 광범위한 선택을 허용하는 것처럼 보인다.

중력과 양자이론의 통합을 약속하는 끈이론에서도 상황은 마찬가지다. 무한한 수의 끈이론이 존재한다는 증거가 있으며, 이들 중 많은 경우는 매개변수들로 이루어진 커다란 집합에 의존한다. 이때 매개변수들은 우리가 우리의 의지에 따라 선택하는 그 어떤 값들로도 조율될 수 있다. 이 모든 이론은 모두 수학적으로 동등하게 일관된 것으로 보인다. 아주 많은 수의 끈이론이 대체로 우리 세계의 것과 유사한 기본 입자 및 힘의 스펙트럼을 갖고 있는 세계들을 기술한다. 그러나 적어도 지금으로서는 입자물리학의 표준모형을 정확하게 포함하는 끈이론이 구성되지는 않았다.

끈이론의 원래 희망은 표준모형을 정확하게 재현해내고 표준모형을 넘어서는 구체적인 관측들을 예측하는 유일한 근본 이론이 존재함을 밝혀내는 것이었다. 1986년에 앤드루 스트로밍거Andrew Strominger는 끈이론의 아주 많은 판본이 존재함을 보임으로써 이와 같은 희망을 무너뜨렸다.[2] 나는 바로 이것 때문에 대체 우주는 어떻게 그 자신의 법칙을 선택할 수 있었는지가 궁금해졌다. 그리고 결국 이 이유 때문에 나는 시간의 실재성을 받아들이게 된 것이다.

대답할 수 없는 질문들은 그렇다고 치자. 딜레마는 어떤가?[3] 공교롭게도, 뉴턴적 패러다임에 따라 표현되는 물리법칙이 제시하는 일상적인 개념의 중심에 아주 거대한 딜레마가 놓여 있다. 우리가 무언가를 '법칙'이라고 부른다면, 그것이 많은 사례에 적용됨을 의미한다. 만약 그것이 오직 하나의 사례에만 적용된다면, 그것은 단순히 하나의 관측에 지나지 않는다. 그러나 하나의 법칙을 우주의 부분에 적용할 때는 4장에서 본 것처럼 항상 일종의 근사를 포함하게 된다. 왜냐하면 그 부분과 우주의 나머지 부분 사이에서의 모든 상호작용을 무시해야만 하기 때문이다. 따라서 검토할 수 있는 자연법칙들의 많은 적용은 모두 근사다.

근사 없이 자연법칙을 적용하려면 이 법칙을 전체 우주에 적용해야만 한다. 그러나 우주는 오직 하나밖에 존재하지 않는다. 그리고 사례가 하나뿐이라면 특정한 자연법칙이 적용된다는 주장을 정당화하기 위한 증거로 충분치 않다. 이러한 상황을 우주론적 딜레마라고 부를 수 있을 것이다.

우주론적 딜레마 때문에 일반상대성, 뉴턴의 운동 법칙 등과 같은 자연법칙들을 우주의 부분계들에 적용하지 않을 필요는 없다. 이 법칙들은 실질적으로 모든 사례에서 작동하며, 바로 그렇기 때문에 이들을 법칙이라 부르는 것이다. 그러나 그러한 각각의 적용은 우주의 부분계를 마치 존재하는 전부인 것처럼 다루는 일종의 허구에 기초한 하나의 근사에 지나지 않는다.[4] 또한 우주론적 딜레마는 우리 우주의 역사가 표준모형에 의해 기술되는 물질을 포함하는, 일반상대성과 같은 법칙에 대한 하나의 해라고 상상하는 것을 막지도 않는다. 그러나 왜 그러한 해가 자연 속에 구현되어야 하는 유일한 것인지에 대해서는 설명하지 않는다. 또한 하나의 해는 자연법칙들이 일반상대성과 표준모형이 결합된 것임을 증명하지도 않는다. 그와 같은 하나의 해는 서로 다른 많은 법칙에 대한 해들의 근사일 수 있기 때문이다.[5]

하나의 법칙이 단순한 관측과 구별되기 위해 하나 이상의 사례들에서 시험 가능해야 하는 이유를 예를 들어 설명해보겠다. 한 가족에 미라라는 이름을 가진 아이가 하나 있고, 미라는 아이스크림을 좋아한다. 미라가 가장 좋아하는 아이스크림은 초코 아이스크림이다. 사실 미라가 가장 먼저 맛본 아이스크림이 초코 맛이었고, 이후 미라는 초코 아이스크림을 가장 선호하게 되었다.

미라의 부모는 모든 아이가 아이스크림을 좋아한다는 일반 법칙이 존재한다고 믿는다. 그러나 다른 아이를 관측하지 않는 이상 미라의 부모가 이 법칙을 시험할 방법은 없다. 미라가 아이스크림을 좋아한다는 그들의 관측 결과로부터 이 법칙을 구별할 방법이 없는 것이다. 미라의 아버지는 모든 아이가 초코 아이스크림을 선호한다는 또 다른 법칙 역시 믿는다. 미라가 잠든 후 미라의 부모는 음료를 마시며 휴식을 취하고 있었고, 미라의 어머니는 그때 또 다른 가설을 떠올리게 된다. 모든 아이는 그들이 맨 처음 맛본 종류의 아이스크림을 선호한다는 것이다.

두 가지 가능성 모두 그들이 가진 증거와 일관된다. 두 가설은 서로 다른 예측을 제시하며, 이는 놀이터에 있는 부모들을 대상으로 투표를 함으로써 시험될 수 있다. 왜냐하면 둘 다 가능한 법칙이기 때문이다. 그러나 미라가 세상에 존재하는 유일한 아이라고 가정해 보자. 이 경우 그녀의 부모가 세운 가설이 일반적인 법칙인지 그저 관측에 불과한지 시험할 방법이 존재하지 않을 것이다.

미라의 부모는 인간 생물학에 근거해서 아이들은 설탕과 우유로 만들어진 것은 모두 사랑할 것이며, 이에 따라 그들의 예측 중 최소한 하나가 타당성을 얻는다고 주장할 수도 있다. 그들의 주장이 옳을 수도 있겠으나 그들의 추론은 여러 인간에 대한 연구를 통해 얻은 지식을 사용한 것이다. 바로 이 지점에서 유비는 성립하지 않는다. 왜냐하면 우주론에서는 진정으로 하나의 사례만 존재하기 때문이다. 과학적 논증에서 우주는 좀 더 일반적인 집합에서의 단일한 사례라고 가정될 수 없다. 그러한 집합에 관한 그 어떤 주장도 시험될 수 없기 때문이다.

여기서의 논점은 부분계에 적용되는 법칙들이 반드시 근사여야 한다는 것이 우주론적 딜레마에서 핵심적이라는 것이며, 이제 나는 아이스크림 이야기는 그만두고 이 부분에 대한 물리학의 예를 제시하고자 한다. 뉴턴의 운동 제1법칙은 모든 자유 입자들이 직선을 따라 움직인다고 주장한다. 이 법칙은 많은 사례에서 시험되고 입증되었다. 그러나 각각의 시험은 근사를 포함한다. 왜냐하면 그 어떤 입자도 진정으로 자유롭지는 않기 때문이다. 우리 우주의 모든 입자는 다른 입자들로부터 중력을 받는다. 만약 우리가 이 법칙을 정확하게 점검하고자 한다면, 이 법칙을 적용할 수 있는 사례는 존재하지 않을 것이다.

뉴턴의 제1법칙은 기껏해야 좀 더 정확한 다른 법칙에 대한 근사가 될 수 있을 뿐이다. 사실상 이 법칙은 한 입자의 운동이 이 입자에 미치는 힘에 의해서 어떻게 영향을 받는지 기술하는 뉴턴의 제2법칙에 대한 근사이다. 이제 여기서 무엇인가 흥미로운 상황이 발생한다! 우주에 있는 각각의 입자는 중력으로 서로 끌어당긴다. 대전된 각각의 두 입자 사이에도 역시 힘이 존재한다. 우리가 고려해야 하는 힘들은 아주 많다. 만약 뉴턴의 제2법칙이 정확하게 작용하고 있는지를 점검하고자 한다면, 우주에 있는 입자 하나의 운동을 예측하기 위해서 10^{80}개가 넘는 힘들을 더해야만 한다.

물론 실제로 우리는 그와 같은 일을 하지 않는다. 우리는 근처에 있는 물체들에서 볼 수 있는 한 개 또는 몇 개의 힘들만을 고려할 뿐이며 나머지는 모두 무시한다. 예를 들어 중력의 경우 우리는 아주 멀리 떨어져 있는 물체들로부터 비롯되는 힘들의 영향이 매우 약하다는 것을 근거로 이 힘들을 아무 거리낌 없이 무시한다. (그런데 이는 보기보다 명백하지는 않다. 왜냐하면 비록 멀리 떨어진 입자들로부터 비롯되는 힘들이 약하다 하더라도, 근처에 있는 입자들보다는 멀리 떨어진 입자들의 수가 더 많기 때문이다.) 어떠한 경우에도 우리는 뉴턴의 제2법칙이 **정확히** 참인지 확인하고자 시도하지는 않는다. 우리는 단지 이에 대한 극단적인 근사만을 점검할 뿐이다.

'법칙'에 대한 뉴턴적인 개념을 우주 전체로 확장할 때 생기는 또 다른 문제는, 오직 하나의 우주만이 존재하는 반면 초기 조건은 무한한 방식으로 설정할 수 있다는 점이다. 이는 주장된 우주론적 법칙의 방정식에 대해 무한히 많은 수의 해가 있다는 사실과 대응한다. 이 해들은 가능한 우주들의 무한집합을 기술한다. 그러나 실제의 우주는 오직 하나밖에 없다.

법칙이 무한히 많은 수의 가능한 역사를 기술하는 무한히 많은 수의 해를 가진다는 바로 그 사실 때문에 우리는 다음과 같은 결론을 내릴 수밖에 없게 된다. 이 법칙은 우주의 부분계들에 적용되도록 의도된 것이며, 그 본성상 막대한 수의 판본을 가진다. 자연의 풍부함은 해들의 풍부함과 대응한다. 따라서 우리가 하나의 법칙을 우주의 작은 부분계에 적용하는 경우, 초기 조건들을 구체화하는 자유는 법칙의 성공에 필수적인 부분이다.

동일한 사례에서, 우리가 무한한 수의 해를 갖고 있는 하나의 법칙을 우주와 같이 유일한 계에 적용하는 경우, 우리는 아주 많은 것을 설명하지 않은 채로 남겨두게 된다. 초기 조건을 선택할 수 있는 자유는 자산에서 부채로 바뀐다. 왜냐하면 그것은 (법칙이 표현하는) 이론으로는 답할 수 없는, 하나의 우주에 대한 본질적인 물음들이 존재함을 의미하기 때문이다. 이 물음들은 우주의 초기 조건에 의존하는 우주의 모든 측면을 포함하고 있다.

우리는 현재 주장되고 있는 우주론적 법칙의 해가 되는 다른 모든 역사에 대해서, 그럼에도 불구하고 우주가 실제로는 따르지 않는 그러한 역사에 대해서 어떻게 생각해야 하는 것일까? 기껏해야 오직 하나의 해가 실제 자연과 관련이 있다면, 왜 그토록 무한히 많은 해가 굳이 존재해야 하는 것일까?

이러한 고찰을 통해 우리는 하나의 결론에 다다르게 된다. 우리는 우주론적 규모에서 자연의 법칙이 무엇이 될 수 있는지 잘못 생각하고 있다. 이는 다음과 같은 세 가지 이유 때문이다.

(1) 하나의 법칙이 우주론적 규모로 적용된다는 주장은 존재하지 않는 사례들, 즉 다른 우주들과 관련된 예측들에 대한 막대한 양의 정보를 함축한다. 이는 하나의 법칙보다 훨씬 더 약한 무언가가 우주를 설명할 수 있으리라는 것을 암시한다. 우리는 너무나 과도해서 결코 일어나지 않는 무한한 수의 사례들에 관한 예측들을 만들어내는 설명을 필요로 하지 않는다.

(2) 일반적인 종류의 법칙은 우리의 우주를 기술하는 해가 왜 우리가 경험하는 것인지 설명하지 못한다.

(3) 하나의 법칙은 그 자신을 설명하지 못한다. 법칙은 왜 다른 법칙이 아닌 이 법칙이 적용되는지에 대한 근거를 제공하지 않는다.

따라서 통상적인 자연법칙이 우주에 적용되면 너무나 많은 것을 설명해버리는 동시에 충분한 설명이 이루어지지 않는다.

이와 같은 딜레마와 역설들로부터 벗어나는 유일한 방법은 뉴턴적 패러다임을 넘어서는 방법론을 찾는 것이다. 그것은 우주 규모의 물리학에 적용할 수 있는 새로운 패러다임이다. 우리가 물리학으로 하여금 비합리성과 신비주의 속에서 종결되는 것에 만족하지 않는 한 지금까지 과학의 성공을 위한 기초가 된 방법론을 넘어서야만 한다.

그러나 1부에서 물리학으로부터 시간을 추방하기 위해 제시된 모든 논증은 뉴턴적 패러다임이 전체로서의 우주로 확장될 수 있다는 가정에 기초한다. 만약 이러한 확장이 불가능한 것이라면, 시간을 제거하기 위해 제시된 그와 같은 논증들은 실패한다. 뉴턴적 패러다임을 버릴 때는 그 논증들도 버려야 하며, 그렇게 되면 시간이 실재한다고 믿는 것이 가능해진다.

만약 시간의 실재성을 받아들이면 진정한 우주론적 이론을 좀 더 잘 만들 수 있을 것인가? 뒤따르는 장들에서 나는 이 물음에 대한 답이 "그렇다"인 이유를 설명할 것이다.

9장

우주론적 도전

20세기 물리학의 위대한 이론들—상대성이론, 양자이론, 표준모형—은 물리과학에서의 최고 업적을 나타낸다. 이 이론들은 실험을 위한 정교한 예측을 산출해내는 아름다운 수학적 표현들을 갖고 있으며, 이 예측들은 많은 사례에서 상당한 수준의 정확도로 입증되었다. 그러나 나는 앞선 장에서 이와 같은 이론들 중 그 어떤 것도 근본 이론이 되지는 못함을 주장했다. 이 이론들이 거둔 성공에 비추어볼 때 대담한 주장이다.

이 주장을 뒷받침하기 위해 나는 물리학에서 수립된 모든 이론이 공유하고 있고, 바로 그것 때문에 이 이론들을 전체 우주로 확장하기 어렵게 만드는 하나의 측면을 지적할 수 있다. 각각의 이론은 세계를 두 부분으로 나누는데, 한 부분은 시간에 따라서 변화하는 것으로, 다른 부분은 고정된 채 변화하지 않는 것으로 가정된다. 첫 번째 부분은 연구되고 있는 계이며, 이 계의 자유도는 시간에 따라 변한다. 두 번째 부분은 우주의 나머지이다. 우리는 이를 배경이라고 부를 수 있다.

두 번째 부분은 명시적으로 기술되지 않을 수 있지만, 이것은 첫 번째 부분에서 기술된 운동에 의미를 부여하는 용어들 속에 함축적으로 포함되어 있다. 길이 측정은 그 거리를 측정하는 데 필요한 고정된 점과 자를 함축적으로 지칭한다. 구체화된 시간은 계 밖에서 시간을 측정하는 시계의 존재를 함축한다.

3장의 캐치볼 게임에서 보았던 것처럼, 공의 위치는 대니가 서 있는 위치를 지칭함으로써 의미를 가진다. 운동은 일정한 비율로 움직인다고 가정되는 시계를 사용함으로써 정의된다. 대니와 시계 둘 다 배위공간에 의해 기술되는 계의 밖에 있으며, 정적이라고 가정된다. 이러한 고정된 기준점이 없다면 우리는 이론의 예측들을 실험 기록과 어떻게 연결시켜야 하는지 알지 못할 것이다.

이처럼 세계를 동역학적 부분과 정적인 부분으로 구분하는 것은 허구이지만, 우주의 작은 부분을 기술할 때는 극도로 유용하다. 정적이라고 가정되는 두 번째 부분은 실제로는 분석되는 계의 외부에 있는 다른 동역학적 개체들에 의해 구성된다. 이 두 번째 부분의 동역학과 진화를 무시함으로써 우리는 그 속에서 단순한 법칙들을 발견하게 되는 하나의 틀을 만들어낸다.

일반상대성을 제외한 대부분의 이론에서 고정된 배경은 공간과 시간의 기하학적 구조를 포함한다. 그것은 또한 법칙들의 선택을 포함하는데, 이때 법칙들은 변하지 않는 것으로 가정된다. 심지어

동역학적 기하학을 기술하는 일반상대성조차도 공간의 위상 및 차원과 같은 또 다른 고정된 구조들을 가정한다.[1]

세계를 동역학적 부분과 배경(동역학적 부분을 둘러싸고 있고 우리가 이것을 기술하는 용어들을 정의하는)으로 나누는 것은 분명 뉴턴적 패러다임의 천재적인 부분이다. 그러나 이러한 구분은 이 패러다임을 전체 우주에 적용하는 것을 적절하지 않게 만든다.

과학을 우주 전체의 이론으로 확장할 때 우리가 마주치는 도전은 정적인 부분이 존재할 수 없다는 것이다. 우주 안에 있는 모든 것은 변화하며, 우주 밖에는 그 어떤 것도 존재하지 않기 때문이다. 그 어떤 것도 나머지 부분의 운동을 측정할 수 있는 배경 역할을 할 수 없다. 이와 같은 장벽을 극복할 수 있는 방법을 발명하는 것을 우주론적 도전이라 부를 수 있을 것이다.

우주론적 도전을 수행하려면 전체 우주에 의미 있게 적용될 수 있는 이론을 공식화해야 한다. 이 이론은 모든 동역학적 행위자가 오직 다른 동역학적 행위자들을 통해서 정의되는 이론이어야만 한다. 그러한 이론에서는 고정된 배경이 필요 없으며, 이를 위한 장소도 없을 것이다. 그와 같은 이론들을 배경독립적이라 한다.[2]

우리는 이제 우주론적 딜레마가 뉴턴적 패러다임에 내장되어 있음을 이해할 수 있다. 왜냐하면 작은 규모에서의 성공을 가능하게 한 바로 그 측면들이—고정된 배경에 대한 의존 및 하나의 법칙이 무한히 많은 수의 해들을 가진다는 것을 포함해서—이 패러다임으로 하여금 우주론적 이론의 기초가 되는 것을 실패하게 만드는 근거가 되기 때문이다.

우리는 운 좋게도 물리학의 성공이 우주론을 과학적으로 연구하고자 하는 최초의 시도들로 이끈 시기에 살고 있다. 우주론적 딜레마에 대한 한 가지 대응으로 우리가 광대한 크기의 집합 내 하나의 원소라고 추정하는 방안이 나왔으며, 이는 그다지 놀라운 일이 아니다. 왜냐하면 우리가 가진 모든 이론은 오직 광대하게 큰 계의 오직 한 부분에만 적용될 수 있기 때문이다. 어쨌든 바로 이것이 내가 이해하는 다양한 다중우주 가설이 갖는 매력이다.

◈

실험실에서 실험할 때 우리는 초기 조건들을 통제한다. 우리는 법칙에 대한 가설을 시험하기 위해 초기 조건을 조절한다. 그러나 우주론적 관측에는 초기 조건이 초기 우주에서 설정되어 있으므로, 우리는 그 조건들이 무엇이었는지에 관한 여러 가설을 만들어야 한다. 따라서 뉴턴적 패러다임을 이용해서 우주론적 관측 결과를 설명하기 위해 우리는 **두 개**의 가설을 만든다. 우리는 초기 조건들이 무엇이었는지를 가정하고 이 초기 조건들에 어떤 법칙들이 작용했는지를 가정한다. 이것은 상자 속 물리학의 일반적인 맥락보다 더 도전적인 상황이다. 일반적으로 우리는 법칙에 관한 가설을 시험하기 위해 초기 조건들을 통제할 수 있는데, 이 경우는 그렇지 않기 때문이다.

반드시 법칙들과 초기 조건에 대한 가설들을 동시에 시험해야 한다는 사실은 우리가 그 두 가설을 모두 잘 시험할 능력을 크게 약화시킨다. 만약 우리가 제시한 예측이 관측과 일치하지 않을 경우, 이론을 정정하는 두 가지 방법이 있다. 우리는 법칙에 관한 우리의 가설을 수정하거나, 초기 조건에 대한 우리의 가설을 수정할 수 있다. 각각의 수정은 실험 결과에 영향을 미칠 수 있다.

이것은 새로운 문제를 낳는다. 두 가설 중 어떤 가설이 정정될 필요가 있는지를 어떻게 알 수 있을까? 만약 관측이 별이나 은하처럼 우주의 작은 부분에 대한 것이라면, 우리는 많은 사례에 대한 분석에 기초해서 법칙을 시험한다. 모든 사례에 동일한 법칙이 적용되므로, 사례들 간의 그 어떤 차이도 이들의 초기 조건 사이의 차이로 귀속되어야 한다. 그러나 우주에 관련될 경우 우리는 초기 조건들에 대한 가설의 변화로 발생하는 효과들로부터 법칙에 대한 가설의 변화로 발생하는 효과들을 구분할 수 없다.

이것은 때때로 우주론적 연구에서 장애물이 된다. 초기 우주에 대한 이론을 시험하는 주된 방법은 우주마이크로파배경복사CMB, cosmic microwave background에서 볼 수 있는 유형을 설명하는 것이다. 우주배경복사는 초기 우주에서 남겨진 복사로, 빅뱅 이후 40만 년 지난 시점의 조건들에 대한 스냅 사진을 제공한다. 많은 연구가 진행된 가설 중 하나인 우주 급팽창(인플레이션) 이론에서는 우주가 아주 이른 시기에 막대하고 급격한 팽창을 겪었다고 추정한다. 이러한 팽창은 우주의 초기 면모들이 어떠했는지와 관계없이 이 면모들을 길게 잡아 늘여서 그 특성을 줄였으며, 그 결과 오늘날 우리가 관측하는 거대하고 상대적으로 평범한 우주로 이끌었다. 또한 급팽창은 지금까지 관측된 것과 매우 유사하게 우주마이크로파배경복사 속의 유형들을 예측한다.

몇 년 전에 관측자들은 마이크로파배경복사 속에 있는 새로운 측면인 비가우스성non-Gaussianity에 대한 증거를 보고했는데, 이는 일반적인 급팽창 이론으로는 예측되지 않은 것이었다.[3] (비가우스성이 무엇인지는 문제가 되지 않는다. 우리가 이 이야기를 위해 알아야 하는 것은 이것이 우주마이크로파배경복사에서 관측될 수 있었던 유형이며 표준적인 급팽창 이론에서는 이 유형이 나타나지 않아야 한다고 예측한다는 것이 전부다.) 우리에게는 새로운 관측을 설명하기 위한 두 개의 선택지가 있다. 우리는 이론을 수정하거나 초기 조건을 수정할 수 있다.

급팽창 이론은 뉴턴적 패러다임의 부류에 속하므로, 이 이론에 따른 예측은 법칙이 작용하는 초기 조건에 의존한다. 비가우스성에 대한 증거를 제시하는 첫 번째 논문이 나온 지 며칠이 지나지 않아 이 관측을 설명하고자 시도하는 논문들이 등장했다. 몇몇 논문은 법칙을 수정했고, 다른 논문은 초기 조건을 수정했다. 사실상 두 전략 모두 가능할 것이라는 사실은 이미 알려져 있었다.[4] 관측 과학의 최전선에서 흔히 있을 수 있는 것처럼, 추가적인 관측들은 초기 조건을 수정하는 주장을 뒷받침하는 데 실패했다. 내가 이 책을 쓰고 있는 지금도 우리는 우주마이크로파배경복사에 정말로 비가우스성이 있는지를 알지 못하고 있다.[5]

이것은 자료에 이론을 맞추기 위한 두 개의 서로 다른 방식이 있는 경우를 보여주는 사례다. 만약 우리가 법칙 및 초기 조건이 몇몇 매개변수에 의해 기술됨을 고려한다면, 관측된 자료에 맞아떨어지는 두 개의 구분되는 매개변수가 존재한다. 연구자들은 이러한 종류의 상황을 **축퇴**縮退, degeneracy라고 부른다. 대개 축퇴가 존재하는 경우 우리는 들어맞는 것들 중 무엇이 옳은지를 확인하기 위해 추가적인 관측을 수행한다.[6] 그러나 우주마이크로파배경복사와 같은 사례, 즉 오직 한 번만 일어난 사건의 잔여물의 사례에서는 결코 축퇴 상황을 해결할 수가 없다. 특히 우주마이크로파배경복사를 측정하는 데 따르는 제약들을 감안한다면, 우리는 초기 조건을 수정하는 것에 기초한 설명을 법칙을 수정하는 것에 기초한 설명으로부터 풀어낼 수 없을지도 모른다. 그러나 법칙의 역할과 초기 조건의 역할이 얽혀 있는 것을 풀어낼 능력이 없는 경우, 뉴턴적 패러다임은 물리적 현상들의 원인을 설명하는 자신의 힘을 잃는다.

◈

우리는 뉴턴의 시대부터 아주 최근까지 물리학을 안내해온 기대를 거스를 준비가 되어 있다. 예전에 우리는 뉴턴역학이나 양자역학과 같은 이론들이 자연 세계에 대한 완벽한 거울이 될 수 있는 근본적인 이론의 후보일 거라 생각했다. 여기서 완벽한 거울 이론이란 자연에 대한 모든 참된 것들이 그 이론에서 참인 수학적 사실에 대응한다는 뜻이다. 비시간적 배위공간에 작용하는 비시간적 법칙들에 기초하는 뉴턴적 패러다임의 구조가 바로 이와 같은 거울 같은 반영에 핵심적일 것이라고 여겨졌다. 나는 이러한 영감이 앞서 논의한 바 있는 딜레마들로 이끈 형이상학적 환상이며, 우리가 뉴턴적 패러다임을 전체 우주에 적용하고자 시도하자마자 나타나는 혼란이라고 생각한다. 이러한 관점은 뉴턴적 패러다임 안에 있는 이론들의 지위를 재평가하기를 요구한다. 이 이론들은 근본적 이론의 후보가 아니라 우주의 작은 부분계들에 대한 근사적인 기술일 뿐인 것이다. 이와 같은 재평가는 이미 물리학자들 사이에서 이루어졌으며 이는 서로 연관된 두 가지의 관점 변화로 이루어진다.

(1) 입자물리학의 표준모형과 일반상대성을 포함해 우리가 작업하고 있는 모든 이론은 근사적인 이론으로, 우주 속 자유도의 부분집합만을 포함하고 있는 자연의 분절된 부분에 적용된다. 우리는 그와 같은 근사적 이론을 **효과적인 이론**effective theory이라 부른다.

(2) 자연의 분절된 부분과 관련된 우리의 모든 실험과 관측에서 우리는 자유도의 부분집합의 값들을 기록하며 나머지는 무시한다. 그 결과로 얻어지는 기록은 효과적인 이론이 산출한 예측과 비교된다.

따라서 오늘날까지 물리학이 거둔 성공은 전적으로 자연의 분절된 부분들에 대한 연구에 기초한 것이며, 이 부분들은 효과적인 이론들에 의해 모형화되었다. 실험적인 수준에서 물리학을 하는 기술이란, 고립된 실험을 고안하여 우주의 나머지를 무시한 채 소수의 자유도를 연구하는 것일 뿐이다. 이론가의 방법론은 실험가가 연구하는 자연의 분절된 부분을 모형화할 수 있는 효과적인 이론을 발명하는 것이다. 물리학의 역사 속에서 우리는 진정으로 근본적인 이론—나는 결코 이 이론이 효과적인 이론으로서 이해되어서는 안 된다고 생각한다—의 후보 이론이 제시한 예측들을 실험과 비교해 볼 수 있었던 적이 없다.

이상과 같은 논점들에 대해서 좀 더 자세히 설명해보자.

실험물리학이란 자연의 분절된 부분들에 대한 연구다

우주의 부분계는 그것이 마치 우주에 존재하는 유일한 것인 듯이 부분계 밖에 있는 모든 것을 무시한 채 모형화되는데, 이 부분계를 **고립계**isolated system라고 부른다. 그러나 우리는 전체로부터의 고립은 결코 완전하지 않다는 것을 잊어서는 안 된다. 앞서 언급했듯이, 실제 세계에는 우리가 그 바깥에서 정의하는 부분계와 부분계 바깥의 사물들 사이에서 항상 상호작용이 일어나고 있다. 우주 속 부분계들은 늘 한 가지 이상의 영역에서 물리학자들이 말하는 **열린계**open system다. 이 계들은 경계가 있는 계로서, 경계 바깥에 있는 사물들과 상호작용한다. 따라서 상자 속에서 물리학을 한다는 것은 고립계를 이용하여 열린계를 근사적으로 연구하는 것이다.

실험물리학의 기법 중 많은 부분은 열린계를 (근사적으로) 닫힌 계로 변환하는 것으로 구성된다. 우리는 결코 이러한 변환을 완벽하게 할 수 없다. 예를 들어, 우리가 계에 대해 행하는 측정은 이를 방해한다. (이는 양자역학의 해석에서 중요한 주제다. 그러나 지금은 거시 세계에 대한 논의에 국한하도록 하자.) 모든 실험은 불완전하게 고립된 계 외부에서 유입되는 피할 수 없는 소음들로부터 원하는 자료를 추출해내고자 하는 일종의 싸움이다. 실험가들은 그들이 보고 있는 것이 소음 바깥에 존재하는 실제 신호임을 자신과 동료들에게 확신시키기 위해 많은 노력을 기울이고, 우리는 소음의 효과를 줄이기 위해 우리가 할 수 있는 일들을 한다.

우리는 외부의 진동, 장, 복사에 오염되지 않도록 우리의 실험을 보호한다. 많은 실험에서 이러한 보호는 충분하나 몇몇 실험의 경우는 너무 섬세해서 탐지기에 닿는 우주선cosmic ray에서 비롯되는 소음에도 영향을 받는다. 실험실을 우주선으로부터 성공적으로 고립시키려면 땅 속으로 수 킬로미터 들어간 갱도 안에 실험실을 설치하면 된다. 우리는 태양으로부터 오는 뉴트리노(중성미자)를 탐지하기 위해 이와 같은 일을 하고 있다. 이러한 조치는 다른 복사로부터 발생하는 무작위적 배경 소음을 줄여 통제 가능한 크기로 만들어주며, 이때 뉴트리노는 여전히 지구를 통과하여 실험실에 도달한다. 그러나 실험실을 뉴트리노로부터 고립시키는 실천적인 방법은 없다. 남극의 얼음 깊숙이 심긴 뉴트리노 탐지기는 북극에서 들어와 지구를 관통한 뉴트리노를 탐지하여 기록한다.

설혹 고밀도의 납을 이용해 천문학적으로 두꺼운 벽을 만들어 뉴트리노를 차단할 수 있다고 해도, 여전히 이를 통과해서 영향을 미치는 것이 있다. 바로 중력이다. 원리상 그 어떤 것도 중력을 차단하거나 중력파의 전달을 정지시키지 못하므로, 그 어떤 것도 완벽하게 고립될 수 없다. 나는 이와 같은 중요한 논점을 박사학위 연구과정에서 발견했다. 나는 중력파가 안에 들어 있어서 상자 내부에서 중력파가 왔다 갔다 되튀기는 상자를 모형화하고자 했고, 나의 모형들은 계속 실패했다. 왜냐하면 중력파는 상자를 곧장 통과해버

렸기 때문이다. 나는 벽이 중력 복사를 반사하는 지점까지 상자 벽의 밀도를 점점 더 높이는 것을 상상했는데, 내가 그 지점에 도달하기 전에 벽을 구성하는 물질이 블랙홀로 붕괴해버렸다. 이 문제를 해결하기 위해 한동안 골머리를 앓았으나, 결국 나는 내가 극복하지 못한 이 장애물이 그 자체로 내가 작동해내려고 시도한 것보다 훨씬 흥미로운 발견이라는 것을 깨달았다. 좀 더 고민한 끝에 나는 오직 몇 개의 가정을 전제할 경우 그 어떤 벽도 중력파를 차단할 수 없음을 보일 수 있었다.[7] 벽이 어떤 물질로 만들어지든, 벽의 밀도와 두께가 어떻든 상관이 없었다. 이와 같은 결론에 도달하기 위해 나는 오직 일반상대성의 법칙들만을 가정했다. 물질에 포함된 에너지는 양이며, 소리는 빛보다 빨리 이동하지 못한다는 것이었다.

이는 실천적으로만이 아니라 원리적으로도 자연 속에는 우주의 나머지 부분에 의한 영향으로부터 고립된 계가 존재하지 않음을 의미한다. 이러한 결론은 하나의 원리로 승격시킬 만한 가치가 있으며, 나는 이를 **고립계 부재의 원리**principle of no isolated systems라 부르겠다.

열린계를 고립계로서 모형화하는 것이 항상 근사인 또 다른 근거가 있다. 그것은 우리가 무작위적인 장애 발생을 예측하지 못한다는 것이다. 우리는 소음을 측정하고 예측하며 이를 다룰 수 있다. 그러나 외부 세계는 우리의 계를 고립시키고자 하는 우리의 시도를 훨씬 넘어선다. 비행기 한 대가 우리의 실험실이 있는 건물에 충돌할 수 있으며, 지진이 건물을 무너뜨릴 수 있다. 소행성이 지구와 충돌할 수도 있다. 암흑물질로 된 구름이 태양계를 통과하면서 지구의 궤도를 교란하여 지구를 태양과 충돌시킬 수도 있다.[8] 혹은 누군가가 지하실에 있는 스위치를 당겨서 실험실 전원을 끌 수도 있다. 우리가 사는 이 거대한 우주에서 현재 진행되고 있는 실험을 엉망으로 만들 수 있는 사물들의 목록은 사실상 끝이 없다. 하나의 실험을 마치 고립계인 것처럼 모형화한다는 것은 모형으로부터 이와 같은 모든 가능성을 배제한다는 것이다.

외부에서 실험실로 침입할 수 있는 모든 것을 통합하기 위해서는 전체 우주에 대한 모형이 필요할 것이다. 우리는 우리의 모형과 계산으로부터 이 모든 가능성을 배제하지 않고서는 물리학을 할 수 없다. 그러나 그것들을 배제한다는 것은 원리상 근사 위에 우리의 물리학을 수립하는 것이다.

효과적이지만 근사적인 이론들

물리학의 모든 주요 이론은 실험에 의해 생성된 자연의 분절된 부분에 대한 모형이다. 이 이론들이 발명될 당시에는 근본적 이론이라고 여겨졌을 수 있지만, 시간이 지나면서 이론가들은 이 이론들을 제한된 수의 자유도에 대한 효과적인 기술로 이해하기에 이르렀다.

입자물리학은 효과적인 이론의 역할에 관한 좋은 예를 제공한다. 지금까지의 실험은 특정한 길이 규모까지만 근본 물리학을 조사해왔다. 현재 이 규모는 10^{-17}센티미터인데, 이는 유럽입자물리연구소CERN에 있는 대형강입자충돌기LHC를 통해 조사되었다. 이러한 사실은 지금까지 알려진 모든 실험과 일치하는 것으로 밝혀진 입자물리학의 표준모형이 하나의 근사로서 간주되어야 함을 의미한다

(이 이론이 중력에 대해서는 언급하지 않는다는 사실을 차치하더라도 말이다). 표준모형은 우리가 조금 더 짧은 거리를 조사할 경우 나타날지도 모를 미지의 현상을 무시한다.

양자물리학에는 불확정성 원리에 기인하는, 길이 규모와 에너지 사이의 반비례 관계가 존재한다. 특정한 길이 규모를 조사하려면 최소한의 특정 에너지를 갖는 입자 또는 복사가 있어야 한다. 더 짧은 거리를 조사하려면 더 에너지가 높은 입자가 필요하다. 따라서 우리가 도달한 길이 규모의 하한은 우리가 관측한 과정의 에너지 상한에 기초한다. 그러나 에너지와 질량은 동일한 것이므로(특수 상대성에 따라), 이는 만약 우리가 특정한 에너지 규모까지 조사했다면 우리의 충돌기 실험에 의해서 지금까지 생성된 입자 중 꽤 질량이 많이 나가는 입자들을 무시할 수 있음을 뜻한다. 아직 발견되지 않은 현상에는 새로운 종류의 기본 입자만이 아니라 알려지지 않은 힘도 있을 수 있다. 또한 양자역학의 기초 원리들이 잘못되었고, 더 짧은 길이와 더 높은 에너지 속에 숨어 있는 현상을 올바르게 기술하기 위해서 이 원리들에 대한 수정이 필요하다는 것이 밝혀질지도 모른다.

이상과 같은 이유들로 우리는 표준모형을 효과적 이론이라 부른다. 이 이론은 실험과 양립 가능하지만 오직 특정한 영역에서만 신뢰할 수 있다.

효과적인 이론이라는 개념은 몇몇 진부한 개념들을 전복시키는데, 예를 들어 단순성과 아름다움이 진리의 전형적인 특징이라는 고리타분한 개념이 그것이다. 우리는 더 높은 에너지에 무엇이 숨어 있을지 모르기 때문에, 그것의 특화된 영역을 넘어서는 물리학의 많은 가설은 하나 이상의 다른 효과적인 이론과도 일관된다. 따라서 이러한 효과적인 이론들은 내재적 단순성을 가진다. 왜냐하면 이들이 가장 단순하고 가장 우아한 방식으로 일관되어야만 아직 알려지지 않은 영역으로 확장될 수 있기 때문이다. 일반상대성과 표준모형이 갖는 우아함의 많은 부분은 이들을 효과적인 이론으로 이해함으로써 설명된다. 이들의 아름다움은 이들이 효과적이고 근사적이기 때문에 뒤따르는 결과이다. 그렇게 되면 단순성과 아름다움은 진리의 표지가 아니라 제한된 현상 영역에 대한 잘 구성된 근사모형임을 보여주는 표지가 된다.[9]

효과적 이론이라는 개념은 입자물리학 이론이라는 작업의 성숙을 보여준다. 어린 시절의 우리 이론물리학자들은 스스로 우리 손에 자연의 근본 법칙들을 얻었다고 생각했다. 몇십 년 동안 표준모형을 가지고 작업을 한 후, 이제 우리는 표준모형이 지금껏 시험된 제한된 영역에서 옳다는 것을 더욱 확신하게 된 동시에 이 모형을 그 영역 바깥으로 확장할 수 있는지는 덜 확신하게 되었다. 이는 마치 실제 삶과 비슷하지 않은가? 나이가 들어감에 따라 우리는 우리가 진정으로 알고 있는 것에는 확신하지만 동시에 우리가 진정 알지 못하는 것에는 좀 더 쉽게 무지를 인정하는 것처럼 말이다.

이러한 상황이 실망스럽게 보일 수도 있다. 물리학은 자연의 근본 법칙들을 발견하는 것과 관련된다고 가정된다. 효과적인 이론은 그 정의상 그와 같은 이론이 아니다. 만약 과학에 대해 소박한 관점을 갖고 있다면, 한 이론이 지금껏 행해진 모든 실험과 일치하는 동시에 이 이론이 기껏해야 진리에 대한 근사에 지나지 않을 수는 없다고 생각할 것이다. 효과적 이론이라는 개념은 중요하다. 왜냐하면 이 개념은 이와 같은 미묘한 구분을 드러내기 때문이다.

또한 이 개념은 우리가 기본 입자물리학에서의 진보를 어떻게 이해하는지를 예시한다. 이 개념에 따르면 물리학이란 좀 더 좋은 근사적 이론을 구성해나가는 과정이다. 우리가 더 짧은 거리와 더 큰 에너지 영역으로 실험을 진행해나가면 아마도 새로운 현상을 발견하게 될 것이다. 만약 그렇게 된다면, 우리는 이 현상을 수용할 수 있는 새로운 모형을 필요로 하게 될 것이다. 새로운 이론이 좀 더 넓은 영역에 적용 가능하더라도, 이 또한 표준모형과 같이 하나의 효과적인 이론이 될 것이다.

효과적인 이론이라는 개념은 물리학에서의 진보가 자연에 대한 우리의 이해에 담긴 개념적 기초를 완전히 변화시키면서도 이전에 있던 이론들의 성공을 보존하는 혁명을 도출해냄을 함축한다. 뉴턴 물리학은 빛의 속도보다 훨씬 느린 속도로 움직이며 양자적 효과들이 무시될 수 있는 영역에 적용되는 하나의 효과적인 이론으로 간주될 수 있다. 이 영역 안에서 뉴턴 물리학은 예전에 그랬던 것과 같이 성공적인 이론으로 남게 된다.

일반상대성 역시 한때는 자연에 대한 근본적인 기술의 후보였지만, 지금은 하나의 효과적인 이론으로 이해된다. 예를 들어 일반상대성은 양자적 현상의 영역을 다루지 않는다. 일반상대성은 기껏해야 자연의 통합된 양자이론에 대한 하나의 근사에 지나지 않으며, 그와 같은 더 근본적인 이론을 분절함으로써 얻을 수 있는 이론일 것이다.

양자역학 역시 더 근본적인 이론에 대한 하나의 근사일 것이다. 이를 나타내는 징표 중 하나는 양자역학의 방정식들이 선형이라는 사실이다. 이는 효과들이 항상 그 원인들에 직접적으로 비례한다는 것을 의미한다. 여태까지 선형 방정식이 사용되는 모든 다른 사례들에서 해당 이론은 비선형적인(효과들이 원인의 좀 더 높은 거듭제곱에 비례한다는 의미에서) 좀 더 근본적인 이론(하지만 여전히 효과적인 이론)에 근사가 된다고 밝혀졌다. 아마도 이는 양자역학에 대해서도 참임이 밝혀질 것이라는 것이 최선의 추정이다.

사실상 우리가 지금까지 물리학에서 사용해온 모든 이론은 일종의 효과적인 이론이었다. 이 이론들이 거둔 성공의 대가 중 일부는 이 이론들이 근사라는 것을 깨달았다는 점이다. 이는 냉철한 깨달음이었다.

우리는 여전히 근사 없이 자연을 기술하는 근본적인 이론을 발명하고자 하는 야심을 품을 수 있다. 하지만 논리학과 역사는 모두 우리가 뉴턴적 패러다임에 머물러 있는 한 이러한 일이 불가능하다는 것을 말해준다. 뉴턴 물리학, 일반상대성, 양자역학, 표준모형은 모두 경탄할 만한 이론들이지만, 이들은 근본적인 우주론적 이론을 위한 견본이 될 수 없다. 그와 같은 근본적인 우주론적 이론으로 가는 유일한 경로는 우주론적 도전을 받아들여 뉴턴적 패러다임을 따르지 않고 근사 없이도 전체 우주에 적용될 수 있는 새로운 이론을 고안하는 것이다.

10장

새로운 우주론을 위한 원리들

이제 우리는 전체 우주에 대한 진정한 이론이 될 수 있는 이론을 찾는 작업을 시작할 것이다. 그와 같은 이론은 우주론적 딜레마를 피할 수 있어야만 하며, 또한 배경독립적이어야 한다. 이는 하나의 부분에서는 진화하는 동역학적 변수들을 포함하고, 다른 부분에서는 진화하는 부분에 의미를 제공하기 위한 배경 역할을 하는 고정된 구조를 포함하는 것과 같이 세계를 두 부분으로 나누는 가정을 하지 않는 것이다. 이론이 주장하는 모든 것은 실재의 부분이며, 이들은 실재의 나머지와 맺는 관계들에 의해 정의되어야 한다. 이러한 정의를 통해 정의되는 부분은 변화할 수 있게 된다.

우리는 진정한 우주론적 이론에 무엇을 요구해야 하는 것일까?

- **모든 새로운 이론은 우리가 자연에 대해 이미 알고 있는 것을**

포함해야만 한다. 우리는 입자물리학의 표준모형, 일반상대성, 양자역학이라는 현재의 이론들이 아직 알려지지 않은 우주론적 이론의 근사로 출현하게 할 필요가 있다. 우리가 우주보다 작은 거리와 시간 규모로 우리의 주의를 제한할 때마다 이 이론들은 일종의 근사로 나타날 것이다.

- **새로운 이론은 과학적이어야 한다.** 진정한 설명은 예상하지 못한 숱한 귀결들을 가짐으로써 그 타당성을 보여준다. 어떤 이론이 훌륭한 이야기를 만들어낸다고 해서 그것이 진정한 이론인 것은 아니다. 진정한 이론은 반드시 구체적이고 시험 가능한 예측들을 함축해야 한다.
- **새로운 이론은 '왜 이러한 법칙들인가?'라는 물음에 답해야 한다.** 새로운 이론은 표준모형에서 기술되는 특수한 입자들과 힘들이 어떻게 그리고 왜 선택되었는지에 대한 실질적인 이해를 제공해야 한다. 특히 우리 우주가 갖고 있는 근본적인 상수들(표준모형에 의해서 구체화되는, 기본 입자들의 질량과 다양한 힘들의 세기와 같은 매개변수들)의 특수하며 있을 법하지 않은 값들을 설명해야만 한다.
- **새로운 이론은 '왜 이러한 초기 조건들인가?'라는 물음에 답해야 한다.** 즉 왜 우리 우주는 동일한 법칙들에 의해 기술되는 다른 가능한 우주들과 비교했을 때 일반적이지 않게 여겨지는 특성들을 가지고 있는지를 설명해야 한다.

이것들이 최소한의 조건이다. 우리가 전체 우주에 대한 이론을 이야기하고 있음을 감안한다면, 물리학의 집합적인 지혜—케플러, 갈릴레오, 뉴턴, 라이프니츠, 에른스트 마흐, 아인슈타인과 같이 자연 세계에 대한 이론을 발명하기 위해 투쟁한 위대한 지성들의 저작 속에 담겨 있는 지식—는 우리가 몇 가지 더 많은 조건들을 구체화할 수 있다고 말해준다.[1] 과학의 지성들이 우리에게 가르쳐준 바에 대한 나의 해석을 제시해보겠다.

앞서 제시한 특징을 갖는 이론이 우리 우주의 면모에 대해 제시하는 설명은 오직 우리 우주 안에서 존재하거나 일어나는 것들에만 의존해야 한다. 설명의 사슬이 우주 밖을 가리킬 수는 없다. 따라서 우리는 **설명적 폐쇄의 원리**principle of explanatory closure를 요구해야만 한다.

한 이론이 과학적인 것이 되기 위해 생각할 수 있는 모든 질문에 정확한 답을 제시할 필요는 없지만, 만약 우주에 대한 세부 사항을 더 많이 알게 된다면, 대답할 수 있다고 믿는 질문들의 수는 상당히 많아야 한다. 라이프니츠의 **충분한 근거의 원리**는 우주가 몇몇 특별한 측면을 갖는 이유에 대한 그 어떤 납득할 만한 질문에도 해답이 존재해야 함을 전제한다. 새로운 과학적 이론에 대한 중요한 시험은 이 이론이 우리가 대답할 수 있는 질문들의 수를 증가시키는지의 여부이다. 이전까지의 이론들로는 설명하지 못한 우주의 측면을 보여주는 근거를 발견할 때 진보가 일어난다.

라이프니츠의 원리는 우주론적 이론을 제약해야 하는 몇몇 귀결을 낳는다. 그중 하나는 우주의 다른 사물들에는 작용하면서 그 자신은 작용받지 않는 것은 존재하지 않는다는 것이다. 모든 영향 또는 힘은 상호적이어야 한다. 우리는 이를 **비상호적 작용 부재의 원**

리principle of no unreciprocated action라고 부를 수 있다. 아인슈타인은 일반상대성이 뉴턴의 중력이론을 대체한 것을 정당화하기 위해 이 원리를 제시했다. 그의 논점은 뉴턴의 절대적 공간은 물체들에게 어떻게 움직이라고 말해주지만 그에 관한 상호적 작용은 존재하지 않는다는 것이다. 우주에 있는 물체들은 절대적 공간에 영향을 미치지 않는다. 절대적 공간은 그저 존재하기만 한다. 일반상대성이론에서 물질과 기하학의 관계는 상호적이다. 기하학은 물질에게 어떻게 움직여야 하는지 말해주고, 물질은 시공간의 곡률에 영향을 미친다. 반면, 그 무엇도 뉴턴의 절대적 시간의 흐름에는 영향을 미치지 못한다. 뉴턴은 절대적 시간이 우주가 텅 비어 있거나 물질로 가득 차 있거나 상관없이 동일하게 흐른다고 가정한다. 일반상대성에서 물질의 존재는 시계의 행동에 영향을 미친다.

그래서 이 원리는 고정된 배경 구조들에 대한 그 어떤 지칭도 금지한다. 이때 고정된 배경 구조들이란, 물질의 운동과는 상관없이 모든 시간 동안 그 속성들이 고정되어 있는 개체들을 말한다.

이 배경 구조들은 물리학의 무의식으로서, 우리가 세계를 상상하는 데 사용하는 기초 개념들에 의미를 줌으로써 우리의 사고를 소리 없이 형성한다. 우리는 우리가 '위치'가 무엇을 의미하는지 안다고 생각한다. 왜냐하면 우리는 절대적인 기준계의 존재를 무의식적으로 가정하고 있기 때문이다. 물리학 진화의 몇몇 근본적인 단계들은 고정된 배경 구조의 존재를 인식하고 이 구조를 제거한 후 이를 우주 내의 동역학적 원인으로 대체하는 과정으로 이루어져 있다. 이와 같은 일은 에른스트 마흐가 우리가 제자리에서 회전할 때

어지러움을 느끼는 것은 절대적 공간에 대해 움직여서가 아니라 우주에 있는 물질에 대해 상대적으로 움직이기 때문이라며 뉴턴을 비판할 때 일어났다.

만약 우리가 상호적인 작용을 주장하고 고정된 배경 구조들을 배제한다면, 우리는 우주에 있는 모든 개체가 다른 사물들과 상호작용하며 동역학적으로 진화한다고 말하는 것이다. 이것이 관계론 철학의 핵심이며, 관계론 철학의 대표자는 라이프니츠다(3장에서 이루어진 '위치'의 의미에 대한 논의를 떠올려보라). 우리는 이 개념을 확장하여 우주론적 이론의 모든 속성은 동역학적 개체들의 진화하는 관계들을 반영해야 한다고 주장한다.

그러나 만약 한 물체의 특성—해당 물체를 식별하고 이를 다른 물체들과 구분하게 해주는 특성—이 다른 물체들과 갖는 관계라 한다면, 우주의 나머지 부분과 동일한 관계들의 집합을 갖는 두 개의 물체는 존재할 수 없게 된다. 우주에 있는 다른 모든 것과 동일한 관계들을 맺는 것은 사실상 동일한 것임이 틀림없다. 이는 라이프니츠의 또 다른 원리로서 **식별 불가능자의 동일성 원리**무구별자동일성원리, principle of the identity of the indiscernibles이라고 부른다. 이 또한 충분한 근거의 원리에 따르는 결론이라 할 수 있다. 왜냐하면 만약 세계의 나머지와 동일한 관계를 맺는 두 개의 구분되는 개체가 존재할 경우, 두 개체가 서로 교환되지 못할 근거가 존재하지 않기 때문이다. 이는 세계와 관련하여 합리적으로 설명할 수 없는 사실에 해당한다.

따라서 자연에는 근본적인 대칭성이 존재할 수 없다. 대칭성은 물리적 계의 변환인데, 그 성질을 지닌 계는 계의 물리적으로 관측 가능한 양들을 동일하게 남겨두면서 계의 부분들을 상호 교환한다.[2] 뉴턴 물리학의 대칭성에 관한 한 예는 부분계가 공간상의 한 장소에서 다른 장소로 이동하는 것이다. 물리법칙은 계가 공간에서 차지하는 위치에 의존하지 않으므로, 실험실과 실험 결과들에 영향을 미칠 수 있는 것들이 함께 왼쪽으로 6미터 이동한다고 해도 예측들은 달라지지 않을 것이다. 우리는 실험 결과들이 공간상의 위치로부터 독립적이라는 것을, 물리학은 공간 속에서의 계의 이동하에서 불변이라고 말한다.

대칭성은 우리가 아는 모든 물리 이론의 공통적인 특징이다. 물리학자들이 사용하는 도구 중 가장 유용한 도구 몇몇은 대칭성의 존재를 활용한다. 그러나 만약 라이프니츠의 원리들이 옳다면, 대칭성은 근본적인 성질이 될 수 없다.

대칭성은 우주의 부분계를 마치 그것이 유일하게 존재하는 것처럼 다루는 행위로부터 발생한다. 이것은 우리가 우주의 나머지 부분과 우리 실험실에 있는 원자들 사이의 상호작용을 무시하기 때문에 가능하다. 만약 우리가 공간상에서 실험실을 움직인다고 해도 크게 문제가 되지 않기 때문이다. 이는 또한 우리가 연구 대상이 되는 부분계를 회전시켜도 문제가 되지 않는 이유를 설명해준다. 우리는 이 부분계와 우주의 나머지 사이의 상호작용을 무시하기 때문이다. 만약 우리가 그와 같은 상호작용들을 고려하는 경우라면 부분계를 회전시키는 일이 분명 문제가 될 것이다.

그러나 우주 자체가 이동하거나 회전한다면 어떻게 될까? 그것은 대칭이 아닌가? 아니다. 우주 내에서의 상대적 위치가 변경되지 않았기 때문이다. 관계론적 관점에서 보면 우주를 이동하거나 회전시키는 것에는 의미가 없다. 그러면 이동과 회전 같은 대칭성들은 근본적이지 않다. 대칭성은 앞선 장에서 기술했던 것처럼 세계를 두 부분으로 나누는 것으로부터 발생한다. 이와 같은 대칭성 및 다른 대칭성은 우주의 부분계에 적용되는 오직 근사적인 법칙들의 면모일 뿐이다.

이는 아주 놀라운 귀결로 이어진다. 만약 이러한 대칭성들이 근사적이라면 에너지, 운동량, 각운동량 보존 법칙 역시 근사적이다. 이러한 기초적 보존 법칙들은 시간과 공간이 시간의 이동, 공간의 이동, 회전 아래에서 대칭적이라는 가정에 의존한다. 대칭성과 보존 법칙의 관계는 20세기 초에 수학자 에미 뇌터Emmy Noether가 증명한 기초적인 정리의 내용이다.[3] 여기서 그녀의 추론을 설명하지는 않겠지만, 그녀의 정리는 물리학의 중추적인 기둥들 중 하나이며 더 잘 알려져야 할 가치가 있다.

따라서 아직 알려지지 않은 우주론적 이론은 대칭성뿐 아니라 보존 법칙도 포함하지 않을 것이다.[4] 표준모형의 성공으로부터 깊은 인상을 받은 몇몇 입자물리학자는 어떤 이론이 더 근본적일수록 그 이론이 더 많은 대칭성을 가져야 한다고 말하곤 한다. 이는 정확히 잘못된 가르침이다.[5]

◈

이제 우리는 알려지지 않은 우주론적 이론에 대한 가장 중요한 질문에 이르렀다. 이 이론은 시간의 본성에 대해서 무엇을 이야기해야 할 것인가? 시간은 아인슈타인의 일반상대성이론에서처럼 사라질 것인가? 바버의 양자적 우주론에서처럼 사라졌다가 필요할 때만 출현할 것인가? 혹은 뉴턴 이후 제시된 모든 이론에서와 달리 본질적인 역할을 할 것인가?

나는 **'왜 이러한 법칙들인가?'**라는 물음에 답하는 모든 이론에 시간이 필요하다고 믿는다. 만약 법칙들이 설명되어야 한다면 법칙들은 진화해야 한다. 이는 찰스 샌더스 퍼스가 주장한 것으로, 이 책의 도입부에서 그의 말을 인용했다. 그가 제시하는 논증을 풀어내기 위해 그의 말을 다시 살펴보자. "자연의 보편적 법칙을 마음으로 이해할 수 있다고 가정하면서도 그 법칙들의 특수한 형태에 대한 근거 없이 그저 이것들이 해명 불가능하거나 비합리적이라고 하는 것은 정당화하기 어려운 태도다."

우리는 퍼스의 말을 라이프니츠가 제시한 충분한 근거의 원리를 진술한 것으로 이해할 수 있다. 우리는 우리가 발견한 자연법칙들이 왜 다른 법칙들이 아닌 바로 그 법칙들인지를 설명할 수 있어야 한다. 퍼스는 뒤따르는 두 개의 문장에서 이를 다시 한번 강조한다. "일양성一樣性, uniformity은 정확히 설명이 필요한 종류의 사실이다. … 법칙은 근거를 필요로 하는 탁월한 무언가다."

이는 **'왜 이러한 법칙들인가?'**라는 질문에 대한 답을 진술한 것이다. 세계에 대한 사실들에는 설명이 필요하며, 가장 설명이 필요한 사실은 관측되는 특수한 법칙들이 우리의 우주에 적용되는 이유다.

이후 퍼스는 다음과 같이 주장한다. "자연법칙과 일양성 일반을 설명할 유일하게 가능한 방법은 그것들이 진화의 결과물이라고 여기는 것이다." 이는 강한 진술이다. 퍼스는 법칙들이 반드시 진화해야 한다는 자신의 결론에 대한 논증을 제시하지 않았다. 그는 단지 그것이 **'왜 이러한 법칙들인가?'**라는 질문에 대해 "유일하게 가능한" 해답이라고 주장할 뿐이다. 나는 퍼스가 남긴 많은 저술과 기록에서 그와 같은 결론에 관한 논증을 제시했는지 그러지 않았는지 알지 못한다. 그러나 아마도 다음과 같은 논증을 제시했을 수는 있을 것이다.

우리의 임무는 왜 어떤 대상이—이 경우에는 우주—특정한 속성을 갖고 있는지를 설명하는 것이다. 이 속성이란, 입자물리학의 표준모형에 의해서 기술되는 과정들을 통해 기본 입자들과 힘들이 서로 상호작용한다는 것이다. 이 문제는 도전적이다. 왜냐하면 우리는 특수한 매개변수들과 결합한 표준모형이 자연법칙들을 위한 광대한 수의 가능한 선택들 중 하나에 불과하다는 것을 알기 때문이다. 그러므로 우리는 어떻게 한 개체가 가능한 대안들로 이루어진 거대한 집합 속에서 하나의 특정한 속성을 가지게 되었는지를 설명할 수 있는 것일까?

많은 대안이 존재하는 까닭에 그 어떤 원리도 우리가 보고 있는 정확한 법칙들을 구체화하지 못한다. 만약 그 선택에 대한 필연적인 근거가 존재하지 않는다면, 논리적 필연성보다는 강도가 덜한 근거가 분명 존재할 것이다. 선택이 다른 방식으로 이루어졌을 수도 있다. 우리는 우리 우주의 경우 그와 같은 선택이 어떻게 이루어졌는지를 어떻게 설명할 수 있을까?

만약 진정으로 단 하나의 사례만 존재한다면, 결코 충분한 설명이 있을 수 없을 것이다. 왜냐하면 바로 그와 같은 사실 때문에 선택을 결정하는 논리적인 원리가 존재하지 않기 때문이다. 충분한 설명을 위해선 초기에 법칙들이 부여된 다른 우주들이 존재해야 한다. 즉 우리 우주에서의 빅뱅처럼 자연법칙들이 선택된 하나 이상의 사건이 존재해야만 한다(간편하게 설명하기 위해 우리는 우리 우주의 빅뱅처럼 극적인 사건들에서 법칙들이 선택되었다고 가정한다. 그때 이후로 자연의 법칙들이 변화했다는 증거는 당연히 없다).

그렇다면 문제는 어떻게 빅뱅과 같은 법칙 선택 사건들이 배열되었는지 아는 것이다. 이제 우리는 우주가 반드시 설명적으로나 인과적으로 닫혀 있어야 한다는 원리를 제시할 수 있다. 즉 우리는 우주가 우주 내에 있는 그 어떤 것을 설명하는 데 필요한 원인들의 모든 사슬을 포함하고 있다고 가정한다. 만약 우리가 우리 우주의 빅뱅에서 어떻게 효과적인 법칙들이 선택되었는지를 설명하고자 한다면, 우리는 빅뱅 이전의 사건들만을 제시할 수 있을 뿐이다. 그리고 우리는 우리 우주 이전의 빅뱅들이 법칙들을 선택하는 데 작용한 원인들에도 동일한 논리를 적용할 수 있다. 따라서 과거로 끝없이 확장되는 빅뱅의 계열이 존재할 것이다. 많은 빅뱅이 일어나기 전의 특정한 시기를 임의의 시작점으로 삼은 뒤, 이후 일어난 법칙들의 선택을 따라가보기로 하자. 우리는 법칙들이 점점 더 우리 우주에서의 법칙들과 유사하게 진화하는 것을 보게 될 것이다. 따라서 우리는 퍼스의 결론, 즉 만약 우리가 법칙들을 설명하고자 한다면 법칙들은 분명 진화했어야 한다는 결론에 다다른다.[6]

빅뱅들은 순수하게 계열적일 수 있고 분기할 수도 있다. 이는 과거, 미래, 또는 과거와 미래 둘 다에 대해서 가능하다. 우리는 분기가 존재하는지의 여부와 빅뱅 같은 사건들에서 자연의 법칙들을 수정하기 위해 정확히 어떤 일이 일어나는지에 대한 서로 다른 가설을 구성할 수 있다. 이와 같은 모든 사례를 통해 우리는 우리 우주에서 가장 최근에 일어난 빅뱅이 어떻게 법칙들을 선택했는지를 그것의 인과적 과거에 속한 사건들을 이용해서만 설명하게 될 것이다. 이와 같은 종류의 시나리오는 실험적으로 점검할 수 있을 것이다. 우리 우주의 빅뱅 이전에 일어난 사건들은 우리 우주의 탄생 속에서 살아남은 잔여물(그런 것이 존재한다면) 속에 있는 정보를 통해서 관측 가능할 것이다. 이 책의 11장과 18장에서 우리 우주의 빅뱅 이전에 자연법칙들이 진화하도록 허용하는 이론들에 의해서 제시된 예측의 사례를 살펴볼 것이다.

그러나 만약 빅뱅에 과거가 없다면 법칙의 선택과 초기 조건은 임의적이며 그와 같은 시험들은 존재하지 않을 것이다. 또한 우리 우주와 인과적으로 단절된 빅뱅이 일어난 광대한 또는 무한한 수의 우주가 등장하는 시나리오를 시험할 수도 없을 것이다. 과학적 우주론에서 **평행우주**parallel universes, 즉 우리 우주와 인과적으로 단절된 우주들을 상정하는 것은 우리 우주의 속성을 설명하는 데 전혀 도움이 되지 않는다. 이에 따라 반증 가능한 예측을 제시할 수 있는 유일한 방법은 법칙들이 시간 속에서 진화했다고 보는 것이라는 결론에 이른다(만약 한 이론의 예측이 실행 가능한 실험과 상반된다면 그 예측은 반증 가능한 것이다).

로베르토 망가베이라 웅거는 이를 좀 더 우아하게 제시했다.[7] 시간은 실재하거나 실재하지 않는다. 만약 시간이 실재하지 않는다면 법칙들은 비시간적이다. 그렇게 되면 우리가 이미 논의한 바 있는 이유들로 인해 법칙들의 선택은 해명할 수 없게 된다. 이에 반해 시간이 진정으로 실재한다면 그 무엇도, 심지어 법칙들마저도 영원히 지속할 수 없다. 만약 자연의 법칙들이 영원히 작용한다면 우리는 뉴턴적 패러다임 안에 있는 것이며, 이 법칙들을 사용하여 이후 시간에 세계에 일어날 모든 속성을 이전 시간에 있는 속성으로 환원할 수 있다. 또는, 이와 같은 의미에서 모든 물리적 인과를 논리적 관계로 대체할 수 있다. 따라서 시간이 실재한다는 것은 법칙들이 영원히 지속되지 않는다는 것을 뜻한다. 법칙들은 반드시 진화해야 한다.

비시간적 법칙이라는 개념은 우주에 있는 그 어떤 것도 작용받지 않은 채 작용할 수 없다는 관계론적 원리 또한 위배한다. 만약 자연법칙은 이 원리로부터 예외라고 한다면, 이는 자연법칙을 합리적 설명의 영역 밖에 두는 것이다. 법칙들을 해명 가능한 것으로 만들기 위해 우리는 반드시 법칙들을 법칙들이 작용하는 입자들과 마찬가지로 세계의 일부분이라고 간주해야만 한다. 이렇게 볼 때 법칙들은 변화와 인과성의 영역 속에 포함된다. 법칙은 오직 그것이 세계를 하나의 전체로 만드는 변화와 상호작용의 춤 속에 참여하는 경우에만 해명 가능한 것이 된다.

만약 내가 지금까지 제시한 원리들이 타당하다면, 비록 우리에게 아직 우주론적 이론이 없다고 하더라도, 우리는 이미 이 이론을 어느 정도 알고 있는 셈이다.

- 이론은 우리가 자연에 대해 이미 알고 있는 것을 포함해야 하지만, 오직 근사로서 포함해야 한다.
- 이론은 과학적이어야 한다. 즉 이론은 실행 가능한 시험을 통해 시험 가능한 예측들을 만들어내야 한다.
- 이론은 '**왜 이러한 법칙들인가?**'라는 문제를 해결해야 한다.
- 이론은 초기 조건의 문제를 해결해야 한다.
- 이론은 대칭성이나 보존 법칙을 가정하지 않을 것이다.
- 이론은 인과적으로나 설명적으로 닫혀 있어야 한다. 우주 내에 있는 것을 설명하기 위해 우주 밖에 있는 그 어떤 것도 요구되어서는 안 된다.
- 이론은 충분한 근거의 원리, 비상호적 작용 부재의 원리, 식별 불가능자의 동일성 원리를 만족해야 한다.
- 이론의 물리적 변수들은 동역학적 개체들 사이에서의 진화하는 관계들을 기술해야 한다. 고정된 자연법칙을 포함한 고정된 배경 구조가 존재해서는 안 된다. 자연법칙은 진화하며, 이는 시간이 실재함을 함축한다.

이상과 같은 원리들은 훌륭하지만 우리가 진실로 필요로 하는 것은 시험 가능한 예측들을 만들어내는 이론을 유도할 수 있는 가설이다. 다음의 몇 장에서 나는 이상과 같은 원리들을 실현하는 가설과 이론의 몇 가지 예를 기술하겠다. 우리는 이 가설들이 실제로 시험 가능한 예측들을 만들어낸다는 것을 알 수 있을 것이다.

11장

법칙의 진화

2부에서 지금까지 논의한 주된 메시지는, 우주론의 진보를 위해 물리학은 법칙들이 비시간적이고 영원하다는 개념을 버리고 그 대신 법칙들이 실재하는 시간 속에서 진화한다는 개념을 받아들여야 한다는 것이었다. 이러한 이행은 법칙들과 초기 조건들의 선택을 설명하고, 실행 가능한 실험들에 의해 시험 가능하며 심지어는 반증될 수도 있는 우주론에 도달하는 데 필요한 것이다. 나는 이 같은 논점이 원리적으로 그럴듯함을 보였으므로(그랬기를 희망한다), 이번 장에서는 하나는 비시간적이고 다른 하나는 진화하는 법칙들을 포함하는 두 개의 이론이 관측 결과들을 설명하고 예측하는 것을 비교함으로써 이를 증명하고자 한다.

법칙들이 그 안에서 진화하는 이론은 **우주론적 자연선택** cosmological natural selection이라고 불리며, 나는 이 이론을 1980년대 후반에 발전시켜 1992년에 출판했다.[1] 그 논문에서 나는 몇 개의 추측들을 제시했고, 이 추측들은 지난 20년 동안 반증될 수도 있었지만 반증되지는 않았다. 물론 이러한 사실이 이 이론이 옳음을 증명하는 것은 아니지만, 최소한 나는 진화하는 법칙들의 이론이 우리 세계의 실제적인 측면들을 설명하고 예측할 수 있음을 보였다.

비시간적 이론의 한 예로 나는 **영원한 급팽창**eternal inflation이라 불리는 다중우주 시나리오의 한 판본을 소개할 텐데, 이 이론은 1980년대에 알렉산더 빌렌킨Alexander Vilenkin과 안드레이 린데Andrei Linde에 의해서 제안되었고 그 후 널리 연구되었다.[2] 영원한 급팽창은 서로 다른 몇몇 형식으로 표현되는데, 이는 이 이론의 몇몇 가설이 조정 가능하다는 사실을 반영한다. 논점을 분명히 하기 위해서 나는 "영원한" 것에 가장 부합하는 하나의 단순한 형식을 선택했다. 왜냐하면 이 형식은 다중우주에 대한 비시간적 그림을 제공해주기 때문이다. 시간이 좀 더 본질적인 역할을 담당하는 급팽창 다중우주의 다른 판본들이 존재하며, 이 이론들이 진화하는 법칙에 대한 진정한 개념을 포함하는 한 이들은 우주론적 자연선택의 몇몇 측면을 공유한다.

진화하는 법칙을 포함하는 우주론적 시나리오들이 실제적인 예측을 만들어내는 데 성공하는 이유 중 하나는 이들이 우리가 관측하는 우주를 다중우주와 연결하기 위해서 **인류 원리**anthropic principle—우리는 생명이 살기에 적합한 법칙들과 초기 조건을 가진 우주에서만 살 수 있음을 진술하는 원리—에 의존하지 않는다는 것이다. 이 장의 과제 중 하나는 인류 원리가 어떤 이론을 예측 가능한 것으로 만드는 역할을 할 수 있다는 주장을 논박하는 것이다.

우주론적 자연선택은 내가 쓴 첫 번째 책《우주의 일생The Life of the Cosmos》의 주제였으므로, 여기에서는 왜 시간에 따른 법칙의 진화가 이들에 대한 반증 가능한 설명에 이르게 하는지를 분명하게 하기에 충분할 정도로만 우주론적 자연선택에 대해 기술하고자 한다.[3]

우주론적 자연선택의 기초적 가설은 우주가 블랙홀 안에 새로운 우주를 창조함으로써 번식한다는 것이다. 따라서 우리의 우주는 다른 우주의 블랙홀 중 하나에서 태어난 후손이며, 우리 우주에 있는 모든 블랙홀은 새로운 우주의 씨앗이다. 이 시나리오 안에서 우리는 자연선택의 원리들을 적용할 수 있다.

내가 사용하는 자연선택의 기제는 군집생물학population biology의 방법론에 기초한다. 이 방법론은 한 계를 통제하는 몇몇 매개변수가 어떻게 이 계를 다른 변수들이 선택되었을 경우보다 더 복잡하게 만들도록 선택되는지를 설명하는 데 쓰인다. 계의 복잡성을 설명하기 위해 자연선택을 그 계에 적용하려면 다음과 같은 것들이 필요하다.

- **군집 내에서 변이하는 매개변수를 위한 공간.** 생물학에서 이러한 매개변수는 유전자다. 물리학에서 이와 같은 매개변수는 표준모형의 상수들인데, 여기에는 다양한 기본 입자의 질량 및 기초적 힘들의 세기가 포함된다. 이러한 매개변수들은 자연법칙을 위한 일종의 배위공간을 만든다. 이 공간은 **이론 지형**landscape of theories이라고 불린다(이 용어는 군집생물학에서

차용한 것으로, 유전자들의 공간을 적합도 지형fitness landscape이라고 부른다).

- **번식의 기제.** 나는 박사후연구원 시절 멘토였던 브라이스 디위트가 제시한 오래된 개념을 채택했다. 이 개념에 따르면 블랙홀은 우주의 탄생을 이끈다. 이는 시간이 시작되고 끝나는 특이점에서 양자중력이 사라진다는 가설의 한 귀결이며, 이 가설에 대한 좋은 이론적 증거가 존재한다. 우리의 우주에는 최소한 1조 개의 1조 배 정도 되는 엄청난 수의 블랙홀이 있으며, 이는 아주 큰 자손들의 군집이 있음을 암시한다. 우리는 우리 우주가 그 자체로 아주 먼 과거로부터 시작된 계보의 한 줄기 위에 있다고 가정할 수 있다.
- **변이.** 자연선택은 부분적으로 작동한다. 왜냐하면 유전자는 번식하는 동안 무작위적으로 변화하고 결합하며, 따라서 자손의 유전체는 부모의 것과 다르기 때문이다. 유사하게, 우리는 새로운 우주가 생길 때마다 법칙들의 매개변수들에 작은 무작위적 변화가 일어난다고 가정할 수 있다. 따라서 우리는 지형 위에 그 우주의 매개변수들의 값들에 대응하는 점을 표시할 수 있다. 그 결과 지형 위에는 광대하고 성장하는 점들의 집합체가 생기는데, 이는 다중우주 전체에 걸쳐 법칙들의 매개변수들이 변이함을 나타낸다.
- **적합도의 차이.** 군집생물학에서 한 개체의 적합도는 그것의 번식적 성공의 측도이다. 즉 자신의 자손을 가질 수 있을 정도로 충분히 번성하는 자손들을 얼마나 생산하는지가 관건이다.

따라서 우주의 적합도는 그 우주가 얼마나 많은 블랙홀을 만들어내는지에 대한 측도이다. 이 적합도의 수치는 매개변수에 민감하게 의존하는 것으로 드러났다. 블랙홀을 만들어내는 것은 쉬운 일이 아니다. 따라서 블랙홀이 전혀 없는 우주로 이끄는 매개변수는 많이 존재한다. 소수의 매개변수만이 많은 블랙홀이 있는 우주로 이끈다. 이 우주들은 매개변수 공간의 아주 작은 영역을 차지한다. 우리는 이와 같이 매개변수 공간 내의 고도로 생산적인 영역을 이보다 훨씬 더 낮은 생산성의 영역들로 둘러싸인 섬이라고 가정할 것이다.

- **전형성.** 우리는 또한 우리 우주가 우주들의 군집을 구성하는 전형적인 하나의 구성원이라고 가정하는데, 이 군집은 여러 세대를 거친 것이다. 따라서 우리는 대부분의 우주가 공유하는 그 어떤 속성도 우리 자신의 속성이라 예측할 수 있다.[4]

방법론으로서의 자연선택이 갖는 힘은 이와 같은 최소한의 가정들로부터 강력한 결론이 도출될 수 있다는 데 있다. 기본이 되는 귀결은 많은 세대가 지난 후 대부분의 우주는 고도로 생산적인 영역 내에서의 매개변수들을 가진다는 것이다. 이로부터 뒤따르는 결론은, 만약 우리가 전형적인 우주의 매개변수들을 변화시킬 경우, 그 결과는 블랙홀이 훨씬 적은 우주가 나타나리라는 것이다. 우리의 우주는 전형적인 것이므로 이는 우리의 우주에서도 참임이 분명하다.

이 예측은 간접적으로 점검할 수 있다. 우리는 이미 표준모형의 매개변수들을 변화시키는 많은 방법을 적용한 결과, 탄소와 산소를 생성하는 데 필요할 만큼 수명이 긴 별들이 없는 우주들이 만들어질 수 있음을 알고 있다. 그리고 놀랍게도 탄소와 산소는 육중한 별들 내부에 있는, 블랙홀을 만들 수 있는 기체 구름들을 냉각시키는 데 필수적이다. 매개변수들을 변화시키는 다른 방법들은 초신성을 약화시킨다. 초신성은 블랙홀로 유도될 뿐 아니라 성간물질에 에너지를 주입함으로써 이 에너지가 구름의 붕괴를 유도하여 결과적으로 새로운 거대 항성을 형성하게끔 만든다. 우리는 이미 표준모형의 매개변수들을 살짝 변화시켜 블랙홀이 아주 적은 우주를 유도해내는 방법을 적어도 여덟 가지는 알고 있다.[5]

따라서 우주론적 자연선택은 왜 표준모형의 매개변수들이 수명이 긴 별들로 채워진 우주를 위해 조정되었는지에 대한 진정한 설명을 제공해준다. 이러한 별들은 시간이 지나면서 우주에 탄소, 산소 및 다른 원소들을 채워주는데, 이 원소들은 우리의 우주에서 볼 수 있는 화학적 복잡성을 형성하는 데 필요한 것들이다. 따라서 이는 양성자, 중성자, 전자, 전자 뉴트리노의 질량 및 네 가지 힘의 세기와 같은 매개변수들의 값을 어느 정도는 설명하게 된다. 이것만이 아니다. 우리의 설명은 블랙홀 생산의 최대화와 관련이 있지만, 그 결과로 우주를 생명에 호의적인 것으로 만들게 된다.

더 나아가 우주론적 자연선택은 몇몇 진정한 예측들을 제시하는데, 이 예측들은 현재 실행 가능한 관측에 의해서 반증 가능하다. 그중 하나는 가장 육중한 중성자별들도 특정한 한계 이상으로는 무거워질 수 없다는 것이다. 초신성은 폭발한 별의 중심 영역을 남긴다. 이 중심은 중성자별 또는 블랙홀로 붕괴한다. 둘 중 무엇이 생성되는지는 중심이 어느 정도의 질량을 갖고 있는지에 달려 있다. 중성자별은 오직 그 질량이 특정한 임계값 이하인 경우에만 존재할 수 있다. 만약 우주론적 자연선택이 옳다면 임계값은 가능한 한 가장 낮게 조정되어야 한다. 왜냐하면 그 값이 낮을수록 더 많은 블랙홀이 만들어지기 때문이다.

중성자별의 구성에 관해서는 몇 가지 가능성이 밝혀졌다. 한 가지 가능성은 별이 오직 중성자로만 구성되는 것인데, 이 경우 임계 질량은 제법 커서 태양 질량의 2.5배에서 2.9배 사이에 위치한다. 또 다른 가능성은 중성자별의 중심에 카온kaon이라 불리는 생소한 입자들을 포함하는 것이다. 이는 오직 중성자로만 구성된 모형보다 임계 질량의 값을 낮출 것이다. 그러나 그와 같은 값의 낮춤이 어느 정도까지 가능한지는 이론적 모형화의 세부 사항에 달려 있다. 다양한 모형은 태양 질량의 1.6배와 2배 사이의 임계 질량 값을 보여준다.

만약 우주론적 자연선택이 옳다면, 우리는 자연이 임계 질량을 낮추기 위해 중성자별의 중앙에 카온들을 만드는 가능성을 이용했을 것이라 기대할 것이다. 이와 같은 일은 카온의 질량을 충분히 가볍게 만듦으로써 이루어질 수 있었다는 것이 드러났다. 이 일은 기묘한 쿼크의 질량을 조정함으로써 별 형성 비율에 영향을 주지 않고서도 일어날 수 있다. 처음 우주론적 자연선택이 제안되었을 때는 가장 무거운 중성자별들의 질량이 태양 질량의 1.5배 이하라고 알려진 상황이었다. 그러나 최근에 태양 질량의 2배에 약간 못 미치는 중성자별이 관측되었다. 만약 카온 중성자별의 질량이 이론적 범위에서의 가장 작은 값에 위치했다면 이는 우주론적 자연선택을 반박했을 테지만, 만약 이 값이 이론적 추정의 상한인 태양 질량의 2배에 가깝다고 판단하는 것이 옳다면 이론은 가까스로 관측에 의해 반박되지 않았다고 볼 수 있다.

그러나 다소 덜 정확하지만 태양 질량의 2.5배 정도로 추정되는 중성자별이 존재한다.[6] 만약 그와 같은 발견이 좀 더 정확한 측정 아래에서도 유효하다면, 우주론적 자연선택은 반증될 것이다.[7]

또 다른 예측은 초기 우주의 놀라운 측면에 대한 생각에서 비롯된다. 초기 우주는 극도의 규칙성을 갖고 있다. 우주마이크로파배경을 관측한 결과 초기 우주의 질량 분포가 알려졌는데, 위치에 따라 아주 조금씩만 차이를 보였다. 왜 이런 일이 일어났을까? 왜 우주는 밀도 차이가 큰 상태에서 시작하지 않았을까? 만약 밀도 차이가 큰 채로 시작했다면 고도로 밀집된 영역들은 곧장 블랙홀로 붕괴했을 것이다. 만약 밀도 차이가 충분히 컸다면 이와 같은 이른바 원시 블랙홀들이 초기 우주를 채웠을 것이며, 지금 보는 것보다 더 많은 블랙홀이 생겼을 것이다. 이는 우주론적 자연선택을 반증하는 것처럼 보인다. 우주론적 자연선택에 따르면 우리 우주보다 더 많은 블랙홀이 있는 우주를 만들기 위해 물리법칙의 매개변수들을 작게 변화시키는 방법은 존재하지 않을 것이기 때문이다.

우주론 연구자들은 물질 밀도의 차이를 밀도 변동 규모라고 불리는 매개변수로 기술한다. 이것은 입자물리학의 표준모형에 있는 매개변수는 아니지만, 밀도 변동을 증가시킬 수 있는 조정 가능한 매개변수들을 갖고 있는 몇몇 모형들이 존재한다. 그러므로 이와 같은 모형들이 우주론적 자연선택과 양립 불가능한지를 묻는 것이 공평할 것이다. 대부분의 다양한 급팽창 이론에는 밀도 변동 수준을 높이기 위해 증가시킬 수 있는 매개변수가 존재하며, 이것은 우주를 원시적인 블랙홀들로 채운다. 그러나 가장 단순한 몇몇 급팽창 이론은 이러한 매개변수를 증가시킴에 따라 우주가 팽창할 수 있는 시간을 날카롭게 제한함으로써 우주를 축소시킨다. 그 결과 훨씬 작은 우주가 도출되는데, 이 우주는 비록 원시적인 블랙홀들로 차 있지만 전체적으로 우리 우주보다 블랙홀이 훨씬 적다.[8] 이는 우주론적 자연선택이 원시 블랙홀들을 과잉 생산하지 못하는 단순한 급팽창 이론과만 양립 가능함을 의미한다. 만약 이미 발생한 팽창이 좀 더 복잡한 이론을 요구하는 방식으로 일어났다는 것에 대한 증거가 발견된다면, 우주론적 자연선택은 배제될 것이다.[9] 따라서 그와 같은 증거가 없을 것이라는 게 우주론적 자연선택의 예측이다.

물론 아주 초기 우주에 관한 올바른 이론이 급팽창 이론이 아닐 수도 있지만, 이 예는 초기 우주에 많은 원시 블랙홀을 생산했을 수 있는 그 어떤 기제가 발견되면 그로 인해 우주론적 자연선택이 반증될 수 있음을 보여준다.[10]

우주론적 자연선택은 시간이 실재한다는 맥락의 바깥에서는 고려할 수 없다. 한 가지 이유는 우리 우주가 매개변수들의 작은 변화들로 인해 차별화되는 다른 우주들에 대해서 오직 상대적인 적합도 이점을 가진다는 것만을 주장하고 있기 때문이다. 이는 매우 약한 조건이다. 우리는 우리 우주의 매개변수들이 가능한 한 가장 큰 수라고 가정할 필요가 없다. 심지어 우리 우주보다 더 생산적인 우주로 이끌 수 있도록 다른 매개변수를 선택하는 것도 충분히 가능했다. 모든 시나리오가 예측하는 바는 현재의 값들로부터 작은 변화를 일으키는 것으로는 그러한 선택들에 도달하지 못한다는 것이다.

따라서 우주의 군집은 다양할 수 있다. 그것은 다양한 종으로 구성되고 각각은 이들보다 약간 다른 종들에 비해서 상대적으로 생산적이다. 다양한 우주들의 혼합은 시간에 따라 계속해서 변화할 것이며, 시행착오를 통해 생산적일 수 있는 새로운 방식들이 발견된다. 이것이 바로 생물학이 작동하는 방식이다. 영원히 지속되는, 최고로 적합한 종이란 존재하지 않는다. 오히려 생명의 역사 속 각각의 시대는 종들의 서로 다른 혼합으로 특성화되며, 이 모두는 상대적으로 적합하다. 생명은 결코 평형 또는 이상적인 상태에 도달하지 않는다. 생명은 끊임없이 진화한다. 유사하게 우주들의 군집 속에서 법칙들이 얼마나 전형적인지와는 상관없이 법칙들은 시간 속에서 군집이 진화함에 따라 변화할 것이다. 만약 최종 상태가 존재한다면, 즉 한 번 도달해 우주들의 혼합이 동일하게 유지되는 상태가 존재한다면, 시간은 더 이상 문제가 되지 않을 것이며 우리는 비시간적인 평형 상태에 도달했다고 말할 수 있을 것이다. 그러나 자연선택 시나리오는 그것을 가정하거나 함축하지 않는다. 시간은 항상 우주론적 자연선택의 시나리오 속에 존재한다.

그뿐 아니라 우주론적 자연선택의 시나리오에서는 시간이 실재하는 동시에 보편적이어야 한다. 우주의 군집은 빠르게 진화하며, 각각의 우주는 매 순간 성장하면서 블랙홀을 생성한다. 만약 우리가 이론으로부터 예측들을 연역하고자 한다면 얼마나 많은 우주가 시간 속 각각의 순간에 이러저러한 특성들을 가지고 있는지를 확립해야만 한다. 이때 시간은 각각의 우주 전체에서 의미가 있어야 할 뿐만 아니라 전체 군집을 통틀어서도 의미가 있어야 한다. 따라서 우리는 각각의 우주 및 전체 군집 안에서의 동시성에 대한 그림을 우리에게 제공해주는 시간의 개념을 필요로 한다.[11]

◈

이제 이상과 같은 논의를 영원한 팽창의 사례와 대조해보자. 초기 우주는 팽창한다고 전제된다. 왜냐하면 우주의 입자와 힘을 설명하는 양자장이 매우 커다란 암흑에너지를 생성하는 단계에 있기 때문이다. 이는 우주를 지수함수적으로 빠르게 팽창하게 만든다. 팽창은 대개 상전이의 결과이며, 거품이 형성될 때 멈춘다. 이는 냄비 속에서 끓는 물에 거품이 나타나는 것과 유사하다. 이 거품 속에는 기화된 형태의 물이 포함되어 있는데, 이는 액체 물에서 형성된 것이다. 우주론적 시나리오에서의 거품 속에는 거대한 크기의 암흑에너지를 갖고 있지 않은 양자장들이 포함되어 있으며, 이에 따라 팽창은 느려지고 점차 우리 우주가 된다.

발렌킨과 린데가 알아낸 것은 여전히 커다란 암흑에너지를 포함하고 있는, 주변을 둘러싸고 있는 매질이 계속해서 급속하게 팽창할 것이라는 점이었다. 더 많은 거품이 형성될수록, 이 거품들은 우리 우주가 그러했던 것처럼 더 많은 우주가 된다. 발렌킨과 린데는 특정한 조건들 아래에서 이 과정이 계속해서 진행될 수 있음을 발견했다. 왜냐하면 팽창하는 매질의 경우 그것이 무한한 수의 거품우주bubble universe를 생성해낸다고 하더라도 결코 사라지지 않기 때문이다. 만약 이 시나리오가 옳다면, 우리의 우주는 영원히 팽창하는 매질 속에서 무한히 많이 형성된 거품 중 하나가 된다.

이야기를 쉽게 이끌어가기 위해 이 이론의 가장 단순한 형태를 전제해보겠다. 이 이론에서 각각의 형태를 통제하는 법칙들은 가능한 법칙들의 지형으로부터 무작위적으로 선택된다.[12] 많은 논의에서 이 지형은 다양한 끈이론에 의해 주어지는 것으로 가정되지만, 표준모형 그 자체를 비롯해서 변동 가능한 매개변수들을 갖는 그 어떤 이론도 지형을 제공할 수 있다.

가장 단순한 경우 각각의 법칙을 선택하는 거품들의 비율은 일정하며, 따라서 더 많은 거품우주들이 생성됨에도 전체 군집 내에서 서로 다른 법칙이 적용될 확률은 동일하게 남는다. 그와 같은 단순한 시나리오에서, 시간과 동역학은 우리 우주의 법칙들이 취할 수 있는 다른 모든 (아마도 무한한) 가능성 가운데서 어떻게 구체화되는지에 관해 아무런 역할도 하지 않는다. 따라서 우주들의 분포(즉 우주들이 서로 다른 법칙 혹은 특성을 가질 확률)는 일종의 평형 상태에 이르러 그 상태에 영원히 남게 된다. 이러한 의미에서 이 시나리오는 비시간적이며, 이는 우주론적 자연선택과 대조되는 좋은 사례라 할 수 있다.

각각의 거품 속 법칙은 무작위적으로 선택되므로, 생명에 필요한 미세 조정된 법칙을 갖고 있는 우주는 극히 드물다. 따라서 우리 우주는 거품우주의 군집 내에서는 비전형적인 우주다.

이 시나리오를 우리 우주에 대한 관측과 연결하려면 우주론자들은 반드시 인류 원리에 의지해야 한다. 앞서 언급한 바 있듯 이 원리에 따르면 우리는 오직 그것의 법칙과 초기 조건이 생명에 우호적인 세계를 창조한 우주에서만 살 수 있다. 인류 원리는 우리로 하여금 방대하고 광대한 비생명 세계로부터 아주 적은 수의 우호적인 우주들을 선택하도록 이끈다. 왜냐하면 우리는 항상 그와 같은 우호적인 우주 속에서만 우리 자신을 찾을 수 있기 때문이다.

주목할 만하게도, 세계를 생명에 우호적인 것으로 만드는 것과 블랙홀을 많이 생산할 수 있게 만드는 면모들의 목록 사이에는 많은 공통점이 있다. 따라서 우주론적 자연선택과 인류 원리라는 두 이론은 표준모형의 매개변수들의 미세 조정 중 몇몇을 동일하게 설명하는 것처럼 보인다. 그러나 두 설명이 어떻게 다른지 주목해보자. 우주론적 자연선택에서 우리의 세계는 전형적인 우주이며 군집 구성원 대부분은 우주에 높은 적합도를 제공하는 측면들을 공유하는 반면, 영원한 팽창의 다중우주에서는 우리의 것과 같은 세계가 극도로 드물다. 첫 번째의 경우에서 우리는 진정한 설명을 얻을 수 있지만, 후자의 경우에서 우리는 오직 선택의 원리만을 갖는다.

이와 같은 서로 다른 종류의 설명은 아직 관측되지 않은 우주의 면모들에 대한 진정한 예측을 산출하는 능력에서 차이를 보인다. 우리가 살펴본 것처럼, 우주론적 자연선택은 이미 몇몇 타당한 예측을 함축한다. 그러나 우리 우주의 법칙과 초기 조건에 대한 설명을 위해 인류 원리를 제시하는 시나리오들은 아직까지 현재 시행 가능한 실험의 범위에서 반증 가능한 단 하나의 예측도 제시하지 못했다. 나는 이 시나리오들이 반증 가능한 예측을 하나라도 제시할 수 있을지 의심스럽다.

그 이유는 다음과 같다. 우리가 설명하고자 하는 우리 우주가 가진 임의의 속성을 고려해보자. 이 속성은 지성적 생명의 탄생에 필요하거나 필요하지 않다. 만약 필요하다면, 그 속성은 이미 우리 존재로 설명된 셈이다. 왜냐하면 이 속성은 지성적 생명이 존재하는 아주 적은 수의 우주에는 반드시 적용되어야 하기 때문이다. 이제 두 번째 부류의 속성 중 지성적 생명의 탄생에 필요하지 않은 속성들을 고려해보자. 각각의 거품에서 법칙들은 무작위적으로 선택되므로, 이 속성들은 우주들의 군집 내에 무작위적으로 분포되어 있다. 그러나 이 속성들은 생명과는 관련이 없기 때문에, 이들은 또한 살아 있는 우주들의 집합 내에 무작위적으로 분포할 것이다. 따라서 이론은 우리가 우리의 우주 안에서 이 속성들에 대해 무엇을 관측해야 하는지에 관한 예측을 제시하지 않는다.

전자의 질량은 첫 번째 종류의 속성에 대한 좋은 예이다. 만약 전자의 질량이 지금껏 관측된 질량과 크게 달랐다면 생명을 위한 조건들이 훼손되었으리라는 것을 보여주는 좋은 증거가 있다.[13] 두 번째 종류의 속성의 좋은 예는 톱쿼크top quark의 질량이다. 우리가 아는 바에 따르면 이것의 질량은 우리 우주의 생명 친화성에 영향을 주지 않으면서도 넓은 범위에서 변할 수 있다. 따라서 인류 원리는 톱쿼크의 관측된 질량 값을 설명하는 데 도움이 되지 못한다.

영원한 급팽창 이론은 잠재적으로 시험 가능한 단 하나의 예측을 제시하는데, 그것은 모든 거품우주들의 공간 곡률이 아주 약한 음의 값을 가진다는 것이다(음의 곡률을 가진 공간은 말안장처럼 휘어 있다. 이와 대조적으로 양의 곡률을 가진 공간은 구와 같다). 만약 우리의 우주가 팽창하는 다중우주 내의 거품 속에서 창조되었다면, 우리 우주 역시 음의 공간 곡률을 가질 것이다. 이는 진정한 예측이기는 하지만, 이 예측의 시험 가능성에는 몇 가지 문제가 있다. 첫째, 음의 곡률은 0에 매우 가까우며, 0은 양의 값이든 음의 값이든 아주 작은 수와 구분하기가 어렵다. 사실상 곡률은 실험 오차 내에서 사라진다. 설혹 실험에 진전이 있어 더 좋은 자료가 기대된다고 하더라도, 곡률이 0인지, 약하게 음인지 또는 양인지를 판단하는 것은 매우 어려울 것이다. 모든 과학 실험에서 그렇듯 측정에는 항상 어느 정도의 불확실성이 존재할 것이다. 이러한 불확실성을 감안한다면, 조만간 이 예측을 반증할 관측이 일어날 것 같지는 않다.

설혹 우리가 우리 우주의 공간 곡률이 미미한 음의 값임을 입증하는 데 성공했다고 하더라도, 이것이 우리의 우주가 광대한 다중우주 중 하나라는 증거가 되지는 않는다. 약한 음의 값을 갖는 곡률과 모순되지 않는 우주론적 모형과 시나리오는 많이 있다. 그중 하나는 우리의 우주가 유일하며 단지 음의 곡률을 갖는 아인슈타인 방정식의 해에 지나지 않는다는 것이다. 그와 같은 해들이 존재하지만 이들을 정당화하기 위해 팽창이 필요하지는 않다. 또 다른 예는 팽창이 오직 하나의 우주만을 생성했다는 가설이다. 그리고 그 어떤 관측도 어쨌거나 우리 우주에 영향을 미치지 않는 다른 우주들의 집합이 갖는 속성들에 대한 가설을 입증하지 못할 것이다.

◈

영원한 팽창 시나리오들은 가능한 이론들의 집합을 요구하며, 이는 많은 수의 가능한 끈이론들에 의해서 보충될 수 있다. 가능한 끈이론들의 커다란 지형이 존재한다는 것은 앞서 언급한 바 있는 스트로밍거의 1986년 논문에서 명백해졌지만, 2003년에 작은 양의 값을 갖는 우주상수를 갖는 끈이론들이 천문학적으로 많이 존재한다는 것에 대한 증거가 발견되면서 상황은 더 이상 무시할 수 없는 일종의 위기가 되었다.[14] 그 수는 대략 10^{500}가지 정도로 추정된다. 그러나 적어도 그때까지 그 수는 엄청나게 큰데도 유한했다. 그런데 2005년에 MIT의 물리학자 워싱턴 테일러와 그의 동료들은 작은 **음**의 값을 가진 우주상수를 갖는 끈이론이 무수히 많다는 증거를 발견했다.[15]

이는 남아프리카공화국의 물리학자 조지 엘리스George F. R. Ellis가 지적한 하나의 흥미로운 귀결로 이어진다.[16] 만약 정말로 작은 음의 값을 갖는 우주상수를 가진 끈이론은 무한히 많은 반면 작은 양의 값을 갖는 우주상수를 가진 끈이론은 오직 유한한 수만 있다면, 우리는 우주상수가 작고 음의 값을 가진다고 예측해야만 한다. 만약 실제 값이 다중우주의 우주들 사이에 무작위적으로 분포되어 있다면, 우리가 양의 값을 가진 우주보다 음의 값을 가진 우주에 살고 있을 확률이 무한히 더 크다. 왜냐하면 음의 값을 가진 우주가 양의 값을 가진 우주보다 무한히 더 많기 때문이다. 이는 끈이론의 진정한 예측일 것이며, 이와 같은 예측은 드물다. 액면 그대로 받아들일 경우 이는 이론이 틀렸음을 나타낸다. 왜냐하면 우주상수의 측정값은 양이기 때문이다.

몇몇 끈이론가는 끈이론을 구성하는 것과 관련해 발견되어야 하는 것들이 아직 많다고 강조했다. 따라서 양의 값을 갖는 우주상수를 가진 끈이론의 수가 무한하다는 증거가 발견될 수 있다. 또 다른 대응은 인류 원리를 제시하며 테일러와 그의 동료들이 기술한, 음의 우주상수 값을 가진 우주들은 배제되어야 한다는 주장이다. 왜냐하면 이 우주들은 생명에 비호의적이기 때문이다.[17] 그러나 양의 우주상수를 갖는 유한한 수의 우주를 음의 우주상수를 갖는 무한한 수의 우주로 잠식하는 데 필요한 것은 후자의 그 어떤 부분도 생명을 포함한다는 것뿐이다.

인류 우주론의 문제는 다른 우주들에서는 원리적으로 관측 불가능한 이론적 개체들을 다룰 때 항상 가정들을 조작할 수 있다는 것이다.[18] 우리는 광대한 또는 무한한 수의 다른 우주가 있다는 가설을 검증하지 못하며, 다양한 속성이 이 우주들 사이에서 어떻게 분포하는지도 셈하지 못한다. 우리와 다른 우주들에 생명이 있거나 없을 것이라고 주장할 수는 있지만, 관측을 통해 이 주장들을 점검할 수는 없다.

인류 이론들과 우주론적 자연선택 사이의 두드러지는 차이는 두 이론이 우주상수에 관한 복잡한 문제를 다루는 방식에서 나타난다. 앞서 언급했듯이, 물리학의 중요한 상수인 우주상수는 측정 결과가 아주 작은데도 양의 값을 갖는 것으로 알려졌다. 그 크기는 플랑크 단위로 10^{-120} 정도다. 이 상수의 값이 이토록 작은 이유는 미스터리다. 이와 관련된 한 가지 사실은, 만약 우리가 물리학과 우주론에서 등장하는 다른 모든 상수들을 유지한 채 우주상수를 그 관측된 값에 비해 증가시킬 경우, 우리는 곧 우주가 너무 빨리 확장하여 은하가 전혀 형성되지 않는 값에 도달하게 된다는 것이다. 이 값을 임계값이라 하는데, 대략 관측된 값의 20배 정도 된다.

이 사실이 어떻게 연관된다는 것인가? 아래와 같은 잘못된 논증으로 논의를 시작하겠다.

(1) 생명이 존재하기 위해 은하들이 필요하다. 은하들이 없었다면 별들이 형성되지 않았을 것이고, 별들이 없었다면 행성들의 표면 위에 생명을 포함하는 복잡한 구조의 출현을 촉진하는 탄소와 에너지도 존재하지 않았을 것이다.
(2) 우주는 은하로 가득 차 있다.
(3) 그러나 은하가 형성되려면 우주상수는 임계값보다 작아야 한다.
(4) 따라서 인류 원리는 우주상수가 임계값보다 작아야 한다고 예측한다.

이 논증의 오류를 이해하겠는가? (1)은 참이지만 이것은 논증에서 아무런 역할도 하지 않는다. 실질적인 논증은 (2)에서 시작된다. 우주가 은하들로 가득 차 있다는 것은 관측을 통해 명백하게 확인된다. 생명이 은하 없이 가능한지 그렇지 않은지는 이와 무관하다. 따라서 (1)은 결론을 약화시키지 않으면서도 논증으로부터 빠질 수 있다.

그러나 (1)은 생명이 언급된 유일한 곳이며, 따라서 (1)이 빠지면 인류 원리는 아무런 역할을 하지 않는다. 올바른 결론은 다음과 같다.

> (4) 따라서, 우주가 은하로 가득 차 있다는 관측된 사실은 우주상수가 임계값보다 작아야만 함을 함축한다.

이 논증이 잘못되었음을 보이는 하나의 방법은 만약 우주상수가 임계값을 넘는다는 것이 밝혀질 경우 우리가 어떻게 반응할 것인지를 묻는 것이다. 어떤 경우라도 논증과 무관한 (1)에는 문제를 제기하지 않을 것이다. 사실에 관한 진술인 (2)에도 문제를 제기하지 않을 것이다. 이론적 진술인 (3)에만 문제를 제기할 것이다. 아마도 임계값에 대한 계산이 잘못되었을 것이다.

1987년에 스티븐 와인버그는 우주상수의 작은 값에 대해 기발한 설명을 제안했는데, 그의 설명은 위의 오류를 범하지는 않지만 여전히 인류 원리를 사용한다.[19] 그의 설명은 다음과 같다. 우리 우주가 우주상수의 값이 0에서 1 사이의 값을 가지며 무작위적으로 분포되어 있는 광대한 다중우주 중 하나라고 가정해보자.[20] 생명이 존재하려면 은하가 있어야 하므로, 우리는 우주상수의 값이 임계값보다 작은 우주들 중 하나에 살고 있음이 틀림없다. 그러나 우리는 그러한 우주들 중 그 어느 우주에서도 살 수 있다. 따라서 우리의 상황은, 마치 우주상수가 0부터 임계값 사이에 있는 어떤 수가 되도록 모자 속에서 숫자가 무작위적으로 선택되는 상황과 같다. 이는 우리의 우주상수 값이 임계값보다 많이 작게 될 확률이 낮음을 함축한다. 왜냐하면 모자 속에 있는 숫자들 중 아주 작은 수만이 그토록 작을 것이기 때문이다. 우리는 우리 우주의 우주상수가 임계값과 같은 자릿수를 가질 것이라고 기대해야 한다. 왜냐하면 대략 임계값과 같은 크기를 가진 숫자들이 이보다 훨씬 작은 숫자들보다 훨씬 많기 때문이다.

이상과 같은 고찰을 토대로 와인버그는 우주상수의 값이 임계값보다는 작지만 임계값과 같은 자릿수의 범위에 들어 있으리라고 예측했다. 그리고 주목할 만하게도 10년 후 우주상수가 측정되었을 때[21] 그 값이 임계값과 5퍼센트 정도밖에 차이 나지 않는다는 것이 밝혀졌다. 앞서 제시한 추론에 따르면 이는 우리가 모자에서 20번 숫자를 뽑았을 때 한 번 정도 나올 만한 일이다. 이것이 아주 낮은 확률은 아니다. 20분의 1이라는 확률은 세계에서 아주 흔한 확률이기 때문이다. 따라서 몇몇 우주론자는 와인버그의 예측이 성공한 것은 그 예측이 기초한 가설에 호의적인 증거로 간주되어야 한다고 주장한다. 즉 우리는 다중우주에서 살고 있다는 것이다.

그와 같은 결론이 가지는 문제 중 하나는, 앞서 언급한 임계값이 **만약 우주상수가 변화하는 유일한 매개변수일 경우** 은하들이 형성되지 않았을 값이라는 것이다. 그러나 초기 우주에 관한 이론들은 변화할 수 있는 다른 매개변수들을 갖고 있다. 만약 우리가 우주상수를 변화시키는 동안 이 매개변수들 중 일부를 변화시킨다면, 와인버그의 논증은 그 힘을 잃는다.[22]

하나의 예를 들어 살펴보자. 우리가 이 장의 앞부분에서 논의한 밀도 변동의 크기를 변화시키면, 초기 우주에서 물질이 얼마나 균일하게 분포되었는지가 결정된다. 이러한 결정은 우리의 문제와 관련이 있다. 왜냐하면 이 크기가 커질수록 우주상수는 임계값보다 훨씬 커질 수 있으며 은하들은 여전히 변동에 의해 생성된 밀도가 매우 높은 영역에서 형성될 것이기 때문이다. 이때도 여전히 우주상수를 위한 임계값은 존재하지만, 이 임계값은 밀도 변동의 크기가 커질수록 높아진다.

따라서 이제 우리는 우주상수와 변동 크기 둘 다 우주들의 군집 내에서 변화하게 하면서 다시 논증을 작동시킬 수 있다. 이제 각각의 우주에 대해 모자에서 두 개의 숫자를 꺼낸다. 하나는 우주상수에 관한 것이고, 다른 하나는 밀도 변동에 관한 것이다. 우리는 은하들이 형성되는 범위 내에서 이 숫자들을 무작위적으로 선택한다.[23] 이 두 숫자를 무작위적으로 뽑아서 관측된 값처럼 작은 수를 얻을 확률은 20분의 1의 확률에서 10만 분의 몇 정도의 확률로 떨어진다는 사실이 드러났다.[24]

문제는 우리가 다른 우주들을 관측하지 못하기 때문에 가정된 다중우주에서 어떤 상수들이 변하는지를 알 수 없다는 것이다. 만약 우리가 다중우주에서는 오직 우주상수만 변하는 것이 올바르다고 가정한다면, 와인버그의 논증은 잘 작동한다. 대신에 만약 우리가 우주상수와 변동 크기 모두 변하는 것이 올바르다고 가정한다면, 그 논증은 덜 효과적인 것이 된다. 두 가정 중 어떤 것이 옳은지를 보여줄 독립적인 증거가 없는 상황이기에, 이 논증은 그 어떤 결론에도 이르지 못한다.

따라서 와인버그의 논증이 우주상수의 대략적인 값을 올바르게 예측했다는 주장은 위에서 언급한 것보다 더 미묘한 오류에 의해서 실패한다. 확률 이론의 전문가들에게 알려져 있는 이 오류는, 관측 불가능한 개체들을 기술하는 확률 분포를 임의적으로 선택할 수 있기 때문에 이를 독립적으로 점검할 수 없는 선택의 자유를 이용할 때마다 일어난다. 와인버그의 원래 논증에는 논리적 힘이 없다. 왜냐하면 관측 불가능한 개체들에 대해 다른 가정을 함으로써 다른 결론에 도달할 수 있기 때문이다.[25]

우주론적 자연선택은 동일한 증거를 더 잘 설명한다. 왜냐하면 이는 변동 크기와 우주상수를 모두 고정하는 근거를 제공하기 때문이다. 몇몇 단순한 팽창 모형에서 변동 크기는 우주들의 크기와 강한 역의 상관관계를 가지고 있음을 상기해보자. 즉 변동 크기가 작아질수록 우주는 더 커지고, 따라서 (다른 모든 것들이 동일하다면) 더 많은 블랙홀이 형성될 것이다. 따라서 변동 크기는 은하들을 형성하는 데 필요한 범위의 하한 값에 가까워야 한다. 이는 결국 우주상수의 임계값이 작은 것이 은하 형성과 일관됨을 함축한다. 우주론적 자연선택은 단순 팽창 모형과 결합하여 변동 크기와 우주상수 모두 작아야만 한다고 예측한다. 이와 같은 예측은 임의적인 것이 아니며 증거와 잘 맞아떨어진다.

그러나 인류 원리는 훨씬 작은 우주와 양립 가능하다. 왜냐하면 단 하나의 우주만으로도 생명을 형성하기에 충분하기 때문이다. 관측 결과들에 따르면 별들은 높은 비율로 행성들을 갖고 있으므로, 은하 속 행성 중 최소한 하나가 생명을 갖고 있다고 확신할 수 있다면 그것으로 충분하다. 더 많은 은하를 추가한다고 생명이 탄생할 확률이 높아지지 않을 것이다.

인류 원리의 열성적인 지지자는 인류 원리에 따르면 우리는 생명을 수용할 수 있는 많은 수의 행성이 있는 우주에 살고 있을 가능성이 높다고 그 내용을 수정함으로써 인류 원리를 구할 수 있다고 대응할 것이다. 이는 가능한 한 커다란 우주를 선호할 근거를 제공해주며, 밀도 변동과 우주상수의 값 모두 작다는 것을 함축한다.

여기에서 무언가 재미있는 일이 벌어지고 있는 것이 틀림없다. 왜냐하면 실제로는 그 어떤 사실들도 수정하지 않으면서 이론의 예측을 명백하게 변경하는 것이기 때문이다. 인류 원리의 두 가지 형태는 실제의 다중우주에 관한 주장에 대해서는 서로 다르지 않으며, 오직 비호의적 우주들로 이루어진 훨씬 더 큰 군집으로부터 우리가 고려해야 한다고 느끼는 우주들을 우리가 어떻게 선택해야 하는지에 대해서만 다르기 때문이다.

"잠시만요." 열성적인 인류 원리 지지자는 이렇게 대답할 것이다. "다중우주에 있는 문명은 은하가 오직 하나뿐인 우주보다는 많은 문명과 은하가 있는 우주에서 발견될 확률이 더 클 거예요." 이는 처음에는 그럴듯한 논증으로 보이지만, 우리는 다음과 같이 되물어야 한다. "당신은 그걸 어떻게 알지요?" 다중우주에 큰 우주보다는 작은 우주가 더 많이 있을 수 있고, 따라서 무작위적으로 선택된 문명이 작은 우주에 있을 확률이 더 높을 것이다. 어떤 시나리오가 옳은지는 다중우주 안의 크고 작은 우주의 상대적인 분포에 의존하지만, 이러한 면모는 독립적으로 검증되지 못한다. 아마도 학자들은 서로 다른 모형을 생산해내고 서로 다른 크기의 우주를 선호할 수 있겠지만, 가설에 좀 더 적합한 것을 선택할 수 있도록 시나리오에 있는 관측 불가능한 측면들을 조정할 수 있다는 사실은 그 시나리오에 대한 증거를 구성하지 않는다.

그러나 우주론적 자연선택에서 우리의 우주는 우주들의 군집에 포함되는 전형적인 구성원이며, 비전형적인 사례들을 선별해낼 조정 가능한 원리를 주입시킬 여지 또한 없다.

이 논증은 블랙홀 속에서 우주를 생성하는 것과 팽창 중의 거품들로 우주를 생성하는 것 사이의 대결에 관한 것이 아님에 주목하라. 이 논증은 시나리오들이 우주의 이미 알려진 측면들을 설명하고 새로운 측면들을 예측하는 데 사용하는 논리 속에서 시간과 동역학이 차지하는 역할에 대한 것이다. 팽창 모형은 인류 원리에 의존하지 않고도 우주론적 자연선택의 이점들을 향유할 수 있는 방식으로 시간과 후손의 긴 연쇄—거품들 속의 거품들 속의 거품들—를 수용할 수 있다.

여기서의 논점은 시간을 통한 연속적인 진화를 가정하는 이론이 관측적 증거와 적합하다는 측면에서 비시간적 이론보다 더 낫다는 것만이 아니다. 그것뿐만 아니라 진화를 도입하는 이론은 깔끔한 예측을 제시하는 반면, 인류 논증의 예측은 우리가 그 논증을 어떻게 작동시키기를 원하는지에 따라 조정 가능하다는 것이다. 우리가 처음에 하게 되는 생각과 달리, 시간에 따라 자연의 법칙들이 진화한다는 개념은 비시간적인 우주론적 시나리오들보다 반증에 더 취약하다. 그리고 만약 어떤 개념이 반증에 취약하지 않다면 그것은 과학이 아니다.

12장

양자역학과 원자의 해방

지금까지 무엇이 물리학의 법칙들을 선택하는지에 관한 미스터리를 해결하는 데 시간의 실재성이 핵심 역할을 담당함을 살펴보았다. 시간의 실재성은 물리법칙이 진화한다는 가설을 지지함으로써 그 역할을 한다. 또한 시간을 근본적인 것으로 간주하는 것은 물리학의 또 다른 중요한 퍼즐을 해결하는 데, 즉 양자역학을 이해하는 데 도움이 될 것이다. 시간의 실재성은 법칙들이 시간에 따라서 어떻게 진화하는지에 대한 통찰을 줄 수 있는, 양자역학에 관한 새로운 공식화를 허용한다.

양자역학은 지금껏 발명된 물리적 이론 중에서 가장 성공적인 이론이다. 만약 양자역학이 없었다면 우리가 오늘날 의존하고 있는 디지털 기술, 화학 기술, 의학 기술은 거의 존재하지 않았을 것이다. 그러나 이 이론이 완전하지 않다고 믿을 만한 강력한 근거가 있다.

분명 양자역학은 세계를 이해하고자 하는 우리의 시도에서 하나의 도전이다. 이론이 발명된 1920년대 이후, 물리학자들은 양자이론의 퍼즐들을 이해하기 위해 기이한 시나리오들을 지어냈다. 동시에 살아 있기도 하고 죽어 있기도 한 고양이, 동시에 존재하는 무한한 수의 우주, 무엇이 측정되는지 또는 누가 관측하는지에 따라 달라지는 실재, 광대한 거리를 사이에 두고 빛보다 빠른 속도의 신호로 통신하는 입자들… 이것들은 원자 이하의 세계가 가진 미스터리들을 해결하기 위해 제안된 상상력 넘치는 개념들 중 일부이다.

이 모든 전략은 양자역학이 개별 실험에서 무엇이 일어나고 있는지에 대한 물리적 그림을 제공하지 않는다는 사실에 대한 반응으로 제시되었다. 이는 논쟁의 여지가 없는 사실이다. 양자역학의 공리들은 양자역학이 실험 결과들에 대해 오직 통계적인 예측들만을 제공한다는 진술을 포함한다.

오래전에 아인슈타인은 양자역학이 개별 실험에서 일어나는 일을 정확히 기술하는 데 실패했기 때문에 양자역학이 불완전하다며 문제를 제기했다. 전자가 하나의 에너지 상태에서 다른 에너지 상태로 도약할 때 전자는 정확히 무슨 일을 하는 것일까? 서로 아주 멀리 떨어져 있는 입자들이 어떻게 순식간에 서로 소통하는 것일까? 어떻게 입자들이 한 번에 두 개의 장소에 존재하는 것으로 보이는 것일까? 이에 대해 양자역학은 아무런 답도 제공하지 않는다. 그런데도 양자역학은 예외적으로 유용하다. 그 이유 중 하나는 이것이 물리학에 광대한 양의 경험적 자료를 조직화하는 데 필요한 언어와 틀을 제공하기 때문이다. 만약 양자역학이 원자 이하의 수준에서 실제로 일어나는 일을 보여주는 데 실패한다고 해도, 이 이론은 서로 다른 실험 결과들이 일어날 확률을 예측하기 위한 알고리즘을 우리에게 제공한다. 그리고 이 알고리즘은 지금까지 알려진 범위 내에서 잘 작동하고 있다.

한 이론이 예측을 생산하는 데는 성공적이면서도, 그 이론이 세계에 대해 제시하는 가정들이 미래의 이론에 의해서 전복될 수 있다는 의미에서는 여전히 잘못된 것일 수 있을까? 이와 같은 일은 과학의 역사에서 여러 번 일어났다. 뉴턴 운동 법칙의 근저에 있는 가정들은 상대성과 양자역학에 의해 전복되었다. 태양계에 관한 프톨레마이오스의 모형은 1,000년 이상 우리를 위해 잘 기능했지만, 이 모형은 아주 잘못된 개념들에 기초한 것이었다. 이는 효과성이 진리를 보증하지 않는다는 것을 보여준다.

나는 양자역학이 프톨레마이오스와 뉴턴의 위대한 이론이 맞은 것과 동일한 운명을 겪게 될 것이라고 믿는다. 아마도 우리는 단순히 이 이론이 참이 아니기 때문에 이해하지 못하는 것인지도 모른다. 어쩌면 이 이론은 더 이해하기 쉽고 더 깊은 이론에 대한 하나의 근사일 수도 있을 것이다. 이때의 더 깊은 이론이란 이 책의 모든 논증이 향하고 있는, 아직 알려지지 않은 우주론적인 이론이다. 또다시 핵심은 시간의 실재성이다.

양자역학은 서로 밀접하게 연관된 세 개의 이유 때문에 문제가 있다. 첫째 이유는 이 이론이 개별적인 과정 또는 실험에서 일어나는 일에 대한 물리적인 그림을 제공하는 데 실패한다는 것이다. 이전까지의 물리적 이론들과 달리 양자역학에서 우리가 사용하는 형식론은 시간 속의 매 순간에 무엇이 일어나는지를 우리에게 보여준다고 해석할 수가 없다. 둘째, 대부분의 사례에서 이 이론은 실험 결과를 **정확히** 예측하는 데 실패한다. 우리에게 무엇이 일어날 것인지를 알려주는 대신, 이 이론은 일어날 수 있는 다양한 것들의 확률만을 제공해줄 뿐이다.

양자역학이 가진 셋째이자 가장 문제가 되는 측면은 측정, 관측, 정보의 개념들이 이 이론을 표현하는 데 필수적이라는 것이다. 이들은 기초적인 개념들로 간주되어야 한다. 이 개념들은 기본적인 양자적 과정들을 통해서는 설명되지 못한다. 양자역학은 실험가들이 어떻게 미시적 계에 대해 정보를 얻는지를 규정화하는 방법론적인 이론이 아니다. 또한 우리가 양자적 계와 상호작용하기 위해 사용하는 측정 도구들과 우리가 시간을 측정하기 위해 사용하는 시계는 양자역학의 언어로는 기술되지 못한다. 또한 우리 관측자들 역시 기술되지 못한다. 이는 타당한 우주론적 이론을 만들기 위해서 우리가 양자역학을 포기하고 이를 전체 우주로 확장될 수 있는 이론, 즉 관측자로서의 우리와 측정 도구들 및 시계들을 포함하는 이론으로 이것을 대체해야 함을 암시한다.[1]

그와 같은 이론을 찾는 과정에서 우리는 실험이 우리에게 드러내준, 자연에 대한 세 가지 단서를 염두에 두어야만 한다. 이 단서들은 양자물리학에 필수적인 **양립 불가능한 질문**incompatible question, **얽힘**entanglement, **비국소성**非局所性, nonlocality이다.

그 어떤 계도 속성들의 목록을 가질 것이다. 예를 들어 입자들은 위치와 운동량을 갖고,[2] 신발들은 색깔과 굽의 높이를 가진다. 이러한 각각의 속성과 관련하여 질문이 제기될 수 있다. 그 입자는 지금 어디에 있는가? 그녀의 신발은 무슨 색인가? 이러한 질문들에 대한 답을 얻기 위해 계로부터 정보를 얻는 것이 실험의 역할이다. 만약 우리가 어떤 계를 고전물리학으로 완전히 기술하고자 한다면, 우리는 모든 질문에 대해서 답을 하고 이는 우리에게 모든 속성을 제공해준다. 그러나 양자역학에서는 하나의 질문을 하는 데 필요한 설정이 다른 질문들을 대답 불가능한 것으로 만들 것이다.

예를 들어, 우리는 한 입자의 위치가 무엇인지 혹은 이 입자의 운동량이 무엇인지를 질문할 수 있지만, 두 질문을 동시에 하지는 못한다. 이것이 닐스 보어가 **상보성**相補性, complementarity이라 부른 것이며, 물리학자들이 **비가환 변수**非可換變數, noncommuting variable에 대해서 말할 때 의미하는 것이다. 만약 양자 패션이라는 것이 존재한다면, 신발의 색깔과 굽의 높이는 양립 불가능한 속성들일 수 있다. 이는 고전물리학과는 아주 다르다. 고전물리학에서는 어떤 속성을 측정하고 어떤 속성을 생략해야 하는지 선택할 필요가 없다. 핵심적인 질문은 실험가가 해야만 하는 선택이 그가 연구하는 계의 실재성에 영향을 미치는지의 여부이다.

얽힘 역시 순수하게 양자적인 현상으로, 이에 따르면 양자계의 쌍은 각각의 계가 개별적으로 한정되지 않은 채 남아 있으면서도 속성들을 공유할 수 있다. 즉 우리는 그 쌍들의 관계에 대한 명확한 답이 있는 질문을 제기할 수 있는 반면, 각각의 계에 대해 유관한 질문에는 명확한 답이 없다. 양자 신발이라는 것을 한 쌍 상상해보자. 이 쌍은 **상반되다**라는 속성을 가질 수 있는데, 이 속성에 따르면 한 쌍을 이루는 두 짝에 대한 그 어떤 질문도 서로 반대되는 답을 제공할 것이다. 만약 누군가 신발짝 각각의 색깔이 무엇인지 물어본다면, 왼쪽은 '흰색'이라고 답하고 오른쪽은 '검은색'이라고 답한다. 그 역도 마찬가지다. 굽 높이에 대해서 묻는 경우, 만약 왼쪽의 굽이 높으면 오른쪽의 굽은 낮을 것이고 그 역도 마찬가지다. 만약 오직 왼쪽의 굽 높이에 대해서만 묻는다면, 이에 대한 답은 50퍼센트의 확률로 '높다' 또는 '낮다'일 것이다. 유사하게, 신발의 색깔과 관련한 질문에 대한 답은 50퍼센트의 확률로 '검은색' 또는 '흰색'일 것이다. 사실상 만약 양자 신발 한 쌍이 **상반되다**라는 속성을 가진다면, 두 짝 중 오직 하나에 대해서만 제기되는 질문은 무작위적인 답을 불러일으킬 것이며, 두 짝 모두에 대해서 제기되는 질문은 서로 상반되는 답들을 불러일으킬 것이다.

고전물리학에서는 입자들의 쌍이 가지는 모든 속성은 입자 각각의 속성들에 대한 기술로 환원될 수 있다. 얽힘은 이것이 양자적 계들에서는 참이 아님을 보여준다. 중요한 것은 얽힘을 통해서 자연 속에 새로운 속성들을 생성할 수 있다는 것이다. 만약 지금껏 한 번도 상호작용한 적이 없는 같은 종류의 두 양자적 계를 **상반되다**와 같은 속성을 준비함으로써 서로 얽히게 한다면, 이는 자연 속에 지금껏 결코 존재한 적 없던 속성을 생성해내는 것이다.

두 개의 아원자입자를 가져와 상호작용하게 만들면 얽힌 쌍이 생성된다. 두 번 얽히면 이들은 서로 분리되어 서로로부터 멀리 떨어져도 얽힌 상태가 유지된다. 두 입자가 다른 계와 상호작용하지 않는 한 이들은 **상반되다**와 같은 얽힌 속성들을 공유할 것이다. 이는 양자 수준에서 자연에 대한 세 번째이자 가장 복잡한 단서인 **비국소성**을 야기한다.

몬트리올에서 신발 한 쌍을 **상반되다**라는 속성으로 얽히게 한 후, 왼쪽 짝은 바르셀로나로 보내고 오른쪽 짝은 도쿄로 보낸다고 하자. 바르셀로나의 실험자들이 왼쪽 짝의 색깔을 측정하기로 선택했다 하자. 이 선택은 도쿄에 있는 오른쪽 짝의 색깔에 순간적으로 영향을 미치는 것처럼 보인다. 왜냐하면 바르셀로나의 실험실에서 신발을 관측했을 경우, 바르셀로나의 실험자들은 도쿄에 있는 신발이 반대의 색깔을 가짐을 정확하게 예측할 수 있기 때문이다.

20세기에 우리는 국소성이라 불리는 속성을 가진 물리적 상호작용들에 익숙해졌다. 국소성이란 만약 정보를 하나의 장소에서 다른 장소로 이동시키고자 할 경우, 정보는 입자 또는 파동을 통해 이동해야 함을 의미한다. 특수상대성 때문에 모든 작용은 빛의 속도 혹은 그 이하로 이동하는 것으로 가정된다. 양자물리학은 이와 같은 특수상대성의 중심 원리를 위반하는 것처럼 보인다.

양자이론의 비국소적 효과들은 실재하지만 이들은 아주 교묘해서 바르셀로나와 도쿄 사이에서 정보를 보내는 데 사용되지는 못한다. 그 이유는 도쿄에 있는 실험자들이 그 어떤 속성을 측정하고자 선택하더라도 측정 결과는 이들에게 무작위적인 것처럼 보일 것이기 때문이다. 이들은 신발이 검은색일 빈도와 흰색일 빈도가 동일함을 확인할 것이다. 이들은 바르셀로나에서 확인된 색깔이 무엇인지를 알게 되어야 비로소 신발짝의 색깔이 서로 반대라는 것을 깨달을 것이다. 그러나 이를 이해하기 위해서는 바르셀로나와 도쿄

사이에서 정보가 빛의 속도 혹은 그보다 낮은 속도로 전송되어야 한다.

그러나 도쿄와 바르셀로나에 있는 신발 사이에 어떤 방식으로 상관관계가 수립되어 있기에 각각의 장소에 있는 실험자가 상자를 열고 신발을 꺼냈을 때 신발의 색깔이 항상 서로 반대일 수 있는 여지는 아직 남아 있다. 우리는 몬트리올에서 신발을 상자에 넣는 사람이 누구든 그 사람이 도쿄로 가는 신발과 바르셀로나로 가는 신발짝의 색깔이 반대임을 확인한다고 생각할 수 있다. 그러나 이론적 논증과 실험 결과들을 조합하면 이와 같은 일이 일어나지 않는다는 것을 증명할 수 있다. 그 대신 상관관계는 도쿄와 바르셀로나에서 상자가 열린 그 순간에 특정한 방식으로 수립된다.

이제 신발로 가득한 큰 상자를 갖고 있고, 각각의 신발 쌍을 **상반되다**라는 속성으로 얽혀 있게 만들었다고 가정하자. 우리는 모든 왼쪽 신발짝을 바르셀로나로 배송하고 모든 오른쪽 신발짝을 도쿄로 배송한다. 이제 각각의 도시에 있는 실험자들이 개별적인 신발짝들의 어떤 속성을 측정할 것인지 선택하게 하고, 그 측정 결과들을 추적해보자. 실험자들은 그들의 선택과 측정 결과를 몬트리올에 있는 공장으로 보내고, 그 공장에서 실험자들의 선택 및 측정 결과들이 서로 비교된다. 두 도시에서의 결과를 모두 이해할 수 있게 만드는 유일한 방법은 비국소적인 효과가 존재한다고 가정하는 것임이 드러난다. 이러한 비국소적 효과로 인해 각각의 신발 쌍 중 한 짝의 속성은 다른 짝의 무엇을 측정할 것인지에 관한 선택에 의존한다. 이것이 바로 1964년 아일랜드의 물리학자 존 스튜어트 벨에 의해 증명된 정리의 내용이며, 이는 서로 연관된 일련의 실험으로 증명되었다.

양자역학이 공식화된 이후 90년 동안 물리학자들은 엄청난 관심을 가지고 이와 같은 측면들과 주제들을 탐구했다. 이러한 측면들을 좀 더 잘 이해하기 위해 많은 접근법이 제안되었다. 나는 이제 이 모든 접근법이 잘못되었으며, 양자이론의 그와 같은 이상한 측면이 발생하는 것은 이 이론이 우주론적 이론의 분절된 부분—우주의 작은 부분계에만 적용 가능한 분절된 부분—이기 때문이라고 믿는다. 시간의 실재성을 받아들임으로써 우리는 양자이론을 이해할 수 있는 길을 열 것이며, 이는 양자역학의 미스터리를 밝히고 해결해줄 것이다.

◈

더 나아가 나는 시간의 실재성이 양자역학의 새로운 공식화를 가능하게 해준다고 믿는다.[3] 이 공식화는 새롭고 추측적인 것이다. 이 공식화가 아직 정확한 실험적 예측을 도출하지 않았으며 이에 관한 실험적인 시험들도 이루어지지 않았으므로, 나는 이것이 옳다고 주장할 수 없다. 다만 이 공식화는 물리법칙의 본성에 대한 근본적으로 다른 관점을 제공하며, 법칙들이 시간 속에서 진화한다는 개념을 새롭고 놀라운 방식으로 구현한다. 그리고 우리가 곧 보게 될 것처럼 이 공식화는 시험 가능할 것이다.

그러나 우리는 정말로 우리 주변 세계의 엄청나게 많은 것들을 설명하는 물리학의 힘을 잃어버리지 않으면서 비시간적 자연법칙이라는 개념을 포기할 수 있을까? 우리는 법칙들이 결정론적이라는 생각에 익숙해져 있다. 결정론의 여러 결론 중 하나는 우주 속에 진정으로 새로운 것은 존재할 수 없다는 것, 일어나는 모든 것은 불변하는 속성들을 가진 기본 입자들의 불변하는 법칙들에 의한 재배열에 불과하다는 것이다.

확실히, 미래가 과거를 거울처럼 반영할 것이라고 합리적으로 기대되는 무수히 많은 상황이 분명 존재한다. 우리가 이전에 많이 실험한 바 있고 이 실험들에서 항상 동일한 결과를 얻었다면, 우리는 미래에도 그 결과를 얻을 것이라고 분명하게 기대할 수 있다(설혹 실험 결과가 어떤 경우에는 이렇게 나오고 다른 경우에는 저렇게 나온다고 하더라도 각각의 결과가 차지하는 비율은 미래의 측정들에서도 유지될 것이다). 다음에 공을 던지면 공은 과거에 던졌을 때마다 항상 그랬던 것처럼 포물선을 따라 움직일 것이라고 기대할 수 있다. 이러한 일이 일어나는 이유는 운동이 비시간적 자연법칙에 의해 결정되어 있기 때문이라고, 이 법칙이 비시간적이기 때문에 과거에 그랬던 것처럼 미래에도 똑같이 작용할 것이라고 흔히 말한다. 따라서 비시간적 법칙은 진정한 새로움을 불가능하게 한다.

그러나 비시간적 법칙이 작용한다는 가정이 정말로 현재가 과거를 거울처럼 반영한다는 것을 설명하는 데 필요한가? 우리는 과정 또는 실험이 많이 반복된 바 있는 사례들의 경우에 대해서만 법칙이라는 개념을 필요로 한다. 그러나 이러한 사례들을 설명하기 위해 우리에게 실제로 필요한 것은 비시간적인 법칙보다 더 약한 것이다. 우리는 훨씬 더 약한 원리, 즉 반복되는 측정들은 동일한 결과를 산출한다는 원리를 갖고도 이런 상황을 충분히 설명할 수 있다. 이는 측정들이 물리학의 법칙을 따르기 때문이 아니라 오직 **선행의 원리**principle of precedence만을 따르기 때문이다. 그와 같은 원리는 법칙들에 의한 결정론이 유효한 모든 사례를 설명하면서도, 새로운 측정이 과거에 대한 지식으로부터는 예측될 수 없는 새로운 결과를 산출하는 것을 금지하지 않는다. 최소한 과거에 반복해서 생성된 환경들에 법칙들을 적용하는 것과 모순되지 않으면서도 새로운 상태들이 진화할 수 있는 작은 정도의 자유가 존재한다. 앵글로색슨 전통의 관습법은 선행의 원리에 의해서 작동한다. 판사들이 유사한 사례에 직면했을 때 과거의 판례들은 일종의 규칙으로 작용하며, 판사들은 판례들에 제약된다. 내가 제안하고 싶은 것은 이와 비슷한 무언가가 자연 속에서도 작동할 수 있다는 것이다.

내가 이 개념을 공식화했을 때 나는 찰스 샌더스 퍼스가 이미 이와 같은 개념을 먼저 생각했다는 사실을 알고서는 매우 놀랐다. 그는 시간을 통해 발전된 습관으로서의 자연법칙에 관해 다음과 같이 서술했다.

> 모든 사물에는 습관이라는 경향성이 있다. 원자와 그 부분, 분자들과 분자들의 집단 등 짧게 말해 생각할 수 있는 모든 실재하는 대상에는 다른 경우보다는 전과 같은 상황에서와 같이 행동하고자 하는 커다란 확률이 존재한다. 이러한 경향성 그 자체는 규칙성을 구성하며 지속적으로 증가한다. 과거를 돌아보면 우리는 과

거로 나아갈수록 점점 덜 결정된 경향성을 가진 시기를 들여다보게 된다.[4]

이 원리는 진정으로 새로운 사례들에서 매우 중요해진다. 왜냐하면 만약 자연이 실제로 비시간적 법칙이 아니라 선행의 원리에 따라서 작동한다면, 선행 사례가 없을 경우 그 계가 어떻게 행동할 것인지에 대한 예측은 존재하지 않을 것이기 때문이다. 만약 우리가 진정으로 새로운 계를 생성한다면, 측정에 대한 이 계의 반응은 우리가 이미 갖고 있는 그 어떤 정보로부터도 예측될 수 없을 것이다. 오직 우리가 그 계의 많은 복제물을 생성한 이후에야 비로소 선행의 원리가 적용될 것이다. 그 이후에는 그 계의 행동이 예측 가능해진다.

만약 자연이 이와 같은 방식으로 돌아간다면 미래는 진정으로 열려 있게 된다. 풍부한 선행 사례가 있다면, 우리는 신뢰 가능한 법칙들의 도움을 받을 수 있으면서도 더 이상은 결정론에 얽매여 있지 않아도 된다.

고전역학이 진정한 새로움을 금지하고 있다고 말하는 것은 정당한 평가이다. 왜냐하면 고정된 법칙들에 따라 입자들이 운동하는 것이 세계에서 일어나는 모든 것이기 때문이다. 그러나 양자역학은 우리로 하여금 두 가지 방식으로 선행의 원리에 의해 비시간적 법칙들을 대체할 수 있게 한다는 점에서 다르다.

첫째, 앞서 살펴본 것처럼 얽힘은 진정으로 새로운 속성들을 생성할 수 있다. 우리는 한 입자 쌍이 **상반되다**와 같은 얽힌 속성, 즉 분리된 입자에는 없는 속성을 갖고 있는지를 시험할 수 있다. 둘째, 양자계는 그 환경에 반응하는 데 진정한 무작위적 요소가 존재하는 것처럼 보인다. 설혹 양자계의 과거에 대해 모든 것을 안다고 하더라도 우리는 그것의 속성들 중 하나를 측정했을 때 무엇이 일어날지를 신뢰할 수 있을 정도로 예측할 수 없다.

양자계의 이러한 두 측면을 통해 우리는 비시간적 법칙들에 관한 가정을 미래가 과거와 비슷하도록 하기 위해 자연 속에 선행의 원리가 작동한다는 가설로 대체할 수 있다. 이 원리는 필요한 경우에는 결정론을 유지하기에 충분하면서도, 자연이 새로운 속성에 직면했을 때 이 속성에 적용될 새로운 법칙을 진화시킬 수 있음을 함축한다.

선행의 원리가 양자물리학에서 어떻게 작동하는지를 보여주는 단순한 예를 하나 살펴보자. 한 계가 준비되고 측정되는 양자적 과정을 고려해보자. 또한 이 과정이 과거에 많이 일어났다고 가정해보자. 이는 우리에게 과거의 측정 결과들의 집합을 제공한다. 어떤 질문에 대해 그 계는 x번 '예'라고 응답했고 y번 '아니오'라고 응답했다. 그러면 이 과정으로 미래에 이루어지는 모든 측정 사례는 과거의 결과들의 집합으로부터 무작위적으로 선택된다. 이제 이 계가 진정으로 새로운 속성에 대해 특정한 값을 갖도록 준비되었다고 가정해보면, 이에 관한 선행 사례가 없게 된다. 그러면 측정의 결과값은 과거의 그 어떤 것에 의해서도 결정되지 않는다는 의미에서 자유롭다.

이 개념은 자연이 실험의 결과를 진정 자유롭게 선택할 수 있다는 것을 의미하는가? 특정한 의미에서 양자적 계 속에 자유의 요소가 있다는 것을 말해주는 사례가 이미 알려져 있다. 이것의 의미는 프린스턴대학교의 두 수학자 존 콘웨이John Conway와 사이먼 코헨Simon Kochen이 발명하고 증명한 정리로 설명된다. 나는 이들이 자신들의 정리에 붙인 이름을 좋아하지 않지만, 이 이름은 사람들의 주목을 이끌며 예상대로 많은 관심을 얻었다. 그 이름은 **자유의지 정리**free-will theorem이다.[5] 이 정리는 서로 얽힌 후 분리되어 각각의 속성이 측정되는 두 개의 원자들(또는 다른 양자적 계들)에 적용된다. 이 정리는 다음과 같이 말한다. 두 실험자에게 원자에 어떤 측정을 할지 선택할 자유가 있다고 가정하자. 그러면 이와 동일한 의미에서 원자들이 측정에 반응하는 것 또한 자유롭다.

이 정리는 자유의지라는 파악하기 힘든 개념과는 아무 관련이 없다. 만약 연구자들이 측정 주제를 자유롭게 선택한다고 주장한다면, 이는 그들의 선택이 그들의 과거 역사에 의해서 결정되지 않는다는 것을 의미한다. 연구자들과 그들의 세계에 대해 아주 많은 지식을 갖고 있더라도 우리는 그들의 선택을 예측하지 못할 것이다. 그렇다면 과거에 대해 아주 많은 정보를 갖고 있다고 하더라도, 우리가 원자들의 속성들 중 하나에 대한 측정 결과를 예측하지 못한다는 의미에서 원자들 또한 자유롭다.[6]

나는 비록 좁은 의미에서지만, 기본 입자가 진정으로 자유롭다는 상상을 하면서 놀라움을 느낀다. 이는 우리가 전자를 측정할 때, 전자가 무엇을 할지 선택하는 것에 대한 근거가 없음을 함축한다. 따라서 임의의 작은 계에는 결정론적 또는 알고리즘적 틀에 의해서 파악될 수 있는 것보다 많은 것이 존재한다. 이는 흥분되면서도 두려운 일이다. 왜냐하면 원자들이 행하는 선택들이 진정으로 자유롭다(원인이 없다)는 개념은 우리가 자연에 대해 물을 수 있는 모든 질문에는 답이 있다는 충분한 근거의 요구를 만족시키는 데 실패하기 때문이다.

만약 양자역학이 옳다면 우리는 자연이 얼마나 많은 자유를 갖고 있는지 정량화할 수 있을까? 우리는 고전역학이 그와 같은 자유를 갖고 있지 않음을 알고 있다. 왜냐하면 고전역학은 미래가 과거에 대한 지식으로부터 완전히 예측될 수 있는 결정론적 세계를 기술하기 때문이다. 통계와 확률은 고전적인 세계를 기술하는 역할을 할 수 있지만 이들은 오직 우리의 무지만을 반영한다. 그 어떤 자유도 보장되지 않는다. 왜냐하면 우리는 항상 명확한 예측을 할 수 있을 정도로 학습할 수 있기 때문이다.

콘웨이와 코헨의 정리는 양자적 계들이 어느 정도 진정한 자유를 갖고 있음을 암시한다. 그러나 자연이 더 많은 자유를 갖고 있음을 말하는 부류의 물리학이 있을 수 있을까? 나는 스스로 이 물음을 던졌으며, 이에 답하는 것은 그다지 어렵지 않았다. 이 물음에 답하기 위해 나는 양자적 기초에 대한 최근의 연구에 의존해서 한 양자계가 얼마만큼의 자유를 갖고 있는지를 정확하게 정의할 수 있었다.

2000년 전후에 루시엔 하디Lucien Hardy는—당시에는 옥스퍼드 대학교에 있었으나 곧 페리미터이론물리학연구소로 자리를 옮겼다—는 측정 결과에 대한 확률을 예측하는 이론들의 일반적인 집합을 착안했다. 이 집합에는 고전역학과 양자역학만이 아닌 다른 이론들 또한 포함되어 있다. 하디는 이론들이 확률이라는 개념을 같은 의미로 사용하고, 고립계뿐만 아니라 두 개 이상 결합된 계에 적용될 때에도 합리적으로 행동해야 한다는 것만을 요구했다. 이러한 조건들은 가정들 또는 공리들로 구성된 짧은 목록으로 표현되었는데, 하디는 이 목록을 '합리적인 공리들'이라 불렀다.[7] 이 조건들은 뒤따르는 이론가들에 의해 발전되고 수정되었다. 나는 한 이론이 가진 자유가 얼마인지 정확하게 진술하기 위해, 루이스 메세인스Lluís Masanes와 마커스 뮬러Markus Müller[8]가 하디의 공리들에 대해 작업해 발명한 성과물을 이용할 수 있었다.

자유의 양은 그 계의 미래를 예측하기 위해 그 계에 필요한 정보의 양으로 표현된다. 이 정보는 계의 동일한 복제물들을 다수 준비하고 각각에 대해 다른 질문을 함으로써 얻을 수 있다. 이러한 정보를 획득함으로써 우리가 할 수 있게 되는 예측이 여전히 확률적일 수 있겠으나, 이 예측은 계에 대한 추가적인 관측이 예측의 정확도를 개선하지 못한다는 의미에서 가능한 최선의 예측이다. 하디가 연구한 각각의 계에는 그 계가 가능한 임의의 측정에 직면했을 때 어떻게 행위할지를 최고로 확신하는 데 필요한 특정한 양의 정보가 유한하게 존재한다. 가능한 최선의 예측을 하기 전에 계에 대해 측정할 필요가 있는 것이 많을수록 그 계는 더 많은 자유를 가진다.

이것이 어느 정도의 자유를 함축하는지 이해하기 위해 우리는 예측을 위한 정보의 양을 계의 크기에 관한 어떤 측도와 비교해야만 한다. 하나의 유용한 측도는 한 실험에서 제시된 질문에 대해 계가 제시할 수 있는 답변의 수다. 가장 단순한 경우 오직 두 개의 선택지만이 존재한다. 만약 양자 신발의 색깔에 대해서 묻는다면, 색깔은 흴 수도 있고 검을 수도 있다. 만약 굽 높이에 대해 묻는다면, 굽은 높을 수도 낮을 수도 있다.

내가 보인 것은 양자역학은 누군가 선택할 때마다 필요한 정보의 양을 최대화한다는 것이다. 즉 양자역학은 계들이 어떻게 행동하는지를 확률적으로 예측할 수 있는 우주를 기술하지만, 우주에서 이 계들은 결정론으로부터 차별화되는 많은 자유를 가지며 이는 확률에 의해 기술되는 모든 물리적 계가 가질 수 있는 자유이다. 따라서 양자적 계들은 자유롭다는 의미에서 최대한 자유롭다. 이와 같은 **최대한의 자유 원리**principle of maximal freedom를 선행의 원리와 결합하면 양자물리학에 대한 새로운 공식화를 얻을 수 있다. 이 공식화는 시간이 실재하는 틀 바깥에서는 표현될 수 없다. 왜냐하면 이 공식화는 과거와 미래 사이의 구분을 필수적으로 사용하기 때문이다. 따라서 우리는 물리학의 설명적인 힘을 전혀 잃어버리지 않고서도 비시간적이고 결정론적인 자연법칙 개념을 버릴 수 있다.

하디, 메세인스, 뮬러의 이전 작업을 감안한다면 양자적 계들이 그들의 자유를 최대화한다는 것은 아주 사소한 결과였다. 이 문제에 내가 도입한 새로운 관점은 시간의 실재성이었다.

내가 처음 이 개념을 몇몇 친구와 동료에게 설명했을 때 이들이 보인 반응은 웃음이었다. 분명 나의 제안에는 더 채워져야 할 세부사항이 있었다. 예를 들어 어떻게 첫 번째 사례의 자유로부터 선행성이 수립될 수 있는지, 그 이후의 몇몇 사례를 거쳐서 어떻게 많은 선행 사례를 가진 선행성이 성립될 수 있는지를 밝혀야 했다.[9] 그러나 이와 같은 세부사항을 넘어, 선행의 원리를 제안하는 것에는 어떤 그럴듯하지 않은 요소가 있었다. 어떻게 한 계는 그 계의 모든 선행 사례를 인지할까? 어떤 기제를 통해 하나의 계는 선행 사례들의 집합에서 무작위적으로 하나의 구성원을 선택할까? 이는 새로운 종류의 상호작용을 요구하는 것처럼 보인다. 즉 물리적 계가 과거에 있는 자신의 복제물들과 어떻게 상호작용할 수 있냐는 것이다.

선행의 원리는 이와 같은 일이 어떻게 일어나는지를 말하지 않는다. 이러한 측면에서 이 원리는 양자역학의 일반적 공식화보다 나을 것이 없다. 오래된 공식화에서는 측정이 기초적인 개념이다. 새로운 공식화에서는 동일한 종류의 양자적 계인 것(즉 동일한 방식으로 준비되고 변환되는 것)이 기초적인 개념이다. 그러나 우리는 운동과 변화를 유발하기 위해 작용하는 비시간적 자연법칙이라는 개념에 대해서도 비슷한 질문들을 던질 수 있다. 어떻게 전자는 자신이 전자인지 '알아서' 다른 방정식이 아니라 디랙 방정식이 전자에 적용되는 것일까? 어떻게 쿼크는 자신이 어떤 종류의 쿼크이며 자신의 질량이 무엇이어야 하는지를 아는 것일까? 어떻게 자연법칙 같은 비시간적 개체가 모든 단일한 전자들에 적용될 수 있도록 시간 내부에 다다를 수 있는 것일까?

우리는 시간 속에서 작용하는 비시간적 자연법칙이라는 개념에 익숙해져 있고, 더 이상 이 개념을 이상하게 여기지 않는다. 그러나 충분히 먼 곳으로 물러서서 바라보면 우리는 이 개념이 전혀 명백하지 않은 몇몇 거대한 형이상학적 전제들에 의존하고 있음을 알 수 있다. 선행의 원리 역시 형이상학적 전제들에 의존하지만, 이 전제들은 우리로 하여금 비시간적 자연법칙을 믿게 해주는 전제들보다는 우리에게 덜 친숙하다.

만약 선행의 원리에 의해 함축된 형이상학이 새롭다면, 내가 볼 때 이 형이상학은 양자이론에 대한 현재의 환상적인 접근법들—우리의 실재는 동시적으로 존재하는 무한히 많은 세계들의 집합 중 하나라는 견해와 같이—이 갖고 있는 몇몇 형이상학들보다는 훨씬 더 인색하다. 양자역학과 관련해서 우리는 몇몇 아주 이상한 개념을 받아들일 수밖에 없다. 그러나 우리에게는 우리 자신의 이상한 개념을 선택할 자유가 있다. 최소한 경험이 우리에게 어떤 양자이론이 나머지 이론들보다 나은지를 알려줄 때까지는 말이다. 나는 선행의 원리가 실험을 위한 새로운 개념들을 생성해내고 그러한 실험 결과들은 우리에게 양자역학을 넘어서는 물리학이 무엇인지를 알려줄 것이라는 데 내기를 걸고자 한다.

누군가는 양자역학이 새로운 속성이 어떻게 행동할 것인지에 대한 예측을 미리 제공한다고 반박할 수도 있다. 내가 제시한 새로운 개념이 양자역학의 그와 같은 예측들과 상충되는가? 실제로 그렇다. 그리고 바로 그 점이 새로운 개념이 실패할 수 있는 가장 그럴듯한 근거이다. 우리가 양자 컴퓨터를 이용해 자연에서는 지금까지 생성된 바 없는 새로운 종류의 얽힘 상태를 생성한다고 가정해보자. 기존의 양자이론에서는 이러한 얽힌 계를 측정해 이 계가 어떻게 행동할지 계산할 수 있다. 내가 제안하는 선행의 원리에 따르면, 이와 같은 예측들이 실험으로부터 발생하지 않을 수도 있다. 이는 자연 속의 새로운 상호작용 또는 이미 존재하는 상호작용에서의 맥락 의존적인 변화에 새로운 종류의 얽힌 상태가 나타날 수 있다고 말하는 것과 동등하다. 그와 같은 새로운 상호작용은 지금까지 관측된 적이 없고 상호작용의 맥락 의존성 역시 마찬가지이므로, 이에 대한 회의주의는 충분히 적법하다.

그러나 역사 속에서 인간의 창조성이 새로운 종류의 얽힌 상태들을 만들어낸 적은 거의 없었다. 우리는 이제 막 이러한 생성을 어떻게 하는지 배우고 있다. 만약 우리의 새로운 가설이 옳다면, 양자 컴퓨터를 이용한 실험 결과들은 놀라울 것이다. 최소한 우리의 가설은 새로운 얽힌 상태를 생성하는 양자 장치들을 사용한 실험들에 의해 반증될 수 있다. 이 가설은 환원주의의 근본 원리와 어긋난다. 이 원리에 따르면 복합계의 미래는 그 계가 얼마나 복잡하든 상관없이 기본 입자들의 쌍 사이에 존재하는 힘들에 대한 주어진 지식에 기초해서 예측될 수 있기 때문이다. 그러나 이 가설과 관련하여 환원주의가 위반되는 경우는 드물고 그 정도도 약할 것이므로, 나는 실험이 가설의 진위 여부를 판가름하도록 놔두는 것이 합리적이라고 주장한다.

이와 같은 양자물리학에 대한 새로운 이해는 우주론적 이론을 위한 두 개의 기준을 실현한다. 이것은 **설명적 폐쇄**explanatory closure의 요구를 충족시킨다(비록 새로운 사례들에서 진정한 자유를 허용하는 제한된 형식이지만 말이다). 선행의 원리는 미래의 측정 결과들을 결정하는 것은 과거 사례들의 집합이라고 말한다. 이와 같은 사례들은 실재했으므로, 우리는 과거에 실재했던 것들이 미래에 실재할 것들에 행사하는 영향만을 갖게 된다. 또한 우리의 가설은 영리하게도 법칙들이 진화한다는 기준을 아주 도발적으로 만족시킨다. 왜냐하면 이례적인 측정은 그 어떤 사전적인 법칙에 의해서도 통제되지 않는다고 이야기하기 때문이다. 선행 사례는 결과들이 축적됨에 따라 수립된다. 오직 선행성이 충분히 수립된 이후에야 비로소 미래의 결과들은 법칙적인 것이 된다.

자연 속에서 새로운 상태들이 등장하면 이들을 안내하는 새로운 법칙들이 진화한다. 이는 우리가 입자물리학의 표준모형으로 관측하고 기술하는 근본적인 상호작용들이 새로운 법칙들의 '가두기'로부터 비롯된 것임을 암시한다. 이러한 가두기는 전자, 쿼크 및 이들의 친족에 대응하는 상태들이 빅뱅 직후 식은 우주에서 처음으로 출현했을 때 일어났다.

우리의 새로운 제안은 충분한 근거의 원리를 만족시키지 않는다. 양자적 계들이 진정으로 자유로운 한—개별적인 결과들이 미결정되었다는 의미에서—충분한 근거의 원리는 성립하지 않는다. 왜냐하면 개별적인 실험 결과에 대한 합리적인 근거가 존재하지 않기 때문이다. 방사성 핵이 붕괴하거나, 양자역학이 오직 확률적인 예측만을 제공하는 그 어떤 다른 사례들의 정확한 결과에 대해서도 그에 대한 근거는 존재하지 않는다.

이와 같은 새로운 제안의 운명이 무엇이든—모든 가설적인 개념이 그렇듯 우리는 이 개념이 실패할 가능성도 염두에 두어야 한다—우리는 시간의 실재성 가설이 갖는 다산성을 알 수 있다. 시간의 실재성은 단지 형이상학적 추측에 머물지 않는다. 이것은 새로운 개념들을 고무하고 견고한 연구 프로그램을 추동할 수 있는 가설이다.

13장

상대성과 양자의 전투

충분한 근거의 원리는 물리학을 우주 전체 규모로 확장하는 프로그램에서 핵심적이다. 왜냐하면 이 원리는 자연이 행하는 모든 선택에 대한 합리적인 근거를 찾는 것이 그 목표이기 때문이다. 겉보기에 자유롭고 원인에 의해 유발되지 않는 양자적 계들의 행동은 이 원리에 대한 만만치 않은 도전을 나타낸다.

충분한 근거의 요구가 양자물리학에서도 만족될 수 있을까? 이 물음에 대한 답은 양자역학이 전체로서의 우주로 확장될 수 있고 자연에 대해 가능한 가장 근본적인 기술을 줄 수 있는지, 아니면 양자역학은 아주 다른 우주론적 이론에 대한 하나의 근사에 지나지 않는지의 여부에 의존한다. 만약 우리가 양자이론을 우주 전체로 확장할 수 있다면 자유의지 정리는 우주론적 규모에서 적용된다. 우리가 이보다 더 근본적인 이론은 존재하지 않는다고 전제하므로, 이는 자연이 진정으로 자유로움을 함축한다. 우주론적 규모에서의 양자적 계의 자유는 충분한 근거의 원리에 대한 하나의 제한을 함축한다. 왜냐하면 양자적 계들이 행하는 무수히 많은 자유로운 선택들에 대해서 그 어떤 합리적인 또는 충분한 근거도 제시될 수 없기 때문이다.

그러나 이와 같이 양자역학의 확장을 제안하면서 우리는 우주론적 오류를 범하게 된다. 이론을 실험과 비교할 수 있는 제한된 영역을 넘어서서 무리하게 확장하기 때문이다. 이보다 좀 더 조심스러운 대응은 양자물리학이 하나의 근사이며 오직 작은 부분계에서만 타당하다는 가설을 연구하는 것이다. 하나의 양자적 계가 무엇을 할 것인지 결정하는 데 필요한 정보는 우리에게는 없지만 여전히 우주 속 어딘가에 있을 수 있다. 따라서 우리가 작은 부분계에 대한 양자적 기술을 전체로서의 우주 이론에 포함시키면 이 정보는 기능할 수 있게 될 것이다.

우리가 부분계를 고립시키고 그 나머지를 무시할 때마다 양자물리학을 제공해주는 결정론적인 우주론 이론이 존재할까? 그 대답은 '그렇다'지만, 곧 보게 될 것처럼 이는 매우 큰 대가를 치른다.

그와 같은 이론에 따르면 양자이론의 확률은 전체 우주에 대한 우리의 무지로부터만 비롯되며, 전체로서의 우주 수준에서 이 확률은 명확한 결과값을 산출한다. 양자적 불확정성은 우주론적 이론이 우주의 작은 부분을 기술하기 위해 분절되는 것으로부터 발생한다.

이와 같은 이론은 **숨은 변수 이론**hidden variables theory이라고 불린다. 왜냐하면 양자적 불확정성은 고립된 양자적 계에서 작업하는 실험자에게는 숨겨져 있는 우주에 대한 정보에 의해 해소되기 때문이다. 이와 같은 종류의 이론들이 제안되었고 이 이론들은 양자적 현상들에 대해 양자물리학의 예측들과 일치하는 예측들을 제공한다. 따라서 우리는 최소한 원리적으로는 양자역학의 문제들에 대한 이와 같은 종류의 해결이 가능함을 알고 있다. 더 나아가, 만약 양자적 이론을 전체 이론으로 확장함으로써 결정론이 복원된다면 숨은 변수들은 개별적인 양자적 계에 대한 더 정확한 기술과 관련되는 것이 아니라 그 계가 우주의 나머지 부분과 맺고 있는 관계와 관련될 것이다. 그러면 우리는 이 변수들을 관계적인 숨은 변수들이라 부를 수 있다.

앞 장에서 기술한 최대한의 자유 원리에 따르면, 양자이론은 내재적인 불확실성이 가능한 한 가장 큰 확률 이론이다. 이를 표현하는 다른 방법은 원자에 대한 결정론을 복원하는 데 필요한 정보, 즉 원자가 전체로서의 우주와 맺는 관계들 속에 암호화되어 있는 정보가 최대라는 것이다. 즉 우주 속에 있는 개별 입자의 속성들은 전체로서의 우주에 대해 갖는 숨은 관계들에 최대한도로 묶여 있다. 따라서 양자이론을 납득할 만한 것으로 만드는 문제는 이 책의 다른 논증들이 지향하고 있는 새로운 우주론적 이론을 탐색하는 데서 핵심적이다.

숨은 변수 이론을 허용한다는 것은 동시성의 상대성을 포기하는 것을 의미하며, 우주 전체를 통틀어 동시성에 대한 절대적인 정의가 적용되는 세계상으로 돌아간다는 것을 의미한다.

여기서 우리는 조심스럽게 나아가야만 한다. 우리는 상대성이론이 거둔 성공들과 충돌하기를 원하지 않는다. 이러한 성공들에는 양자장이론quantum field theory이라 불리는, 특수상대성이론과 양자이론의 성공적인 결합이 포함된다. 양자장이론은 입자물리학의 표준모형의 기초이며 아주 많은 정확한 예측들을 도출했고 많은 실험결과들로 지지되고 있다.

그러나 양자장이론에 문제가 없는 것은 아니다. 그중 하나는 그 어떤 예측이 도출되기 위해서라도 그전에 무한대의 양들을 다루는 교묘한 게임을 해야 한다는 것이다. 이뿐 아니라 양자장이론은 양자이론의 모든 개념적 문제들을 승계하고 있으며 이 문제들을 해결하는 데에 그 어떤 새로운 것도 제공하지 않는다. 양자이론의 오래된 문제들 및 무한대와 관련된 새로운 문제들은 양자장이론 역시 더 깊이 있고 통합된 이론에 대한 근사임을 암시한다.

따라서 양자장이론의 성공에도 불구하고 아인슈타인을 시작으로 하는 많은 물리학자는 양자장이론을 넘어 각각의 개별 실험에 대해 완전한 기술을 제공하는 더 깊은 이론으로 나아가고자 했다. 이는 그 어떤 양자이론도 하지 못한 일이다. 그러한 물리학자들의 탐구는 일관되게 양자물리학과 특수상대성 사이에서 화해할 수 없는 갈등에 직면하게 되었다. 물리학에서의 시간의 재탄생을 고찰하려면 이와 같은 갈등을 이해할 필요가 있다.

◈

닐스 보어로부터 시작하는 하나의 전통은 양자이론이 개별적인 실험에서 일어나는 일에 대한 그림을 제공하는 데 실패하는 것은 이 이론의 결점이 아니라 장점들 중 하나라고 주장한다. 7장에서 살펴보았듯이, 보어는 물리학의 목표가 그와 같은 그림을 제공하는 것이 아니라 양자적 계에 대한 실험을 어떻게 설정하고 그 결과가 무엇인지 상호 소통할 수 있는 언어를 생성하는 것이라고 능숙하게 논증했다.

나는 보어의 글들이 매력적이지만 확신을 주지는 않는다고 생각한다. 나는 양자역학이 물리적 세계에 대한 것이 아니라 우리가 물리적 세계에 대해서 갖는 **정보**에 대한 것이라고 주장하는 몇몇 동시대 이론가에 대해서도 동일한 느낌을 받는다. 이러한 이론가들은 양자적 상태가 그 어떤 물리적 실재와도 대응하지 않는다고 주장한다. 오히려 이것은 우리 관측자들이 한 계에 대해 가질 수 있는 정보를 부호화하는 것이다. 이들은 똑똑한 사람들이고 나는 이들과 논쟁하는 것을 즐기지만, 나는 이들이 과학을 하찮게 여기는 것이 아닌가 걱정스럽다. 만약 양자역학이 그저 확률들을 예측하는 알고리즘일 뿐이라면, 우리는 이보다 더 나은 일을 할 수는 없을까? 결국에는 하나의 개별적인 실험 속에서 무언가가 일어나고 있다. 그리고 오직 그 무언가가 우리가 전자 또는 광자라고 부르는 실재다. 우리는 개념적인 언어와 수학적 틀 속에서 개별적인 전자의 본질을 파악할 수 있어야 하는 것 아닌가? 아마도 자연 속에서 일어나는 각각의 아원자적 과정의 실재성이 인간에게 이해되어야 하고 이 실재성이 언어 또는 수학을 통해 표현되어야 함을 보장하는 원리는 존재하지 않을 것이다. 그러나 최소한 우리는 그와 같은 일을 시도해야 하지 않겠는가? 따라서 나는 아인슈타인과 같은 태도를 취한다. 나는 객관적인 물리적 실재가 존재하며, 하나의 전자가 원자 속 하나의 에너지 수준에서 다른 수준으로 도약할 때 무엇인가 우리가 기술할 수 있는 일이 일어난다고 믿는다. 그리고 나는 이와 같은 기술을 제시할 수 있는 이론을 찾는다.

최초의 숨은 변수 이론은 1927년에 양자물리학자들이 모인 제5차 솔베이 회의에서 루이 드브로이Louis de Broglie에 의해서 제시되었는데, 이는 양자역학이 그 마지막 형식을 갖게 된 지 얼마 지나지 않은 때였다.[1] 이 이론은 7장에서 논의한 바 있는, 아인슈타인이 제안한 파동과 입자의 이중성으로부터 영감을 받았다. 드브로이의 이론은 아주 단순한 방식으로 파동과 입자의 문제를 해결했다. 그는 실재하는 입자와 실재하는 파동이 존재한다고 가정했다. 입자와 파동 모두 물질적인 존재를 가진다. 드브로이는 1924년에 작성한 박사학위 논문에서 파동-입자 이중성이 보편적이며, 따라서 전자와 같은 입자는 파동이기도 하다고 가정했다. 드브로이의 1927년 논문에서 이 파동은 수면파와 같이 간섭하고 회절하며 전파된다. 입자는 파동을 따라간다. 전기력, 자기력, 중력과 같은 일반적인 힘에 더해, 입자는 양자적 힘이라 불리는 힘에 의해 잡아당겨진다. 이 힘은 입자를 파동의 마루 쪽으로 당긴다. 따라서 평균적으로 보면 입자가 그곳에서 발견될 확률이 높지만, 이와 같은 연결은 확률적이다. 왜일까? 그 입자가 어디서 시작되었는지 모르기 때문이다. 입자의 초기 위치를 모르기 때문에 입자가 어디에 있을지를 정확히 예측할 수 없다. 우리가 알지 못하는 숨은 변수는 입자의 정확한 위치다.

존 벨John Bell은 이후 드브로이의 이론이 **비에이블**비블, 비어블, beable(존재be 가능한able 것)에 관한 이론이라 불려야 한다고 제안했다. 이는 관찰 가능한 것들에 대한 양자이론과는 반대되는 것이다.[2] 비에이블은 항상 존재하는 무엇이며, 이는 실험에 의해서 존재가 드러나는 양quantity인 관측 가능한 것과 다르다. 드브로이의 이론에서는 입자와 파동 모두 비에이블이다. 특히 하나의 입자는 항상 위치를 가진다. 설혹 양자이론이 위치를 정확하게 예측하지 못하더라도 말이다.

그럼에도 불구하고 입자와 파동 모두가 실재하는 양자적 세계에 대한 드브로이의 그림은 그다지 주목을 받지 못했다. 1932년에 위대한 수학자인 존 폰 노이만John von Neumann은 숨은 변수들이 있을 수 없음을 증명한 내용을 담은 책을 출판했다.[3] 몇 년 뒤에 독일의 젊은 수학자 그레테 헤르만Grete Hermann은 폰 노이만의 증명에 큰 허점이 있음을 지적했다.[4] 폰 노이만은 자신이 증명하고자 했던 것을 가정하는 명백한 오류를 범했고, 그 가정을 기술적인 공리에 숨김으로써 자신과 다른 사람을 기만했던 것이다. 그러나 그레테 헤르만의 논문은 무시되었다.

이와 같은 오류가 재발견되기까지는 20년이 걸렸다. 미국의 양자물리학자 데이비드 봄David Bohm은 1950년대 초반에 양자역학 교과서를 집필했다.[5] 양자이론의 미스터리에 대해 심사숙고한 그는 드브로이의 숨은 변수 이론을 재발명했다. 그는 새로운 양자이론을 기술하는 논문을 작성했는데, 그가 학술지에 이 논문을 제출하자 심사위원들은 이 논문이 숨은 변수의 불가능성에 대한 폰 노이만의 잘 알려진 증명과 일치하지 않는다며 논문 게재를 거절했다. 봄은 폰 노이만의 증명 속 오류를 금방 찾아내 이를 지적했다.[6] 그 후 양자역학에 대한 드브로이-봄 접근법(오늘날 그렇게 부르고 있다)은 소수의 전문가들에 의해 연구되고 있다. 이는 오늘날까지도 활발하게 추구되고 있는, 양자역학의 기초에 대한 여러 접근법 중 하나다.

드브로이-봄 이론을 통해 우리는 숨은 변수 이론이 양자이론의 수수께끼를 해결할 하나의 선택지임을 이해할 수 있다. 연구의 유용성도 증명되었는데, 이것의 여러 측면이 그 어떤 가능한 숨은 변수 이론에도 적용된다는 것이 밝혀졌기 때문이다.

드브로이-봄 이론은 상대성이론과 양면적인 관계에 있다. 이 이론이 제시하는 통계적 예측들은 양자역학과 일치하며 특수상대성과 양립 가능해질 수도 있다. 특히, 동시성의 상대성과 양립 가능해질 수 있다. 그러나 양자역학과 달리 이 이론은 통계적인 예측을 제시하는 것 이상의 일을 한다. 이 이론은 각각의 개별 실험에서 일어나는 일에 관한 물리적 그림을 자세히 제공한다. 시간 속에서 진화하는 파동은 입자의 이동 방향에 영향을 미친다. 그렇게 영향을 미치는 과정에서 파동은 동시성의 상대성을 위반한다. 왜냐하면 파동이 입자의 운동에 영향을 미치게 하는 법칙은 오로지 하나의 관측기준계에서만 옳을 수 있기 때문이다. 따라서 우리가 드브로이-봄의 숨은 변수 이론을 양자 현상에 대한 설명으로 여기는 한, 우리는 선호되는 관측자가 존재한다고 믿어야만 한다. 이 관측자의 시계는 선호되는 물리적 시간의 개념을 측정한다.

상대성과의 이처럼 모호한 관계는 그 어떤 가능한 숨은 변수 이론에도 확장된다는 것이 드러난다.[7] 이와 같은 이론의 통계적 예측들은 양자역학과 일치하며 상대성이론과도 일치할 것이다. 그러나 개별적 사건들에 대한 그 어떤 더 세부적인 그림도 상대성 원리를 위반하여 오직 하나의 관측자 관점에서만 해석될 수 있을 것이다.

드브로이-봄 이론에는 하나의 큰 결점이 있는데, 그것은 바로 이 이론이 우주론적 이론을 위한 우리의 기준들 중 하나인, 모든 작용들은 상호적이라는 요구를 만족시키는 데 실패한다는 것이다. 파동은 입자가 어디로 이동하는지에 영향을 미치지만, 입자는 파동에 그 어떤 영향도 미치지 않는다. 이와 같은 이유 때문에 이것은 우주론적 이론으로서는 불만족스럽다. 그러나 이와 같은 문제를 제거하는 대안적인 숨은 변수 이론이 존재한다.

◈

양자이론을 넘어서는 더 깊은 이론이 분명 존재한다는 아인슈타인의 관점을 믿는 사람으로서 나는 학생 시절부터 숨은 변수 이론을 발명하고자 시도해왔다. 몇 년을 주기로 항상 나는 다른 연구 주제들은 잠시 미뤄두고 이 중요한 문제를 해결하고자 했다. 나는 여러 해 동안 프린스턴대학교의 수학자 에드워드 넬슨Edward Nelson이 기술한 숨은 변수 이론에 기초한 접근법을 연구했다. 이 시도들은 효과가 없지는 않았지만 모두 일종의 인위성의 요소를 그 안에 갖고 있었다. 양자역학의 예측들을 재생성하기 위해서는 특정한 힘들이 절묘하게 균형을 이루어야 했기 때문이다. 2006년에 나는 이와 같은 인위성 뒤에 있는 기술적인 근거들을 설명하는 논문을 썼고,[8] 이 접근법을 포기했다.

2010년 초가을의 어느 오후, 나는 카페에 앉아 노트의 빈 페이지를 펴고 양자역학을 넘어서려고 했지만 실패한 나의 여러 시도를 생각했다. 나는 **앙상블 해석**ensemble interpretation이라 불리는 양자역학의 한 판본에 대해 생각하는 것부터 시작했다. 이 해석은 개별적인 실험에서 일어나는 일을 기술하고자 하는 쓸모없는 희망을 무시하고, 대신 실험에서 **일어날 수 있는** 모든 것의 가상적인 집합체를 기술한다. 아인슈타인은 이를 다음과 같이 근사하게 표현했다. "양자이론적 기술을 개별적인 계들에 대한 완전한 기술로 생각하고자 하는 시도는 비자연스러운 이론적 해석들로 귀결되며, 이는 만약 우리가 이 기술이 개별적인 계들이 아니라 계들의 앙상블(또는 집합체)을 지칭한다고 보는 해석을 받아들이면 곧바로 불필요해진다."[9]

수소 원자의 양성자 근처를 회전하는 전자 하나를 떠올려보자. 앙상블 해석의 옹호자들에 따르면 파동은 개별적인 원자와 연관되는 것이 아니라 가상적인 원자들의 복제물들의 집합체와 관련된다. 이 집합체의 서로 다른 구성원에서 전자들은 서로 다른 위치에 있다. 따라서 만약 수소 원자를 관측하고자 한다면, 그 관측 결과는 이러한 가상적인 집합으로부터 하나의 원자를 무작위적으로 골라낸 것이 될 것이다. 파동은 이 모든 서로 다른 장소에서 전자를 찾을 확률을 제공한다.

나는 오랫동안 이러한 개념을 좋아했지만, 문득 이 개념이 완전히 이상하게 보였다. 어떻게 원자들의 가상적인 집합체가 실재하는 원자에 이루어지는 측정에 영향을 미치는 것일까? 이는 우주 바깥에 있는 그 무엇도 우주 안에 있는 것에 영향을 미치지 못한다는 원리와 어긋나는 것이었다. 그래서 나는 스스로에게 그와 같은 가상적인 집합체를 실재하는 원자들의 집합체로 대체할 수 있을지 물어보았다. 이와 같은 실재하는 원자들은 우주의 어딘가에 있어야 했다. 사실상 우주 안에는 엄청나게 많은 수소 원자가 존재한다. 이런 원자들이 양자역학의 앙상블 해석에서 지칭하는 '집합체'가 될 수 있을까?

우주에 있는 모든 수소 원자가 다 함께 게임을 한다고 상상해보자. 이 게임에서 각각의 원자는 유사한 상황에 있고 유사한 역사를 가진 다른 원자들을 인지한다. 여기서 '유사하다'는 것은 이들이 동일한 양자적 상태에 의해서 확률적으로 기술됨을 의미한다. 양자적 세계에서 두 개의 입자는 동일한 역사를 갖고 있고 따라서 동일한 양자적 상태에 의해 기술될 수 있지만, 이들의 비에이블이 가진 정확한 값, 예를 들어 위치에 있어서는 서로 다르다. 두 개의 원자가 서로 상대방의 속성들을 복제하기 위해 가까이에 있을 필요는 없다. 이들은 그저 우주의 어딘가에 함께 존재하기만 하면 된다.

이것은 고도로 비국소적인 게임이지만, 우리는 모든 숨은 변수 이론은 양자물리학이 비국소적이라는 사실을 표현해야 함을 알고 있다. 이상과 같은 개념이 정신 나간 것으로 들릴 수 있다 하더라도, 이는 가상적인 원자들의 집합체가 세계 속에 실재하는 원자들에 영향을 미치게 하는 것보다는 덜 정신 나간 개념일 것이다. 따라서 나는 이 개념을 발전시켜 어느 정도까지 나아갈 수 있는지 지켜

보기로 했다.

복제되는 속성들 중 하나는 양성자에 대한 전자의 상대적 위치다. 따라서 개별 원자 내의 한 전자의 위치는 그것이 우주에 있는 다른 원자들의 전자들이 가진 위치를 복제할 때 도약하게 될 것이다. 이와 같은 모든 도약의 결과, 만약 내가 개별 원자 내에서 전자가 어디에 있는지를 측정한다고 하면 이것은 마치 모든 유사한 원자들의 집합체에서부터 무작위적으로 하나의 원자를 꺼내는 것과 같을 것이다. 이를 가능하게 하기 위해 나는 원자가 측정에 반응하는 확률이 정확하게 양자역학을 따르도록 게임의 복제 규칙들을 발명했다.[10]

그리고 나는 아주 만족스러운 어떤 것을 깨달았다. 만약 한 계가 우주 속에 아무런 복제물을 갖고 있지 않다면 어떻게 될까? 그렇게 되면 복제 게임은 더 이상 진행되지 못하고 양자역학은 재생산되지 않을 것이다. 이는 왜 양자역학이 고양이, 당신, 나와 같은 크고 복잡한 계에는 적용되지 않는지를 설명해줄 것이다. 이것은 양자역학을 고양이 또는 관측자와 같이 큰 사물들에 적용할 때 발생하는 오래된 역설들을 해결한다. 양자적 계의 이상한 속성은 원자적 계로만 제한된다. 왜냐하면 우주에는 이 계들에 대한 복제물들이 아주 많기 때문이다. 양자적 불확정성이 야기되는 이유는 이 계들이 계속해서 서로의 속성들을 복제하기 때문이다.

나는 이 같은 견해를 양자역학의 **실재론적 앙상블 해석**real-ensemble interpretation이라 부르는데, 나의 노트에는 '흰색 다람쥐White Squirrel' 해석이라 적혀 있다. 이 명칭은 토론토의 공원에서 본 외로운 흰색 다람쥐를 보고 지은 것이다. 우리는 모든 갈색 다람쥐가 서로 충분히 동일하여 이들에 양자역학이 적용된다고 상상할 수 있다. 다람쥐가 어디에 있는지를 보려고 하면 우리는 이와 다른 다람쥐를 연거푸 보게 될 수도 있다. 그러나 잠시 나뭇가지 위에 앉아 있는 흰색 다람쥐는 복제물이 없는 것처럼 보이며, 따라서 양자역학적이지 않다. 당신이나 나처럼 흰색 다람쥐는 우주에 있는 그 어떤 다른 것과도 공유하지 않는 고유한 속성들을 갖고 있는 것처럼 보일 것이다.

전자들이 도약하는 이 게임은 특수상대성에 위배된다. 도약은 임의적으로 먼 거리 사이에서 순간적으로 일어나므로, 먼 거리에 의해 분리된 동시적 사건들이라는 개념이 필요하다. 이는 결국 빛보다 빠른 정보 전달에 대한 필요성으로 이어진다. 그럼에도 통계적 예측들은 양자이론의 예측들을 재생산하며, 그래서 상대성과도 모순되지 않는다. 그러나 우리가 이 이론의 이면을 들여다보면 드브로이-봄 이론에서처럼 선호되는 동시성과 선호되는 시간이 존재함을 알 수 있다.

내가 기술한 두 개의 숨은 변수 이론 모두 충분한 근거의 원리를 만족시킨다. 이 이론들에는 양자역학에서는 불확정적이라고 보는, 개별 사건들에서 무엇이 일어나고 있는지 설명하는 세부적인 그림이 존재한다. 그러나 상대성이론의 원리들을 위배하는 대가는 매우 크다.

상대성이론과 양립 가능한 숨은 변수 이론이 존재할까? 우리는 그 답이 '아니오'라는 것을 안다. 만약 그와 같은 이론이 존재한다면 자유의지 정리—이 정리의 가정들이 만족되는 한 양자적 계가 무엇을 할 것인지를 결정하는 방법이 존재하지 않는다는 것(따라서 숨은 변수 이론이 존재하지 않는다는 것)을 함축하는 정리—를 위배하게 될 것이다.

앞서 언급했던 존 벨의 정리는 또한 국소적인 숨은 변수 이론을 배제한다. 이때 국소적이라는 것은 이 이론이 오직 빛의 속도보다 느린 의사소통만을 포함한다는 뜻이다.

그러나 상대성을 위배한다면, 숨은 변수 이론은 가능하다.

우리가 단지 통계적인 수준에서 양자역학의 예측들을 점검할 경우, 상관관계들이 실제로 어떻게 수립되었는지는 물을 필요가 없다. 오직 우리가 각각의 얽힌 짝에서 어떻게 정보가 전달되는지를 기술하고자 할 때만—이때 정보 전달은 순간적인 의사소통이라는 개념을 필요로 한다—그와 같은 물음이 제기된다. 오직 우리가 양자이론의 통계적 예측들을 넘어서 숨은 변수 이론으로 나아가고자 할 때만 우리는 동시성의 상대성과의 갈등에 직면하게 된다.

상관관계가 어떻게 수립되는지를 기술하려면, 숨은 변수 이론은 **단일 관측자의 동시성에 대한 정의를 받아들여야만 한다.** 이는 결과적으로는 정지에 대한 선호되는 개념이 존재함을 의미한다. 그리고 결과적으로 운동이 절대적임을 의미한다. 운동은 절대적으로 의미가 있다. 왜냐하면 우리는 그와 같은 단일한 관측자—이 사람을 아리스토텔레스라 부르자—에 대해 상대적으로 움직이는 사람에 대해서 절대적으로 말할 수 있기 때문이다. 아리스토텔레스는 쉬고 있다. 그가 움직인다고 보는 모든 것은 진정으로 움직인다. 이것이 이야기의 결론이다.

달리 말해, 아인슈타인이 틀렸다. 뉴턴이 틀렸다. 갈릴레오가 틀렸다. 운동의 상대성은 존재하지 않는다.

이것이 바로 우리의 선택이다. 양자역학이 최종적 이론이고 좀 더 깊은 수준의 기술에 다다르기 위해 양자역학의 통계적인 장막을 관통하는 방법은 존재하지 않거나, 반대로 아리스토텔레스가 옳고 운동과 정지의 선호되는 판본이 존재한다.

14장

상대성으로부터 다시 태어난 시간

우리는 시간의 실재성이 양자역학의 미스터리들에 대한 새로운 해결책을 가능하게 하면서 우주가 그 자신의 법칙들을 선택하는 방법을 이해하는 새로운 접근법을 향한 길을 열어주는 것을 보았다. 그러나 여전히 커다란 장애물 하나를 극복해야 한다. 이는 블록우주 그림을 선호하는 특수 및 일반상대성으로부터 비롯되는 만만치 않은 논증이다. 이 논증은 실재하는 것이 오직 비시간적인 전체로서의 우주의 역사라고 결론 내린다.[1]

블록우주를 지지하는 논증은 특수상대성이론의 한 측면인(6장 참조) 동시성의 상대성에 의존한다. 그러나 만약 시간이 실재한다면, 실재하는 현재의 순간을 기준으로 모든 관측자들이 동의할 수 있는 실재하는 현재와 아직 실재하지 않는 미래 사이의 경계가 존재한다. 이는 멀리 떨어진 사건 및 사실상 전체 우주를 포함하는, 동시성에 대한 보편적이고 물리적인 개념을 함축한다. 이를 **선호되는 광역적 시간**preferred global time이라 부를 수 있다(앞서 말한 '전체'란 시간의 정의가 우주 전체로 확장됨을 의미한다). 선호되는 광역적 시간이 있어야 한다는 논증과 상대성이론의 원리들이 그와 같은 광역적 시간을 금지한다는 논증은 직접적으로 대립한다. 또한 우리가 앞 장에서 살펴본 바 있듯 선호되는 광역적 시간은 개별적인 양자적 계의 선택들을 설명하는 모든 숨은 변수 이론에 필수적인 구성 성분이다. 따라서 역시 앞 장에서 살펴본 바 있듯 동시성의 상대성과 충분한 근거의 원리 사이의 갈등이 존재한다.

이 장의 목적은 충분한 근거의 원리를 선호하는 방식으로 이 갈등을 해결하는 것이다. 이는 동시성의 상대성을 포기하고 그 반대를 받아들인다는 뜻이다. 즉 시간에 관해 선호되는 광역적 개념이 존재한다는 것이다. 주목할 만한 것은 이 개념을 따른다고 상대성이론 전체를 포기할 필요는 없고, 그저 재공식화하는 것만으로도 충분하다는 것이다. 그 중심에는 실재하는 시간의 새로운 개념을 드러내는, 일반상대성이론을 이해하는 새롭고 깊이 있는 방법이 있다.

선호되는 광역적 시간 개념은 시계를 갖고 시간을 측정하는, 우주 전체에 펴져 있는 관측자들의 특정 집합을 골라낸다. 이는 선호되는 정지 상태를 함축하는데, 이는 정지에 대한 아리스토텔레스적 개념 또는 19세기 물리학에서 등장한 에테르 개념의 잔재이며 아인슈타인이 특수상대성을 발명함으로써 극복했던 것이다. 아인슈타인 이전의 물리학자들에게 에테르는 필수적인 것이었는데, 왜냐하면 빛 파동을 전파하는 매질이 필요했기 때문이다. 아인슈타인은 에테르를 제거했다. 왜냐하면 그의 동시성의 상대성 원리는 에테르가 존재하지 않으며 정지해 있는 상태도 존재하지 않음을 함축하기 때문이다.[2]

여기에는 모순만이 아니라 상황을 암울하게 만드는 원인도 있다. 에테르를 제거한 것은 주의 깊은 추론이 사고의 게으른 습관에 대해 거둔 위대한 승리였다. 아리스토텔레스의 용어들을 통해 세계에 대해 생각하는 것은 쉬운 일이었다. 갈릴레오와 뉴턴은 관성 기준계의 상대성을 수립했는데, 그 때문에 물체의 움직임을 관찰하는 것으로는 선호되는 정지 상태를 탐지할 수 없게 되었다. 그러나 자연스러운 것으로서의 정지 개념은 여전히 물리학자들의 마음속에 조용히 숨겨져 있었고, 이는 이론가들이 빛을 전파하기 위한 매질을 필요로 했을 때 다시금 자리를 잡을 여지를 만들어주었다. 오직 아인슈타인만이 에테르를 완전히 제거하는 데 필요한 통찰력을 갖고 있었다. 그러나 우리에게는 선호되는 광역적 시간 개념으로 돌아갈 근거가 있는 것으로 보인다. 이것이 에테르에 대해서 거둔 아인슈타인의 승리와 모순된다는 사실은 시간의 실재성을 옹호하는 논증들을 진지하게 받아들이는 데에 심리적인 장애물로 작용한다. 최소한 나의 경우에는 그랬다.

어떻게 이론이 이와 같은 모순을 해결할 수 있을지 논의하기 전에, 실험이 무엇을 말하는지 들여다보자. 선호되는 광역적 시간 개념은 선호되는 관측자를 함축하며, 이 관측자는 선호되는 시간을 측정한다. 이는 관성 기준계들의 상대성과 모순된다. 이에 따르면 정지해 있는 것으로 가정되는 관측자와 임의적으로 일정한 속도로 움직이는 관측자를 구분할 수 있는 실험적 또는 관측적 방법은 존재하지 않는다.

제일 먼저 주목해야 하는 것은 우주가 사실상 선호되는 정지 상태를 골라내는 방식으로 배열되어 있다는 것이다. 이는 망원경을 통해 주변을 둘러볼 때 아주 많은 은하가 우리로부터 모든 방향에서 대략 동일한 속도로 멀어지는 것을 봄으로써 알 수 있다. 그러나 이는 오직 하나의 관측자에게만 참인데, 우리로부터 우주를 향해 빠르게 멀어지는 누군가에게는 그가 따라잡고 있는 그의 앞에 있는 은하들이 그의 뒤에 있는 은하들보다 느리게 움직이는 것으로 보이기 때문이다. 이뿐 아니라, 우리는 최소한 은하들의 위치를 충분히 큰 규모에서 평균적으로 보았을 때 우주 속에서 은하들이 균일하게 분포되어 있다는 것을 보여주는 좋은 증거를 갖고 있다. 다시 말해, 우주는 어떤 방향에서 보아도 동일하게 보인다. 이러한 사실들로부터 우리는 우주 속 각각의 점들에는 그로부터 은하들이 모든 방향에서 동일한 속도로 멀어지는 것으로 보는 하나의 특별한 관측자가 존재할 것이라고 연역할 수 있다.[3] 따라서 은하들의 움직임은 하나의 선호되는 관측자를 선택하며, 따라서 우주 속 각각의 점에서 선호되는 정지 상태를 선별한다.[4]

선호되는 관측자들의 집합을 고정하는 또 다른 방법은 우주마이크로파배경을 이용하는 것이다. 이때 선호되는 관측자들은 우주마이크로파배경이 하늘의 모든 방향에서 동일한 온도로 자신들에게 오고 있음을 본다.

운 좋게도 이 두 종류의 선호되는 관측자들의 집합은 서로 일치한다. 은하들은 평균적으로 모든 방향에서 동일한 온도의 우주마이크로파배경이 우리에게 오는 것으로 보이는 동일한 기준계에 정지해 있는 것으로 보인다. 따라서 우주는 선호되는 정지 상태를 선별해내는 방식으로 조직되어 있다. 그러나 이러한 사실은 운동의 상대성원리와 모순될 필요가 없다. 한 이론은 그 이론의 해들에 의해 존중되지 않는 대칭성을 가질 수 있다. 이와 반대로, 이론들의 해는 많은 경우 그 이론의 대칭성을 깬다. 우주에 근본적으로 선호되는 방향이 없다는 사실이 오늘 북풍이 부는 것을 막지는 않는다. 우리의 우주는 그저 일반상대성의 방정식들에 대한 하나의 해를 나타낼 뿐이다. 그와 같은 하나의 해는 이론이 대칭성을 갖고 있다는 원리와 모순되지 않으면서도 비대칭적일 수 있다. 즉 그 해는 선호되는 정지 상태를 포함할 수 있다. 우주는 대칭성을 깨는 방식으로 시작했을 수 있다.

다른 한편, 우리는 왜 우주가 선호되는 관측자들의 집합을 분명하게 선별해내는 특별한 상태에 있는지 묻고자 한다. 이것은 왜 우주의 초기 조건들이 그토록 특별한지를 묻는 또 다른 질문이다. 이것은 일반상대성이 그 자체로는 대답할 수 없는 질문이다. 바로 이러한 점이 우주에는 일반상대성에 포착되지 않는 무언가가 존재한다는 단서이다. 따라서 우주 내에 선호되는 정지 상태가 있을 가능성이 무언가 더 심오한 것을 나타낸다고 고려해볼 만하다. 아마도 이것은 일반상대성의 수준보다 더 아래에 있는 수준의 물리학에 관해 무언가를 말해주고 있는지도 모른다.

만약 우주에서 선호되는 정지 상태의 존재가 무언가 더 심오한 것을 나타낸다면, 그 상태는 다른 종류의 실험들에서도 그 모습을 드러내야 한다. 그러나 우주론적 규모보다 더 작은 규모에서는 관성계의 상대성원리가 매우 잘 시험되었다. 엄청나게 많은 실험적 증거가 아인슈타인의 특수상대성이론이 제시한 예측들을 입증했으며, 이 증거 중 상당수는 자연 속에 선호되는 정지 상태가 존재하는지 그렇지 않은지를 시험한 것으로 이해될 수 있다.[5]

따라서 관측 결과들은 우리에게 혼합된 메시지를 준다. 가장 큰 규모에서는 선호되는 정지 상태를 지지하는 증거가 존재하며, 이는 우주의 초기 조건들 속에 있는 특별한 무언가에 의해 설명되어야만 한다. 그러나 우주보다 작은 모든 규모에서는 상대성의 원리가 적용된다는 증거를 찾을 수 있다. 이 난제를 푸는 독창적인 해법은 근래에 들어서야 비로소 고안되었다. 일반상대성은 선호되는 시간 개념을 가진 이론으로 아름답게 재공식화될 수 있다. 이와 같은 재공식화는 일반상대성을 이해하는 또 다른 방법일 뿐이지만 이는 우주 전체에 걸쳐서 물리적으로 선호되는 시계들의 동기화를 나타낸다. 더 나아가, 그와 같은 선호되는 동기화의 선택은 우주 전체를 통해 퍼져 있는 물질과 중력 복사의 분포에 의존하므로, 이는 뉴턴의 절대 시간으로 돌아가는 것이 아니다. 또한 이것은 그 어떤 국소적 측정들을 통해서도 발견되지 않으므로, 우주의 작은 부분계들에 적용되는 상대성원리와 완벽하게 양립 가능하다.

이와 같은 관점의 역행을 가능하게 하는 이론을 **형태동역학**形態動力學, shapedynamics이라 동부른다.[6] 이것의 주된 원리는 물리학에서 실재하는 모든 것이 대상들의 형태와 연결되어 있고, 모든 실재하는 변화는 단순히 그와 같은 형태의 변화라는 것이다. 근본적으로 크기는 아무것도 의미하지 않으며, 대상들이 우리에게 내재적인 크기를 갖는 것처럼 보인다는 사실은 환상이다.

형태동역학은 줄리안 바버가 제안한 다음과 같은 일련의 사고에 의해 생성되었다. 바버의 비시간적 양자우주론은 7장에서 논의한 바 있다. 바버는 관계론적 철학의 위대한 옹호자이며, 물리학을 가능한 한 관계론적인 것으로 만들자는 그의 주장과 함께 형태동역학이 시작되었다. 지난 10년 동안 그는 니얼 오 머처다Niall Ó Murchadha 및 몇몇 젊은 연구자와 함께 이를 위한 여러 주요 단계를 밟아 나갔으나, 최종적인 완성은 페리미터연구소에서 일하는 젊은 연구자 세 명에 의해 2010년 가을에 이루어졌다. 이들은 대학원생인 션 그립Sean Gryb, 엔리케 고메스Henrique Gomes, 박사후연구원인 팀 코슬로프스키Tim Koslowski다.[7]

상대성이론의 기초적인 개념들을 알고 있으면 형태동역학을 이해하기가 쉽다. 자연스러운 다음 단계에 해당하기 때문이다. 동시에 일어나는 두 개의 인접한 사건에 대해서 이야기하는 것은 의미가 있다. 또한 우리는 이러한 사건들을 시간 순서대로 둘 수 있다. 그렇게 하는 것이 납득이 되는 이유는, 한 사건이 다른 사건의 원인일 수 있기 때문이다. 그러나 우리가 서로 멀리 떨어져 있는 사건들에 질서를 부여하려고 할 경우 우리는 모든 관측자가 동의할 수 있는 절대적인 순서가 존재하지 않음을 발견한다. 몇몇 관측자에게 두 개의 사건은 동시적일 수 있다. 다른 관측자들에게 하나의 사건은 다른 사건의 과거에 있는 것처럼 보일 것이다.

바버는 크기도 동일한 방식으로 행동한다고 말한다. 두 개의 인접한 대상을 크기에 따라 순서 짓는 것은 의미 있는 일이다. 만약 쥐 한 마리를 상자에 넣을 수 있다면, 그 쥐가 상자보다 작다고 말하는 것은 당연하다. 만약 축구공 두 개가 있다면, 이 두 공의 지름이 동일하다고 말하는 것은 의미가 있다. 이와 같은 비교들은 물리적인 의미를 가지며, 모든 관측자는 이 비교들에 의견 일치를 보일 것이다.

그러나 여기에 있는 쥐가 다른 은하에 있는 상자보다 더 작은지 묻는다고 해보자. 이 질문은 여전히 의미가 있을까? 이 질문은 모든 관측자가 동의하는 해답을 가질까? 문제는 이들이 서로 멀리 떨어져 있기 때문에 쥐가 상자에 들어가는지 확인하기 위해 쥐를 상자에 집어넣을 수는 없다는 것이다.

이 질문에 답하려면 상자를 쥐가 있는 곳으로 옮겨 쥐가 안에 들어가는지를 보면 된다. 그러나 이러한 행위는 다른 질문에 답하는 것이다. 왜냐하면 이제 상자와 쥐는 동일한 장소에 있기 때문이다. 우리는 우리의 은하로 옮기는 모든 것의 크기를 키우는 물리적 효과가 있어 쥐의 눈만 한 상자가 쥐를 담을 수 있을 정도로 충분히 커지는 것이 아님을 알 수 있을까? 우리는 상자를 원래 있던 곳에 놔두고 대신 쥐를 상자에 보낼 수도 있을 것이다. 그러나 우리는 어떻게 상자가 역효과를 겪지 않는다는 것을, 즉 쥐로부터 멀리 떨어져 있는 상자로 이동하는 과정에서 줄어들지 않는다는 것을 알 수 있을까?

이와 같은 사고 과정을 통해 바버와 그의 친구들은 서로 멀리 떨어져 있는 대상들의 크기를 비교하는 것이 합리적이지 않다고 여기도록 이끌었다. 우리가 할 수 있는 것은 형태를 비교하는 것인데, 형태는 동일한 종류의 임의적인 조정에 종속되지 않기 때문이다. 크기의 상대성에 대한 하나의 예외는 각각의 시간에 전체 우주가 갖는 부피가 변하지 않은 채 유지되어야 한다는 것이다. 이를 비전문적인 언어로 설명하기란 쉽지 않지만, 이것이 의미하는 것은 이렇다. 만약 우리가 한 장소에서 모든 것을 축소하면 동시에 다른 어떤 곳에서는 동일한 양만큼 모든 것을 크게 만들어 이와 같은 축소를 보상함으로써 우주 전체의 부피는 변하지 않는다. 물론 부피는 여전히 우주가 팽창함에 따라 시간 속에서 변할 수 있다.

비록 크기를 다루는 데에 있어 형태동역학이 급진적이라 하더라도 이 이론은 시간에 대해서는 보수적이다. 여기서는 시간이 흘러가는 단일한 비율만이 존재한다. 시간의 흐름은 우주 전체에 걸쳐 동일하며, 우리는 이를 변경할 수 없다.

일반상대성은 그 반대의 입장을 취한다. 사물들의 크기는 고정되어 있고 우리가 사물들을 이동시켜도 고정된 채로 남기 때문에, 멀리 있는 사물들 간에 크기를 비교하는 것은 의미가 있다. 일반상대성은 시간 흐름의 비율에서 유연하다. 우리로부터 멀리 떨어져 있는 시계가 우리 근처의 시계에 대해 빠르게 멀어지고 있는지 천천히 멀어지고 있는지를 묻는 것은 의미가 없다. 왜냐하면 멀리 있는 시계들이 속도를 올리는 것과 속도를 늦추는 것은 관측자들이 서로 동의하지 못하는 일그러지는 거울이 있는 도깨비 집에서와 같은 변화이기 때문이다. 설혹 손목시계를 멀리 떨어진 시계와 동기화시킨다고 하더라도 이러한 동기화는 끊어질 수 있다. 왜냐하면 이들의 비율이 동일하게 유지된다는 것의 물리적인 의미가 없기 때문이다.

간략히 말해, 일반상대성에서 크기는 보편적이고 시간은 상대적인 반면, 형태동역학에서 시간은 보편적이고 크기는 상대적이다. 그러나 주목할 만한 것은 이 두 이론이 서로 동등하다는 것이다. 왜냐하면 굳이 여기서 소개하지 않아도 되는 영리한 수학적 기교를 통해 시간의 상대성을 크기의 상대성과 교환할 수 있기 때문이다. 따라서 우리는 우주의 역사를 두 가지 방식으로, 즉 일반상대성의 언어 또는 형태동역학의 언어로 기술할 수 있다. 두 이론의 물리적 내용은 동일할 것이며, 관측 가능한 양에 대한 그 어떤 질문도 동일한 해답을 가질 것이다.

우주의 역사가 일반상대성의 언어로 기술될 때 시간의 정의는 임의적이다. 시간은 상대적이며 멀리 떨어진 장소에서의 시간이 무엇인지 묻는 것은 의미가 없다. 그러나 우주의 역사를 형태동역학의 언어로 기술하면 시간의 보편적인 개념이 드러난다. 우리가 치러야 하는 대가는 크기가 상대적인 것이 되어 서로 멀리 떨어진 사물들의 크기를 비교하는 것이 의미가 없어진다는 것이다.

양자이론에서의 파동-입자 그림처럼 이것은 물리학자들이 이중성이라고 부르는 것의 한 가지 사례다. 단일한 현상에 대한 두 개의 기술로, 각각의 기술은 그 자체로 완전하지만 양립 불가능하다. 여기서 제시된 특별한 이중성은 현대의 이론물리학이 이룬 가장 심오한 발견들 중 하나다. 이 이중성은 끈이론의 맥락에서 1995년 후안 말다세나Juan Maldacena에 의해 위와는 다른 형식으로 제안되었고,[8] 이후 이 분야에서 가장 영향력 있는 개념이 되었다. 내가 이 글을 쓰는 지금도 형태동역학과 말다세나의 이중성 사이의 정확한 관계는 불분명하게 남아 있지만, 둘 사이에는 일종의 대응관계가 있을 것으로 보인다.[9]

일반상대성에는 선호되는 시간이 존재하지 않더라도 이와 동등한 형태동역학에는 이러한 시간이 존재한다. 우리는 두 이론이 상호 교환 가능하다는 사실을, 형태동역학 세계에서의 시간을 일반상대성 세계에서의 시간으로 번역하는 데 사용할 수 있다. 이 과정에서 시간은 선호되는 시간으로서 그 자신을 드러내며, 방정식들 안에 숨겨져 있다.[10]

이와 같은 시간의 광역적 개념은 시간과 공간 속 각각의 사건들에 선호되는 관측자가 있어 이들의 시계가 사건의 경로를 측정함을 함축한다. 그러나 작은 영역에서 이루어지는 그 어떤 측정으로도 그와 같은 특별한 관측자를 선별해낼 수 없다. 특별한 광역적 시간의 선택은 우주 전체에 걸쳐 물질이 어떻게 분포되어 있는지에 의해서 결정된다. 이는 상대성의 원리가 우주보다 더 작은 규모에서 실험들과 일치한다는 사실과도 모순되지 않는다. 따라서 형태동역학은 상대성원리의 실험적 성공과, 진화하는 법칙들의 이론 및 양자적 현상에 대한 숨은 변수 설명에 의해 요구되는 광역적 시간의 필요 모두에 부합한다.

앞서 살펴본 것처럼 우리가 규모를 줄이거나 늘릴 때도 변화가 허용되지 않는 유일한 양은 매 시간 우주가 갖는 전체 부피다. 이 때문에 우주 전체의 크기와 우주의 팽창에 의미가 부여되며, 이는 보편적인 물리적 시계로 간주될 수 있다. 시간은 다시 발견된 것이다.

15장

공간의 출현

세계의 가장 신비로운 측면이 바로 우리 눈앞에 있다. 공간은 그 어떤 것보다 흔하게 찾을 수 있지만, 이를 좀 더 자세히 조사해보면 공간보다 신비로운 것은 없다. 나는 시간이 실재하며 시간이 자연에 대한 근본적인 기술에 필수적이라고 믿는다. 그러나 나는 공간이 온도, 압력과 같은 하나의 환상임이 밝혀질 것이라고, 즉 큰 규모에서 사물들에 대한 우리의 인상들을 조직화하는 유용한 방법이긴 하지만 전체로서의 세계를 보는 거칠고 창발적인 방식에 지나지 않음이 밝혀질 것이라고 믿는다.

상대성이론은 시간과 공간을 결합하여 블록우주라는 그림을 유도했고, 이 그림에서 시간과 공간은 4차원적 실재를 나누는 주관적인 방법으로 이해되었다. 시간의 실재성 가설은 이와 같은 통합의 그릇된 제약들로부터 시간을 자유롭게 한다. 우리는 시간이 공간과는 매우 다르다는 것을 이해함으로써 시간에 대한 우리의 개념들을 발전시킬 수 있다. 이렇게 시간을 공간으로부터 분리시키는 것은 공간 역시 자유롭게 하며, 공간의 본성을 훨씬 더 잘 이해할 수 있도록 해주는 문을 열게 된다. 이번 장에서는 공간이 양자역학적 수준에서 전혀 근본적인 것이 아니며, 더 깊은 질서로부터 출현하는 것이라는 혁명적인 통찰로 나아갈 것이다.

일상생활의 사물들이 '가깝다'와 '멀다'라는 용어들로 조직화되어 있다는 단순한 사실은 실재가 가지는 다음과 같은 두 가지 기본적인 측면들의 귀결이다. 공간이 존재한다는 것, 그리고 사물들이 우리에게 영향을 미치기 위해서는 우리 근처에 있어야 한다는 것이다(이는 물리학자들이 국소성이라 부르는 속성이다). 세계는 위험 또는 기회를 나타내는 사물들로 가득 차 있지만, 특정한 시간에 우리는 이 사물들 중 대부분의 것들과는 관련이 없다. 왜일까? 이러한 사물들은 우리로부터 멀리 떨어져 있기 때문이다. 해외에 있는 호랑이는 우리를 1분 안에 잡아먹을 수도 있겠지만, 걱정할 필요가 없다. 근처에 없기 때문이다. 이것은 공간이 주는 선물이다. 거의 대부분의 것은 우리로부터 멀리 떨어져 있고, 지금 당장은 이를 무시할 수 있다.

공간의 조직화 없이 엄청나게 다양한 종류의 사물들을 포함하고 있는 세계를 상상해보라. 모든 것은 모든 시간에 다른 모든 것들로부터 영향을 받을 수 있다. 사물들을 분리시키는 거리는 존재하지 않을 것이다.

우리는 우리의 감각을 통해 무엇이 우리에게 가까이 있는지를 예민하게 지각한다. 그러나 우리에게 가까이 있는 것은 많지 않다. 많은 사물이 우리와 가장 가까운 공간을 점유할 수 없다는 것은 공간이 가진 한 가지 면모이다. 이것은 공간의 차원이 낮기 때문에 생긴 결과다. 얼마나 많은 이웃이 우리 바로 옆에 사는지 생각해보라. 양쪽 옆에 두 가족이 살고 있을 뿐이다. 이제 얼마나 많은 이웃이 직접적으로 우리 근처에 살 수 있는가? 네 가족이다. 두 가족은 우리 옆에 살고, 한 가족은 길 건너편에, 다른 가족은 집 뒤에 산다. 만약 우리가 아파트에 살고 있다면 가장 가까운 이웃의 수는 여섯까지 늘어난다. 왜냐하면 아래에도 이웃이 있고 새벽 3시까지 텔레비전을 보는 대학생들이 위에 있기 때문이다. 가장 가까이에 있는 이웃의 수는 차원의 수에 비례해서 증가한다. 1차원에서는 둘, 2차원에서는 넷, 3차원에서는 여섯이다. 이 관계는 단순하다. 이웃들의 수는 차원의 두 배다.

만약 우리가 50차원의 공간에서 산다면 우리는 100가구의 가장 가까운 이웃과 살게 될 것이다. 우리가 3차원 속에 갇혀 있기 때문에 만약 우리가 100가구가 사는 건물에 살고 싶다면, 이 건물은 큰 아파트가 되어야 하며, 이들 대부분은 우리와 가까운 사이가 아닐 것이다. 3차원에서 우리는 결코 만나지 않는 이웃과 산다.

이것은 우리가 서로 다른 개념과 관심사를 가진 사람들 사이의 우연한 상호작용이 일어날 확률을 최대화하고자 하는 과학 연구소를 계획할 때 생기는 문제이기도 하다. 페리미터연구소가 처음 문을 열었을 때는 참여 과학자가 일곱 명이었으므로 이와 같은 문제가 없었다. 이제 이 연구소에는 100명 이상의 과학자들이 있으므로 이런 문제가 발생한다. 이론물리학자들인 우리는 수가 늘어남에 따라 건물의 차원을 늘리는 것에 대해서 고민했지만, 우리는 건축가들이 이와 같은 고민을 실천하게 하지는 못했다.[1]

사실상 우리는 낮은 차원에 갇혀 있다. 이 사실은 그 무엇보다 우리를 호랑이, 불면증에 걸려 텔레비전을 보는 이웃 및 다른 맹수들로부터 우리를 안전하게 해주지만, 이는 또한 우리의 기회를 증가시키려 할 때 직면하게 되는 주요한 장애물이기도 하다.

기술이 발전하기 전 사람들은 지구의 표면이 2차원적이라는 사실 때문에 상대적으로 고립되어 있었다. 대부분의 사람은 평생 걸어갈 수 있는 거리 안에 있는 수백 명의 사람만을 만날 뿐이다. 이들은 이웃하는 마을들과의 상호작용을 늘리기 위해 잔치와 축제를 여는 등 최선을 다했으며(지금 과학자들이 하는 것처럼 말이다), 몇몇 두려움을 모르는 상인들은 외국으로 모험을 떠났다. 그러나 공간은 우리 대부분을 서로 이방인인 채로 남겨두었다.

이제 우리는 낮은 차원의 삶에 내재된 제한들을 기술로 극복하는 세계에 살고 있다. 휴대전화의 효과를 생각해보라. 나는 휴대전화를 꺼내 들고 대부분의 사람들과 즉시 이야기할 수 있다. 왜냐하면 지구 위의 50억~70억 명가량 되는 사람들이 휴대전화를 갖고 있기 때문이다. 이 기술은 효과적으로 공간을 해체시켰다. 휴대전화의 관점에서 보면 우리는 25억 차원의 공간에서 살고 있는 것인데, 이는 거의 모든 사람이 우리의 가장 가까운 이웃인 것과 같다.

물론 인터넷은 이와 동일한 일을 했다. 사람들을 서로 분리시키는 공간은 모든 사람을 서로 가깝게 만들어주는 접속들의 연결망에 의해 그 본질이 해체되었다. 그 결과 우리는 더 높은 차원의 공간에서 함께 살아가고 있다. 세계는 많은 사람이 그와 같은 좀 더 높은 공간에서 대부분 배타적으로 살아가도록 선택할 수 있는 곳으로 되어가고 있다. 필요한 모든 것은 약간의 가상적 실재이다. 예를 들어, 우리가 전화를 걸면 받는 사람의 홀로그램이 소환될 것이며, 그 사람에게는 우리의 홀로그램이 나타날 것이다.

무제한적 접속 가능성을 가진 높은 차원의 세계에서 우리는 3차원으로 이루어진 물리적 세계에서보다 훨씬 많은 선택의 기회를 갖게 된다. 전기로 연결된 우리 세계가 직면하고 있는 많은 도전은 이와 같은 광대하게 확장된 가능성의 바다로부터 비롯된 것이며, 광범위하게 퍼져 있는 많은 사회적 매체들은 이와 같은 가능성을 이용하고 통제하기 위해 고안된 것이다.

한 아이가 공간이 어떤 역할도 하지 않는 높은 차원의 세계에서 자라났다고 상상해보자. 이 아이는 세계를 유동적이고 역동적인 접속 체계가 모든 사람을 (다른 사람으로부터 고작 한 걸음만 떨어져 있도록) 연결해주는 방대한 연결망이라고 생각할 것이다. 이제 누군가가 이 세계의 전원을 차단한다고 상상해보라. 전원이 끊어지면서 연결망 속의 사건들은 더 제약되고 덜 자극적인 세계로 돌아오게 된다. 이들은 자신들이 실제로는 3차원의 세계에 살고 있으며 공간이 대부분의 사람들을 분리시킨다는 것을 발견한다. 이웃의 수는 50억에서 손에 꼽을 수 있을 만한 수로 줄어들며, 대부분의 사람은 갑자기 아주 멀리 있게 된다.

이와 같은 이미지는 몇몇 물리학자가 오늘날 공간에 대해 어떻게 생각하고 있는지에 관한 하나의 비유로 볼 수 있다. 우리는(그렇다. 나도 그와 같은 물리학자 중 하나다.) 공간이 환상이며 세계를 형성하는 실재적인 관계들은 인터넷 또는 휴대전화 연결망과 같은 동역학적 연결망이라고 믿는다. 우리는 공간이라는 환상을 경험한다. 왜냐하면 가능한 접속이 대부분 끊어져 있어서 모든 사물을 서로 멀리 떼어놓고 있기 때문이다.

이러한 그림은 공간을 근본적인 것으로 간주하지 않고 시간을 근본적인 것으로 간주하는, 양자중력에 대한 일련의 접근법으로부터 출현한다. 이 접근법들은 양자적 구조를 가정하며, 이 구조를 정의하는 데는 공간이 필요 없다. 여기서의 개념은 마치 열역학이 원자들의 물리학으로부터 출현하는 것처럼 공간이 출현한다는 것이다. 그러한 접근법들은 배경독립적이다. 왜냐하면 이들은 고정된 배경 기하학적 구조의 존재를 가정하지 않기 때문이다. 오히려 기본적인 개념은 그래프 또는 연결망이라는 개념으로, 공간에 대한 지칭 없이 내재적으로 정의된다.

이러한 접근법들 중 처음으로 발전된 것은 **인과적인 동역학적 삼각화**causal dynamical triangulation라 불리는데, 이는 얀 암뵤른Jan Ambjørn과 르네이트 롤Renate Loll이 발명했으며, 그들의 공동 연구자들이 정교하게 다듬었다.[2] 이후에 나타난 접근법은 **양자 도표성**quantum graphity이라 불리는데(이렇게 불리는 이유는 이 접근법이 자연 속의 근본적인 개체들은 도표들이라고 주장하기 때문이다), 이는 포티니 마르코폴로Fotini Markopoulou가 발명했으며[3] 그녀의 공동 연구자들이 탐구했다.[4] 내가 방금 막 직관적으로 제시한 그림, 즉 연결망의 접속을 끊음으로써 공간이 출현한다는 그림은 이 접근법과 가장 가깝다. 세 번째 접근법에서는 광역적 시간이 근본적인 것으로 간주되는 반면 공간이 창발하는 것은 아니라고 보는데, 이 접근법은 페트르 호라바Petr Horava에 의해 도입되었다.[5] 행렬 모형 접근법이라 불리는 특정한 접근법 역시 이와 같은 방식으로 기술될 수 있다.[6]

시간을 근본적인 것으로 받아들임으로써 이러한 접근법들은 오래된 배경독립적 접근법들과 달라진다. 오래된 접근법들은 마치 블록우주에서처럼 시공간이 이보다 더 근본적인 기술로부터—이 기술에서는 시간과 공간 모두 기본적인 것이 아니다—출현할 것이라고 가정한다. 이러한 접근법에는 **고리양자중력**, **인과적 집합** 및 끈 이론에 대한 몇몇 접근법이 포함된다.

이상과 같은 접근법들의 성공과 실패로부터 배울 수 있는 교훈이 있다. 이번 장에서는 이에 관한 이야기를 하고자 한다.

양자중력에 관한 몇몇 접근법에서 나타나는 유용한 은유는 공간을 연속적인 것이 아니라 이산적인 점들로 이루어진 격자로 상상하는 것이다[그림 13]. 입자들은 격자들이 있는 곳에 있으면서 가장 가까운 이웃으로 뛰어다니면서 움직인다. 두 입자는 이들이 오직 이웃해 있을 경우에만 서로에 대해 힘 또는 영향을 미친다. 만약 격자가 낮은 차원이라면 상호작용할 수 있는 입자의 수는 적다. 이 수는 인간 이웃들에 대한 우리의 논의에서처럼 차원이 증가함에 따라 늘어난다.

우리는 빛이 격자를 따라 이웃에서 이웃으로 뛰어다니면서 이동하는 광자들이라고 상상할 수 있다. 하나의 광자가 멀리 있는 입자

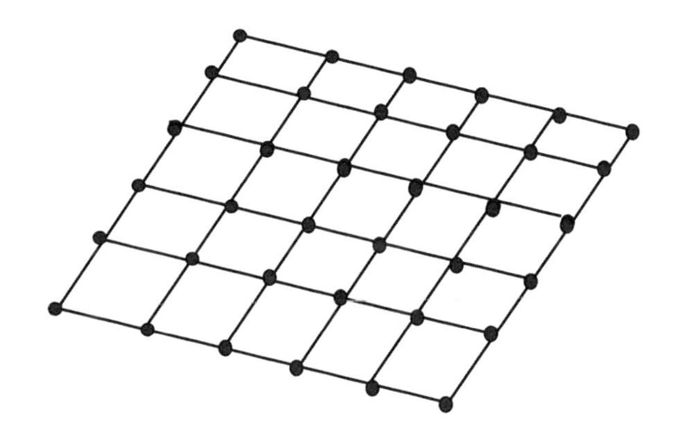

그림 13 점들의 격자로서의 공간. 하나의 입자는 오직 매듭들 중 하나에만 있을 수 있고, 운동은 하나의 매듭에서 다른 매듭으로 도약하는 것으로 이루어진다.

에 가기 위해서는 많이 뛰어다녀야 하며, 따라서 시간이 걸린다.

이제 세계가 훨씬 더 많은 접속을 가진 연결망이라고 생각해보자. 사물들은 서로에 대해 더 가까이 있게 된다. 연결망을 통해 연결되기 위한 단계들의 수가 더 적어지고, 연결망 속 임의의 두 매듭 사이에서 신호를 전달하는 시간이 줄어든다.

새로운 우주론을 위한 우리의 원리들 중 하나는 그 어떤 것도 영향을 받지 않으면서 작용할 수는 없다는 것이다. 따라서 만약 연결망이 입자들에게 어떻게 움직여야 하는지를 말해준다면, 연결망 역시 입자들이 있는 위치에 따라서 변화해야 하는 것 아닌가? 이것은 우리의 상호 연결되어 있는 인간 세계와 크게 다르지 않은 물리적 세계의 상을 구성한다. 세계는 관계들의 동역학적인 연결망이다. 연결망 위에 있는 모든 것과 연결망 그 자체의 구조 모두 진화를 겪는다. 이것은 양자중력에 대한 배경독립적 접근법에서 세계가 나타나는 방식이다.

고리양자중력은 양자중력에 대한 가장 오래되고 가장 발전된 접근법이므로 이에 대한 이야기부터 시작하자. 고리양자중력은 공간을 관계들의 동역학적 연결망으로서 기술한다. 공간의 기하학에 대한 전형적인 양자적 상태는 하나의 그래프로 나타낼 수 있다. 즉 교점 또는 교차점들을 만드는 여러 모서리를 포함하는 그림이다[그림 14]. (매듭들 사이에 있는, 몇몇 종류의 기본적인 관계들을 지시하는) 모든 모서리는 그 위에 자신이 연결하는 매듭들 사이의 관계들을 구체화하는 표를 갖고 있다. 이 표들은 보통의 정수들로 간주될 수 있으며, 표에는 각각의 모서리에 하나의 정수가 기재되어 있다(매듭들에

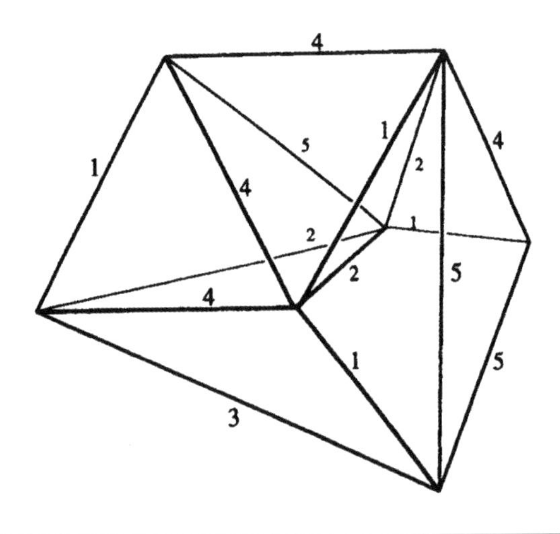

그림 14 도표로 그려진 공간 기하학의 전형적인 양자 상태

는 표가 있지만 이는 더 복잡하게 기술되므로 여기서 굳이 설명하지 않겠다).

양자물리학에서 원자의 에너지는 양자화되어 있고 특정한 이산적 에너지를 가진 특정한 상태들만이 명확한 에너지값을 가진다. 고리양자중력에 따르면 공간 영역의 부피도 양자화되어 있다. 이 부피는 오직 특정한 이산적 부피값만을 가질 수 있다. 표면 영역 또한 양자화되어 있다.[7] 고리양자중력은 부피와 영역의 스펙트럼에 대해 정확한 예측들을 제공한다. 이들은 잠재적으로 관찰 가능한 결론들을 가진다. 예를 들어, 이들은 작은 블랙홀들로부터 방출되는 관측 가능한 복사 스펙트럼에 대한 정확한 예측들을 함축한다.[8]

철 한 조각, 예를 들어 바늘을 떠올려보자. 바늘은 충분히 매끄럽게 보이지만, 우리는 이것이 규칙적으로 배열된 원자들로 이루어졌다는 것을 알고 있다. 원자 자체의 규모에서 자세히 들여다보면, 금속의 매끄러움은 이산적인 단위들인 원자들이 서로 규칙적으로 연결된 그림으로 바뀐다. 공간 역시 '매끄럽게' 또는 연속적으로 보이지만, 만약 고리양자중력이 옳다면 공간 역시 공간의 '원자들'이라 생각될 수 있는 이산적 단위들로 이루어져 있다. 만약 우리가 플랑크 규모에서 관측할 수 있다면 우리는 공간의 매끄러움이 이와 같은 그림으로 변환되는 것을 볼 것이다.

일반상대성에서는 우리가 살펴본 것처럼 공간의 기하학적 구조가 동역학적임이 드러난다. 공간의 기하학적 구조는 물질이 움직이거나 중력파가 전파되는 것에 반응해서 시간에 따라 진화한다. 그러나 만약 기하학적 구조가 플랑크 규모에서 진정으로 양자적이라면, 공간의 기하학적 구조의 변화들은 그 규모에서 일어나는 변화들에서부터 기인할 것이다. 예를 들어, 중력파의 이동 경로에 대응하여 공간의 양자기하학적 구조의 진동이 존재할 것이다. 고리양자중력의 승리는 아인슈타인의 일반상대성이론의 방정식들에 의해 주어진 시공간의 동역학이 사실상 도표들이 시간 속에서 어떻게 진화하는지에 관한 단순한 규칙들 속에 부호화될 수 있다는 것이다.[9] 이는 [그림 15]에 나타나 있다.

이와 같이 아인슈타인 방정식을 도표들의 변화 규칙들로 부호화하는 것은 두 가지 방식으로 이루어진다. 우리는 아인슈타인의 이론에서부터 시작해 고전적인 이론을 양자이론으로 변환하는 절차를 따를 수 있다. 이 절차는 서로 다른 많은 이론에서 발전되고 시험되었다. 이를 일반상대성에 적용하는 것은 기술적으로 도전적인 작업이지만, 이 절차를 정확하게 수행하면 우리가 여기서 기술하고 있는 그림이 유도되고, 시간 속에서 변화하는 도표들의 정확한 규칙이 얻어진다. 이상과 같은 방식으로 우리는 고리양자중력을 일반상대성의 '양자화'라고 부른다.[10]

이에 대한 대안으로 우리는 도표의 변화에 관한 양자적 규칙에서 시작해 고전적인 일반상대성의 규칙이 이 규칙에 대한 근사로서 도출될 수 있는지를 물을 수 있다. 이는 물을 구성하는 원자들이 따르는 근본적인 법칙으로부터 물의 흐름을 기술하는 방정식을 유도하는 것과 유사하다. 이와 같은 작업을 양자이론의 고전적 한계로부터의 고전 이론의 유도라고 부른다. 이는 도전적인 작업이지만, 최근에 고리양자중력에서 긍정적인 성과들이 나온 바 있다.[11] 이 성과들은 스핀거품모형이라고 하는 양자적 시공간에 대한 시공간적 접

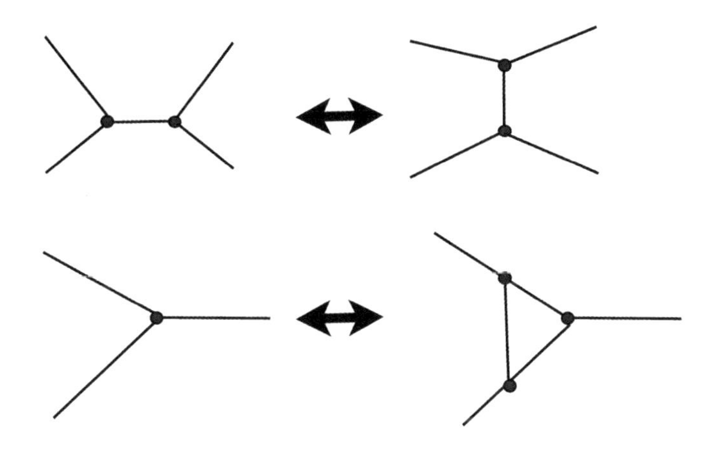

그림 15 고리양자중력에 따라 시간 속에서 도표들이 어떻게 진화하는지에 관한 규칙들. 그림처럼 각각의 움직임은 도표의 작은 부분에서 작용할 수 있다.

근법을 이용하는데, 이 모형에서는 공간의 기하학적 구조 근저에 있는 연결망을 시간과 공간을 포괄하는 좀 더 큰 연결망의 일부로 간주한다. 따라서 스핀거품은 블록우주 모형의 양자적 판본을 제공하는데, 여기서 시간과 공간은 단일한 구조로 통합된다. 특별히 인상적인 것은 일반상대성이 스핀거품모형들로부터 출현한다는 것을 보여주는 몇몇 독립적인 결과들이 존재한다는 것이다.

양자기하학적 그림에 물질을 추가하는 것은 쉬운 일이다. 방식은 격자 모형과 동일하며, 다른 게 있다면 이제 격자들이 변할 수 있다는 것이다. 우리는 매듭 또는 꼭지점에 입자를 둘 수 있다. 입자들은 격자 모형에서처럼 모서리를 따라 매듭에서 매듭으로 도약한다. 만약 충분히 먼 곳에서 바라본다면 매듭이나 도표를 보지 못할 것이며 이들이 근사적으로 드러내는 매끄러운 기하학적 구조만을 볼 것이다. 그러면 입자들은 마치 공간을 이동하고 있는 것처럼 보일 것이다. 따라서 우리가 공을 던질 때 실제로 일어나고 있는 것은 공에 있는 원자들이 한 공간의 원자에서 다른 공간의 원자로 계속해서 도약하는 것인지도 모른다.

그러나 일반상대성이 고리양자중력으로부터 출현함을 보여주는 결과들은 중요하기는 하지만 몇몇 부분에서 한계가 있다. 몇몇 사례의 경우, 기술은 경계에 의해 둘러싸인 시공간의 작은 영역으로 제한된다. 경계의 존재가 우리에게 알려주는 것은, 고리양자중력은 기껏해야 시공간의 작은 영역에 대한 기술로 여겨질 수 있으며 따라서 이는 뉴턴적 패러다임에 부합한다는 것이다.

최소한 우주상수가 음의 값을 가질 때 시공간이 경계 지어진 영역 안에서 출현할 수 있음을 제안하는 끈이론의 결론들도 있다. 이 결론들은 14장에서 언급한 후안 말다세나에 의해서 추측된, 일반상대성과 규모 불변 이론 사이의 이중성이라는 맥락에서 나타난다. 만약 그의 추측이 옳다면—많은 결과들이 이 추측을 뒷받침하고 있다—고전적인 시공간은 아마도 그 경계가 고정된 고전적인 기하학적 공간의 영역 내부에서 출현할 것이다.

따라서 고리양자중력과 끈이론 모두 양자중력을 경계를 가진 시공간 영역에 대한 기술로 이해할 수 있다고 제안하며, 따라서 뉴턴적 패러다임에 부합할 수 있다. 이들의 가장 강력한 결론들은 상자 속의 물리학이라는 맥락에서 성취된 것이며, 이 기술이 닫혀 있는 우주 전체의 이론으로 확대될 수 있는지는 다루지 않고 있다.

시공간의 출현으로 귀결되는 고리양자중력의 또 다른 가정은 공간의 양자기하학적 구조를 기술하는 도표들이 이미 낮은 차원의 공간에 대한 이산적인 그림처럼 보이는 것들로 제한된다는 것이다.[12] 이러한 사례들에서 공간의 국소성은 도표 속 각각의 교점 또는 매듭이 오직 작은 수의 다른 꼭지점들과 연결되게 함으로써 포착된다. 마치 한적한 시골 동네처럼 각각의 매듭에는 오직 소수의 가장 근접한 이웃만이 있다. 서로 멀리 떨어져 있는 두 개의 매듭 사이를 이동하기 위해서는 한 입자가 여러 번 뛰어다녀야 한다. 입자 혹은 양자가 정보를 먼 곳까지 전달하는 데는 시간이 걸린다. 따라서 빛의 유한한 속도를 사용하는 세계 기술이 출현한다. 그러나 국소성의 멋진 판본이 존재하지 않는 양자기하학적 구조의 많은 상태가 존재한다. 모든 매듭이 다른 모든 매듭과 그저 몇 단계만을 통해 접속되는 도표들이 존재한다. 고리양자중력 방법은 아직은 이와 같은 양자기하학적 구조들이 어떻게 진화하는지는 설명하지 않는다.

2차원에서의 사례 하나를 고려해보자. [그림 13]에서처럼 평면의 커다란 영역을 상상하자. 이 평면은 도표로 표현된 도식으로 표현되는 양자기하학적 기술을 가질 수 있다. 도표에서 서로 여러 단계 떨어져 있는 두 매듭을 떠올려보자. 이 두 매듭을 테드와 메리라고 부를 것이다. 이제 테드와 메리를 직접 연결하는 또 다른 모서리를 추가함으로써 오래된 도표로부터 새로운 도표를 만들 수 있다[그림 16]. 이는 메리와 테드가 서로 이웃인 양자기하학적 구조를 나타낸다. 이는 두 사람이 방금 막 휴대전화를 구입한 것과 같다. 이들을 분리하는 공간은 해체되었다.

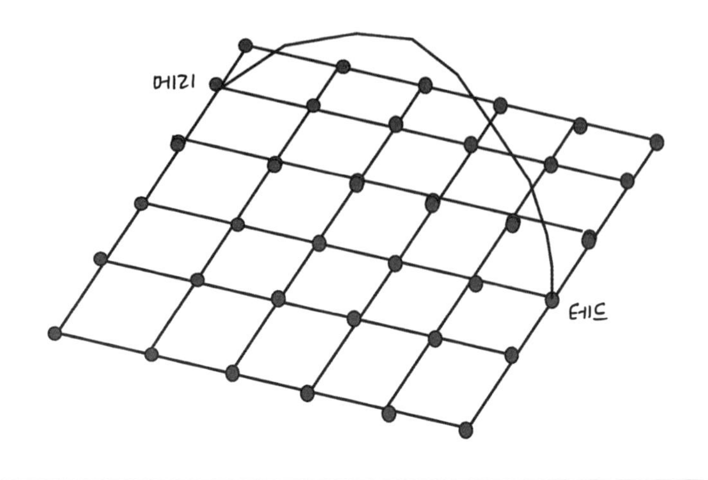

그림 16 비국소적 연결을 추가하면 국소성의 질서가 흐트러지며, 멀리 떨어져 있는 두 점이 서로 가까워진다.

만약 기하학적 구조가 진정 양자적이라면, 아마도 우리의 관측 가능한 우주 안에는 10^{180}개의 매듭이 있을 것이다. 즉 매듭 사이의 길이가 플랑크 길이인 정육면체들로 우주가 구성되어 있는 것이다. 만약 각각의 매듭이 소수의 가까운 이웃과만 연결된다면, 양자기하학적 구조는 큰 규모에서 볼 때 마치 고전적인 기하학적 구조처럼 보일 것이다. 그러면 공간의 국소성은 그것을 재생산하는 양자기하학적 구조의 특수한 디자인으로부터 출현한다. 이 경우 매듭들이 갖는 모서리의 수는 대략 같다. 왜냐하면 각각의 매듭은 단지 몇 개의 이웃과만 연결되기 때문이다. 그러나 양자기하학적 구조를 구성하는 광대한 수의 모서리에 단지 하나의 모서리만을 추가함으로써 우리는 극적인 방식으로 공간의 국소성을 위반하게 된다. 이를 통해 테드와 메리같이 서로 멀리 떨어져 있는 매듭들이 근본적으로 동시적인 소통을 할 수 있게 해준다. 우리는 이를 **국소성 질서 흩트리기**disordering locality라 부르고, 추가되는 모서리를 **비국소적 연결**nonlocal link이라 부른다.[13]

단지 하나의 비국소적인 연결을 추가함으로써 국소성 질서를 흩트리는 것은 놀랄 만큼 쉽다. 단일한 비국소적 연결은 관측 가능한 우주의 10^{180}개 모서리 중 하나에서 시작되겠지만, 이 연결을 삽입할 수 있는 가능한 장소는 10^{360}개가 된다. 만약 우리가 그것을 10^{180}개의 매듭들을 가진 도표에 무작위적으로 추가한다면, 비국소적 연결을 추가할 가능성은 국소적 연결을 추가할 가능성보다 훨씬 더 커진다. 왜냐하면 비국소적 연결을 추가하는 방법들의 수는 국소적으로 추가하는 방법들의 수보다 훨씬 많기 때문이다. 만약 우리가 국소적 연결을 만들고자 한다면, 한쪽 끝의 매듭은 작은 수의 다른 매듭들과 연결될 수 있다. 그러나 우리가 국소성에 대해서 신경을 쓰지 않는다면, 한쪽 끝은 우주 안에 있는 그 어떤 매듭과도 연결될 수 있다. 우리는 다시 한 번 국소성이 상당한 제약임을 확인한다.

아마도 우리가 거시적 세계에서 알아차리기 전에 얼마나 많은 비국소적 연결이 공간의 양자기하학적 구조에 추가될 수 있을지 궁금할 수 있다. 일반적인 입자들은 플랑크 규모보다 큰 차원의 양자적 파장을 갖고 있기 때문에, 가시광선을 이루는 하나의 광자가 비국소적 연결을 통해 테드로부터 메리까지 직접 뛰어가 스스로를 비국소적 연결의 다른 쪽 끝에서 발견할 확률은 아주 작다. 대략적인 추정에 따르면 실험이 빛보다 빠른 통신을 쉽게 탐지하기 전에 그와 같은 비국소적 연결들이 10^{100}개 정도 추가될 수 있다. 이는 어마어마하게 큰 숫자다(비록 10^{180}에는 훨씬 못 미치지만 말이다). 여전히 우주 전체의 어딘가와 비국소적으로 연결된 매듭들은 꽤 흔할 것이다. 평균적으로 볼 때 이런 매듭은 공간상에서 1세제곱나노미터마다 하나씩 들어 있을 것이다.

일단 우리가 비국소적 연결을 허용하면 국소적 질서를 흩트릴 수 있는 광대한 수의 방법이 존재한다. 우리는 또한 다른 매듭들과 연결된 소수의 매듭을 갖게 된다. 이와 같은 굉장히 사회적인 매듭들은 사회적 연결망에서의 가십처럼 작용해서, 지름길을 따라 우주 전체에 많은 양의 정보를 실어 나른다.

우주가 그와 같은 비국소적 연결들로 가득 차 있을 수 있을까? 이들의 존재를 어떻게 탐지할 수 있을까?

얽힘 및 양자이론에서 나타나는 다른 비국소성이 국소적 질서가 흐트러진 사례라는 생각은 그럴듯해 보인다. 아마도 공간이 존재하지 않고 모든 것들이 다른 모든 것들과 잠재적으로 연결되어 있는 상호작용의 연결망만이 존재하는 근본적인 수준의 기술은 14장에서 논증한 숨은 변수 이론일 것이다. 만약 그렇다면 양자이론과 공간은 함께 출현할 것이다.[14]

또 다른 (살짝 정신 나간) 가설은 비국소적 연결들이 우리 우주의 팽창 비율 증가를 유발하고 있는 신비로운 암흑에너지를 설명한다는 것이다.[15] 더 대담하고 덜 그럴듯한 가설은 그 연결들이 암흑물질을 설명해낼 것이라는 것이다.[16] 그리고 그에 못지않게 대담한 가

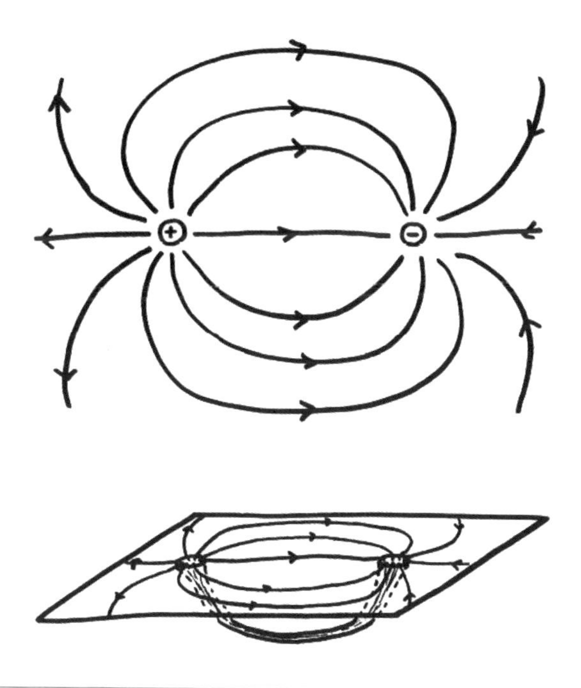

그림 17 전기적 속flux의 연결을 붙잡아 매는 웜홀로서의 장거리 연결. 웜홀의 한쪽 입구 주위에는 한 점으로부터 발생하는 것처럼 보이는 전기장이 존재하며, 이 입구는 마치 대전된 입자처럼 보인다.

설은 대전된 입자란 이와 같은 비국소적 연결의 끝부분에 지나지 않는다는 것이다.[17] 이는 대전된 입자가 공간에 있는 웜홀의 입구일 수 있다는 존 휠러John Wheeler의 오래된 개념을 떠올리게 한다. 왜냐하면 웜홀은 공간상 멀리 분리되어 있는 장소들을 연결하는 작은 (가설적인) 통로이기 때문이다. 전기장의 선들은 대전된 입자에 이르러 끝이 나지만, 이들은 또한 웜홀에 이르러서 끝나는 것처럼 보인다. 이 선들은 웜홀에서 통로를 통해 다른 쪽 끝으로 빠져 나오는 것으로 가정된다. 한쪽 끝은 양의 전하를 가진 입자처럼 행동할 것이고, 다른 쪽 끝은 음의 전하를 가진 입자처럼 행동할 것이다.[18] 비국소적 연결은 같은 일을 할 수 있다. 이것은 전기장을 붙들어 매어 하나는 입자, 멀리 있는 것은 반입자로 보이게 할 것이다[그림 17].

◈

만약 앞서 언급된 이론 중 하나가 작동하는 것으로 드러난다면 적은 수의 비국소적 연결은 허용될 수 있을 뿐만 아니라 심지어 이롭기까지 할 것이다. 그러나 만약 비국소적 연결이 너무 많으면 우리는 공간을 출현시킬 때 등장하는 문제점들에 부딪히게 된다. 이를 **역의 문제**inverse problem라고 한다.

예를 들어 구의 표면 같은 특정한 매끄러운 2차원적 표면을 삼각형들의 연결망으로 근사적으로 표현하기는 쉽다[그림 18]. 그와 같은 도표를 표면의 삼각화라고 부른다. 이것이 바로 버크민스터 풀러가 측지선 돔을 발명했을 때 한 일이며, 사람들이 정사각형으로 구획된 공간의 이점을 깨닫기 전까지의 짧은 기간 동안 이 돔은 풍경을 채웠다. 그러나 이제 역의 문제를 고찰해보자. 많은 수의 삼각형을 가지고 그 모서리를 서로 붙여 하나의 구조를 건설해본다고 가정하자. 그 어떤 안내도 없다. 그저 삼각형들을 이용해 무작위로 표면을 조합하는 것이다. 이때 구가 생성될 확률은 극도로 낮다. 아마도 그림 19와 같이 이상한 형태가 나올 것이다. 이 형태 위에는 군데군데 뾰족뾰족 튀어나온 곳들이 있거나 다른 복잡한 것들이 있을 것이다.

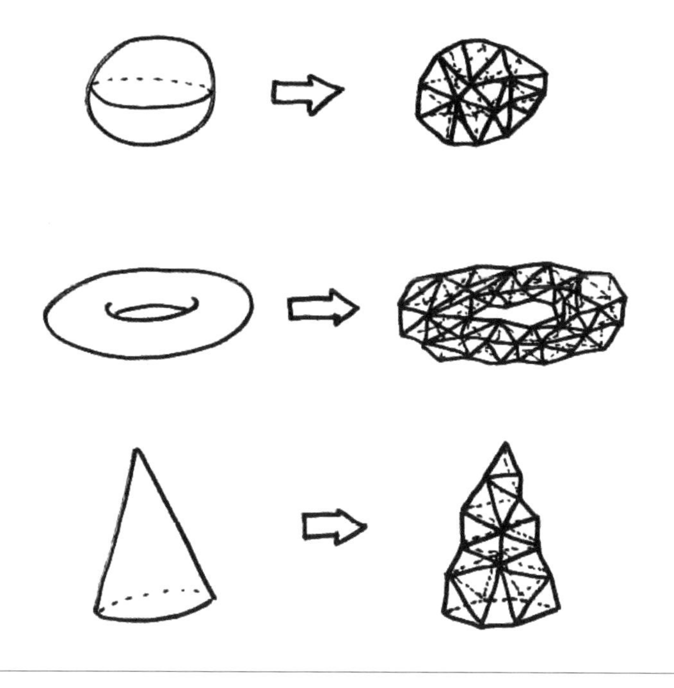

그림 18 매끄러운 2차원적 표면의 삼각화

문제는 삼각형들로 말끔한 2차원적 구의 표면을 만드는 것보다 이상한 형태들을 만들어내는 방법이 훨씬 많이 존재한다는 것이다. 이 모든 누더기 형태들에서 원자 구조가 삐져나온다. 왜냐하면 개별 삼각형의 규모에서는 많은 복잡성이 존재하기 때문이다. 따라서 말끔한 공간이 출현하지 않는다.

일반상대성이 고리양자중력으로부터 출현함을 보여주는 결과들은 역의 문제를 피한다. 왜냐하면 이 결과들은 공간의 삼각화에 의해 구성될 수 있는 도표들의 특별한 선택에 기초해 있기 때문이다.

이 결과들은 그들의 맥락 내에서는 인상적이지만, 이들은 우리가 많은 비국소적 연결을 가지는 더 일반적인 도표들의 진화를 어떻게 기술해야 하는지는 말해주지 않는다.

이는 다시금 공간의 국소성이 얼마나 제약적이고 특별한지를 강조한다. 그리고 이는 중요한 교훈을 준다. 만약 공간이 양자적 구조로부터 출현한다면, 분명 어떤 원리 또는 힘이 존재해서 공간의 '원자들'로 하여금 공간처럼 '보이는' 것들로 조합되도록, 가능한 배열들을 제한하는 방향으로 추동할 것이다. 특히 각각의 공간 원자들이 그 이웃에 다른 공간의 원자들은 아주 적은 수로만 가진다는 사실은 분명 강제되는 것이다. 왜냐하면 공간 원자들의 무작위적 조합에서는 그와 같은 일이 일어나지 않기 때문이다.

나는 고리양자중력을 통해 구성된 양자 일반상대성에 대해 이야기했으나, 역의 문제라는 주제는 원자적 구조에 상당하는 공간 또는 시공간 개념을 포함하고 있는 양자중력에 대한 다른 접근법들에도 문제를 일으킨다. 이러한 접근법들에는 인과적 집합 이론, 끈이론의 행렬 모형, 동역학적 삼각화가 포함된다. 각각의 접근법에는 이를 연구하는 사람들에게 동기를 부여하는 매력적인 측면들이 있으나, 이러한 접근법 모두 역의 문제에 부딪힌다.

이러한 접근법들이 제시하는 주된 문제는 왜 실제 세계가 고도로 상호 연결된 망이 아니라 3차원적인 공간처럼 보이느냐는 것이다.

이 문제의 어려움을 좀 더 잘 파악하기 위해 우리가 휴대전화 사용자들의 연결망 속에 살고 있다고 상상해보자. 공간은 존재하지 않으며 오직 거리라는 개념 즉 누가 이웃이고 누가 이웃이 아닌지

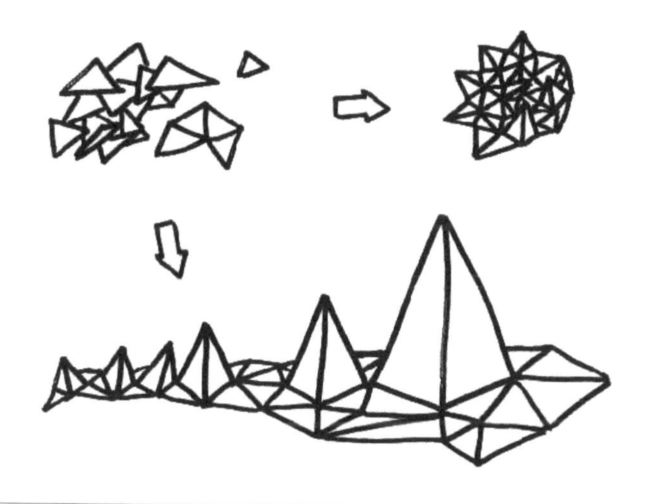

그림 19 삼각형을 모서리끼리 무작위적으로 붙임으로써 만들 수 있는 이상한 기하학 형태들

에 대한 개념만이 존재하는데, 이는 누가 누구에게 전화를 거는지에 따라서 정의된다. 만약 최소 하루에 한 번 누군가와 대화한다면 그 사람은 가장 가까운 이웃으로 간주된다. 어떤 사람에게 전화를 덜 하면 그 사람으로부터 멀어질 것이다. 이제 이와 같은 거리 개념이 공간에서의 거리 개념과 얼마나 다르고 유연한지 주목해보라. 우리가 보았듯이 공간에서는 모든 사람이 동일한 수의 잠재적으로 가장 가까운 이웃들을 가진다. 휴대전화 연결망에서와 달리 3차원 공간에서는 가장 가까운 이웃을 6보다 많이 가질 수 없다.

휴대전화 연결망에서는 연결망 안에 있는 그 어떤 다른 사용자와도 원하는 대로 자유롭게 가깝거나 멀어질 수 있다. 5만 명의 다른 사용자들로부터 얼마나 멀리 있는지 안다고 해도, 이러한 사실은

5만 1번째의 사용자로부터 얼마나 멀리 있는지에 대해서는 아무것도 알려주지 않는다. 추가되는 다음 사용자는 낯선 사람이 될 수도 있고 어머니가 될 수도 있다. 그러나 공간에서 가까운 성질은 견고하다. 일단 가장 가까운 이웃이 누구인지를 알면, 내가 어디에 사는지도 밝혀진다. 내가 다른 모든 사람으로부터 얼마나 멀리 떨어져 있는지도 말할 수 있다.

그 결과 휴대전화 연결망을 구체화하기 위해서는 2차원 또는 3차원 공간에서 사물들이 어떻게 배열되는지를 구체화하는 데 필요한 것보다 훨씬 더 많은 정보가 필요하다. 50억 명의 휴대전화 사용자들이 어떻게 연결되는지를 구체화하기 위해 나는 모든 잠재적인 사용자 쌍에 대해 별도의 정보를 제공해야 한다. 그것은 대략 50억의 제곱으로 2.5×10^{19}이라 쓴다. 그러나 지구 위에 있는 모든 사용자가 어디에 있는지를 구체화하기 위해서는 경도와 위도만 있으면 된다. 즉 120억이라는 숫자에 비교하면 쥐꼬리만 한 숫자다. 따라서 만약 공간이 연결망 속의 연결들을 끄는 것으로부터 비롯된다면, 반드시 꺼야만 하는 거대한 수의 잠재적인 연결들이 존재하는 셈이다.

이러한 연결들을 어떻게 끌 수 있을까?

양자중력에 대한 양자 도표성 접근법은 연결망 속에서 연결을 생성하거나 유지하는 데는 에너지가 든다고 가정함으로써 이 문제를 다룬다. 그렇게 되면 더 높은 차원의 격자들을 형성하는 것보다 [그림 13]에서와 같이 2차원 또는 3차원의 격자들을 형성하는 데 훨씬 적은 에너지가 소요된다. 이는 아주 초기 우주에 대한 단순한 그림을 시사한다. 초기에 우주는 매우 뜨거웠으므로 대부분의 연결을 켤 수 있을 만큼의 충분한 에너지가 있었다. 따라서 초기 우주는 모든 것이 기껏해야 몇 단계만 지나면 다른 모든 것과 연결되는 세계였다. 우주가 식으면서 연결들은 끊어지기 시작했고, 오직 3차원적 격자만을 유지할 수 있을 정도의 연결만이 남게 되었다. 이것이 공간 출현에 관한 시나리오다(나의 몇몇 동료들은 빅뱅 대신 거대한 얼어붙음에 대해서 이야기한다). 이 과정은 **기하 창조**幾何創造, geometrogenesis 라고도 불린다.[19]

기하 창조는 왜 우주마이크로파배경복사가 모든 방향에서 동일한 온도와 동일한 요동의 스펙트럼으로 우리에게 오는지와 같은 우주의 초기 조건이 갖는 몇몇 이해하기 어려운 측면들을 설명할 수 있다. 초기의 우주는 고도로 상호 연결된 계였기 때문이다. 따라서 기하 창조는 우주가 그 일생의 초기에 엄청난 팽창을 겪었다는 가설에 대안을 제공해준다.

물론 문제는 세부 사항에 있으며, 정확히 어떻게 그리고 왜 거대한 얼어붙음이 좀 더 혼돈스러운 구조가 아니라 [그림 13]의 2차원적 격자와 같이 규칙적으로 보이는 3차원적인 구조로 귀결되었는지에 대한 물음에 답해야 한다. 이것이 바로 최근 이루어지고 있는 연구의 주제다.[20]

◈

역의 문제를 해결하는 것은 우리에게 시간의 본성에 관해 두 개의 중요한 교훈을 주는 것으로 보인다.

첫째 교훈은 공간이 광역적 시간 변수를 가정하는 양자적 우주 모형들에서 출현하는 것 같다는 것이다. 이는 동역학적 삼각화 모형을 통해서 설명한 바 있다.

앞서 언급한 것처럼 삼각화란 측지선 돔과 같이[그림 18] 많은 삼각형을 결합하여 만든 표면이다. 삼차원적으로 굽은 공간은 이와 유사한 방법으로 구성될 수 있다. 동역학적 삼각화 모형은 이러한 정사면체를 공간의 원자로 사용한다. 양자기하학적 구조는 도표에 의해서가 아니라 면끼리 서로 붙은 정사면체들의 배열을 통해 기술된다.[21] 그와 같은 공간의 배열은 시간 속에서 규칙들의 집합을 통해 진화하며, 4차원적 시공간에 대한 이산적인 삼각화의 판본을 구성한다[그림 20].

동역학적 삼각화 접근법에는 두 가지가 있다. 이 접근법들에서는 블록우주 모형에서처럼 시공간이 원자화되어서 출현하지만, 시간에 대한 보편적 개념이 전제되며 오직 공간만이 출현하도록 되어 있다. 그 외의 구성은 아주 비슷하다. 그 결과 정합적인 시공간은 시간이 실재한다고 가정하는 모형들에서만 출현한다. 광역적 시간이 없는 다른 모형들은 역의 문제의 희생양이 되고 만다. 즉 이들은 전혀 공간처럼 보이지 않는 누더기 기하학들에 의해 감염되어 압도되는 것이다[그림 19].

역의 문제를 해결하는 모형들은 인과적인 동역학적 삼각화로 알려져 있는데, 이는 암뵤른과 롤이 발명했다. 이와 같은 창발적인 시공간들은 부분적으로 실재적인데, 이들은 3차원의 공간과 1차원의

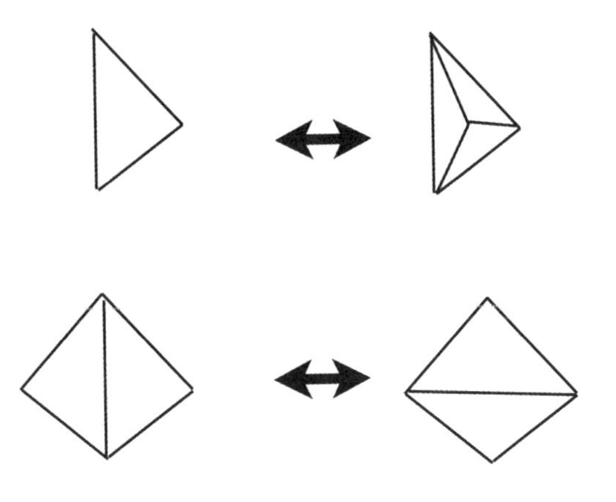

그림 20 표면들의 삼각화를 위한 진화적 규칙들

시간을 가진다. 이들 중 몇몇이 [그림 21]에 나타나 있다. 이들은 큰 규모에서 아인슈타인 일반상대성이론의 해들처럼 보이는, 양자 우주에 관한 최초 사례들이다. 이들은 심지어 아인슈타인의 방정식이 요구하는 방식으로 시간 속에서 공간의 부피가 증가한다는 것까지 증명한다.

아직 해결해야 할 문제들이 몇 남아 있다. 예를 들어, 이러한 창발적 시공간이 세부적으로 충분히 일반상대성의 해들을 닮아서 중력파와 블랙홀 같은 현상들을 재생산할 수 있는지의 여부가 있다. 또 다른 도전은 모형들 안에 내장된 광역적 시간 개념의 운명을 이해하는 것이다. 이보다 더 오래된 문제는 광역적 시간의 존재가 일반상대성이론의 다중적인 시간대칭성(6장을 보라)을 위배하는지의 여부이다. 이 질문을 묻는 더 새로운 방식은 일반상대성이 모형에 대한 약간의 조정에 의해 형태동역학의 형식으로 복원되는지 혹은 복원될 수 있는지다. 형태동역학은 우리가 14장에서 살펴본 것처럼 광역적 시간을 사용하는, 일반상대성과 동등한 이론이다.

두 번째 교훈은 만약 공간이 창발적인 것이라면 가장 깊은 수준에서는 동시성의 상대성이 있을 수 없다는 것이다. 왜냐하면 모든 것은 다른 모든 것과 연결되기 때문이다. 우리는 한 단계 또는 몇 단계 떨어져 있는 임의의 두 매듭 사이에 신호를 보낼 수 있기 때문에 시계를 동기화하는 문제는 존재하지 않는다. 따라서 그와 같은 수준에서는 시간이 반드시 광역적이어야 한다.

이와 같은 교훈은 양자 도표성 모형들에서 비롯한 결과들로 설명된다. 여기서 도표는 수많은 매듭으로 구성되어 있고, 임의의 두 매듭은 연결되어 있거나 그렇지 않다. 그러면 양자기하학적 구조들은 모든 매듭을 연결함으로써 그릴 수 있는 모든 도표를 포함하게 된다. 동역학적 법칙은 연결들을 켜거나 끈다. 학자들은 서로 다른 법칙들이 모서리들을 켜고 끄는 것으로 가정함으로써 몇몇 모형들을 연구하고 있다. 이 모형들은 두 단계를 갖는 것처럼 보이는데, 이는 물이 두 단계를 갖는 것과 유사하다. 높은 온도 단계에서는 대부분의 모서리들이 켜져 있어 모든 매듭은 하나 혹은 아주 적은 수의 단계 내에서 다른 모든 매듭과 밀접하게 연결되어 있다. 여기에는 국소성이 존재하지 않는다. 왜냐하면 정보는 임의의 두 매듭 사이에서 쉽고 재빠르게 뛰어다닐 수 있기 때문이다. 모형의 이와 같은 단계에서는 공간과 같은 것이 존재하지 않는다. 그러나 만약 우리가 모형을 차갑게 만들면 얼어붙은 상태로 상전이가 이루어지는 것처

그림 21 인과적인 삼각화 모형으로부터 출현하는 전형적인 시공간의 기하학적 구조.[22]

럼 보이며, 여기서는 대부분의 모서리가 꺼진다. 낮은 차원의 공간에 있는 것처럼 각각의 매듭은 소수의 가장 근접한 이웃들을 가질 뿐이며, 대부분의 매듭 쌍 사이에는 많은 도약이 필요하게 된다.

우리는 물질을 양자 도표성 모형에 집어넣을 수도 있다. 입자들은 매듭들 위에서 살아가며 오직 이들을 연결하는 모서리가 켜져 있을 때만 하나의 매듭에서 다른 매듭으로 뛰어갈 수 있다. 상호적 작용의 원리를 포착하는 동역학도 가정할 수 있다. 이 원리는 일반 상대성에서도 실현되는데, 기하학적 구조는 물질에게 물질이 어디로 움직일 수 있는지 말해주고, 물질은 기하학적 구조가 어떻게 진화할 수 있는지를 말해준다. 이러한 모형들은 공간의 출현에 관한 몇몇 측면과 중력과 관계된 유형의 현상들 역시 보여준다. 예를 들어 블랙홀과 유사한 것이 나타나 여기서 입자들이 오랜 기간 붙들려 있을 수 있다. 이러한 블랙홀의 영역은 영원하지 않다. 천천히 증발하는 이러한 블랙홀들은 스티븐 호킹이 제시한 블랙홀 증발 과정을 연상시킨다.

이러한 모형들이 실재적일 수 있다고 결론 내리려면 그 전에 이 모형들에 대한 연구가 많이 이루어져야 할 것이다. 그러나 단순한 장난감 모형들처럼 이 모형들은 엄청난 발견법적heuristic 이득을 준다. 이들은 만약 모든 것이 다른 모든 것과 잠재적으로 연결되어 있다면 광역적 시간이 존재해야 함을 보여준다. 특수상대성에서의 동시성의 상대성은 국소성의 귀결이다. 멀리 떨어진 사건들이 동시적인지를 결정하는 것은 불가능하다. 왜냐하면 빛의 속도는 신호들의 전파에 한계를 부여하기 때문이다. 특수상대성에서 우리는 두 사건이 동일한 장소에 있는 경우에만 동시성을 결정할 수 있다. 그러나 모든 입자가 다른 모든 입자로부터 잠재적으로 한 걸음만 떨어져 있는 양자적 우주에서는 모든 것이 본질적으로 '동일한 장소'에 있다. 그와 같은 모형에서는 시계들을 동기화하는 문제가 없으므로 보편적인 시간이 존재한다.

그와 같은 모형에서 공간이 출현하면 국소성도 출현한다. 따라서 신호 전파에 있어 한계 속도의 존재 역시 출현한다(이는 양자 도표성 모형들에서 어느 정도 자세하게 나타났다)[23]. 우리가 창발된 시공간에서 일어나는 현상만을 바라보고 시공간적 원자들의 규모까지 탐색해들어가지 않는 한, 특수상대성은 근사적으로 참인 것으로 보일 것이다. 이는 이 장에서 기술된 모형들과 이론들이 우리에게 가르쳐주는 핵심 교훈을 강화한다. **공간은 환상일 수 있지만, 시간은 분명 실재한다.**

양자중력에 대한 우리의 이해는 계속해서 발전해나가고 있다. 여기서 논의된 모든 접근법에 큰 가치가 있다. 이들은 자연에서 관측될 수 있는 잠재적인 양자중력 현상들에 관해 무언가 중요한 것을 가르쳐준다. 이들은 또한 서로 다른 가설들의 결론에 대해, 각각의 가설들이 직면하는 문제에 대해 그 문제들을 극복하는 데 쓸 수 있는 전략들을 가르쳐준다. 뉴턴적 패러다임에도 부합하는 더 성공적인 접근법은 우리에게 상자 속에 있는 양자적 시공간에 대해서도 가르쳐준다. 만약 이러한 접근법이 우주론적 도전에 직면한다면, 이 접근법은 시간이 실재함을 가리킨다.

16장

우주의 삶과 죽음

이제부터는 우리가 우주에 대해 던질 수 있는 가장 중요하고 까다로운 질문을 다룰 것이다. 왜 우주는 생명에 우호적인가? 우리는 시간이 실재한다는 것이 이 질문에 대한 답의 큰 부분을 차지한다는 사실을 알게 될 것이다.

만약 시간이 진정으로 실재한다면, 오직 시간이 근본적이라고 가정할 때만 해명되는 우주의 측면들이 존재해야 할 것이다. 이러한 측면들은 정반대의 가정, 즉 시간이 창발적이라는 가정에 근거했을 경우 신비롭고 우연적인 것으로 보여야 할 것이다. 실제로 그와 같은 측면들이 존재한다. 이들은 우리의 우주가 단순한 것에서 복잡한 것으로 진화한 역사를 갖고 있다는 관측을 통해 포착된다. 이는 시간에 강한 방향성을 부여한다. 우리는 우주에 시간의 화살이 있다고 말한다. 시간이 비본질적이고 창발적인 세계에서 이와 같은 방향성은 아주 있을 법하지 않은 것이다.

주변을 둘러보자. 맨눈으로 보거나 가장 강력한 망원경을 사용해서 보면 우리는 매우 구조화되고 복잡한 우주를 확인할 수 있다.

복잡성은 있을 법하지 않은 것이다. 복잡성에는 설명이 필요하다. 그 어떤 것도 단순한 것으로부터 아주 복잡한 유기체로 곧장 도약할 수는 없다. 엄청난 복잡성은 작은 단계들의 계열을 필요로 한다. 작은 단계들은 계열 속에서 발생하며, 이는 사건들이 시간 속에서 강하게 질서 지어짐을 함축한다.

복잡성에 관한 모든 과학적 설명에는 역사가 필요하다. 이 역사 속에서 복잡성의 수준은 천천히 점진적으로 높아진다. 이는 리처드 도킨스가 말하는 불가능한 산을 오르는 것과 같다.[1] 따라서 우주의 역사는 반드시 시간 속에서 진행된다. 어떻게 우주가 지금 상태에 이르게 되었는지를 설명하려면 인과적인 질서가 필요하다.

비시간적 그림을 받아들이는 19세기 물리학자들과 오늘날의 사변적인 우주론자들에 따르면, 우리가 주변에서 보게 되는 복잡성은 우연적이며 일시적이어야만 한다. 그들의 관점에 따르면 우주는 평형 상태平衡狀態, equilibrium로 끝날 운명에 처해 있다. 이와 같은 상태는 **우주의 열적 죽음**the heat death of the universe이라고 불리며, 이때는 우주 전체에 걸쳐서 물질과 에너지가 균일하게 분포하며 아주 이따금씩 무작위적인 요동이 일어나는 것 말고는 그 어떤 일도 일어나지 않는다.[2] 대부분의 시간에서, 무작위적인 요동은 아무것도 만들어내지 못한 채 나타나는 즉시 흐트러진다. 그러나 내가 이 장 및 다른 장들에서 설명할 것처럼, 10장에서 제시된 새로운 우주론적

이론을 위한 원리들은 증가하는 복잡성을 가진 우주가 자연스럽고 필연적인 이유를 이해하는 데 도움을 줄 것이다.

따라서 두 개의 서로 다른 길이 우리 앞에 놓여 있고, 각각의 길은 우주의 미래에 관해 확연하게 다른 판본으로 우리를 이끈다. 첫째 그림에서는 우주의 미래가 존재하지 않는다. 시간이 존재하지 않기 때문이다. 시간은 기껏해야 변화의 측도인 환상일 뿐이며, 변화가 멈출 때 이 환상은 끝난다.

내가 제안하는 시간에 붙들린 그림에서 우주는 새로운 현상과 조직화의 상태를 육성하는 과정이며, 끝없이 그 자신을 새롭게 하며 더 높은 복잡성과 조직화의 단계들로 진화해나간다.

관측 기록은 우리에게 시간이 지남에 따라 우주가 점점 더 흥미로운 것이 되어가고 있다고 분명하게 말해주고 있다. 초기에 우주는 플라즈마로 가득 찬 평형 상태였다. 가장 단순한 것에서 시작한 최초의 우주는 광대한 규모의 영역에서 엄청난 복잡성을 진화시켰는데, 이는 은하들의 무리에서부터 생물학적 분자들에 이른다.[3]

이러한 모든 구조와 복잡성의 지속과 성장은 당혹스러운 것이다. 우리가 보는 구조에 대한 가장 단순한 설명인 우연적인 배열이라는 설명을 배제하기 때문이다. 수십억 년의 시간 동안 그 복잡성을 증가시키며 지속되어온 구조들이 우연한 사건에 의해 귀결되지는 않았을 것이다. 뒤에서 설명할 것처럼, 우리가 주위에서 보는 복잡성이 우연적인 것이라면 복잡성은 거의 확실하게 시간에 따라서 증가하는 것이 아니라 줄어들어야 할 것이다.

우주가 열적 죽음에서 끝날 것이라는 예측은 물리학과 우주론으로부터 시간을 추방하는 또 다른 단계이며, 우주의 자연적인 상태는 변화하지 않는 것이라는 고대의 개념과도 유사하다. 우주론적 사고의 가장 오래된 욕망은 세계의 자연스러운 상태가 평형이라고 여기는 것이다. 즉 모든 것이 그 자신의 자연스러운 위치에 있기 때문에 조직화를 향한 그 어떤 욕망도 존재하지 않는다는 것이다. 이것이 아리스토텔레스 우주론의 본질이었다. 2장에서 기술했듯이, 이 우주론은 본질적으로 자연스러운 운동을 하는 물리학에 기초한 것이었다. 예를 들어 땅은 중심을 찾는 반면 공기의 자연스러운 운동은 위를 향하는 것이다.

아리스토텔레스에 따르면 지상계에 여전히 변화가 존재하는 유일한 이유는 강제된 운동이라 분류되는 운동을 유발하는 다른 원인들이 존재하기 때문인데, 이 원인들은 어떤 것을 그것의 자연적인 상태로부터 벗어나게끔 할 수 있다. 인간과 동물은 강제된 운동들의 원천이지만 다른 원천들도 있다. 뜨거운 물은 공기가 그 안으로 들어오는 것을 허용하므로 부분적으로 공기의 자연스러운 상승 운동을 따라 위로 올라갔다가 차가워질 때쯤 멈추고 공기를 방출한 후 비가 되어 내린다. 이와 같은 강제된 운동의 궁극적인 원천은 태양으로부터 오는 열인데, 태양은 천상계의 일부이다. 여러 방식을 취할 수는 있지만 어찌 되었든 강제된 모든 운동의 궁극적인 원천은 태양이다. 만약 지상계가 천상계와 분리되어 혼자만 남겨진다면, 모든 것은 평형 상태에 이르러 그것의 자연스러운 장소에 정지해 있을 것이고 변화는 일어나지 않을 것이다.

현대 물리학은 고유의 평형 개념을 갖고 있는데 이는 열역학 법칙들에 의해 특성화된다. 이 법칙들은 상자 속의 물리학에 적용된다. 열역학 법칙은 하나의 고립계를 전제하는데, 이 계는 주변 환경과 에너지나 물질을 교환하지 않는다.

그러나 우리는 아리스토텔레스 또는 뉴턴의 평형 개념을 열역학적 평형이라는 현대적 개념과 혼동해서는 안 된다. 아리스토텔레스와 뉴턴의 평형은 힘들의 균형에서부터 비롯된다. 다리가 무너지지 않는 이유는 대들보와 대갈못에 작용하는 힘이 균형을 이루기 때문이다. 현대 열역학에서의 평형 개념은 이와 완전히 다르다. 이는 엄청나게 많은 입자를 갖고 있는 계들에 적용되며 근본적인 차원에서 확률 개념을 도입한다.

우주의 열적 죽음에 대해 이야기하기 전에 용어들을 좀 더 잘 이해할 필요가 있다. 바로 **엔트로피**entropy와 **열역학 제2법칙**second law of thermodynamic이라는 개념이다.

◈

현대 열역학을 이해하는 핵심은 이것이 서로 다른 수준의 기술 두 개를 포함한다는 것이다. 하나는 미시적 수준의 것으로, 임의의 개별적인 계에 있는 모든 원자의 위치와 운동에 대한 정확한 기술이다. 이를 **미시 상태**라고 부른다. 다른 하나는 거시적 수준 또는 계의 **거시 상태**로, 기체의 온도와 압력같이 적은 수의 변수들로 이루어지는 거칠고 대략적인 근사적 기술이다. 한 계의 열역학을 연구하는 것은 이와 같은 두 가지 수준의 기술 간의 관계를 평가하는 것이다.

이에 관한 단순한 예로는 일반적인 벽돌 건물을 들 수 있다. 이 경우 거시 상태는 건축 도면이다. 미시 상태는 각각의 벽돌이 있는 정확한 위치다. 건축가는 오직 이러저러한 차원을 가진 벽돌 벽을 세우고, 창문과 문을 내려면 어느 곳이 열려 있어야 하는지에 대해서만 구체화하면 된다. 대부분의 벽돌은 동일하므로, 동일한 벽돌 두 개가 서로 바뀐다고 해도 건물의 구조에 영향을 미치지는 않는다. 따라서 동일한 거시 구조를 제공하는 많은 수의 서로 다른 미시 상태가 존재한다.

이제 이러한 표준적인 벽돌 건물을 프랭크 게리가 건축한 빌바오의 구겐하임 미술관 건물과 대조해보자. 이 건물의 외부 표면은 개별적으로 가공된 금속판으로 구성되어 있다. 게리의 디자인에 있는 굽은 표면을 이루는 각각의 판들은 서로 생김새와 위치가 다르다. 건물은 모든 판이 각자의 정확한 위치에 자리를 잡아야만 건축가가 의도한 형태를 가질 것이었다. 이 경우 건축 도면은 다시금 거시 상태를 구체화하며, 각각의 판들이 어디로 가는지는 미시 상태다. 그러나 이 건물에는 전통적인 벽돌 건물과 달리 미시 상태를 변경할 수 있는 자유의 여지가 없다. 의도된 거시 상태를 제공하는 오직 하나의 미시 상태가 존재할 뿐이다.

따라서 많은 미시 상태가 어떻게 동일한 거시 상태를 제공하는지에 관한 개념은 게리의 건물이 어떻게 그와 같이 혁명적일 수 있는지 설명할 방법을 제공한다. 이 개념은 **엔트로피**라는 이름을 갖고 있다. 건물의 엔트로피는 건축가의 도면을 구현하기 위해 부분들을 결합할 수 있는 서로 다른 방법들의 수에 대한 척도이다. 표준적인 벽돌 건물은 매우 높은 엔트로피를 가진다. 프랭크 게리가 지은 건물의 엔트로피는 0인데, 이는 그것의 독특한 미시 상태에 대응하는 것이다.[4]

우리는 이 예로부터 **엔트로피는 정보와 역의 관계에 있음**을 알 수 있다. 게리의 건물 디자인을 구체화하기 위해서는 훨씬 더 많은 정보가 필요하다. 왜냐하면 각각의 조각들을 어떻게 조직해야 하는지 그리고 모든 조각이 정확하게 어디로 가는지를 짚을 필요가 있기 때문이다. 표준적인 벽돌 건물의 디자인을 구체화하는 데는 훨씬 적은 정보가 필요하다. 왜냐하면 우리가 알 필요가 있는 것은 건물 벽의 차원뿐이기 때문이다.

이제 이 방법이 좀 더 전형적인 물리학적 사례에서 어떻게 작동하는지 살펴보자. 아주 많은 수의 분자들로 구성된 기체로 가득 찬 상자를 하나 떠올려보자. 근본적인 기술은 미시적이며, 이 기술은 각각의 분자가 어디에 있고 그것이 어떻게 움직이는지 말해준다. 이는 엄청난 양의 정보다. 그리고 거시적인 기술 역시 존재하는데, 여기서 기체는 밀도, 온도, 압력의 용어들로 기술된다.

밀도와 온도를 구체화하는 데는 각각의 원자가 어디에 있는지 말하는 데 필요한 것보다 정보가 훨씬 적어도 된다. 그에 따라 미시적 기술을 거시적 기술로 번역하는 쉬운 방법이 있으나 그 역은 성립하지 않는다. 만약 각각의 분자가 어디에 있는지를 안다면 밀도와 온도—평균 운동 에너지—를 알 수 있다. 그러나 그 역을 알기란 불가능하다. 왜냐하면 동일한 밀도와 온도를 귀결시키면서 개별적인 원자들이 미시적으로 배열될 수 있는 방법은 아주 많기 때문이다.

미시 상태를 거시 상태로 번역하기 위해서는 얼마나 많은 미시적인 상태들이 주어진 거시 상태와 일관성이 있는지를 헤아리는 것이 중요하다. 건물들에 관한 예시에서처럼 이 수는 거시적인 배열에 대한 **엔트로피**로 주어진다. 이와 같이 정의된 엔트로피는 거시적 기술의 속성일 뿐이라는 점을 주목하라. 따라서 엔트로피는 창발적 속성이지만, 엔트로피를 계의 정확한 미시 상태에 부여하는 것도 의미가 없다.

다음 단계는 엔트로피를 확률과 연관 짓는 것이다. 모든 미시 상태의 확률이 서로 동등하다고 가정함으로써 이러한 연관을 지을 수 있다. 이것은 물리적인 공준이며, 이는 기체 내의 원자들이 혼란스러운 운동을 하며 섞이는 경향이 있어 그들 자신의 운동을 무작위적으로 만든다는 사실로 정당화된다. 미시 상태로부터 거시 상태를 만들 수 있는 방법이 많을수록—즉 거시 상태의 엔트로피가 높을수록—그것이 실현될 가능성은 높아진다. 미시 상태가 무작위적이라는 전제 아래에서 가장 확률이 높은 거시 상태는 평형 상태라고 불린다. 평형은 가장 높은 엔트로피를 가진 상태이기도 하다.

한 마리의 고양이를 그 구성 성분인 원자들로 분해한 후, 이 원자들을 방에 있는 공기 속에 무작위적으로 섞는다고 해보자. 고양이의 원자들이 공기 속에서 무작위적으로 섞이는 미시 상태는 고양이가 재조합되어 소파 위에 앉아 털을 핥으며 가르랑거리는 소리를 내는 미시 상태보다 그 수가 훨씬 더 많다. 고양이는 원자들이 배열되기에는 너무도 확률이 낮은 방법이다. 따라서 이는 공기에 있는 같은 원자들을 무작위적으로 섞는 것과 비교할 때 낮은 엔트로피와 많은 정보를 가진다.

기체 속의 원자들은 혼란스럽게 움직이므로 자주 충돌한다. 이들은 충돌하면 서로를 튕겨내는데, 정도의 차이는 있지만 무작위적인 방향으로 이루어진다. 따라서 시간이 지남에 따라 미시 상태는 섞이는 경향이 있다. 만약 미시 상태가 무작위적으로 시작되지 않았다면 이는 금방 무작위적인 것이 될 것이다. 이는 만약 우리가 평형 상태와는 다른 낮은 엔트로피를 갖는 상태로부터 시작한다면, 시간이 지남에 따라 일어날 확률이 가장 높은 일은 미시 상태가 엔트로피를 증가시키며 무작위적인 것이 된다는 말이다. 바로 이것이 **열역학의 제2법칙**이 말하는 바다.

이것이 어떻게 작동하는지 알기 위해 하나의 단순한 실험을 떠올려보자. 카드 한 벌과 카드 섞는 사람이 있다. 실험이 시작될 때는 카드들이 질서 지어져 있다고 가정하자. 이후에는 매 순간 카드 섞는 사람에 의해서 카드가 계속 섞인다. 여기서의 실험은 카드가 거듭해서 섞일 때마다 그 속의 질서에 무슨 일이 일어나는지를 관측하는 것이다.

처음에는 질서가 잡혀 있었다고 하더라도 섞으면 섞을수록 질서는 점점 무작위적인 것이 된다. 충분히 섞은 뒤로는 귀결된 질서를 순수하게 무작위적인 질서와 구분할 수 없다. 초기의 질서에 관한 모든 기억이 근본적으로 소실된 것이다.

질서가 무질서로 흩어지는 이와 같은 경향성은 열역학 제2법칙에 의해서 포착된다. 같은 맥락에서 열역학 제2법칙은 카드 한 벌을 섞는 것이 카드들이 초기에 가질 수 있는 그 어떤 특별한 질서도 파괴하고 이를 무작위적인 질서로 대체하는 경향을 가질 것이라고 말한다.

엔트로피가 항상 증가하는 것은 아니다. 가끔은 섞였는데도 엔트로피가 낮아질 수 있다. 예를 들어, 카드들이 원래의 질서로 돌아가는 것이다. 단지 질서 있던 카드 한 벌의 엔트로피가 증가하는 것이 감소하는 것보다 일어날 확률이 훨씬 더 높을 뿐이다. 카드가 많을수록 카드를 섞었을 때 원래대로 완전히 질서가 잡힐 확률은 낮아질 것이다. 따라서 카드들이 질서를 완전히 회복하기까지의 섞음 사이의 간격은 늘어날 것이다. 그럼에도 카드의 수가 유한한 한 카드들이 질서를 완전히 회복하게 되는 순간이 존재한다. 이 시간은 **푸앵카레 회귀 시간**Poincare recurrence time이라 불린다. 만약 한 계를 짧은 시간 동안만 바라본다면 엔트로피가 증가하는 것만 볼 확률이 높다. 그러나 푸앵카레 회귀 시간보다 더 긴 시간 동안 계를 바라보고 있으면 엔트로피가 낮아지는 것 역시 보게 될 것이다.

카드들의 질서 짓기에서 무작위성이 하는 역할에 대한 이야기는 기체에도 적용할 수 있다. 기체 내에서는 원자들의 배열에 질서가 잡혀있다. 모든 원자들이 상자 한쪽에 모여 있거나 모든 원자들이 같은 방향으로 움직이는 것이 그 예이다. 이러한 배열들은 모든 카드가 질서 잡혀 있는 상황과 유사하다. 그러나 이와 같이 원자들의 배열에 질서가 잡혀 있는 경우가 있다 하더라도, 이런 상태는 원자들이 상자 전체에 걸쳐 무작위적으로 위치하고 무작위적인 방향으로 움직이는 경우보다 훨씬 드물다.

만약 우리가 모든 원자가 상자 한쪽에 모여 있고 모두 같은 방식으로 움직이는 상태에서 시작한다면, 우리는 원자들이 움직이면서 서로 흩어지게 하여 상자 전체에 퍼지고 상자 전체를 채우는 것을 볼 것이다. 시간이 조금 지난 뒤에는 원자들의 위치가 완전히 섞일 것이며, 상자 속 원자의 밀도는 균일해진다.

대략 같은 비율로 원자들이 서로 충돌함에 따라 원자들이 움직이는 방향 및 원자들의 에너지는 무작위적으로 바뀐다. 결국 대부분의 원자는 평균 에너지에 가까운 에너지를 갖게 될 것이다. 이때 평균 에너지는 온도다.

얼마나 질서 지어져 있고 예외적인 배열에서 시작하는지와는 상관없이, 약간의 시간이 지나면 상자 속 원자들의 밀도와 온도는 균일해지고 무작위적인 것이 될 것이다. 이것이 평형 상태다. 기체가 한번 평형에 이르면 기체는 거의 대부분 그 상태에 머무른다.

이와 같은 맥락에서 열역학 제2법칙은, 엔트로피는 짧은 시간 동안 아주 높은 확률로 양의 값 또는 최소한 0의 값을 가진다고 이야기한다. 만약 평형이 아닌 배열에서부터 시작한다면, 낮은 확률의 배열에서 시작하기 때문에 낮은 엔트로피에서 시작하는 것이다. 일어날 확률이 가장 높은 일은 원자들의 충돌에 의해 배열이 추가적으로 무작위화되는 것으로, 이에 따라 해당 배열의 확률이 증가하게 된다. 결과적으로 엔트로피는 상승한다. 만약 평형 상태, 즉 배열이 이미 무작위적으로 되어 있어서 엔트로피가 최대인 상태에서 시작한다면, 가장 높은 확률로 일어나는 일은 배열이 무작위적인 상태를 유지하는 것이다. 그러나 만약 원자들을 아주 긴 기간 동안 지켜보고 있을 경우, 앞서 언급한 것처럼 기체를 좀 더 질서 잡힌 상태로 유도하는 요동이 낮은 확률로 존재할 것이다. 가장 높은 확률을 가지는 요동은 미미한 형태이다. 한 장소의 밀도가 아주 조금 높아지고 다른 장소의 밀도는 아주 낮아지는 식이다. 모든 원자들이 상자 한 구석에 모이게 하는 요동은 그보다 훨씬 작은 확률을 가진다. 그러나 충분한 시간이 주어지기만 한다면 이와 같은 일은 일어날 것이다. 원자들의 수가 유한하기만 하다면, 얼마나 드문지와는 상관없이 그 어떤 배열도 이끌어낼 수 있는 요동이 존재할 것이다.

그러나 그와 같은 요동의 물리적 효과들을 보려고 기다릴 필요는 없다. 아인슈타인은 액체 안 분자들의 요동에 관한 연구를 이용하여 원자들의 존재를 증명한 것으로 유명하다. 그는 물과 같은 액체가 무작위적으로 움직이는 분자들로 구성되어 있다고 가정했고, 이러한 분자들의 운동이 물 위에 떠 있는 아주 작은 꽃가루 같은 입자에 미치는 영향에 대해 고찰했다. 물 분자들은 눈으로 보기에는 너무 작지만 이들의 영향은 꽃가루의 운동 속에서 살펴볼 수 있었다. 꽃가루의 운동은 현미경으로 보기에 충분히 컸기 때문이다. 꽃가루는 분자들과 충돌하면서 이리저리 부딪혀서 일종의 무작위적인 춤을 추게 된다.

꽃가루가 얼마나 열정적으로 춤을 추는지 측정함으로써 우리는 초당 얼마나 많은 분자가 얼마만큼의 힘으로 꽃가루에 부딪치는지를 알 수 있다. 아인슈타인은 자신의 1905년 논문 중 하나에서 원자들의 속성에 관한 시험 가능한 예측들을 제시했고, 이는 이후 옳다는 것이 밝혀졌다. 이 예측에는 1그램의 물에 포함되어 있는 원자의 수도 있었다.[5] 이와 유사한 많은 실험들로부터 우리는 그와 같은 요동들이 실재하며 그것이 열역학의 이야기 중 일부임을 알고 있다.

요동은 열역학의 초기 연구를 괴롭힌 주요 역설을 해결했다. 원래 열역학의 법칙들은 원자 또는 확률의 개념 없이 도입되었다. 기체와 액체는 연속적인 실체들로 다루어졌고 엔트로피와 온도는 그 자체로 근본적인 의미를 갖는 것처럼 확률적인 개념 없이 정의되었다. 원래의 공식화에서 열역학 제2법칙은 단순히 그 어떤 과정에서도 엔트로피는 올라가거나 동일하게 유지된다고만 말했다. 또 다른 법칙은 엔트로피가 최대로 되었을 때 한 계는 모든 곳에서 동일한 온도를 가진다고 말했다.

19세기 중반에 이르러 제임스 클러크 맥스웰과 루트비히 볼츠만은 물질이 무작위적으로 움직이는 원자들로 구성되어 있다는 가설을 발전시켰고, 많은 원자들의 운동에 통계학을 적용함으로써 열역학의 법칙을 도출하고자 했다. 예를 들어 이들은 온도가 무작위적인 원자 운동의 평균 에너지에 지나지 않는다고 제안했다. 이들은 내가 이 장에서 제시한 것처럼 엔트로피와 제2법칙을 도입했다.

그러나 그 시절에 대부분의 물리학자는 원자를 믿지 않았다. 그래서 물리학자들은 원자 운동을 바탕으로 열역학 법칙의 근거를 마련하려는 이러한 시도를 기각했고, 열역학의 법칙은 그러한 운동으로부터 도출될 수 없음을 보여주는 강력한 논증을 발명해냈다. 그와 같은 논증 중 하나는 다음과 같다. 원자가 (만약 존재한다면) 따라야 하는 운동 법칙은 시간 속에서 가역적이다(5장에서 논의했듯이).

만약 뉴턴의 법칙을 따라 움직이는 많은 수의 원자에 대한 영화를 촬영하고 그 영화를 거꾸로 돌린다면, 뉴턴의 법칙과 일관된 하나의 가능한 역사를 갖게 되는 셈이다. 그러나 열역학 제2법칙은 비가역적이다. 왜냐하면 이 법칙은 엔트로피가 항상 유지되거나 증가할 뿐 결코 감소하지는 않는다고 말하기 때문이다. 회의주의자들은 시간 속에서 가역적이지 않은 법칙이 가상적인 원자의 운동을 통제하는 법칙으로부터 도출되는 것이 불가능하다고 주장했다.

이에 대한 올바른 대답은 파울 에렌페스트Paul Ehrenfest와 타티아나 에렌페스트Tatiana Ehrenfest에 의해 제시되었는데, 그들은 볼츠만의 후배였고 이후 아인슈타인의 친구가 되었다.[6] 이들은 원자론 이전의 물리학에서 공식화된 제2법칙이 잘못되었음을 보였다. 엔트로피는 사실상 가끔씩 감소하며, 이는 그저 가능한 일에 지나지 않는 것이 아니었다. 만약 충분히 오래 기다린다면 요동들은 가끔씩 계의 엔트로피를 줄일 것이다. 따라서 요동은 근본적으로 시간 가역적인 법칙들을 따르는 원자들의 존재가 열역학과 조화를 이룰 수 있는 방법에 대한 이야기의 필수적인 부분이다.

그럼에도 불구하고 심지어 올바른 그림조차도 미래에 대한 희망을 없애는 것처럼 여겨진다. 왜냐하면 열역학의 원리에 근거하면 모든 고립계는 결국 평형에 이르기 때문이다. 평형 이후에는 의미 있는 누적적 변화가 없고 구조 또는 복잡성의 성장도 없으며, 오직 무작위적인 변동들 외에는 그 어떤 일도 일어나지 않는 무한한 평형만이 존재하기 때문이다.

평형 상태에 있는 우주는 복잡할 수가 없다. 왜냐하면 평형 상태에 이르게 하는 무작위적인 과정들이 조직화를 파괴하기 때문이다. 그러나 이는 복잡성 그 자체가 엔트로피의 부재에 의해서 측정될 수 있다는 것을 의미하지는 않는다. 복잡성을 충분히 특성화하려면 평형인 계들의 열역학을 넘어서는 개념들이 있어야 한다. 바로 이것이 다음 장에서 논할 주제이다.

◈

열역학의 관점에서 우주론을 바라보면 우주는 더 흥미롭고 복잡해진다. 뉴턴적인 패러다임의 관점에서 보면 우주는 특정한 법칙을 따르는 방정식들의 해에 의해 통제된다. 이 법칙은 아마도 일반상대성과 입자물리학의 표준모형을 특정하게 결합한 것으로 근사적으로 나타날 것이며, 이때 세부 사항은 문제가 되지 않는다. 우주를 지배하는 해답은 가능한 해답들의 무한집합으로부터 선별되며, 빅뱅 시점 혹은 그 근처의 시점에서 초기 조건들을 선별함으로써 구체화될 수 있다.

우리가 열역학으로부터 배우는 것은 물리학의 법칙들에 대한 거의 대부분의 해는 평형 속의 우주를 기술한다는 것이다. 왜냐하면 평형의 정의는 가장 확률이 높은 배열들로 구성됨을 의미하기 때문이다. 평형의 또 다른 함축된 의미는 법칙들에 대한 전형적인 해가 시간대칭적이라는 것이다. 이는 좀 더 질서 잡힌 상태로 향하는 요동들은 보다 덜 질서 잡힌 상태로 향하는 요동들과 꼭 같은 확률을 갖고 있다는 의미다. 영화를 거꾸로 돌리면 동등하게 있을 법하고 평균적으로는 동등하게 시간대칭적인 역사를 얻는다. 우리는 광역적인 시간의 화살이 존재하지 않는다고 말할 수 있다.

우리 우주는 법칙들에 대한 이와 같은 전형적인 해들과는 전혀 달라 보인다. 심지어 빅뱅 이후 130억 년이 지난 지금도 우리 우주는 평형 상태에 있지 않다. 그리고 우리 우주를 기술하는 해는 시간 비대칭적이다. 우리의 우주를 기술하는 해가 무작위적으로 선택된 것이라고 본다면 이와 같은 속성들은 예외적으로 그럴 듯하지 않은 것들이다.

우주가 흥미로운 이유, 우주가 점점 더 흥미로워지는 것으로 보이는 이유는 열역학 제2법칙이 아직도 우주를 열적 평형에 이르게 하지 못한 이유와 동일한 종류의 문제다. 우주를 열적 평형에 이르게 할 수 있는 수십 억 년의 시간이라는 명백한 기회가 있었음에도 불구하고 말이다.

◈

우리의 우주가 열적 평형 상태에 있지 않다는 것은 시간의 화살이 존재한다는 것을 상징한다. 시간의 흐름은 강한 비대칭성으로 드러난다. 우리는 우리 자신이 과거로부터 미래로 이동한다고 스스로 느끼고 관측한다.

무수히 많은 현상이 시간의 방향성을 증명한다. 많은 것은 비가역적이다(자동차 사고, 딱히 친하지 않은 친구에게 잘못 내뱉은 말, 엎지른 우유 등이 그 사례다). 커피가 담긴 뜨거운 잔은 차가워지지 그 반대로는 되지 않는다. 설탕은 커피 속에 섞이지만 커피로부터 걸러내지지는 않는다. 떨어진 컵은 조각들로 부서지며 이들을 그대로 둔다고 해도 결코 다시 재조합되지 않는다. 우리는 모두 같은 방향으로 나이를 먹는다. 죽음 직전의 늙은 나이로부터 어린 시절로 돌아가는 사람이 나오는 책과 영화는 환상일 뿐이며, 실제 삶에서는 결코 그런 일이 일어나지 않는다.[7]

평형 상태에서는 그와 같은 시간의 화살이 존재하지 않는다. 평형에서는 무작위적인 요동을 통해 오직 일시적으로만 질서가 증가한다. 평형으로부터의 이와 같은 일탈은 평균적으로 볼 때 시간을 순행하든 역행하든 동일하게 보인다. 만약 평형 상태에 있는 기체 속 원자들의 운동을 영화로 찍고 이를 뒤로 돌린다면, 둘 중 어떤 것이 원래의 영화고 어떤 것이 거꾸로 돌린 것인지 구분하지 못할 것이다. 우리의 우주는 이와 같지 않다.

우리 우주에 있는 강력한 시간의 화살은 설명을 필요로 한다. 왜냐하면 물리학의 근본적인 법칙들은 시간대칭적이기 때문이다. 근본 법칙들을 표현하는 방정식들의 모든 해에는 유령처럼 동반하는 다른 해가 있는데, 이 유령 해는 원래의 해와 꼭 같지만 거꾸로 트는 영화와 같다(좀 더 미묘한 변화를 추가하자면 왼쪽과 오른쪽이 바뀌어 있고 입자들은 그들의 반입자들로 대체되어 있다). 이에 따르면 만약 몇몇 사람이 거꾸로 나이를 먹는다고 해도, 탁자 위에 놓인 커피잔이 더 뜨거워진다고 해도, 깨진 컵이 스스로 다시 결합한다고 해도 근본적인 법칙들에 어긋나지 않을 것이다.

왜 이러한 일들은 결코 일어나지 않는 것일까? 왜 시간 속에서 볼 수 있는 이 모든 서로 다른 비대칭성들은 무질서의 증가라는 동일한 방향을 가리키고 있을까? 이는 **시간의 화살 문제**라고 불리곤 한다.

우리 우주에는 실제로 서로 다른 시간의 화살이 몇 개 존재한다.

우주는 팽창할 뿐 수축하지 않는다. 우리는 이를 **우주론적인 시간의 화살**이라고 부른다.

우주의 작은 부분들을 그대로 남겨두면 이들은 시간에 따라 점점 무질서해지는 경향이 있다(엎질러진 우유, 공기의 평형 등이 여기에 해당한다). 이는 **열역학적 시간의 화살**이라고 불린다.

사람, 동물, 식물과 같은 생명은 어리게 태어나 점점 자라면서 나이를 먹고 결국 죽는다. 이를 **생물학적 시간의 화살**이라 부른다.

우리는 시간의 흐름이 과거에서 미래로 이어진다고 경험한다. 우리는 과거를 기억하지만 미래를 기억하지는 않는다. 이는 **경험적인 시간의 화살**이다.

앞서 제시된 화살들보다는 덜 명백하지만 아주 주요한 단서가 되는 또 다른 화살이 있다. 빛은 과거로부터 미래로 이동한다. 따라서 우리 눈에 도달하는 빛은 우리에게 미래가 아닌 과거의 세계상을 제공한다. 이것은 **전자기적인 시간의 화살**이라고 불린다.

빛 파동은 전하의 운동에 의해서 생성된다. 전하를 짧게 좌우로 흔들면 빛이 퍼져나가는데, 항상 미래를 향할 뿐 결코 과거로 가지는 않는다. 이는 중력파에도 마찬가지로 적용된다. 따라서 **중력파의 시간의 화살**이 존재한다.

분명 우리 우주에는 블랙홀이 많다. 블랙홀은 시간과 관련해 고도로 비대칭적이다. 모든 것이 블랙홀 속으로 들어갈 수 있지만 블랙홀로부터 나오는 것은 호킹 열 복사뿐이다. 블랙홀은 모든 것을 평형 상태에 있는 광자들의 기체로 변환시키는 장치다. 이와 같은 비가역적 과정은 많은 엔트로피를 생성한다.

그러나 화이트홀은 어떤가? 이 가설상의 대상은 블랙홀에서의 시간 방향을 역행시킴으로써 얻어지는 일반상대성의 해다. 화이트홀은 블랙홀과는 정반대로 행동한다. 아무것도 화이트홀 속으로 들어갈 수 없지만 모든 것이 그로부터 나올 수 있다. 화이트홀은 자발적으로 형성된 항성처럼 보일 것이다. 만약 별이 블랙홀로 붕괴하는 영화를 촬영한다면, 이 영화를 거꾸로 돌림으로써 화이트홀을 얻을 수 있다. 천문학자들은 지금껏 화이트홀이라고 해석될 수 있는 것을 결코 본 적이 없다.

설혹 그저 블랙홀만 고려한다고 하더라도 우리 우주에는 어딘가 이상한 점이 있다. 일반상대성의 방정식들에 따르면 우주는 블랙홀로 가득한 채로 시작할 수 있었다. 그러나 11장에서 살펴본 것처럼 우주 초기에는 블랙홀이 전혀 없었던 것으로 보인다. 우리가 알고 있는 모든 블랙홀은 빅뱅 이후 오랜 시간이 지나서 거대질량항성massive star들이 붕괴함으로써 생겨난 것처럼 보인다.

왜 블랙홀만 존재하고 화이트홀은 존재하지 않을까? 왜 우주는 블랙홀로 가득한 채 시작하지 않았을까? 우주의 초기 역사에 블랙홀이 없었던 데서 추측할 수 있는, **블랙홀의 시간의 화살**도 존재하는 것처럼 보인다.

우주 저편의 다른 은하에서는 시간의 화살이 거꾸로 흐를 수 있을까? 증거는 없다. 우리는 장소에 따라 시간의 화살이 거꾸로 가는 우주에 살 수도 있었지만 실제로는 그렇지 않다. 왜일까?

이처럼 우리 우주에서 뚜렷한 시간의 화살이 관측된다는 사실에는 설명이 필요하다. 이에 관한 설명은 모두 시간의 본성에 대한 가정들에 의존한다. 여기서 시간이 비시간적 세계로부터 출현한다고 믿는 사람이 제시하는 설명은 시간이 근본적이고 실재적이라고 믿는 사람이 제시하는 설명과는 다를 것이다.

이와 관련된 질문은 물리학의 법칙들이 가역적인지 아닌지이다. 5장에서 살펴보았듯이, 자연법칙들이 시간가역적이라는 사실은 시간이 근본적이지 않다는 관점에 우호적인 증거로 간주될 수 있다. 만약 자연법칙들이 시간 속에서 되돌려질 수 있다면 우리는 어떻게 시간의 화살을 설명할 수 있을까? 각각의 시간의 화살은 시간의 비대칭성을 나타낸다. 어떻게 이러한 화살들이 시간대칭적인 법칙들로부터 비롯될 수 있었을까?

이에 대한 답은 법칙들이 초기 조건들에 작용한다는 것이다. 법칙들은 시간의 방향을 역행시키는 것과 관련해서는 대칭적일 수 있지만, 초기 조건들은 그럴 필요가 없다. 초기 조건들은 이 조건들과 쉽게 구별되는 최종 조건들을 향해서 진화할 수 있다. 실제로 이러한 일이 일어났다. 우리 우주의 초기 조건들은 시간에 있어 비대칭적인 우주를 생성하기 위해 미세하게 조정된 것으로 보인다.

이에 관한 예를 들어보자. 초기 조건들에 의해 설정되는 우주의 초기 팽창 비율은 은하와 별들의 생성을 최대화한 것처럼 보인다. 만약 이 팽창이 훨씬 빨랐다면 우주는 너무 빨리 희석되어 은하와 별들이 형성되지 못했을 것이다. 만약 이 팽창이 너무 느렸다면 우주는 별들이 형성될 기회를 얻기도 전에 붕괴하여 곧바로 최종적인 특이점에 도달했을 것이다. 팽창 비율은 많은 별을 생성하는 데 최적이었고, 별들은 수십억 년 동안 차가운 공간에 뜨거운 광자들을 쏟아부어 우주가 평형에 이르지 않도록 막아주었으며, 열역학적인 시간의 화살을 설명할 수 있게 해주었다.

전자기적 시간의 화살 역시 시간비대칭적인 초기 조건들에 의해서 설명된다.[8] 우주가 시작할 때는 전자기파가 존재하지 않았다. 빛은 물질의 움직임에 의해 그 이후에야 생성되었다. 이는 우리가 주변을 둘러볼 때 빛이 운반하는 상들이 우리에게 우주에 있는 물질에 관한 정보를 제공해주는 이유를 설명한다. 만약 우리가 그저 전자기 법칙들만을 따랐다면 상황이 이렇지 않았을 수 있다. 전자기 방정식은 우주가 자유롭게 이동하는 빛과 함께 시작되는 것을 허용한다. 즉 빛은 빅뱅 이후 물질로부터 방출되기보다는 빅뱅 속에서 직접적으로 형성되었을 수 있다. 그러한 우주에서는 빛이 물질에서부터 운반해오는 사물들의 상이 빅뱅으로부터 곧바로 오는 빛에 의해서 뒤덮혔을 것이다.

그와 같은 세계에서 망원경을 이용해 과거를 돌아본다면 별들과 은하들이 보이지 않을 것이다. 아마 그저 무작위적인 혼란이 보일 것이다. 혹은 빅뱅에서 형성된 빛은 결코 존재한 적 없는 사물, 예를 들어 거대한 아스파라거스를 아삭아삭 먹는 코끼리들이 있는 정원에 대한 상을 담고 있을지도 모른다.

이것이 만약 우리가 아주 먼 미래에 우주에 대한 영화를 찍어 이를 거꾸로 돌렸을 때 우주가 나타낼 바로 그 모습이다. 아주 먼 미래에는 떠돌아다니는 상들이 많을 것이다. 이는 한때 존재했던 사물들의 상이다. 그러나 만약 우리가 영화를 시간에 역행해서 돌리면, 우리는 아직 생겨나지 않은 것들에 대한 상으로 가득 차 있는 우주를 보게 된다. 실제로 상을 담고 있는 그 빛은 그 상이 담고 있는 사건으로 흘러가서 거기서 끝날 것이다. 우리가 볼 빛은 우리에게 아직 생겨나지 않은 것들에 대해서만 말해줄 것이다.

우리는 실제로 그와 같은 우주에 살지는 않지만, 만약 가능한 우주들이 물리법칙들의 해들에 대응한다면 우리는 그와 같은 우주에 살 수 있었다. 우리가 현재 일어나거나 이미 일어난 것들만을 볼 뿐 아직 일어나지 않았거나 일어나지 않을 일은 결코 보지 못하는 이유를 설명하려면 엄격한 초기 조건들을 부여해야 한다. 이에 따르면 우주는 빛이 상들을 담고 자유롭게 날아다니는 상태에서 시작해선 안 된다. 이는 아주 비대칭적인 조건이지만, 전자기적 시간의 화살을 설명하려면 이 조건을 부여해야 한다.

이와 유사한 이야기가 중력파 및 블랙홀의 시간의 화살에 적용된다. 만약 근본적인 법칙들이 시간대칭적이라면, 왜 우리의 우주가 시간비대칭적인 것인지를 설명해야 하는 모든 부담은 초기 조건들의 선택이 안게 된다. 따라서 우주의 초기에는 자유롭게 돌아다니는 중력파가 없고, 최초 또는 초기의 블랙홀도 없었으며, 화이트홀 역시 없었다는 조건을 부여해야 한다.

이와 같은 논점은 로저 펜로즈에 의해 강조된 바 있으며, 그는 이를 설명하기 위한 하나의 원리를 제안했는데 이를 **바일 곡률 가설**

Weyl curvature hypothesis이라 부른다.[9] 바일 곡률은 중력 복사 또는 블랙홀 또는 화이트홀이 있는 어느 곳에서든 0이 아닌 값을 갖는 수학적인 양이다. 펜로즈의 원리는 초기의 특이점에서 이 양이 사라진다는 것이다. 그는 이것이 우리가 초기 우주에 대해 알고 있는 것들에도 들어맞음을 지적한다. 이는 분명 초기 우주 이후에는 참이 아니므로 시간비대칭적인 조건이다. 이후 우주에는 많은 중력파와 블랙홀이 생긴다. 따라서 펜로즈는 우리가 보는 우주를 설명하기 위해서는 이러한 시간비대칭적인 조건이 일반상대성의 (시간대칭적인) 법칙들의 해를 선택하는 데 부여되어야 한다고 주장한다.

우리 우주를 설명하는 데 시간비대칭적인 초기 조건들이 필요하다는 논리는 시간이 비실재적이라는 논증을 크게 약화시킨다. 왜냐하면 자연의 법칙들은 시간대칭적이기 때문이다. 우리는 초기 조건들을 무시하지 못하며, 초기 조건들이 그로부터 진화한 조건들과 매우 다르도록 초기 조건들이 선택되어야 하는 경우에는—이는 대략적으로 우리 우주에 해당한다—과거가 미래와 비슷하다고 선언할 수 없다.[10]

그러면 설명의 부담은 초기 조건들이 선택되는 과정에 대한 질문으로 넘어간다. 그러나 우리는 그에 대한 합리적인 설명을 알지 못하므로, 더 이상 논증을 전개시키지 못하고 우리의 우주에 관한 결정적인 질문을 답하지 못한 채 남겨두게 된다.

그런데 이와 다른 훨씬 더 단순한 선택지가 있다. 우리는 우리의 법칙들이 더 심오한 법칙의 근사라고 믿는다. 만약 그와 같은 심오한 법칙이 시간비대칭적이라면 어떨까?

만약 근본적 법칙이 시간비대칭적이라면 그것의 해도 대부분 비대칭적이다.[11] 그러면 왜 우리가 자연적인 과정들을 되돌림으로써 등장하는 이상한 사물들을 결코 관측하지 않는지를 설명하는 문제가 없어지게 된다. 왜냐하면 시간을 역행시킨 해는 더 이상 해가 될 수 없을 것이기 때문이다. 우리가 과거로부터 오는 상들만을 보고 미래에서 오는 상은 보지 못하는 이유를 둘러싼 미스터리가 해결되었다. 우주가 고도로 시간비대칭적이라는 사실은 근본적인 법칙의 시간비대칭성으로 직접 설명될 것이다. 시간비대칭적인 우주는 더 이상 있을 법하지 않은 것이기를 멈출 것이며, 이는 필연적인 것이 될 것이다.

이상이 펜로즈가 바일 곡률 가설을 제안했을 때 염두에 두고 있던 것이라고 나는 이해한다. 초기 특이점 근방에서의 물리학과 그 이후의 우주에 적용되는 물리학의 차이는 양자중력이론에 의해 우리에게 강제될 것이다. 이때 양자중력이론은 펜로즈의 관점에서 볼 때 고도로 시간비대칭적인 이론이다. 그러나 시간이 창발적이라면 시간비대칭적 이론은 부자연스럽다. 만약 근본적인 이론이 시간 개념을 포함하지 않는다면 우리에게는 과거를 미래로부터 구분할 방법이 없다. 우리 우주의 극도로 낮은 확률은 여전히 설명을 필요로 할 것이다.

만약 시간이 근본적이라면 시간비대칭적인 이론은 훨씬 더 자연스럽다. 사실상 과거를 미래로부터 구분하는 근본적인 이론을 갖는 것보다 더 자연스러운 것은 없을 것이다. 왜냐하면 과거와 미래는 매우 다르기 때문이다. 시간 및 과거로부터 미래를 향하는 순간들의 흐름을 실재하는 것으로 보는 형이상학적 틀 안에서 보면, 시간비대칭적인 우주를 통제하는 시간비대칭적인 법칙들을 갖는 것은 완벽하게 자연스럽다. 따라서 시간의 실재성은 이와 같은 고찰들로부터 신빙성을 얻는다. 왜냐하면 이는 우리로 하여금 아주 거대한 있음직하지 않음을—우리 우주의 강한 비대칭성—설명하지 않고 남겨두는 일을 피할 수 있게 해주기 때문이다. 이상과 같은 고찰을 시간의 발견으로 향하는 또 하나의 단계라고 간주하자.

◈

우리는 우주가 있 을 법하지 않다고 말할 수 있는가?

이 장에서 몇 번씩 나는 우리 우주 또는 우리 우주의 초기 조건들이 있을 법하지 않다고 언급한 바 있다. 예를 들어 나는 시간대칭적인 법칙들에 의해 통제되는 우주에 시간의 화살이 있는 것이 있을 법하지 않다고 주장했다. 그러나 대체 우주가 있을 법하지 않다고 주장하는 것은 무엇을 의미하는가? 우주는 유일하며 오직 한 번만 발생한다. 우주는 오직 하나만 존재한다. 그렇다면 우주가 가진 모든 속성에 확률이 있어야 하는 것 아닌가?

이와 같은 혼동에서 벗어나려면, 어떤 계가 있을 법하지 않은 배열 속에 있다고 말하는 것이 무엇을 의미하는지 알아야 한다. 뉴턴적 패러다임 아래에서 이러한 말은 의미가 있다. 왜냐하면 그 기술은 우주의 부분계를 지칭할 것이며, 부분계는 그와 같은 종류의 많은 계들 중 하나일 수 있기 때문이다. 그러나 이는 분명 전체로서의 우주에는 적용되지 않는다.

초기 조건들이 배위공간으로부터 무작위적으로 선별된다고 가정함으로써 우리 우주가 특정한 속성을 갖는 확률을 정의하고자 하는 사람이 있을 것이다. 그러나 우리는 이러한 가정이 거짓임을 안다. 우리는 우리의 우주가 무작위적인 선택에 의해 생성된 것이 아님을 알고 있다. 왜냐하면 우리 우주의 많은 속성은 그와 같은 선택으로부터 귀결되기에는 너무나 확률이 낮기 때문이다.

아주 많은 수의 우주가 존재한다고 여김으로써 이 난제를 피해갈 수 있다. 그러나 11장에서 살펴본 것처럼 다중우주 이론에는 두 가지 종류가 있다. 하나는 우리 우주가 비전형적이며 따라서 확률이 낮다는 것인데, 이는 영원한 팽창에 의해 생성되는 우주와 같다. 다른 하나는 우주론적 자연선택으로 대표되는 것으로, 우리의 것과 같은 우주들을 가능케 하는 우주들의 집합체를 생성하는 것이다. 11장에서 설명한 것처럼, 오직 후자의 종류에서만 실행할 수 있는 관측에 의해 반증 가능한 예측들이 이루어질 수 있다. 첫 번째 종류의 이론들에서 우리 우주와 같은 있음직하지 않은 종류의 우주를 선택하려면 인류 원리가 반드시 사용되어야 하며, 이 시나리오의 근저에 있는 가설들에 의해서는 독립적으로 시험될 수 있는 예측이 가능하지 않다. 우리는 많은 우주가 존재하든 하나의 우주만 존재하든 우리의 우주가 있음직하지 않다는 진술에는 경험적인 내용이 없다고 결론을 내려야만 한다.

그러나 열역학이라는 과학 전체는 확률 개념을 계의 미시 상태에 적용하는 것에 기초해 있다. 따라서 우리가 전체로서의 우주의 속성에 대해 논의하기 위해서 열역학을 적용할 때마다 우리는 우주론적 오류를 범한다는 결론이 따라 나온다.[12] 우주론적 오류와 있을 법하지 않은 우주의 역설을 피하는 유일한 방법은 시간비대칭적인 물리학에 근거해 우주가 복잡하고 흥미로운 이유를 설명하는 것이다. 이 물리학은 우리의 우주를 있을 법하지 않은 것이 아니라 필연적인 것으로 만든다.

이것이 물리학자들이 열역학을 전체로서의 우주에 적용하는 오류를 범함으로써 역설적인 결론들에 도달한 유일한 사례는 아니다. 엔트로피와 열역학 제2법칙에 대한 통계적 설명을 발명한 루트비히 볼츠만은 최초로 우주가 평형 상태에 있지 않은 이유를 제시했다. 그는 팽창하는 우주와 빅뱅에 대해서는 알지 못했다. 그에게 우주는 영원하고 정적인 것이었다. 그에게 우주의 영원성은 거대한 수수께끼였다. 왜냐하면 우주는 이미 무한히 많은 시간을 지내오면서 평형에 도달해야 했기 때문이다.

우주가 평형에 있지 않은 이유로 그가 생각할 수 있었던 것은 우리의 태양계와 그 주변 영역이 상대적으로 최근에 일어난 아주 큰 요동의 영역에 있었다는 것이다. 이 요동으로부터 평형 상태에 있던 기체에서 자발적으로 태양, 행성 및 주변의 별들이 형성되었다. 우리 영역에 있는 엔트로피는 현재 증가하고 있으며, 이는 평형 상태로 돌아가고 있는 것이다. 아마도 이것은 볼츠만이 19세기 말에 갖고 있던 우주론의 그림과 일관되는 최선의 대답이었을 것이다. 그러나 이는 잘못되었다. 오늘날 우리는 거의 빅뱅까지 거슬러 올라가 그 130억 광년의 과정을 볼 수 있는데도, 우주 속 우리가 위치하는 영역이 정적인, 평형 상태의 세계 속 낮은 엔트로피의 요동 속이라는 증거를 찾지 못했기 때문이다. 대신 우리는 우주가 시간에 따라서 진화하는 것을 본다. 우주가 팽창함에 따라 모든 규모의 구조들이 발전해 나가고 있다.

볼츠만은 이 사실을 몰랐을 수 있으나, 그 또는 그의 동시대인들이 그의 설명을 의심하는 데 사용할 수 있었던 논증이 있다. 이는 평형 속에서는 요동의 크기가 작으면 작을수록 요동이 자주 발생한다는 관측으로부터 비롯된다. 따라서 평형으로부터 분리되는 공간의 영역이 작으면 작을수록 그 영역이 존재할 확률은 더 크다.

볼츠만 시대의 천문학자들은 우주의 크기가 최소한 수만 광년이고 그 안에는 수백만 개의 별이 있다고 알고 있었다. 따라서 만약 우주에서 우리의 영역이 요동의 결과였다면, 이는 극도로 드문 것이어야 했다. 우주는 우리를 포함할 수 있던 더 작은 요동들보다 훨씬 덜 있음직한 것이었다. 오직 우리 태양계만으로 구성되는 요동을 고려해보자. 우리는 우리가 그와 같은 요동 속에 있지 않다는 것을 안다. 만약 그렇다면 우리는 밤에 우리 주변에 있는 평형 속 기체로부터 나오는 적외선 복사만을 보게 될 것이기 때문이다. 그러나 볼츠만의 가정들에 따르면 그와 같은 요동들이 평형 상태의 우주에서는 우리의 관측을 거쳐 지시되는 것보다도 훨씬 더 자주 일어나야만 한다. 수십억 개의 별은 우리의 태양계만큼이나 평형에서 벗어나야 한다. 은하계 크기의 요동에서보다 태양계 크기의 요동에서 우리를 발견하게 될 확률도 훨씬 더 크다.[13]

좀 더 논의를 진전시킬 수 있다. 태양계의 대부분은 우리 존재와 관련이 없다. 따라서 우리가 지구에서 우리 자신을 발견할 확률이 일곱 개의 행성들과 혜성들로 이루어진 태양계 전체에서 우리 자신을 발견할 확률보다 훨씬 더 크다. 우리가 진실로 아는 것은 우리가 생각하는 존재이고 우리 자신이 세계에 있다는 것을 지각한다는 것이다. 그러나 기억과 상상력을 가진 두뇌를 생성하기 위해서는 거대한 별 주위를 돌고 있으며 그 위에서 생명체가 살아가는 행성 전체를 생성하는 것보다는 훨씬 덜한 요동이 필요할 것이다. 우리는 오직 하나의 두뇌만을 생성하는 요동으로부터 비롯된, 가상적인 세계에 대한 기억과 경험을 가진 두뇌를 **볼츠만 두뇌**Boltzmann brain라고 부른다.

따라서 볼츠만의 영원한 평형 우주에서 일어나는 하나의 요동으로서 우리라는 있음직하지 않은 존재를 설명하는 것에는 일정한 가능성들의 범위가 존재한다. 우리는 태양계 크기의 요동 또는 은하 크기의 요동 속에 있는 행성 위에서 살아가는 수조 개의 생명체 중 하나일 수 있으며, 그저 상과 기억으로 가득한 두뇌 크기의 요동에 지나지 않을 수도 있다. 후자의 경우 훨씬 적은 정보(즉 더 적은 음의 엔트로피)를 필요로 하므로 단일한 두뇌의 요동은 영원한 우주 속에서 두뇌 전체의 집단을 포함하는 태양계 크기 또는 은하 크기의 요동들보다 훨씬 자주 일어난다.

이것은 **볼츠만 두뇌 역설**Boltzmann brain paradox이라고 불린다. 이는 영원한 시간 동안 우주 속에서는 수십억 년 동안 지속하는 요동이 필요한 느린 진화 과정에서 나타난 두뇌들보다는 작은 요동들 속에서 형성된 두뇌들이 훨씬 더 많았으리라는 것을 함축한다. 따라서 의식적 존재인 우리가 볼츠만 두뇌일 확률이 압도적으로 더 높다. 그러나 우리는 우리가 그와 같은 자발적으로 형성된 두뇌가 아니라는 사실을 안다. 만약 그렇다면 우리의 경험과 기억이 정합적이기보다는 비정합적일 가능성이 높기 때문이다. 우리의 두뇌가 우리 주변에 있는 은하들과 별들로 이루어진 광대한 우주의 상들을 담고 있는 것도 아니다. 따라서 볼츠만의 시나리오는 고전적인 **귀류법**에 의해 반박되는 것으로 밝혀진다.

이 같은 결론에 놀랄 필요는 없다. 우리는 우주론적 오류를 범했고, 이것이 우리를 역설적인 결론으로 이끌었기 때문이다. 뉴턴적 패러다임에 기초한 물리학의 비시간적 관점은 우주에 관한 가장 기초적인 물음들에 아무런 답을 하지 못했다. 왜 우주는 흥미로우며, 심지어 대단히 흥미로워서 우리와 같은 창조물이 존재해 우리 우주에 경탄할 수 있는 것일까?

그렇지만 만약 우리가 시간의 실재성을 받아들인다면, 우리는 그 안에서 우주가 자연스럽게 복잡성과 구조를 진화시킬 수 있는 시간 비대칭적인 물리학을 가능하게 할 수 있다. 따라서 우리는 있음직하지 않은 우주라는 역설을 피할 수 있다.

17장

열과 빛으로부터 다시 태어난 시간

앞에서 우리는 가장 거대한 우주론적 퍼즐 중 하나를 살펴보았다. 그것은 왜 우주가 흥미로우며 시간이 지남에 따라 점점 더 흥미로워지는 것처럼 보이는지의 문제였다. 우리는 뉴턴적 패러다임에 함축된 비시간적 그림에 기초해서 이 문제를 해결하려는 시도들이 두 개의 역설에 직면함을 살펴보았다. 유일한 우주는 있을 법하지 않다는 주장과 볼츠만 두뇌 역설이 바로 그것이었다. 이번 장에서 나는 10장에서 제시된 새로운 우주론적 이론을 위한 원리들이 어떻게 앞 장에서 등장한 역설들을 피하면서 우주가 흥미로울 수 있는지에 대한 답으로 우리를 인도할 수 있는지를 설명할 것이다.

우리는 단순한 질문에서 시작할 것이다. 우주는 두 개의 동일한 시간의 순간들을 가질 수 있는가?

시간의 화살이 존재한다는 사실은 모든 순간이 유일함을 의미한다. 적어도 지금까지 우주는 시간의 서로 다른 순간들마다 달랐다. 이러한 차이는 은하들의 속성 또는 원소들의 상대적인 풍성함에서 드러난다. 문제는 순간들이 진행하는 것이 우연인지 아니면 더 심오한 원리의 반영인지이다. 뉴턴적인 패러다임 내에서 기술된 이론들에서는 시간의 화살이 우연히 존재하는 것으로 보인다. 평형 속에 있는 영원한 우주에서 우리는 많은 수의 동일하거나 아주 유사한 순간들을 예상하게 된다.

그러나 시간의 그 어떤 두 순간도 동일할 수 없음을 주장하는 더 심오한 원리가 있다. 이것은 라이프니츠의 **식별 불가능자의 동일성** 원리로, 10장에서 이 원리를 라이프니츠의 충분한 근거의 원리에서 빚어진 귀결로 기술한 바 있다. 이 원리는 우주 속에서 서로 구분이 불가능하면서도 분리되어 있는 두 개의 대상이 존재할 수 없음을 주장한다. 이것은 그저 상식일 뿐이다. 만약 대상들이 관측 가능한 속성들에 의해서만 구분된다면, 정확히 동일한 속성을 가진 두 개의 구분되는 대상은 존재하지 않을 것이다.

라이프니츠의 원리는 물체의 물리적 속성은 관계적이라는 기초적인 개념에서 비롯된다. 그렇다면 두 개의 전자는 어떤가? 하나는 침대보 속 원자 안에 있고, 다른 하나는 달 뒷면의 산꼭대기에 있다고 하자. 이 두 전자는 서로 동일한 입자가 아니다. 왜냐하면 이들의 위치가 이들의 속성 중 하나이기 때문이다. 관계론적 관점에서 보면 우리는 이들이 구분되는 환경에 있기 때문에 서로 구분된다고 할 수 있다.[1]

절대적인 공간이란 존재하지 않는다. 따라서 한 점을 어떻게 인지할 수 있는지에 대한 지침을 제시하지 않은 채로 그 점에서 무슨 일이 일어나고 있는지 물을 수 있는 방법은 존재하지 않는다. 따라서 특정한 장소를 구체화할 수 있는 어떤 방법이 없는 한 하나의 대상을 그 장소에 위치시킬 수 없다. 특정한 장소를 지각할 수 있는 하나의 방법은 그곳으로부터 바라보는 관점에 어떤 특별한 것이 있는지를 확인하는 것이다. 누군가가 공간 속에 있는 두 대상이 정확하게 동일한 속성과 정확하게 동일한 주변 환경을 가진다고 주장한다고 가정해보자. 이는 우리가 두 대상으로부터 얼마나 떨어져서 탐구하든 상관 없이 공간에 있는 모든 다른 사물이 동일하게 조직화된 것을 발견할 것임을 의미한다. 만약 이와 같은 이상한 상황이 존재한다면, 한 관측자가 한 대상을 다른 대상으로부터 어떻게 구분할 수 있는지 말할 방법이 없을 것이다.

따라서 세계에 동일한 두 대상이 있는지를 묻는 것은 불가능한 요구이다. 이 질문은 우주 내에 동일한 두 개의 장소가 존재해야 함을 의미한다. 이 두 장소에서 우주를 바라보는 관점은 정확하게 같을 것이다. 따라서 전체로서의 우주는, 우주가 동일한 대상들을 포함하지 않는다는 얼핏 단순해 보이는 요청에 의해서 상당 부분 그 형태가 결정될 것이다.[2]

동일한 논증이 시공간에서의 사건들에도 적용된다. 식별 불가능자의 동일성 원리는 정확하게 동일한 관측 가능한 속성들을 가진 두 개의 사건이 시공간 속에 존재하지 말아야 함을 요구한다. 또한 시간의 동일한 두 순간도 존재할 수 없다.

밤하늘을 바라볼 때 우리는 특정한 시간의 순간, 특정한 장소의 관점에서 우주를 바라본다. 이 관점에는 가까이 그리고 멀리에서부터 우리에게 도착하는 모든 광자가 포함된다. 만약 물리학이 관계론적인 것이라면 이러한 광자들은 그 특별한 사건의 내재적인 실재성을 구성한다. 이때의 사건이란 특별한 순간과 장소에서 밤하늘을 올려다보는 사건이다. 그러면 식별 불가능자의 동일성 원리는 우주의 역사 속 각각의 사건들로부터 관측자가 볼 수 있는 우주의 광경은 유일하다고 말한다. 우리가 자는 동안 외계인이 우리를 납치해서 그들의 타임머신 여행에 동참시켰다고 하자. 우리가 잠에서 깨어나 집으로부터 멀리 떨어져 있는 은하에 있는 자신을 발견했다고 했을 때, 원리상 우리는 주변에 보이는 것의 지도를 만듦으로써 우리가 정확히 어디에 있는지 말할 수 있을 것이다. 더 나아가 우리는 우리가 이동한 곳의 시간이 우주 속에서 정확히 언제인지도 말할 수 있을 것이다.

이는 우리의 우주가 정확한 대칭성을 가질 수 없음을 함축한다. 10장에서 논의했듯 사실상 그처럼 정확한 대칭성은 존재하지 않는다. 우주의 작은 부분들에 대한 모형을 분석하는 데 대칭성이 도움이 될지 모르지만, 물리학자들이 지금껏 가정한 모든 대칭성은 근사이거나 깨진 것이라는 사실이 드러났다.

식별 불가능자의 동일성 원리에 따르면 우리 우주는 모든 순간과 모든 순간에서의 모든 장소가 다른 것들로부터 유일하게 구분되는 우주다. 그 어떤 순간도 반복되지 않는다. 충분히 자세히 살펴보면 우주에서 일어나는 모든 사건은 유일하다. 그와 같은 우주에서는 뉴턴적 패러다임을 만족시키는 데 필요한 조건들을 완전히 구현하는 일은 결코 일어나지 않는다. 앞서 언급했듯 그러한 방법론에 따르면 우리는 실험을 많이 반복할 수 있어서 이들의 반복 가능성을 점검할 수 있을 뿐만 아니라 일반 법칙의 효과를 초기 조건들의 변경으로부터 발생하는 효과와 구분할 수 있어야 한다. 이는 근사적으로는 달성 가능하지만 결코 정확하게는 달성할 수 없는 일이다. 왜냐하면 우리가 더 많은 세부 사항을 확인하면 할수록 그 어떤 사건이나 실험도 다른 것의 정확한 복제물이 될 수 없다는 것이 분명해지기 때문이다.

시간의 모든 순간과 모든 사건이 유일한 가설적인 우주에 이름을 붙이면 좋을 것이다. 우리는 식별 불가능자의 동일성 원리를 만족하는 우주를 **라이프니츠 우주**Leibnizian universe라고 부를 것이다.

이 우주는 루트비히 볼츠만이 제시한 우주와 날카로운 대조를 이룬다. 볼츠만의 우주론에 따르면 우주의 역사 대부분은 열역학적 평형의 시기에 잠식되어 있다. 이 시기에는 엔트로피가 최대화되어 있으며 그 어떤 구조 또는 조직화도 존재하지 않는다. 이처럼 길고 죽음과 같은 시기들 중간중간에 상대적으로 짧은 기간들이 간헐적으로 형성되는데, 이 기간 동안에는 통계적인 요동에 의해 구조와 조직화가 발생한다. 그리고 엔트로피의 증가 경향에 의해서 이러한 구조와 조직화는 소산된다. 우리는 이와 같은 세계를 **볼츠만 우주**Boltzmannian universe라 부를 수 있다.

미래가 어떻게 될지는 다음과 같은 물음에 의존한다. 우리는 볼츠만의 우주에 살고 있을까, 아니면 라이프니츠의 우주에 살고 있을까? 라이프니츠의 우주에서는 그 어떤 시간의 순간도 다른 순간과 같지 않다는 의미에서 시간이 실재한다. 볼츠만적 우주에서는 많은 순간들이 회귀한다. 정확하게 동일한 순간이 아니더라도, 우리가 원하는 정도의 정확도로 동일한 순간들이 회귀한다. 근사적으로 볼 때 볼츠만 우주에서 대부분의 순간은 다른 순간들과 거의 같다. 왜냐하면, 평형 속에 있는 모든 순간은 상당 부분 동일하기 때문이다. 온도, 밀도와 같이 평균을 측정하는 거시적인 양들은 균일하다. 물론 원자들은 그러한 평균 주위에서 요동하지만 대부분 이러한 요동은 거시적인 수준에서의 구조와 조직화를 형성하기에는 충분하지 않다. 볼츠만 우주에서는 우리가 충분히 기다린다면 우주는 우리가 반복하기를 원하는 그 어떤 배열과도 가깝게 될 것이다. 평균적으로 이러한 근사적 회귀는 푸앵카레 회귀 시간에 의해 분리된다. 그러나 만약 시간이 영원하다면 각각의 순간은 무한한 수만큼 반복한다.

라이프니츠 우주는 이러한 우주와는 정반대다. 정의에 따라 라이프니츠 우주에서는 그 어떤 순간도 회귀하지 않는다. 볼츠만적이면서 동시에 라이프니츠적일 수는 없다. 그러면 과연 우리의 우주는 둘 중 어떤 우주일까?

만약 시간이 실재한다면 서로 다르지만 동일한 시간의 두 순간을 갖는 것은 불가능해야만 한다. 시간은 오직 라이프니츠 우주에서만 온전하게 실재한다. 라이프니츠 우주는 고유한 유형들과 구조들을 풍성하게 생성할 수 있는 복잡성으로 가득 차 있을 것이다. 그리고 이 우주는 끝없이 변화할 것이다. 이러한 변화 때문에 모든 순간은 그 순간에 나타나는 구조들과 유형들에 의해서 다른 모든 순간과 구분될 수 있을 것이다. 사실상 우리의 우주가 바로 그러하다.

◈

우리의 우주가 식별 불가능자의 동일성 원리와 같은 장대한 원리를 만족시키는 것처럼 보인다는 것은 좋은 일이다. 그러나 이것이 모든 미스터리를 해결하는 것은 아니다. 왜냐하면 물질에 작용하는 것은 원리가 아니라 법칙이기 때문이다. 원리가 만족되는지 확신하려면 원리가 법칙들을 통해 어떻게 작용하는지 알아야 한다. 우리는 어느 정도는 답을 알고 있다. 이는 중력이 열역학에 대해서 갖는 뒤틀린 관계와 관련이 있다.

우리가 살고 있는 현재의 라이프니츠 우주를 구성하고 있는 하나의 성분은 거의 열적 평형 상태에 있다. 이것이 바로 우주마이크로파배경이다. 그러나 우리는 우주마이크로파배경이 초기 우주의 잔재임을, 빅뱅 이후 40만 년 이후에 생성된 것임을 알고 있다. 분명 평형은 별 및 은하 사이의 광대한 공간을 지배한다. 그러나 우주의 많은 부분은 평형과는 거리가 멀다. 우리 우주에서 가장 흔한 물체는 별인데, 이들은 주변 환경과 평형 상태에 있지 않다. 하나의 별은 항상 중심의 핵반응에서 생성되어 자신을 팽창시키는 에너지와 붕괴시키는 중력 사이의 균형 상태에 있다. 별은 핵연료가 소진되어 백색왜성, 중성자별, 블랙홀로 정착될 때만 비로소 볼츠만이 이야기한 평형에 도달할 것이다(블랙홀이 될 경우 물질을 끌어들이는 계의 엔진이 되면서 그 자신을 바깥쪽으로 가속시킬 수도 있지만, 그러한 경우는 제외한다). 그러나 그와 같은 계들은 평형 상태가 아니다. 이들은 동역학적인 안정 상태에 있는 것이다.

하나의 별은 별을 통과하는 에너지의 안정된 흐름에 의해 평형 상태로부터 멀어진 채 유지되는 계로 특성화될 수 있다. 이 에너지는 핵에너지와 중력 포텐셜 에너지로부터 비롯되는데, 이는 특정한 영역의 진동수를 갖는 별빛으로 천천히 변환된다. 그러면 별빛은 우리 행성과 같은 행성들의 표면을 비춰 행성들이 그 자신의 평형으로부터 멀어지는 상태로 변하도록 이끈다.

이는 더 일반적인 원리의 한 사례이다.[3] **열린계를 통과하는 에너지의 흐름은 이 계를 높은 조직화의 상태로 추동하는 경향을 띤다.** ('열린계'란 주변 환경과 에너지를 교환할 수 있는 모든 경계 지어진 계이다.) 우리는 이를 **추동된 자기조직화**의 원리라고 부른다. 만약 충분한 근거의 원리가 자연 속에서 가장 중요한 설명적 원리이고 식별 불가능자의 동일성 원리가 그다음으로 중요한 원리라면, 추동된 자기조직화의 원리는 수많은 별과 은하 속에서 세부적인 작업을 통해 복잡한 우주를 확실히 만들어주는 선한 천사와도 같은 원리이다.

주전자에 물을 붓고 난로 위에 놓아두자. 계(주전자와 주전자 안에 있는 물)는 열려 있다. 왜냐하면 에너지가 바닥으로부터 천천히 유입되어 물을 가열하면서 표면을 통과하여 대기 밖으로 빠져나가기 때문이다. 논점을 단순화하기 위해 주전자에 뚜껑을 덮어 물이 증기로 바뀐 후에도 달아나지 못하게 막아보자. 시간이 조금 지나면 물은 온도와 밀도가 균일하지 않은 일종의 정상 상태에 다다른다. 물의 온도는 바닥에서 가장 뜨거우며 표면으로 올라갈수록 낮아진다. 밀도는 온도와 반대로 행동한다. 물을 통과하는 에너지는 물을 평형 상태로부터 벗어나게 한다. 곧 하나의 구조가 나타나기 시작한다. 대류가 순환하기 시작하는데, 물은 세로로 질서 지어진 방식으로 움직인다. 이 순환은 바닥으로부터 유입되는 열에 의해서 추동된다. 가열되고 팽창한 물은 솟아오르는 기둥처럼 위로 올라간다. 표면에 이르러 물은 열의 일부를 잃고 주변보다 밀도가 높아져 가라 앉아 떨어지는 물의 기둥을 만든다. 물이 동일한 공간에서 떠오르고 떨어질 수 없으므로 구조가 생성되는데, 이는 솟아오르고 떨어지는 물기둥이 물 자체를 분리시킴으로써 이루어진다.

계를 관통하는 안정된 에너지의 흐름은 복잡한 유형과 구조를 만들어낼 수 있고, 이는 계들이 그들의 열역학적 평형과는 멀리 떨어져 있음을 보여주는 증거이기도 하다. 또 다른 예는 바람이 만든 사막 언덕의 물결 모양이다. 복잡성의 또 다른 끝자락에는 생명이 있다. 생명, 언덕의 무늬, 그리고 그 사이에 있는 많은 것은 계를 통과하는 안정된 에너지 흐름의 결과다. 이는 그 무엇보다 복잡한 자기조직적 계들이 결코 고립되어 있지 않았음을 의미한다.

이러한 에너지 흐름은 굳건히 라이프니츠적인 계들을 생성한다. 생명체는 그 자신의 복제물을 여럿 남기지만, 복제물 각각은 다른 개체들과 구분된다. 그리고 복잡성의 사다리를 더 높이 올라갈수록, 개체의 차이는 더더욱 두드러지게 된다.

그와 같은 경로를 따라가면 훨씬 아름다운 과학을 만나게 된다. 앞에서 언급한 것처럼 여기서의 논점은 우리가 고립계, 즉 상자 안에 갇혀 바깥과 물질과 에너지를 교환하지 못하는 계 이외에 대해서는 열역학 제2법칙을 적용하지 못한다는 것이다. 그 어떤 살아 있는 계도 고립계가 아니다. 우리 모두는 물질과 에너지의 흐름을 타고 있다. 이 흐름은 궁극적으로는 태양에서 비롯되는 에너지에 의해 추동된다. 일단 상자 속에 갇히고 나면(이는 우리 인간의 최종적인 매장을 상징한다) 우리는 죽는다.

따라서 지상계가 이를 통과하는 에너지의 흐름에 의해 평형으로부터 벗어난다는 아리스토텔레스의 이해는 올바른 것이었다. 이 개념을 충분히 받아들이지 못한 몇몇 과학자와 철학자는 열역학 제2법칙과 자연선택이 점점 더 있음직하지 않은 구조들을 생성한다는 사실 사이에 갈등이 있다고 보았다. 그러나 여기에는 아무런 상충 관계도 없다. 왜냐하면 증가하는 엔트로피의 법칙은 고립계가 아닌 생명계에는 적용되지 않기 때문이다. 사실상 자연선택은 외부적으로 추동된 계들이 그들 스스로를 조직화하고자 한 결과로서 자발적으로 나타난 자기조직화의 기제이다.

자기조직화하는 계들이라는 맥락에서 우리는 한 계를 복잡하게 만드는 측면들이 무엇인지를 더 잘 이해할 수 있다. 고도로 복잡한 계들은 평형 상태에 있을 수 없다. 왜냐하면 질서란 무작위적인 것이 아니며, 높은 엔트로피와 높은 복잡성은 공존할 수 없기 때문이다. 한 계를 복잡한 것으로 기술하는 것은 단순히 그 계의 엔트로피가 낮다는 것을 의미하지 않는다. 한 줄로 놓여 있는 원자들은 엔트로피가 낮지만 복잡하지는 않다. 줄리안 바버와 내가 발명한 복잡성을 더 잘 특성화한 것은 우리가 말하는 다양성이다. 만약 부분계의 모든 쌍이 전체와 어떻게 연결 또는 관계되어 있는지에 관한 최소한의 정보를 제공함으로써 이들 각각을 서로 구분할 수 있을 경우, 이 계는 높은 다양성을 갖고 있는 것이다.[4] 도시는 다양성이 높다. 왜냐하면 주변을 둘러봄으로써 우리가 도시의 어디에 있는지를 쉽게 말할 수 있기 때문이다. 자연 속에서 그와 같은 조건들은 자기조직화의 과정들을 통해서 나타난, 평형과는 거리가 먼 계들에서 볼 수 있다.

그와 같은 자기조직화하는 계들의 공통적인 면모는 이들이 되먹임feedback 기제들에 의해 안정화된다는 것이다. 모든 생명체는 그것을 통과하는 에너지와 물질의 흐름을 규제하고 연결하고 안정화하는 되먹임 과정들의 복잡한 연결망이다. 되먹임은 양의 값일 수 있는데, 이는 무엇인가의 생산을 가속화하는 것을 의미한다. 마이크가 스피커에 너무 가까이 다가갔을 때 삑 하는 소리가 들리는 것이 그런 사례에 해당한다. 음의 되먹임은 신호의 기세를 꺾는 역할을 한다. 예를 들어, 온도 조절 장치는 집이 너무 차면 보일러를 켜고 집이 너무 따뜻하면 보일러를 끈다.

서로 다른 되먹임 기제들이 한 계를 통제하기 위해 경쟁할 때 공간과 시간 속에서의 유형pattern들이 형성된다. 양의 되먹임 기제가 음의 되먹임 기제와 경쟁하되 이들이 서로 다른 규모에서 작용할 경우, 우리는 공간에서의 어떤 유형들을 얻을 것이다. 생물학적 조직화의 이와 같은 기본적인 기제는 앨런 튜링이 발견했는데,[5] 이 기제는 배아 속에서 유형들을 생성하며 이 유형들은 그것이 자라게 될 몸체의 부분을 표시한다. 이후 이 기제는 다시 작용할 수 있는데, 예를 들어 고양이의 피부나 나비의 날개에도 유형들을 만들어낸다.

별과 태양계의 규모 너머에서 우리는 무엇을 보게 되는가? 별들은 은하들 속으로 조직화된다. 왜냐하면 그곳이 바로 이들이 만들어지는 곳이기 때문이다. 우리가 속한 은하계는 전형적인 나선 은하다. 우리은하는 별뿐 아니라 기체와 먼지로 이루어진 광대한 성간구름을 포함하고 있는데, 여기서 별이 형성된다. 기체는 밖으로부터 천천히 은하의 원반에 붙어 커진다. 이것이 은하 내의 변화를 추동하는 요인 중 하나다. 먼지는 별에 의해서 만들어지며 별이 초신성으로 생을 마감할 때 은하의 원반 속에 주입된다. 기체와 먼지는 서로 다른 상태로 존재한다. 어떤 것은 매우 뜨겁고, 어떤 것은 아주 차가운 구름으로 밀집되어 있다. 은하 내에서의 자기조직화 과정은 별에서 오는 에너지의 흐름인 별빛starlight에 의해서 추동된다. 가끔 육중한 별이 초신성 폭발을 통해 은하 속에 많은 양의 에너지와 물질을 쏟아붓는다. 우리는 또한 은하보다 더 큰 규모의 구조를 볼 수 있는데, 이는 진공에 의해 분리된 송이 모양 또는 판 모양의 조직이다. 이와 같은 유형들은 암흑물질에 의해 형성되고, 유형들끼리 서로 상호작용하면서 유지되는 것으로 여겨진다.

따라서 우리가 살고 있는 우주는 살아 있는 세포 속의 분자부터 송이 모양의 은하 무리에 이르기까지 광범위한 구조와 복잡성에 의해 특성화된다. 자기조직화하는 계들 간에는 위계질서가 존재하는데, 이는 에너지 흐름에 의해 추동되며 되먹임 과정들에 의해 안정화되고 그 형태를 갖춘다. 이와 같은 우주는 그야말로 볼츠만적이라기보다는 라이프니츠적이다.

과거를 돌아보았을 때 우리는 무엇을 보는가? 우리는 우주가 덜 구조화된 것에서 더 구조화된 것으로, 평형에서 복잡성으로 진화하는 것을 본다.

초기 우주에서의 물질과 복사가 열적 평형에 가까운 상태에 있었다고 믿을 좋은 근거가 있다. 물질과 복사는 놀랄 만큼 균일한 온도로 뜨거운 상태에 있었는데, 우리가 시간을 되돌리면 되돌릴수록 그 뜨거움은 증가한다. 분리의 시기(빅뱅 이후 40만 년이 지나 광자들이 물질과 분리된 시기) 이전에 물질은 복사와 함께 평형 상태에 있었다. 이 평형은 우리가 아는 한 오직 무작위적인 물질 요동에 의해서만 교란된다. 오늘날 우리가 보는 모든 구조와 복잡성은 물질과 복사가 분리된 후 형성되었다. 초기 구조들의 씨앗은 작은 무작위적인 밀도 요동에 의해 심어졌고, 이 구조들은 우주가 팽창함에 따라 성장했다. 은하가 형성되고, 별들이 만들어진 후, 생명이 탄생했다.

이것은 분명 열역학 제2법칙이 제안하는 것을 단순하게 적용해서 얻어지는 그림이 아니다. 제2법칙은 고립계들이 그들의 무작위성을 증가시킨다고, 시간이 진행할수록 질서가 없어지고 덜 복잡해지며 덜 구조화된다고 말한다. 이것은 우리가 보는 우리 우주의 역사에서 일어난 일들과는 정반대다. 우리 우주에서는 다양한 규모에서 구조의 복잡성이 증가했으며, 가장 최근일수록 가장 복잡한 구조들이 생성되고 있다.

진화하는 복잡성은 시간을 의미한다. 정적인 복잡계는 결코 존재한 적이 없다. 우리의 우주는 역사를 갖고 있고, 이 역사가 시간과 더불어 복잡성이 증가한 역사라는 사실이 우리가 얻은 커다란 교훈이다. 우주는 그저 비볼츠만적 우주가 아니라, 시간이 지남에 따라 점점 더 비볼츠만적인 우주가 되어간다.

이것이 열역학 제2법칙의 폐기를 의미하는 것은 아니다. 제2법칙은 고립계들에 적용되며, 이 계들은 시간이 지남에 따라 평형에 도달한다. 이뿐 아니라 복잡성의 형성은 실제로 엔트로피의 증가가 복잡성의 증가와 서로 다른 장소에서 일어나는 한 엔트로피의 증가와 양립 가능하다. 지구의 생명계는 우리 행성에 생명의 기원이 나타난 이후 40억 년 가까이 그 자신을 조직화하고 있다. 이러한 증가하는 조직화는 태양으로부터 오는 에너지의 흐름으로 인해 추동되는데, 이 에너지는 대부분 가시광선을 이루는 광자들의 형태로 제공되며 식물들의 광합성에 의해 흡수된다. 광합성은 광자들의 에너지를 화학적 결합으로 포착한다. 이와 같은 형태의 에너지는 예를 들어 단백질 분자를 형성할 수 있는 화학적 반응을 촉진시킬 수 있다. 에너지는 최종적으로 생명계를 통과해서 열 형태로 빠져나가 궁극적으로는 적외선 광자의 형태로 하늘 저 너머로 날아간다. 광자의 다음 정착지는 태양 주변을 궤도 운동하는 먼지 알갱이로, 이 알갱이를 뜨겁게 할 것이다.

단일한 에너지 광자는 복잡한 분자의 형성을 촉진시킴으로써 생명계의 엔트로피를 낮출 수 있었으나, 적외선의 형태로 우주에 복사되면서 전체로서의 태양계의 엔트로피를 증가시킨다. 우주 어딘가에 있는 먼지 알갱이를 뜨겁게 함으로써 발생하는 엔트로피의 증가가 분자 결합을 형성하기 위한 엔트로피 감소보다 크다면, 장기적인 결과는 제2법칙과 일치한다.

따라서 우리가 태양계를 하나의 고립계로서 간주한다면 태양계의 부분들이 자기조직화를 겪고 있다는 사실은 태양계 전체의 엔트로피 증가와 양립 가능하다. 전체로서의 계는 평형에 도달하고자 하며, 가능한 한 그 자신의 엔트로피를 증가시키고자 할 것이다. 제2법칙은 태양계를 평형 상태로 이끌고자 할 것이나, 거대한 별이 뜨거운 광자들을 차가운 우주로 복사하고 있는 한 그와 같은 평형은 연기된다. 평형이 연기되는 동안 분자들은 에너지의 흐름을 타고 더욱 더 커다란 조직화 및 복잡성의 상태로 나아갈 수 있다. 별들은 수십억 년 동안 타오르므로 복잡성이 번성할 수 있는 시간은 많다. 별들의 존재는 우주가 형성된 이후 대략 140억 년이 지나는 동안 평형과 멀리 떨어지게 된 이유와 큰 관련이 있다.

◈

그러나 왜 별들이 존재하는 것일까? 만약 우주가 엔트로피 증가와 무질서로 향하는 경향성을 가져야만 한다면, 어떻게 우주를 평형과는 거리가 먼 곳으로 추동하는 별들이 어디에나 존재하는 것일까? 이를 다른 방식으로 나타내보자. 만약 우주가 라이프니츠적인 것이 되려면 별과 같은 어떤 것이 반드시 존재해야만 한다. 자연법칙들의 어떤 측면이 별들의 존재를 보장하는 것일까?

별들의 물리학은 자연법칙이 가진 두 개의 예외적인 측면에 의존한다. 첫째는 물리학을 통제하는 매개변수들이 놀랄 만큼 미세하게 조정되어 있다는 것이다. 이러한 미세 조정에는 기본 입자들의 질량과 네 가지 힘들의 세기가 포함된다. 이들은 핵융합을 가능하게 만들며 따라서 별을 구성하는 수소 기체는 핵력이 없었다면 지금처럼 행동하지 않았을 것이다. 수소 원자들은 그저 무작위적으로 움직일 때와는 달리 별의 중심에서 부딪혀 새로운 방식으로 상호작용할 수 있다. 이들은 서로 융합되어 헬륨 및 다른 가벼운 원소들을 만든다. 이는 마치 우리가 좁은 공간에 갇혀 시간이 지날수록 동일하고 지루한 평형에 도달하는 것과 같다. 모든 시간은 다른 시간과 같다. 그러다가 갑자기 예전에는 존재하지 않았던 문이 열리고 우리는 완전히 다른 세계로 탈출한다. 전체 원자들에 적용된 열역학의 법칙들은 결코 핵융합 및 핵융합이 발생할 가능성을 예측하지 않을 것이다.

두 번째로 예외적인 측면은 중력이라는 힘에 의해 모인 계들이 보여주는 행동과 관련된다. 아주 단순하게 말해, 중력은 열역학에 대한 우리의 소박한 개념들을 전복한다.

열역학 제2법칙의 귀결이자 일상적인 관측에 따르면 열은 뜨거운 물체에서 차가운 물체로 흐른다. 얼음은 녹는다. 난로 위에 물을 올리면 끓는다. 두 물체의 온도가 같을 때 열의 흐름은 멈춘다. 열적 평형에 도달했기 때문이다. 일반적으로 우리가 물체로부터 에너지를 뺏으면 물체의 온도는 낮아지고, 우리가 물체에 에너지를 집어넣으면 물체의 열은 올라간다. 따라서 뜨거운 물체로부터 차가운 물체로 열이 흐르면 차가웠던 물체는 따뜻해지고 뜨거웠던 물체는 차가워진다. 이와 같은 과정은 두 물체의 온도가 같아질 때까지 계속된다. 이것이 방 안의 공기가 단일한 온도를 나타내는 이유이다. 만약 공기의 온도가 단일하지 않다면 따뜻한 부분의 에너지가 차가운 부분으로 흘러 단일한 온도에 다다른다.

이러한 행동은 평형에 있는 계를 작은 요동들의 효과들에 대항해서 안정적인 것으로 만든다. 작은 요동에 의해서 방의 한쪽이 다른 쪽보다 더 따뜻해진다고 해보자. 에너지는 따뜻한 곳에서부터 흘러서 따뜻한 곳은 차가워지고 차가운 곳은 따뜻해져서 곧 온도는 다시 균일해진다. 대부분의 계는 이처럼 직관적인 방식으로 작동한다. 그러나 모든 계가 그러한 것은 아니다.

이와는 다른 방식으로 작동하는, 즉 우리가 에너지를 주입하면 차가워지고 우리가 에너지를 가져가면 따뜻해지는 기체를 상상해보자. 이는 반직관적인 것으로 여겨질 수 있으나 그와 같은 기체는 실제로 존재한다. 이 기체는 불안정할 수밖에 없다. 우리가 이런 종류의 기체로 가득 찬 동일한 온도의 방에서 시작한다고 가정하자. 작은 요동이 왼쪽에서부터 오른쪽으로 적은 양의 에너지를 옮긴다. 그러면 왼쪽은 온도가 올라가고 오른쪽은 더 차가워진다. 이는 더 많은 에너지가 뜨거운 왼쪽에서부터 차가운 오른쪽으로 흐르도록 만드는 원인이 된다. 이 과정에서 왼쪽은 차가워지는 것이 아니라 점점 더 뜨거워진다. 더 많은 에너지가 차가운 곳으로 갈수록 차가운 쪽은 더 차가워진다. 곧 우리는 지속하는 불안정성에 다다르는데, 방 양쪽의 온도 차이는 계속해서 더 커진다.

이제 뜨거운 측면에만 주목하여 위의 시나리오를 되풀이해보자. 또 다른 요동이 나타나 뜨거운 부분의 중심을 약간 차갑게 만들었다고 가정해보자. 양의 되먹임으로 작용하는 동일한 현상이 중심을 더 차갑게 만들고 그 주변을 더 뜨겁게 만들 것이다. 시간이 지남에 따라 작은 요동은 하나의 특징으로 성장한다. 이와 같은 과정이 반복적으로 일어날 수 있다. 우리는 곧 차갑고 뜨거운 영역들이 이루는 복잡한 유형을 갖게 된다.

이와 같은 방식으로 작동하는 계는 자연스럽게 그 자신을 복잡한 유형들을 형성하도록 추동한다. 그와 같은 계가 어떤 방식으로 종결될지 예측하기는 어렵다. 왜냐하면 그 계가 진화할 수 있는 이질적이고 유형화된 배열들의 수가 엄청나게 크기 때문이다. 우리는 이러한 계들을 **반열역학적 계** anti-thermodynamic system라고 부른다. 이 계들에서 제2법칙은 여전히 작동하지만, 한곳에 에너지를 주입하는 것이 그곳을 차갑게 만들기 때문에 기체가 균일하게 분포되어 있는 상태는 고도로 불안정하다.

중력에 의해 모여 있는 계들은 이와 같이 정신 나간 방식으로 행동한다. 별, 태양계, 은하, 블랙홀은 모두 반열역학적이다. 우리가 이들에게 에너지를 주입하면 이 계들은 차가워진다. 이는 이 모든 계들이 불안정함을 의미한다. 불안정성은 이 계들로 하여금 균일성으로부터 벗어나 시공간 속에서 유형들을 형성하도록 자극한다.

이것은 우주가 탄생 후 137억 년이 지났는데도 평형 상태에 이르지 않은 이유와 크게 관련이 있다. 우주의 역사를 특성화하는 구조와 복잡성의 증가는, 많은 경우 우주를 채우고 있고 중력에 의해 붙들려 있는 은하 및 별의 무리가 반열역학적인 것이라는 사실에 의해 설명된다.

그러한 계들이 반열역학적인 이유를 이해하기란 쉬운 일이다. 두 가지의 기초적인 측면이 중력을 다른 힘과 차별화한다. (1) 적용 거리가 길고 (2) 보편적으로 끌어당긴다. 별 주위를 도는 행성을 고려해보자. 만약 우리가 행성에 에너지를 주입하면 행성은 별로부터 더 먼 궤도로 이동할 것이며 더 느려질 것이다. 따라서 에너지를 주입하는 것은 행성의 속력을 느리게 하고 이는 계의 온도를 낮춘다. 왜냐하면 온도란 계 안에 있는 것들의 평균 속력에 지나지 않기 때문이다. 역으로, 만약 우리가 태양계로부터 에너지를 가져가면 행성은 별에 더 가까이 가는 식으로 반응하고, 이는 행성의 운동을 더 빠르게 만든다. 따라서 에너지를 가져가면 계는 더 뜨거워진다.

우리는 이를 전하들 사이에 작용하는 전기력으로 묶여 있는 원자의 행동과 비교할 수 있다. 전기력은 중력과 같이 먼 거리에까지 작용하지만 오직 반대되는 전하들 사이에서만 끌어당긴다는 점에서 다르다. 양전하를 띤 양성자는 음전하를 띤 전자를 끌어당기겠지만, 일단 전자가 양성자에 붙들리고 나면 그 결과 원자의 전하 총합은 0이 된다. 이때 힘이 포화되었다고 하며 원자는 그 자신에게로 그 어떤 다른 입자도 끌어당기지 않는다. 하나의 태양계는 이와는 반대로 작동한다. 왜냐하면 하나의 별이 몇몇 행성을 끌어당길 경우, 그 결과로 생기는 계는 별 하나만 있을 때보다 주변을 스쳐 지나가는 물체들을 더 세게 끌어당기기 때문이다. 따라서 여기에는 또 다른 불안정성이 존재한다. 중력에 의해 묶인 계는 그 계로 더 많은 물체들을 끌어당길 것이다.

이와 같은 반열역학적 행동은 별 무리들의 이전移轉, devolution에서 그 스스로를 드러낸다. 만약 하나의 별 무리가 열역학적으로 행동한다면 이들은 평형에 도달할 것이다. 이 경우 무리 속 모든 별은 동일한 평균 속력을 가지고 무리 지어진 상태로 영원히 남을 것이다. 그 대신 실제로 일어나는 일은 별 무리가 천천히 소산하는 것이다. 이는 흥미로운 방식으로 일어난다. 가끔 별은 이중성二重星에 가깝게 된다. 즉 두 개의 별이 서로의 궤도를 도는 것이다. 별들이 서로에게 접근할수록 이중성의 궤도는 좁아진다. 이처럼 궤도가 줄어들면서 에너지를 방출하는데, 이는 다른 세 번째 별에 전해진다. 이제 이 세 번째 별은 무리를 빠져나갈 수 있을 정도로 충분한 에너지를 갖게 되어, 우주로의 여행을 시작한다. 오랜 시간이 지나면 근접한 궤도를 도는 몇몇 이중성 이외에는 별 무리에 남은 것이 별로 없게 되고, 빠르게 움직이는 별들의 구름이 별 무리로부터 떠내려간다.

이와 같은 현상은 열역학 제2법칙과 모순되지 않으며 오직 제2법칙에 대한 소박한 해석과만 모순된다. 많은 경우 엔트로피가 증가해야 한다는 법칙은 그저 무언가가 일어날 수 있는 더 많은 방법들이 있는 경우 그 일이 일어날 확률이 더 높다는 것을 명문화할 뿐이다. 일반적인 열역학적 계들은 단일하고 지루한 상태인 균일한 평형 상태로 끝난다. 중력으로 묶여 있는 반열역학적 계들은 다수의 고도로 이질적인 상태들로 끝난다.

따라서 우리의 우주가 흥미롭다는 사실은 세 겹의 설명을 가진다. 추동된 자기조직화의 원리는 분자에서부터 은하에 이르기까지 수많은 부분계들과 규모에 걸쳐서 작용하며, 이들을 복잡성이 증가하는 상태로 진화시킨다. 이와 같은 과정을 추동시키는 동력원은 별인데, 별은 **근본적 법칙들의 미세 조정**과 **중력의 반열역학적 본**

성의 결합에 의해서 존재한다. 그러나 이와 같은 힘들은 오직 우주의 초기 조건들이 강하게 시간비대칭적이어야만 별과 은하로 가득 찬 우주를 생성할 수 있다.

이상과 같은 모든 내용은 뉴턴적인 패러다임 속에서 틀이 잡히고 어느 정도까지는 이해될 수 있다. 그러나 우리가 계속 뉴턴적 패러다임 안에서 생각한다면 세계의 조직화는 어마어마하게 낮은 확률에 의존하게 되는 것으로 보인다. 법칙들과 초기 조건들의 선택이 극도로 특별해지는 것이다. 슬픈 결론은 뉴턴적 패러다임의 비시간적 관점으로부터 비롯되는 유일하게 자연스러워 보이는 종류의 우주는 평형 속에서 죽어 있는 우주이며, 이는 분명 우리가 살아가고 있는 우주가 아니다. 그러나 시간의 실재성을 받아들이는 관점에서 보면, 우주와 그것의 근본적 법칙들이 시간 속에서 비대칭적인 것은 전적으로 자연스럽다. 시간의 강한 화살은 고립계들의 엔트로피 증가 그리고 구조와 복잡성의 지속적인 증가를 모두 아우를 수 있다.

18장

무한한 공간 또는 무한한 시간?

시간의 실재성을 받아들이면 우주가 구조와 복잡성으로 가득 차 있는 이유를 이해할 수 있다. 그러나 우주는 얼마나 오랫동안 복잡하게, 구조화된 채 머무를 수 있을까? 평형은 영원히 이루어질 수 있을까? 어쩌면 우리는 훨씬 더 커다란 평형 우주 안에 있는 복잡성의 거품 속에 있는 것인지도 모른다.

이러한 물음은 현대 우주론의 가장 사변적인 주제들로 이어진다. 이는 바로 아주 먼 곳과 아주 먼 미래의 문제이다.

무한보다 낭만적인 개념은 없지만, 과학에서 이 개념은 쉽게 헷갈릴 수 있다. 우주가 공간적으로 무한히 연장되어 있다고 상상해보라. 또한 우주 전체에 걸쳐서 동일한 법칙이 적용되지만 초기 조건들은 무작위적으로 선택된다고 상상해보자. 이것은 볼츠만적 우주가 제시하는 궁극적인 그림이다. 무한한 우주의 대부분은 열역학적 평형 속에 있다. 이 중 흥미로운 것은 모두 요동이 만들어낸 것이다. 그러나 요동 속에서 일어날 수 있는 모든 일은 어딘가에서 일어날 것이며, 만약 무한한 수의 '어딘가'가 가능하다면, 각각의 요동은 그것의 확률이 얼마나 낮은지와는 상관없이 무한한 수만큼 일어날 것이다.[1]

따라서 우리의 관측 가능한 우주는 그저 하나의 커다란 통계적 요동에 지나지 않을 수 있다. 만약 우주가 진정으로 무한하다면, 930억 광년을 가로지르는 우리의 관측 가능한 우주는 무한한 공간 속에서 무한히 반복될 것이다. 따라서 만약 우주가 무한하고 볼츠만적이라면 우리의 존재와 우리의 행동은 무한한 수로 존재하고 반복된다.

이는 분명 우주의 그 어떤 두 장소도 동일할 수 없다는 라이프니츠적인 원리를 위배하는 것이다.

그뿐만이 아니다. 우리가 좋아하는 어떤 방식으로든 오늘이 달라질 수 있다고 상상해보자. 나는 태어나지 않았을 수 있다. 혹은 첫 연인과 결혼했을 수도 있다. 1년 전에 술에 취한 어떤 사람이 친구의 충고에 귀를 기울이지 않고 집까지 운전을 하다가 교통사고를 냈을 수도 있다. 사촌이 출생 직후 사고로 다른 아이와 바뀌어 아동학대 가정에서 자라난 후 많은 사람을 죽인 살인자가 되었을 수도 있다. 지성적인 공룡의 한 종이 진화하여 기후 변화 문제를 해결하고 여전히 행성을 지배하고 있어서 포유류가 결코 행성의 주도권을 넘겨받지 못했을 수도 있다. 이 모든 것은 일어날 수도 있었던 일들로서, 우리에게 우주의 서로 다른 현재 배열을 제시한다. 그와 같은 각각의 현재 배열은 우주 속 우리의 이웃에 있는 원자들이 배열될 수 있는 하나의 가능한 방법이다. 따라서 각각의 배열은 무한한 우주에서 무한한 수만큼 일어난다.

이것은 소름끼치는 전망이다. 이는 윤리적인 문제들을 일으킨다. 만약 무한한 우주의 다른 영역에서 또 다른 나에 의해 다른 모든 선택지가 행해진다면, 왜 내가 나의 선택이 불러올 결과들을 걱정해야 하는가? 나는 이 세계에서 나의 아이를 양육하기로 선택할 수 있지만, 다른 세계에서 다른 내가 행한 잘못된 결정 때문에 고통 받는 다른 아이들에 대해서도 신경을 써야 하는가?

이러한 윤리적인 문제들에 더해서 과학의 유용성과 관련되는 다른 문제들도 존재한다. 만약 세계에 대한 실재적 사실이 그 어떤 것도 일어날 수 있다는 것이라면, 설명을 위한 영역은 훨씬 더 줄어든다. 라이프니츠의 충분한 근거의 원리는 우주가 다른 방식이 아니라 특정한 하나의 방식으로 되어 있을 경우에는 언제라도 그에 대한 합리적인 근거가 있어야 함을 이야기한다. 그러나 만약 우주가 모든 방식으로 가능하다면 설명해야 할 것이 아무것도 없다. 과학은 아마도 우리에게 지역적인 조건들에 대한 통찰을 줄 수 있을지는 모르나 궁극적으로 과학은 무용한 연습에 지나지 않을 것이다. 왜냐하면 진정한 법칙은 단순히 일어날 수 있는 모든 일이 지금 현재 무한히 많은 시간 속에서 일어난다는 것일 뿐이기 때문이다. 이것은 뉴턴적 패러다임을 우주론으로 확장하는 것에 대한 일종의 귀류법이며 우주론적 오류의 또 다른 사례다. 나는 이를 **무한한 볼츠만적 비극**infinite Boltzmannian tragedy이라고 부른다.

이것이 비극인 이유 중 하나는 물리학의 예측적인 힘이 상당히 축소되기 때문이고, 또 그 이유는 확률이 우리가 확률이 의미한다고 생각하는 것을 의미하지 않기 때문이다. 결과 A가 99퍼센트의 확률, 결과 B가 1퍼센트의 확률을 가진다고 예측되는 양자역학적 실험을 한다고 가정해보자. 그리고 1,000번의 실험을 수행한다고 가정해보자. 그러면 1,000번 중 A가 대략 990번 나올 것이라고 기대할 수 있다. 우리는 A에 안심하고 내기를 걸 수 있을 것이다. 왜냐하면 대략 100번 중 99번 A가 나오고 한 번 B가 나온다고 합리적으로 기대할 수 있기 때문이다. 양자역학의 예측을 입증할 수 있는 좋은 기회를 얻은 것이다. 그러나 무한한 우주에서는 실험을 하는 우리의 복제자가 무한히 많이 존재한다. 이러한 무한히 많은 복제자가 결과 A를 관측하는 것이다. 그러나 결과 B를 관측하는 우리의 무한히 많은 복제자 또한 존재한다. 따라서 하나의 결과가 다른 결과보다 99배 더 빈번하다는 양자역학의 예측은 무한한 우주에서는 검증 가능하지 않다.

이것을 양자우주론에서의 측정 문제라고 부른다. 똑똑한 사람들이 이에 관해 작업한 결과를 읽고 이들의 이야기를 들은 후 내가 내린 결론은 이 문제는 풀리지 않는 문제라는 것이다. 나는 양자역학이 작동하고 있다는 사실을 우리가 오직 나에 대한 유일한 복제물을 포함하고 있는 유한한 우주에 살고 있다는 증거로 받아들이는 편을 선호한다.

우리는 우주가 공간적으로 무한하다는 것을 부정함으로써 무한한 우주의 비극이 갖는 함의를 피할 수 있다. 물론 우리는 특정한 거리를 넘어서는 과거를 볼 수 없지만, 나에게는 우주가 공간적인 범위에서 유한하다고 가정하는 것이 그럴 듯하고 납득 가능한 것처럼 보인다. 이는 우주가 유한하나 경계가 없다는 아인슈타인의 제안과 유사하며, 우주가 구 또는 도넛(즉 원환체)과 같이 전체 위상이 닫힌 표면임을 의미한다.

이 주장은 우리의 관측과 모순되지 않는다. 어떤 위상이 옳은지는 공간의 평균 곡률에 달려 있다. 만약 곡률이 구와 같이 양이라면, 구의 2차원적 위상의 3차원적인 유비인 오직 하나의 가능성만이 존재한다. 만약 공간의 평균적 곡률이 평면처럼 편평하다면 유한한 우주를 위한 하나의 선택이 존재하는데, 이는 도넛의 2차원적 위상에 대한 3차원적 유비이다. 만약 곡률이 말안장처럼 음이라면 우주의 위상을 위한 무한하게 많은 가능성이 존재한다. 여기서 기술하기에는 너무 복잡하긴 하지만, 이들을 목록화한 것은 20세기 후반기의 수학이 거둔 승리였다.

아인슈타인의 제안은 입증될 수 있는 가설이었다. 만약 우주가 닫혀 있고 충분히 작다면 빛은 모든 방향으로 퍼져야 하고, 그러면 우리는 멀리 있는 은하들에 대한 여러 상을 볼 수 있어야 한다. 이에 대한 탐색이 이루어졌지만 적어도 지금까지는 발견되지 않았다.

그러나 공간적으로 닫혀 있는 시공간에 의해 모형화된 우주론적 이론을 선호할 만한 강력한 근거가 있다. 만약 우주가 공간적으로 닫혀 있지 않다면 우주는 반드시 공간적으로 무한해야 한다. 이는 직관과는 반대로 공간에 경계가 존재함을 의미한다. 이 경계는 무한히 멀리 떨어져 있지만, 그럼에도 불구하고 정보는 그 경계를 통과할 수 있다.[2] 그 결과 공간적으로 무한한 우주는 자기충족적인 계로 간주될 수 없다. 우주는 그 경계로부터 들어오는 모든 정보를 포함하는 더 큰 계의 일부로 간주되어야만 한다.

만약 경계가 유한한 거리로 떨어져 있다면, 우리는 경계 밖에 여전히 더 많은 공간이 있다고 상상할 수 있다. 경계에 대한 정보는 경계 너머의 세계로부터 무엇이 오는지를 통해서 해명될 것이다.[3]

그러나 무한히 멀리 있는 경계는 우리가 그 너머에 있는 세계를 상상하도록 허용하지 않는다. 우리는 단순히 경계 안으로 무엇이 들어오고 경계 밖으로 무엇이 나가는지를 구체화해야 하지만, 선택은 전적으로 임의적이다. 무한한 경계로부터 우주 내부로 들어오는 정보에 대한 추가적인 설명은 없을 수 있다. 반드시 선택을 해야 하며 이 선택은 임의적이다. 따라서 우리는 무한한 경계를 가진 우주에 대한 그 어떤 모형으로도 아무것도 설명할 수 없음을 인정해야만 한다. 여기서 설명적 폐쇄의 원리와 충분한 근거의 원리가 위배된다.

이 논증에는 기술적으로 미묘한 부분들이 있지만 여기서 이에 대해 언급하지는 않겠다. 그러나 내가 얘기할 수 있는 것은 이 논증이 중요한 논증이며, 우주가 공간적으로 무한하다고 추측하는 우주론자들은 이 논증을 무시하고 있다는 것이다. 나는 우주에 대한 그 어떤 모형도 경계가 없이 공간적으로 닫혀 있어야 한다는 결론을 피할 수 있는 방법이 없다고 본다.

따라서 무한히 멀리 떨어진 곳이란 존재하지 않으며, 만족할 수 있을 만한 그 어떤 무한한 공간도 존재하지 않는다. 이제 우리의 주의를 무한히 먼 거리에서 무한히 먼 미래로 돌려보자.

◈

우주론자들이 쓴 저서들은 미래에 대한 걱정으로 가득 차 있다. 만약 우주가 볼츠만적인 것이 아니라 라이프니츠적인 것이라면, 이와 같은 라이프니츠적 우주는 오직 일시적인 것일 뿐이 아닌가? 아마도 오랜 시간이 지나면 우리뿐만 아니라 이 우주 역시 죽음을 맞이할 것이다.

우리는 우주가 공간적으로 유한하다고 제한함으로써 무한한 볼츠만적 우주로부터 비롯되는 비극들과 역설 중 많은 것에서 벗어날 수 있다. 그러나 이러한 제한이 모든 문제를 해결하는 것은 아니다. 공간적으로 유한하면서 닫혀 있는 우주는 여전히 무한한 시간 동안 존재할 수 있으며, 만약 우주가 수축하지 않는다면 우주는 영원히 팽창할 것이다. 그러면 우주가 열적 평형에 도달할 수 있는 무한한 양의 시간이 존재하는 셈이다. 만약 그렇다면 얼마나 오랜 시간이 걸리든 상관없이, 있음직하지 않은 구조들을 생성하기 위한 요동들이 등장할 수 있는 공간이 지속적으로 증가하는 것처럼, 앞으로도 무한한 양의 시간이 남아 있을 것이다. 그 결과 우리는 여기서 일어날 수 있는 그 어떤 일도 무한한 시간 속에서는 결국 일어난다고 주장할 수 있다. 이는 다시 볼츠만 두뇌 역설로 이끈다. 만약 충분한 근거의 원리와 식별 불가능자의 동일성 원리가 만족되려면 우주는 어떤 수단을 통해서든 그와 같은 역설적인 상태로 종결되는 것을 피해야만 한다. 이러한 원리들은 우주가 미래에 맞이할 운명에 대한 선택지들을 제한한다.

아주 먼 미래에 우주에 무슨 일이 일어날지 논의하는 소수의 과학 문헌이 있다. 이들은 모두 사변적이다. 왜냐하면 아주 먼 미래를 추론하려면 몇몇 거대한 가정들을 세워야만 하기 때문이다. 그중 하나로 자연법칙이 결코 변하지 않는다는 것이 있다. 만약 자연법칙이 변하면 우리의 예측적 능력이 방해를 받을 것이기 때문이다. 그리고 우주의 역사 과정을 바꿀 수 있는 그 어떤 발견되지 않은 현상도 존재해서는 안 된다. 예를 들어, 너무나 약해서 아직 탐지되지 않았지만 우주의 현재 나이보다 광대한 거리 및 시간에서는 그 역할을 담당하는 어떤 힘이 존재할 수 있다. 이는 가능한 일이며 이에 대해서도 숙고된 바 있다. 그러나 이는 현재의 지식으로부터 도출되는 모든 예측을 방해한다. 또한 또 다른 놀라운 일들 역시 일어나서는 안 된다. 예를 들어 우리의 현재 지평선 너머로부터 빛의 속도로 우리에게 다가오는 우주 거품들의 벽과 같은 것이 존재해서는 안 된다.

이미 잘 수립된 법칙과 현상이 세계에 존재하는 전부라고 가정하면, 우리는 신뢰할 만한 정도로 다음과 같은 결론을 연역할 수 있다.

결국 은하는 더는 별을 생성하지 않을 것이다. 은하는 수소를 별로 만들어내는 거대한 계다. 이들은 아주 효율적이지는 않다. 전형적인 나선 은하는 1년에 별 한 개 정도를 만든다. 대략 140억 년이 지났지만 우주의 대부분은 여전히 원시적인 수소와 헬륨으로 구성되어 있다. 그러나 오직 수소만 그 양이 많으므로, 최소한 오직 유한한 수의 별만 존재할 수 있다. 설혹 모든 수소가 마침내 별이 된다고 하더라도, 그 수는 유한하다. 그리고 이는 그저 상한일 뿐이다.

별 형성을 추동하는 비평형적인 과정들은 모든 수소가 별로 변환되기 전에 점차 줄어들 가능성이 매우 크다.

마지막 별들은 소진되어 없어질 것이다. 별의 생존 기간은 유한하다. 육중한 별은 수백만 년 동안 살다가 초신성과 같이 극적으로 생을 마감한다. 대부분의 별은 수십억 년을 살다가 백색왜성과 같이 사그러들어 생을 마감한다. 가장 마지막 별이 죽은 이후에도 시간은 흘러갈 것이다.

그 이후에는 어떻게 되는가?

마지막 별이 소멸하면 우주는 물질, 암흑물질, 복사, 암흑에너지로 가득 차게 된다. 장기적인 관점에서 우주에 무슨 일이 일어나는지는 대부분 우리가 그에 대해 가장 적게 알고 있는 요소인 암흑에너지에 달려 있다.

암흑에너지는 빈 공간과 관련된 에너지다. 이 에너지는 우주의 질량-에너지의 73퍼센트 정도를 구성하고 있는 것으로 관측되었다. 지금까지도 암흑에너지의 본성은 알려지지 않았지만, 멀리 있는 은하들의 운동에 이 에너지가 미치는 영향은 관측되었다. 특히 암흑에너지는 최근에 발견된 우주의 가속 팽창을 설명하기 위해 소환되었다.

이를 제외하면 우리는 암흑에너지에 대해 아무것도 모른다. 이것은 단순히 하나의 우주상수 혹은 일정한 밀도를 가진 어떤 색다른 형식의 에너지일 수 있다. 비록 암흑에너지의 밀도가 어느 정도 일정한 것처럼 보인다고 하더라도, 우리는 정말 그러한지 아니면 밀도가 지금까지 관측된 것보다 더 느리게 변화하는 것에 지나지 않는지를 알지 못한다. 우주의 미래는 암흑에너지의 밀도가 일정한지 그렇지 않은지에 따라 매우 달라질 것이다.

먼저 우주가 팽창함에도 암흑에너지의 밀도가 유지되는 시나리오를 살펴보자. 만약 암흑에너지의 밀도가 일정하다면 이는 아인슈타인의 우주상수와 꼭 같이 행동한다. 우주가 계속 팽창한다고 해도 감소하지 않는다. 모든 물질과 모든 복사 등 다른 모든 것은 우주가 팽창함에 따라 희석되며, 이들로부터 비롯되는 총 에너지 밀도는 일정하게 감소한다. 수백억 년이 지난 후에는 우주상수와 관련된 에너지 밀도를 제외한 모든 것이 무시할 만하게 된다.

이것은 아주 단순한 경우이므로 우리는 무엇이 일어나는지 아주 분명하게 알고 있다. 지수함수적인 팽창의 결과 은하 무리들이 너무나 빠르게 분리되므로 이들은 곧 서로를 볼 수 없다. 한 은하 무리를 빛의 속도로 떠나는 광자들은 다른 은하 무리들을 따라잡을 만큼 충분히 빠르지 않다. 각각의 무리에 있는 관측자들은 저 너머의 지평선에 둘러싸여 있는데, 그들의 이웃은 이미 지평선 너머로 사라져버렸다. 그렇게 되면 각각의 무리는 하나의 고립된 계가 된다. 따라서 각각의 지평선 내부는 일종의 상자가 되어, 한 부분계를 우주의 나머지로부터 구분짓는다. 따라서 각각의 무리에 상자 속 물리학의 방법론이 적용된다. 이는 우리가 이들에 대해서 추론하는데 열역학의 방법론을 적용할 수 있음을 의미한다.

이 지점에서 양자역학의 새로운 효과들이 등장하는데, 이 효과들은 각각의 지평선 내부가 열적 평형을 이룬 광자들의 기체로 가득 차게끔 만든다. 이 기체는 호킹 블랙홀 복사를 생성하는 것과 유사한 과정들에 의해 생성된 일종의 안개다. 이 안개를 **지평선 복사**horizon radiation라고 부른다. 이 안개의 온도는 극도로 낮기 때문에 밀도 역시 낮지만, 이들은 우주가 팽창하는 과정에서 일정하게 유지된다. 그 과정에서 물질 및 우주마이크로파배경을 포함하는 모든 것은 점점 더 희석되어, 충분한 시간이 지난 후에는 지평선 복사만이 우주를 채우게 된다. 우주가 평형에 가까워지는 것이다.

이와 같은 평형 상태는 영원히 지속된다. 영원한 볼츠만적 우주로 끝나는 것을 피할 방법은 없다. 물론 요동과 회귀가 존재할 것이며 가끔 우주의 하나 혹은 다른 배열이 정확히 되풀이될 것이다. 이는 16장에서 뉴턴적 패러다임의 최종적인 귀류법적 논증이라고 기술한 볼츠만 두뇌 역설을 포함한다. 이 시나리오에 따르면 지금까지 우리 우주가 보여주는 겉보기 복잡성은 우주가 영원한 평형에 정착하기 전에 아주 짧게 번쩍이는 불빛에 지나지 않는다.

우리는 거의 확실하게 우리가 볼츠만적 두뇌들이 아님을 안다. 왜냐하면 (16장에서 언급했듯이) 만약 우리가 볼츠만적 두뇌라면 아마도 우리는 우리 주변의 광대하고 질서 잡힌 우주를 보지 않을 것이기 때문이다. 우리가 볼츠만적 두뇌가 **아니**라는 사실은 우리 우주의 미래에 대한 이 시나리오가 거짓임을 의미한다. 충분한 근거의 원리는 이 원리의 대리물인 식별 불가능자의 동일성 원리를 통해 작용함으로써 이 시나리오가 거짓일 것을 요구한다. 문제는 어떻게 이 시나리오를 피할 수 있느냐는 것이다.

영원히 죽어 있는 우주를 피할 수 있는 가장 단순한 방법은 우주의 밀도가 팽창을 막을 수 있을 만큼 충분해 우주를 붕괴시키는 것이다. 물질은 다른 물질을 중력으로 끌어당기며, 이는 팽창을 느리게 만든다. 만약 우주에 물질이 충분하다면 우주는 최종적인 특이점으로 붕괴할 것이다. 아니면 아마도 양자적인 효과가 붕괴를 막고 우주를 '되튀길' 것이며, 이를 통해 수축은 팽창으로 전환되어 새로운 우주로 이끌 것이다. 그러나 팽창을 되돌릴 만한 충분한 물질이 존재하지 않을뿐더러 우주의 팽창을 가속하는 경향을 갖는 암흑에너지를 중화할 수 있는 질량조차 없는 상황인 것처럼 보인다.

영원히 죽은 우주를 피하는 두 번째로 단순한 방법은 우주상수가 실제로는 상수가 아닌 상황이 되는 것이다. 그 의도와 목적에 있어 우주상수의 역할을 하는 암흑에너지가 우주의 현재 나이 규모에서는 변하지 않는다는 증거가 있지만, 장기적으로 볼 때 이 에너지가 변하지 않을 것이라는 증거는 없다. 이와 같은 변화는 더 심오한 법칙에 의한 것일 수 있는데, 이 법칙은 너무나 느리게 작용하여 그것의 효과가 오직 긴 시간 규모에서만 지각 가능할 것이다. 또는 이러한 변화가 법칙들이 진화하는 일반적인 경향성의 효과에 지나지 않을 수 있다. 사실상 비상호적 작용 부재의 원리는 우주상수가 그것이 결정적으로 작용하는 우주로부터 영향을 받아야 함을 암시한다.

우주상수는 0으로까지 붕괴할 수 있다. 만약 그렇게 될 경우 팽창은 느려지겠지만 그렇다고 해도 팽창이 역행할 가능성은 극히 낮다. 우주는 영원하면서도 정적일 것이다. 이는 최소한 볼츠만 두뇌 역설은 피할 수 있다.

우주상수가 없는 우주가 영원히 팽창하는지 아니면 붕괴하는지는 궁극적으로 초기 조건들에 의존한다. 만약 팽창에서의 에너지가 우주 내에 있는 모든 것의 상호적인 중력 끌어당김을 극복할 만큼 궁극적으로 충분하다면, 우주는 결코 붕괴하지 않을 것이다. 그러나 설혹 우주가 영원하다 하더라도 다시 태어날 충분한 기회가 존재한다. 왜냐하면 우주의 특이점이 제거된 결과로 등장한 각각의 블랙홀이 아기 우주의 탄생을 유도할 수 있기 때문이다. 11장에서 언급했듯이, 이러한 일이 반드시 일어나야 한다는 것에 관한 훌륭한 증거가 존재한다.

만약 이런 경우라면, 죽음과는 거리가 먼 우리 우주는 이미 최소한 10억의 10억 배가 되는 수의 자손을 갖고 있는 것이 된다. 이러한 새로운 우주들은 각자 자기 자손들을 생산할 것이다. 각각의 우주가 다른 많은 자손을 남긴 후 특정한 시점에서 소멸할 수 있다는 것은 놀랍지 않게 여겨진다.

그저 우주의 블랙홀들뿐 아니라 우주 전체를 포함하는 우주 재탄생의 가능성도 존재한다. 이는 순환 모형이라는 일군의 우주론 모형들에서 연구된 가설이다. 프린스턴대학교의 폴 스타인하트Paul Steinhardt와 페리미터 연구소의 닐 투록Neil Turok이 발명한 순환 모형들 중 하나는 우주상수가 0까지 감소한 후 계속 줄어들어 강한 음의 값들을 갖게 된다고 가정함으로써 이러한 일을 달성해냈다.[4] 내가 여기서 설명하지는 않을 몇몇 이유들로 인해 이들의 가설은 우주 전체의 극적인 붕괴를 유발한다. 그러나 스타인하트와 투록은 이러한 붕괴 뒤에 되튀김과 재팽창이 일어난다고 주장한다. 이러한 되튀김은 양자중력의 효과들로부터 기인할 수 있고, 궁극적인 특이점은 암흑에너지의 극단적인 값을 통해 피할 수 있을 것이다.

우주론의 최종 특이점들이 양자 효과들에 의해서 되튀기고 우주의 재팽창을 유도한다는 것에 대한 이론적인 증거는 블랙홀 특이점의 경우에서보다 탄탄하다.[5] 고리양자중력이론의 영역 안에서 우주론의 특이점들에 근접하는 양자 효과들에 대한 몇몇 모형이 연구되었는데, 그 결과는 되튀김이 우주적 현상이라는 것이다. 그러나 이들은 모형일 뿐이며 극단적인 가정들을 하고 있다는 것에 주의해야 한다. 이때 핵심적인 가정은 우주가 공간적으로 균질적이라는 것이다. 우리가 가장 확신할 수 있는 것은 우주의 가장 균일한 영역—중력파 또는 블랙홀이 없는 영역—이 되튀겨서 새로운 우주들을 탄생시킨다는 것이다.

최악의 경우, 고도로 비균질적인 영역들은 되튀기지 않을 것이다. 이들은 그저 특이점들로 붕괴할 것이며 여기서 시간은 멈춘다. 그러나 이와 같이 나쁜 경우에도 실낱같은 희망이 있다. 왜냐하면 이것은 우주의 어떤 부분이 되튀겨 스스로를 재생산할 수 있는지를 결정하기 위한 선택 원리를 제공할 것이기 때문이다. 만약 오직 더 균질적인 영역들만 되튀긴다면, 되튀김 직후에 일어나는 새로운 우주들의 시작 역시 고도로 균질적일 것이다.[6] 이로부터 하나의 예측을 할 수 있다. 되튀김 직후의 아주 초기에는 우주가 고도로 균질적이다. 그러한 초기 우주에는 우리가 우주에서 보는 것과 같은 블랙홀, 화이트홀, 중력파가 존재하지 않을 것이다.

그러나 이와 같은 되튀기는 우주 시나리오가 과학이 되기 위해서는 최소한 이 가설을 시험할 수 있는 하나 이상의 예측이 존재해야 한다. 여기에는 최소한 두 개의 예측이 존재하는데, 이들은 우주마이크로파배경 내의 요동 스펙트럼과 관련된다. 순환 시나리오는 이러한 요동들에 대한 설명을 제공하는데, 이 설명은 많은 경우 이 요동들의 원인으로 간주된 짧은 기간 동안의 극단적인 팽창을 요구하지 않는다. 우리가 지금까지 관측한 요동들의 스펙트럼은 재생성 되었지만, 순환 모형들과 팽창 모형이 제시하는 예측들 사이에 두 개의 차이점이 있으며, 이러한 예측들은 현재의 또는 가까운 미래의 실험들에 의해 시험될 수 있을 것이다. 하나의 시험은 중력파가 우주마이크로파배경에서 관측될 수 있는지의 여부다. 팽창 모형은 그렇다고 말하고, 순환 모형들은 아니라고 말한다. 순환 모형들은 또한 우주마이크로파배경복사가 완전히 무작위적이지는 않다고 예측한다. 전문적인 용어로 말해 이들은 비非가우스성을 예측한다.

순환 모형들은 시간을 근본적인 것으로 고려하는 것—시간이 빅뱅에서 시작된 것이 아니라 빅뱅 이전에 존재했다는 의미에서—이 어떻게 좀 더 예측적인 우주론을 유도하는지를 보여준다. 또 다른 예는 빛의 속도가 아주 초기 우주에서는 달랐다고—사실상 훨씬 빨랐다고—가정하는 이론들이다. 이러한 소위 **빛의 변화 가능한 속도 이론들**은 상대성이론의 원리들을 위배하는 방식으로 선호되는 시간 개념을 선별한다. 그 결과 이 이론들의 인기는 없지만, 이들은 팽창 없이 우주마이크로파배경 요동들을 설명할 수 있을 것이라고 약속한다.

로저 펜로즈는 우주가 새로운 우주를 발생시킬 수 있는 또 다른 시나리오를 제안했다.[7] 간단히 말하자면, 그는 고정된 우주상수와 함께 영원한 볼츠만적 우주를 받아들이며 무한히 오랜 시간이 지난 후에 무슨 일이 일어나는지를 묻는다. (오직 펜로즈만이 그와 같은 질문을 할 수 있을 것이다.) 그는 특정한 시점 이후 양성자, 쿼크, 전자를 포함해 질량을 가진 모든 기본 입자는 소멸하고 오직 광자를 비롯해 질량 없는 입자만이 남을 것이라 추측한다. 만약 그렇게 된다면 영원성의 무한한 경로를 탐지할 수 있는 그 어떤 것도 존재하지 않을 것이다. 왜냐하면 광자는 빛의 속력으로 이동해 시간을 전혀 경험하지 않기 때문이다. 광자에게는 매우 뒤늦은 우주의 영원성이 매우 초기의 우주와 구분 불가능할 것이다. 유일한 차이가 있다면 온도일 것이다. 분명 온도차는 막대하겠지만, 이것은 그저 단일 척도 아래에서의 차이에 지나지 않는다. 펜로즈는 단일 척도인 경우 문제가 되지 않는다고 주장한다. 관계론적으로 기술된 광자 기체에서는 그 시간에 존재하는 사물들 사이의 비교 또는 비율만이 문제가 된다. 전체적인 규모는 탐지되지 못한다. 따라서 차가운 광자 기체 및 다른 질량 없는 입자들로 가득 찬 매우 뒤늦은 우주는 초기 우주를 채우고 있는 동일한 입자들로 구성된 뜨거운 기체와 구분되지 않는다. 식별 불가능자의 동일성 원리에 따르면 뒤늦은 우주는 또 다른 우주의 탄생이기도 하다.

펜로즈의 이러한 시나리오는 오직 무한한 시간 이후에야 펼쳐지며 따라서 볼츠만 두뇌 역설을 해결하지 않는다. 그러나 이 시나리오는 빅뱅의 잔재 속에 과거 우주에 대한 화석들이 존재할 것이라고 예측하며, 우리는 이 화석으로부터 과거 우주에 대한 정보를 얻을 수 있다. 열적 평형 속에서 진행된 영원성에 의해 많은 정보가 씻겨 나가지만, 결코 질서가 흐트러지지 않는 정보 운반자는 중력적 복사다. 중력파에 의해 운반되는 정보는 순환 모형들에서의 되튀김 속에서도 전달되어 새로운 우주로 전해진다.

중력파에 의해서 전달되는 가장 큰 신호는 오래전에 없어진 은하들의 중심에 도사리고 있던 거대한 블랙홀들 사이의 충돌에 대한 상들이다. 이렇게 바깥으로 향하는 물결은 하늘에 커다란 원들을 만든다. 이들은 영원히 이동하며 새로운 우주로의 전이 속에서도 살아남는다. 펜로즈의 예측에 따르면 그 결과 이러한 거대한 원들을 우주마이크로파배경 속에서 볼 수 있어야 한다. 왜냐하면 우주마이크로파배경의 구조는 우리 우주의 초기에 형성되어 잠긴 것이기 때문이다. 이 원들은 이전 우주에서 일어난 사건들의 그림자들이다.

더 나아가 펜로즈는 많은 동심원이 존재해야 하리라고 예측한다. 이 원들은 은하 무리로부터 오는데, 이들은 그 속에서 한 쌍 이상의 은하계 블랙홀이 충돌한 것이다. 이는 아주 놀라운 예측이며, 우주마이크로파배경에 관한 대부분의 우주론적 시나리오에서 예측된 종류와는 매우 다르다. 만약 이와 같은 낮은 확률의 예측이 입증된다면, 이는 그러한 예측을 생산한 시나리오를 위한 증거로 간주되어야만 할 것이다.

이 책을 쓰는 동안 펜로즈의 동심원들이 우주마이크로파배경 안에서 보일 수 있는지에 대한 논란이 있었다.[8] 이 논란의 결론과는 상관없이, 우리는 다시 한 번 우리 우주가 빅뱅 이전의 우주로부터 진화했다는 우주론적 시나리오들이 관측에 의해서 검증되거나 반증될 수 있는 예측들을 만들어낸다는 것을 보게 된다. 이는 우주가 동시적으로 존재하는 복수의 세계들 중 하나라고 말하는 시나리오들과는 대조된다. 이 시나리오들은 그 어떤 실재적인 예측들도 하지 않으며 아마도 할 수 없을 것이다.

10장에서 나는 우리 우주에 포함된 특정한 법칙들과 초기 조건들이 한 번 이상 일어나기 위해 선택을 요구하는 이유에 관한 합리적인 설명을 주장했다. 왜냐하면 그렇지 않을 경우 우리는 왜 그와 같은 선택이 이루어졌는지를 알 수 없을 것이기 때문이다. 이에 반해 만약 동일한 초기 조건과 법칙이 여러 번 발생했다면, 이에 대해서는 근거가 있을 수 있다. 나는 다수의 빅뱅이 배열될 수 있는 두 가지 방법—동시적으로 또는 계열적으로—을 고려했고, 오직 후자의 경우에만 우리는 **'왜 이러한 법칙들인가?'**라는 문제에 답할 수 있으면서도 여전히 과학적인 것—반증 가능한 예측들을 제공한다는 의미에서—으로 남을 우주론을 발전시키는 것을 기대할 수 있음을 주장했다. 이번 장에서 나는 두 개의 대안을 대조하면서, 오직 계열적인 우주에서만 실행할 수 있는 실험을 위한 진정한 예측들이 존재함을 살펴보았다.

따라서 우리는, 시간이 실재하고 근본적이며 우주의 역사가 우주의 현재 상태를 이해하는 데 필수적인 틀 안에서 작업할 때 우주론이 더 과학적인 것이 되고 우리의 개념은 좀 더 시험에 취약해진다는 것을 알 수 있다. 과학의 목적이 비시간적인 수학적 대상에 의해 나타나는 비시간적 진리를 발견하는 것이라는 형이상학적 전제에 얽매여 있는 사람들은, 시간을 제거하고 우주를 수학적 대상과 비슷한 것으로 만드는 것이 과학적 우주론으로 가는 길이라고 생각할 수 있다. 그러나 과학적 우주론으로 가는 길은 이와 반대임이 드러났다. 찰스 샌더스 퍼스가 한 세기도 더 전에 이해했던 것처럼, '법칙들이 설명되려면 반드시 진화해야 한다.'

19장

시간의 미래

2부에서는 비시간성으로부터 거슬러 올라와 시간을 세계에 대한 개념의 핵심에 정립했다. 1부에서 제시된 시간의 비실재성에 대한 논증들은 강력하지만, 이 논증들은 모두 뉴턴적 패러다임을 전체로서의 우주에 대한 완전한 이론으로 확장하는 것에 의존하고 있다. 지금껏 살펴본 것처럼, 뉴턴적 패러다임을 우주의 작은 부분에 대한 물리학을 기술하는 성공적인 방법론으로 만든 바로 그 측면들이 그것을 전체로서의 우주에 적용하는 데서 문제를 일으킨다. 우주론(및 근본적 물리학)에서 한 걸음 더 나아가려면 우주론적 규모에서 타당한 자연법칙에 대한 새로운 개념이 있어야 한다. 이 개념은 오류, 딜레마, 역설을 피하고 이전의 틀이 해결하지 못한 문제들에 답을 제시한다. 더 나아가 이러한 새로운 개념은 과학적 이론이어야 한다. 즉 이 이론은 새롭지만 실행 가능한 실험들을 통해 반증 가능한 예측들을 만들어내야 한다.

10장에서 나는 우리의 탐구를 안내할 기초 원리들을 제시함으로써 그와 같은 새로운 개념 틀에 대한 탐색을 시작했다. 그 원리들 중에서 가장 중요한 것은 라이프니츠의 충분한 근거의 원리인데, 그 덕에 우리는 우주가 지금껏 해온 다른 선택들이 아닌 바로 그 선택을 내린 합리적인 근거를 찾았다. 이는 추가적인 원리들을 함축한다. 식별 불가능자의 동일성 원리, 설명적 폐쇄의 원리, 비상호적 작용 부재의 원리 등이 그것이다. 이러한 원리들은 자연 속의 사물들이 갖는 모든 속성에 대한 완전한 관계론적 접근을 위한 틀을 구성한다.

그 후 나는 이러한 원리들을 실현하고 작업 가능한 우주론적 이론을 발견하는 유일한 방법은 자연의 법칙들이 시간 속에서 진화한다고 가정하는 것이라고 주장했다. 이는 시간이 실재적이고 광역적일 것을 요구한다. 가능한 발전 경로로는 14장에서 기술한 바 있는 형태동역학이 있는데, 이는 일반상대성의 범위 내에서 선호되는 광역적 시간 개념을 제시한다.

자연법칙들은 실재적 시간 개념 안에서 진화하며, 이러한 시간 개념은 우리의 원리들과 결합하여 우리에게 새로운 우주론적 이론의 토대를 제공해준다. 2부 11장에서 18장까지의 내용에서 기술된 발전들은 아직까지는 사실이 아니며 일관된 이론에까지 이르지도 못했다. 이들은 대신 우리가 우주와 우주론의 임무에 대해서 어떻게 다시 생각할 수 있는지에 대해 일종의 전망을 제시한다. 각각의 발전은 사변적이지만 그중 몇몇은 실행 가능한 실험들을 위한 진정으로 시험 가능한 예측들을 만들어낸다. 그 예측들 중 어떤 예측이 실험에 의해 입증되든지 그러지 않든지, 이들은 최소한 시간의 실재성 가설이 좀 더 과학적인 우주론으로 유도된다는 것을 보여준다.

실재적이고 광역적인 시간 개념은 또한 물리학에서 해결되지 않은 문제들을 해결하는 데도 도움을 준다. 예를 들어, 우리는 개별적인 사건에서 무엇이 일어나는지를 기술하고 설명하기 위해 양자역학의 통계적 예측 너머로 나아갈 필요가 있다. 12장과 13장에서 나는 양자적 현상에 대한 더 심오한 이론을 향한 두 개의 새로운 접근법을 기술했다. 이 두 접근법 모두 시간이 근본적이라고 전제한다. 이러한 접근법들은 양자역학과 충분히 달라서 양자역학으로부터 실험적으로도 구분될 수 있는 것으로 보인다.

실재하는 시간이 작동하는 또 다른 무대는 거시 세계 안에서의 행동에 대한 기술인데, 여기서 열역학은 온도, 압력, 밀도, 엔트로피 등과 같은 개념과 함께 나타난다. 이와 같은 비양자적 수준에서 시간은 강하게 방향 지어진 것으로 나타나며, 우리는 과거를 미래와 강하게 구분하는 몇몇 시간의 화살들을 식별할 수 있다. 시간이 비본질적이거나 창발적이라는 이론에서 우주의 시간비대칭성은 이해할 수 없다. 이 이론에 따르면 우리는 세계의 가장 명백하고 두드러지는 측면들을 초기 조건들에 대한 극도로 있음직하지 않은 선택의 결과로 설명할 수밖에 없다. 이와 달리 시간이 실재하며 근본적이라는 이론을 따른다면, 우주 자신이 시간 속에서 비대칭적이라고 가정함으로써 이와 같은 어려움을 피할 수 있다.

그러나 시간이 실재한다고 말하는 것과 우주 전체를 통해 '바로 지금' 무엇이 일어나고 있는지—즉 시간이 흐르는 것에 대한 우리의 경험과 동시적으로 일어나는 것이 무엇인지—말하는 것이 의미하는 바는 서로 다르다. 광역적 시간 개념은 시간이 흐르는 것에 대한 우리의 경험이 우주를 관통하여 공유된다는 것을 의미하지만, 이는 분명 특수 및 일반상대성에서의 동시성의 상대성과 직접적으로 모순된다. 이와 같은 모순은 피할 수 없다. 왜냐하면 동시성의 상대성 및 공유된 개념으로서의 실재 개념은 우리가 6장에서 본 바와 같이 블록우주 모형으로 이어지기 때문이다. 이 그림에서 우리 경험의 가장 기본적인 측면인 시간의 흐름은 실재하지 않는다.

누군가는 시간이 실재하는 것이 동시성의 상대성과 모순되지 않는 시간의 실재성 개념을 상상하려고 시도할 수도 있을 것이다. 그러나 이는 실재에 대한 유아론적 또는 관측자 의존적인 개념을 요구할 텐데, 이러한 개념에서는 실재하는 현재와 아직 실재하지 않는 미래의 구분이 모든 관측자들에 의해서 공유되는 객관적인 속성이 아니다. 그리고 내가 강조했듯이, 광역적 시간 가설은 양자이론을 넘어서고 공간을 창발적인 것으로 이해하는 데 큰 도움을 준다. 또한 광역적 시간 가설이 특수상대성의 실험적 입증들과 상충할 필요가 없다는 것을 주목하는 것 역시 중요하다. 우리는 이것이 참임을 형태동역학의 사례에서 살펴본 바 있다. 마지막으로, 자연에 선호되는 광역적 시간 개념이 존재한다는 가설은 실험을 통해 그 진위 여부가 결정되어야 한다. 이는 내가 시험될 수 있는 새로운 예측을 유도할 수 있는 가설들을 지지하는 이유이다.

◈

법칙들이 진화한다는 개념은 근본적인 물리학을 좀 더 예측적으로 만든다는 이점이 있다. 그러나 이 개념은 하나의 최종적인 딜레마에 직면한다. 우리는 법칙의 진화 과정을 통제하는 법칙의 존재 여부를 자연스럽게 묻게 된다. 기본적인 입자들에 직접적으로 작용하는 것이 아니라 법칙들에 작용하는 그와 같은 법칙을 **메타법칙**이라 부를 수 있다. 이와 같은 메타법칙의 작용을 관측하기는 어려울 수 있다. 이 메타법칙은 빅뱅과 같은 격렬한 상황에서만 작용하기 때문이다. 그러나 만약 우리가 우리 우주에 대한 완전한 설명, 즉 충분한 근거의 원리의 목적을 완전히 구현하는 설명을 원한다면, 그와 같은 메타법칙이 존재해야 하는 것 아닐까?

그러나 메타법칙이 존재한다고 가정하자. 우리는 다른 메타법칙이 아니라 왜 이 메타법칙이 우리 우주의 법칙들의 진화를 통제하는지 알고자 해야 하는 것 아닐까? 그리고 만약 메타법칙이 미래의 법칙들을 생성하기 위해 과거의 법칙들에 작용할 수 있다면, 현재의 법칙들에 대한 설명은 부분적으로 과거의 법칙들에 의존할 것이며, 따라서 우리는 '왜 이러한 초기 조건들인가?'라는 문제를 피할 수 없다. 메타법칙 가설은 무한 퇴행으로 이어진다('왜 이러한 메타법칙인가?'라는 질문은 메타-메타-법칙에 의해서 답변될 수 있고, 이러한 과정은 계속된다). 이것은 딜레마의 두 뿔 중 하나의 뿔이다. 다른 하나는 메타법칙이 존재하지 않을 가능성이다. 그렇게 되면 법칙들의 진화에는 무작위적인 요소가 있을 것이며, 그 결과 다시 한 번 모든 것이 설명되지는 않게 되며 충분한 근거의 원리는 과학의 가장 근본에서부터 위배된다. 로베르토 망가베이라 웅거와 나는 이를 **메타법칙의 딜레마**라고 부른다.

처음에는 이러한 결론이 막다른 결론인 것처럼 보일 수 있으나, 이에 대해 수 년 동안 고민한 나는 이것이 아주 커다란 과학적 기회라고 믿게 되었다. 이 결론을 해결하기 위한 새로운 종류의 이론을 발명하라는 하나의 도발인 것이다. 나는 메타법칙의 딜레마가 해결 가능하며, 이 문제를 해결하는 것이 21세기 우주론과 근본 물리학의 발전을 이끄는 혁신의 핵심이 될 것이라고 확신한다.

메타법칙의 딜레마는 우주론적 자연선택을 사용해 임시로 피할 수 있는데(11장을 보라), 이때 제한적이고 통계적인 메타법칙이 가정된다. 내가 우주가 되튀길 때마다 표준모형의 매개변수들이 무작위적으로 적은 양만큼 변화한다고 가정했을 때, 나는 이 딜레마를 부분적으로 피해가는 일종의 메타법칙을 기술했다. 분명 우리는 어떻게 이런 일이 일어나는지 더 잘 알고자 하며, 무작위적 매개변수 변화를 생성하는 기제를 기술할 수 있게 되기를 원한다. 이에 대한 추가적인 통찰은 고리양자중력 또는 끈이론(끈이론의 맥락에서 그 개념이 처음으로 착안된 바 있다)과 같은 양자중력이론에 의해 제시될 수 있을 것이다. 그러나 설혹 더 진전된 통찰을 주지 않더라도 우주론적 자연선택이라는 가설은 설명적이면서도 반증 가능하다.

선행의 원리는 메타법칙에 대한 또 다른 접근법이다. 이 원리 역시 부분적으로 통계적이므로 메타법칙 딜레마를 피하거나 최소한 지연시킨다. 이 딜레마를 지연시키는 것만으로도 성과가 있는데,

이는 실험적으로 탐구될 수 있는 가설들을 위한 공간을 마련하므로 그에 따라 새로운 질문과 접근법을 제안할 수 있다. 그러나 메타법칙의 딜레마를 궁극적으로 해결하는 데에 **'왜 이러한 메타법칙인가?', '왜 이러한 초기 조건들인가?'**라는 질문은 제기되지 않을 것이다. 왜냐하면 이를 해결하는 동역학의 법칙들이 진화하는 까닭에 우리에게 친숙한 법칙들과는 충분히 다르기 때문이다.

이 딜레마를 놀라운 방식으로 해결하는 하나의 접근법을 소개하겠다. 메타법칙에 대한 두 개의 해결책이 서로에 대해 동등하다고, 즉 법칙들이 진화하는 과정에 대해 동일한 효과를 가진다고 가정해 보자.[1] 마치 계산의 보편성이 존재하는 것처럼 **메타법칙의 보편성 원리**가 존재할 수 있다. 계산의 보편성이라고 할 때 '보편성'이란 하나의 컴퓨터가 계산할 수 있는 모든 기능을 다른 컴퓨터도 할 수 있음을 의미한다. 이때 컴퓨터의 구동 시스템이 무엇인지는 상관없다. 메타법칙의 보편성 개념은 이와 유사하다. 어떤 메타법칙이 작동하고 있는지를 말하는 것은 의미가 없다. 왜냐하면 모든 실험적 예측은 사용되는 것이 어떤 메타법칙인지와 관계없이 동일할 것이기 때문이다.

뉴턴적 패러다임을 넘어서는 우주론의 과학에 대한 또 다른 접근법은 법칙과 배열의 결합을 상상하는 것이다. 법칙과 상태라는 두 가지를 알아야 하는 것이 아니라, 그 두 가지에 대한 정보를 포함하여 이를 하나로 통합하는 **메타 배열**meta-configuration만 알면 된다. 이 개념은 실재하는 모든 것은 현재의 순간에 실재한다는 가설과 일치한다. 하나의 법칙이 작용하는 한, 그것을 구체화한 것은 지금 이 순간의 일부분이다. 법칙의 구체화와 배열의 구체화가 서로 아주 다를 수는 없다. 따라서 우리는 이들을 단일한 메타배열로 통합한다. 마치 갈릴레오가 천상계와 지상계를 통합한 것처럼, 비시간적 법칙과 시간에 묶인 배열의 구분이라는 그림자를 통합하는 것은 아마도 시간일 것이다.

메타배열의 진화는 너무나 단순해서 보편성의 원리에 의해 설명되는 규칙에 따라 추동될 것이다. 초기 배열의 선택은 초기 조건뿐만 아니라 초기 법칙도 구체화할 것이다. 배열 중에는 빠르게 진화하는 측면도 있고 훨씬 더 천천히 진화하는 측면도 있을 것이다. 전자의 경우 우리가 법칙이라고 부를 수 있는 것들을 경유하여 진화하는 배열로 간주될 것인데, 이는 천천히 움직이는 측면들에 의해서 구체화된다. 그러나 더 긴 시간 규모에서 법칙과 배열 사이의 구분은 없어질 것이다. 나는 이 개념에 대한 단순한 모형을 발전시켰으나 아직까지 이 모형은 그다지 실재적이지 않다.[2]

이상과 같은 두 개의 개념이 선행의 원리 및 우주론적 자연선택과 결합하면, 이는 우리에게 메타법칙의 딜레마를 해결할 수 있는 네 개의 방법을 제공해준다. 이것은 첫 발걸음에 지나지 않는다. 21세기 우주론의 방향이 메타법칙 딜레마의 해결에 달려 있다고 하는 것은 과장이 아니다.

◈

1장에서 나는 과학에서 수학이 하는 역할에 대해 몇 가지 질문을 제기한 바 있다. 논의를 마무리하기 전에 잠시 이 주제를 다시 다루고자 한다. 왜냐하면 시간의 실재성이 물리학에서 수학이 하는 역할에 관해 중요한 의미를 함축한다는 것을 분명하게 강조하고자 하기 때문이다.

뉴턴적인 패러다임 내에서 비시간적 배위공간은 하나의 수학적 대상으로 기술될 수 있다. 법칙들 역시 수학적 대상으로 나타날 수 있으며, 계의 가능한 역사인 법칙들에 대한 해 역시 수학적 대상으로 나타날 수 있다. 수학과 대응하는 것은 실제의 물리적 과정이 아니라 이미 완결된 물리적 과정에 대한 기록일 뿐이며, 이 기록 역시 그 정의상 비시간적이다. 그러나 항상 세계는 시간 속에서 진화하는 다수의 과정으로 남아 있으며, 세계의 오직 작은 부분들만이 비시간적인 수학적 대상으로 표현 가능하다.

뉴턴적 패러다임은 전체로서의 우주를 포함하도록 그 규모가 확장될 수 없는 까닭에, 전체 우주의 정확한 역사에 대응하는 수학적 대상이 존재할 필요가 없다. 또한 전체로서의 우주에 해당하는 비시간적 배위공간과, 비시간적이고 보편적인 수학적 대상으로 나타나는 비시간적 법칙들이 있을 필요도 없다.

존 아치볼드 휠러는 칠판에 물리학 방정식을 적어놓고 몇 걸음 물러선 뒤 "이제 내가 박수를 치면 하나의 우주가 짠 하고 존재하게 될 겁니다"라고 말하곤 했다. 물론 그런 일은 일어나지 않았다.[3] 스티븐 호킹은《시간의 역사A Brief History of Time》에서 다음과 같은 질문을 던졌다. "방정식들에 숨결을 불어넣어 이들이 우주를 기술할 수 있게 만드는 것은 무엇일까?" 그와 같은 말은 수학이 자연에 선행한다는 관점이 지닌 어리석음을 보여준다. 실제로 수학은 자연 이후에 등장한다. 수학에는 무언가를 생성하는 힘이 없다. 이것을 이야기하는 또 다른 방법은, 수학에서의 결론이 논리적 함축에 의해 강제된다면 자연 속의 사건들은 시간 속에서 작용하는 인과적 과정들에 의해서 생성된다는 것이다. 이 둘은 같은 것이 아니다. 논리적 함축은 인과적 과정의 양상을 모형화할 수 있지만, 이것이 인과적 과정과 동일한 것은 아니다. 논리는 인과성의 거울이 아니다.

논리와 수학은 자연의 양상들을 포착할 수는 있지만 결코 자연 전체를 포착할 수는 없다. 수학으로는 결코 나타낼 수 없는 실재의 양상들이 존재한다. 그중 하나는 실재 세계는 항상 어떤 특정한 순간으로 존재한다는 것이다.

따라서 일단 시간의 실재성을 파악한 뒤 따라오는 가장 중요한 가르침 중 하나는 자연은 그 어떤 단일한 논리적 또는 수학적 체계에 의해서도 포착될 수 없다는 것이다. 우주는 단순히 말해 생성되는 것이다. 우주는 유일하다. 우주는 한 번 생성되며, 이는 자연을 구성하는 각각의 유일한 사건들이 한 번 일어나는 것과 같다. 왜 존재하지 않는 게 아니라 존재하는지는 아마도 대답할 수 없는 질문일 것이다. 단지 우리는 존재하는 것이란 존재하는 다른 것들과의 관계 속에 있는 것이며, 우주는 단지 그러한 모든 관계들의 집합이라고 말할 수 있을 뿐이다. 우주 그 자체는 바깥에 있는 그 어떤 것과도 관계를 맺지 않는다. 왜 우주가 존재하지 않는 게 아니라 존재하는지는 충분한 근거의 원리의 범위를 넘어선다.

만약 초기 조건들의 비시간적 공간에 작용하는 단일한 비시간적 수학 법칙이 존재하지 않는다면, 우주론의 발견들은 어떤 형식으로 표현되어야 할까? 우주론의 미래는 이 질문에 달려 있다. 잠시 생각해보면 몇 가지 답이 떠오른다.

우주론적 자연선택, 선행의 원리처럼 내가 제시한 예들은 우리가 뉴턴적 패러다임을 넘어서는 시험 가능한 과학적 이론들을 생각해낼 수 있음을 보여준다. 과학의 역사에는 수학적으로 진술될 필요가 없는 많은 가설이 존재한다는 사실을 성찰해보는 것은 유용하다. 그리고 몇몇 경우 이 가설들을 가지고 작업할 때 수학은 필요하지 않았다. 이에 대한 하나의 예는 자연선택 이론이다. 이 이론의 몇몇 측면은 단순한 수학적 모형들 속에서 포착되지만, 그 어떤 단일한 모형도 자연선택이 자연에서 작용하는 기제들의 다양성 전체를 포착하지는 못한다. 사실상 진화의 새로운 기제들은 새로운 종이 탄생하는 것처럼 언제든 출현할 수 있다.

가설이 과학적인 것이 되려면 이것은 자신을 검증하거나 반증할 수 있는 관측을 제시해야만 한다. 때때로 이는 수학적 표현을 요구하고 다른 경우에는 그렇지 않다. 수학은 과학의 언어 중 하나다. 수학은 강력하고 중요한 방법론이다. 그러나 과학에 수학을 적용하는 것은 수학적 계산의 결과들과 실험 결과들 사이의 동일성에 기초하며, 실험들은 수학 바깥에 있는 실제 세계에서 일어나기 때문에, 둘 사이의 연결은 일상적인 언어로 진술되어야 한다. 수학은 대단한 도구이지만 과학을 통제하는 궁극적인 도구는 언어이다.

◈

우리가 직면한 도전은 과소평가할 수 없다. 우주론적 과학은 위기에 처해 있으며, 유일하게 확신할 수 있는 것은 우리를 지금까지 잘 지지해준 방법론의 기초에 근거해 작업하는 것이 더 이상 작동하지 않는다는 것이다. 우리는 여러 역설로부터 만약 우리가 표준적인 뉴턴적 패러다임을 우주론의 기초로 삼고자 할 때 무슨 일이 일어나는지를 살펴볼 수 있다. 따라서 우리는 미지의 세계로 나아가야 한다. 우리는 급진적인 프로그램 중에서 무언가를 선택해야 하는 상황에 직면했다. 어떤 프로그램이 옳은 것인지는 일단 우리가 어떤 방향이 새로운 관측들을 위한 시험 가능한 관측들로 유도하는지 그리고 그러한 관측들이 수행되는 결과는 어떤지 살펴본 다음에야 비로소 결정될 수 있을 것이다. 우리는 또한 새로운 이론이 이미 알려져 있으나 현재로서는 미스터리인 사실들에 대한 견고한 설명들을 제공하기를 기대한다. 우리는 이러한 어려운 질문들에 대한 다양한 접근법을 응원해야만 한다.

그러나 선택은 냉혹하다. 우리 앞에 있는 선택지들을 대조하기 위해 뒤의 두 쪽에서 나는 우리가 이 책에서 살펴본 서로 반대되는 주장의 쌍을 열거할 것이다. 이는 시간을 환상으로 간주하는지 아니면 실재의 핵심으로 간주하는지가 함축하는 의미들의 틀을 지을 것이다.

시간은 환상이다. 진리와 실재는 비시간적이다.

공간과 기하학적 구조는 실재적이다.

인류 원리에 의한 선택을 제외하면 자연법칙은 비시간적이고 해명 불가능하다.

미래는 우주의 초기 조건들에 작용하는 물리학의 법칙들에 의해서 결정된다.

우주의 역사는 그 모든 측면에서 특정한 수학적 대상과 동일하다.

우주는 공간적으로 무한하다. 확률적 예측들은 문제가 있다. 왜냐하면 이 예측들은 두 개의 무한한 양들 사이의 비율과 관련되기 때문이다.

초기의 특이점은 시간의 시작(시간이 정의되는 시점)이며 해명 불가능하다.

우리의 관측 가능한 우주는, 동시적으로 존재하지만 관측 불가능한 우주들의 무한집합에 속하는 원소들 중 하나다.

평형은 자연스러운 상태이고 우주의 피할 수 없는 운명이다.

우주의 관측된 복잡성과 질서는 보기 드문 통계적 요동에 기인하는 무작위적인 사건이다.

양자역학은 최종적인 이론이며 이에 대한 옳은 해석은 실제로 존재하는 대안적인 역사들이 무한히 많다는 것이다.

시간은 세계에 대한 우리의 지각에서 가장 실재적인 측면이다. 진리이면서 실재하는 모든 것은 순간들의 연속 중 하나인 순간 속에 존재한다.

공간은 창발적이고 근사적인 것이다.

자연법칙은 시간 속에서 진화하며, 아마도 그 법칙들의 역사로 설명될 수 있을 것이다.

미래는 완전히 예측 가능하지 않으며 따라서 부분적으로 열려 있다.

자연 속의 많은 규칙성은 수학 이론으로 모형화될 수 있다. 그러나 자연의 모든 속성이 수학 속에 그 거울쌍을 갖고 있지는 않다.

우주는 공간적으로 유한하다. 확률은 일반적인 상대 빈도들이다.

빅뱅은 사실 빅뱅 이전 우주의 역사로 설명되어야 하는 되튀김이다.

우리 우주는 우주의 시대들이 이어지는 하나의 무대이다. 그 이전 시대의 화석 또는 잔재는 우주론적 자료 속에서 관측될 수 있다.

우리 우주의 오직 작은 부분계들만이 균일한 평형에 다다른다. 중력에 붙들린 계들은 이질적으로 구조화된 배열들로 진화한다.

우주는 중력에 의해 추동되어 복잡성의 수준을 증가시키는 방식으로 자연스럽게 자기조직화한다.

양자역학은 아직 알려지지 않은 우주론적 이론에 대한 근사이다.

과학에서 확실한 것은 아무것도 없다. 그러나 우리가 불확실성에 직면해서 할 수 있는 것은 다양한 가설을 위한 근거 있는 논증을 구성하고자 시도하는 것이다. 그것이 바로 내가 이 책에서 지금까지 한 일이다. 궁극적인 시험은 실험이더라도, 우리는 새로운 가설과 이 가설들을 시험할 수 있는 예측들로부터 하나의 연구 프로그램이 얼마나 생산적인지에 대한 결론을 몇 가지 도출할 수 있다.

비시간적 우주에 기초해 있고 양자역학을 받아들이며 다중우주를 최종 이론으로 간주하는 연구 프로그램이 등장한 지 20년이 지났다. 이 프로그램은 아직 실행 가능한 실험을 통해 반증할 수 있는 예측을 하나도 생산해내지 못했다. 기껏해야 이 프로그램은 새로운 현상인 거품우주의 충돌에 대한 사변들을 생성해냈을 뿐이다. 우리는 운이 좋으면 이 충돌의 잔재를 관측할 수 있을 것이다. 그러나 이러한 사변들이 반증 가능한 예측인 것은 아니다. 왜냐하면 예측을 검증하는 데 실패하더라도 사변에 어떤 해를 끼치지 않고서도 이러한 실패를 쉽게 설명할 수 있기 때문이다. 또한 이 프로그램이 직면하는 기초적인 문제들은 똑똑하고 의지가 굳은 과학자들이 여러 해 동안 작업했는데도 아직 해결되지 않았다. 이러한 어려움은 우리 우주가 무한히 많은 우주 중 하나이고 그러한 우주 중 오직 하나만 관측 가능한 경우에 예측을 하는 것, 모든 사건에 대한 무한한 수의 복제물이 있는 경우에 확률 개념을 사용하는 것, 이론과 관측 모두 우리 관측의 영역을 넘어서서 참일 수 있는 것들에 대한 시나리오를 발명하는 것을 충분히 제약하지 못한다는 기본적인 사실과 관련된다.

이러한 개념들을 탐구한다 해도 중요한 것이 전혀 나오지 않으리라고 확신할 수는 없겠지만, 과학의 역사는 이들을 실패로 기술할 가능성이 높다. 과학의 근본적인 문제에 대한 잘못된 접근법에 기인한 실패인 것이다. 이 실패는 우주의 작은 부분들을 연구하는 데 적합한 방법론을 존재 전체에 적용함으로써 발생한다.

만약 내가 이를 올바르게 특성화했다면, 실패는 피상적인 것이 아니며 동일한 종류의 또 다른 시나리오를 발명하는 것으로는 고칠 수 없다. **'왜 이러한 법칙들인가?', '왜 이러한 초기 조건들인가?'** 같은 우주론적 질문들은 법칙들과 초기 조건들을 입력값으로 간주하는 방법론에 의해서는 대답될 수 없다. 이에 대한 치료법은 그저 새로운 이론뿐만 아니라 새로운 방법론과 그에 따른 새로운 종류의 이론을 포함하는 급진적인 것이어야 한다.

이와 같은 일은 벅차기는 하지만, 우리는 우리 나름대로 몇 가지 일을 할 수 있다. 가장 기본적인 첫 번째 단계는 법칙들의 진화에 관한 가설들의 틀을 구상해보는 것이다. 이 가설들은 빅뱅 이전에 있을 수도 있었던 우주 역사를 포함하며, 실행 가능한 관측에 의해 반증이 가능한 예측들을 유도해낼 것이다. 우주론적 자연선택의 예측들, 순환 우주론의 예측들이 이에 포함된다. 이러한 개념들 중 어떤 것이 참인지 아닌지를 말하기에는 너무 이르지만, 현재 또는 근미래에 시행될 관측들이 이들을 거짓된 것으로 기각할 수 있음을 안다는 것은 고무적인 일이다. 이러한 단순한 예들은 우주를 우주들의 잇따름 속에서 등장하는 하나의 무대로 보는 시나리오들이 시험 가능하며 과학적임을 암시한다.

우리가 참고할 수 있는 또 다른 것은 역사 속에서 등장한 가장 심오한 우주론적 사색가들의 지혜인데, 이들 중 특히 라이프니츠, 마흐, 아인슈타인에 주목할 필요가 있다. 이들로부터 우리는 지금껏 물리학의 발전을 성공적으로 안내해온 몇몇 원리를 얻을 수 있다.

이와 같은 사고를 이어가는 과정에서 등장하는 가장 급진적인 제안은 현재 순간의 실재성 및 더 나아가 실재하는 모든 것은 현재 순간에 존재한다는 원리를 주장하는 것이다. 이것이 생산적인 개념인 한 물리학은 더 이상 우주에 대한 정확하게 동일한 수학적 복제물에 대한 탐구일 수 없게 된다. 그와 같은 꿈은 여러 세대의 이론가에게 영감을 주었지만 이제는 더 먼 곳으로의 발전을 막고 있는 형이상학적 환상으로 간주되어야 한다. 수학은 계속해서 과학의 시녀가 될 것이지만, 더 이상 수학은 과학의 여왕이 될 수 없다.

여왕을 희생시킴으로써 우리가 얻는 보상은 물리적 이론의 구조에 대한 좀 더 민주적인 비전이다. 왕족과 평민의 구분이 오래전에 폐기된 것처럼, 우리는 세계 속 사건들의 상태들과 시간 속에서 이 상태들이 진화할 때 따르는 법칙들 사이의 절대적인 구분을 폐기하고 그 너머로 나아가야만 한다. 더 이상 절대적이고 비시간적인 법칙들이 시간에 붙들린 세계 배열의 진화를 지시하는 것으로 볼 수 없다. 만약 실재하는 모든 것이 순간 속에서 실재한다면, 법칙들과 상태들 사이의 구분은 상대적인 것이어야 하며, 이는 우리 자신이 속한 것처럼 상대적으로 차갑고 고요한 시대에서야 비로소 나타나고 식별 가능한 것이다. 그러나 좀 더 격렬한 다른 시대에 대해서는 이 구분이 세계에 대한 새롭고 완전히 동역학적인 기술을 통해 해소되어야 할 것이며, 이 기술은 합리적이면서 충분한 근거의 원리에도 들어맞을 것이다.

법칙들이 시간 속에서 진화하는 것을 허용함으로써 우리는 시험 가능한 가설로 법칙을 설명할 가능성을 높인다. 법칙을 진화하도록 하는 것이 법칙의 힘을 약화시키는 것처럼 보일 수 있으나, 사실상 이는 과학의 전체적인 힘을 증가시키는 것이다. 이에 반해 뉴턴적 패러다임에서 작동하는 개념들을 우주론의 영역으로 확장하는 것은 과학의 힘을 약화시킨다. 만약 우리가 가장 깊은 수준에서 자연에 대한 우리의 개념에 진화와 시간이 도입되는 것을 허용한다면, 우리 자신을 발견하는 이 신비로운 우주를 좀 더 잘 이해하게 될 것이다.

이와 같은 새로운 길이 성공하게 될까? 오직 시간만이 이야기해줄 것이다.

맺는 글

시간 속에서 생각하기

최초의 도구에서부터 최신의 양자 기술에 이르기까지 인간 문명의 모든 진보는 잘 훈련된 상상력의 적용에서 비롯되었다.

상상력은 위험과 기회 사이에서 우리가 나아가도록 추동하는 기관이다. 이는 시간의 실재성에 적응한 것이다. 우리는 아주 뛰어난 정보 사냥꾼이자 수집가이자 처리자이지만, 우리의 능력은 그보다 훨씬 뛰어나다. 우리에게는 우리가 가진 데이터만으로는 알아낼 수 없는 상황을 상상할 수 있는 능력이 있다. 우리는 상상력 덕분에 임박하지 않은 위험들을 예상할 수 있다. 이는 우리가 이 위험들에 대응하는 계획을 수립할 수 있음을 뜻한다. 우리는 밤에는 호랑이와 대적할 수 없고, 호랑이가 덮칠 경우 우리의 아이가 먹잇감이 되는 것을 막을 방법이 없다. 그러나 우리는 호랑이의 공격을 상상했기 때문에 호랑이를 쫓아낼 불을 만들 수 있었다.

우리가 호랑이를 쫓아내기 위해 불을 피울 수 있다는 사실이 그다지 인상적이지 않을 수 있지만, 수십만 년 전에 최초로 이와 같은 일을 한 사람을 생각해보라. 그 당시에는 어떤 위협적인 존재를 물리치기 위해 또 다른 치명적이고 위협적인 존재를 사용한다는 개념이 정신 나간 짓으로 보였을 것이다. 불을 통제할 수 있다는 개념 그 자체만으로도 엄청난 상상력과 용기가 필요했을 것이다. 오늘날 우리는 집 전체에 숨어 있는 불과 함께 살고 있다. 불은 벽 속의 전선에, 난로 안에, 지하실 보일러 속에 숨어 있다. 우리는 심지어 이와 같은 불에 대해 생각조차 하지 않는다. 간혹 차를 타고 길을 가다가 집에서 난로를 끄고 나왔는지 궁금해할 때나 불을 생각한다. 그러나 우리가 수십만 년 전에 불을 다스리는 방법을 상상했던 사람들의 후손들이 아니었다면, 우리는 여전히 호랑이의 먹잇감이 되었을 것이다.

이것이 바로 인간으로서의 삶이 하게 되는 거대한 협상이다. 우리는 불확실함의 정점에서 번성한다. 우리는 기회와 위험의 경계에서 번성하며, 우리가 모든 것을 통제하거나 매 순간 끊임없이 일어나는 나쁜 일들로부터 벗어나지 못한다는 인식과 함께 살아간다.

다른 동물은 환경과 동조하는 방식으로 진화해왔다. 이들에게 놀라움이란 거의 항상 나쁜 소식이다. 왜냐하면 놀라움은 동물을 위험에 노출시키는 환경 속 변화의 신호이기 때문이다. 동물은 이러한 변화에 적응되지 않았다. 인간 진화의 특정한 시점에 우리 조상들은 상상력이라는 기관을 진화시켰다. 상상력 덕에 우리는 새로운 환경에 적응할 수 있었다. 상상력을 통해 우리는 변화와 놀라움을 이 행성에서 우리의 영역을 확장시킬 수 있는 기회들로 바꾸었다.

1만 2,000년 전쯤 우리는 환경을 우리에게 적응시켰고, 행운에 의존하는 수렵채집인이 아니라 농부가 되었다. 그 이후 우리 인간의 영역은 확대되어 지구의 자연계에 끼친 부담이 스스로에게 커다란 위협이 되는 지경에까지 이르렀다. 상상하는 것이 우리가 하는 일이고 상상력이 우리 인간을 여기까지 데려다주었기에, 오직 상상력만이 우리로 하여금 앞으로 다가올 놀라움들을 잘 헤쳐나갈 수 있도록 새로운 개념들을 제공해줄 수 있다.

우리의 적응을 추동해온 바로 그 상상력이 인간 삶의 본질적으로 비극적인 면모 역시 유도했는데, 이는 곧 우리가 우리 자신의 피할 수 없는 죽음을 상상할 수 있다는 것이다. 가능한 한 오래 살아남기 위해 욕망과 필요를 추구하는 우리 인간은 지금껏 우리에게 불가피한 것들에 맞서 싸워왔다. 조금이 아니라 과하게 도를 넘는 것은 바로 우리가 인간이기 때문이다. 그 결과 중 하나는 우리가 거의 당연히 받아들이고 있는 문명, 과학, 예술, 첨단 기술의 부흥이다. 또 다른 결과는 우리의 과도함으로 인해서 발생하는 모든 쓰레기인데, 왜냐하면 급격한 쇠퇴에 대항하는 가장 믿을 만한 보호 장치는 급격한 성장이기 때문이다. 따라서 상대적으로 협소하고 보기 드문 틈새 환경에 적응하기 위해 진화한 종이 지구 표면 전체를 점령했다. 우리와 가장 가까운 생물학적 친족은 아프리카의 몇몇 숲에 살면서 거의 멸종 위기에 놓여 있지만, 인간은 지구 위에 수십억 명이 존재하고 있다. 우리를 다른 유인원들로부터 구분하는 종 분화는 많은 경우 '문화' 덕분이라고 말하지만, 문화란 사실 좀 더 잘 살기 위한 우리의 상상과 투쟁을 이르는 또 다른 단어에 지나지 않는 것 아닌가?

우리는 많은 것을 묻지 않고, 환경과 사회로부터 최소한의 것만을 취하고, 그들 주변의 세계와 본능적으로 균형을 이루며 살아가는 존재들을 그려볼 수 있다. 우리 중 몇몇은 그와 같이 사는 것을 좋아한다. 좀 더 단순하게 살라는 것은 사실상 좋은 조언이지만, 전체적으로 볼 때 그것은 인간 존재가 살아가는 방식이 아니다. 인간의 존재 방식은 현재 우리가 갖고 있는 것보다 더 나은 것을 향한 영감을 불러일으키는 것이다. 인간이 되는 것은 현재 존재하지 않는 것을 상상하고, 경계 너머의 것들을 탐색하고, 제약들을 시험하며, 우리가 알고 있는 세계의 두려운 경계를 탐험하고 돌진하며 굴러떨어지는 것이다.

경계들을 파괴하고 환경과의 균형을 잃은 채 살아가는 것을 자본주의와 현대 기술 사회의 병적 측면이라고 보는 낭만적인 개념이 존재한다. 그러나 이는 잘못된 생각이다. 석기시대에 북미 대륙 정복자였던 우리는 대륙을 가로지르며 우리와 마주친 대부분의 거대 포유류를 말살시켰다. 20세기에 일어난 두 차례의 세계대전 속에서 사망한 유럽인의 비율보다 훨씬 더 높은 비율의 수렵채집인이 종족 간의 전쟁에서 사망했다.

하나의 종으로서 우리는 지구라는 행성의 생태계와 자원에 대한 지배의 정점에 있는 것으로 여겨진다. 우리 모두는 현재의 상황이 지속가능하지 않다는 것을 알고 있다. 지속불가능성은 발생할 수밖에 없다. 이것은 항상 지수함수적 성장의 결과다. 우리는 그저 인류의 생애주기에서 정점인 시기에 사는 행운을 누리고 있을 뿐이다. 만약 우리가 과거보다 더 현명하게 행동하는 법을 빠르게 배우지 않는다면 다시 위기가 찾아올 것이다. 만약 우리가 시간 밖에서 생각하기를 고집한다면, 우리는 기후 변화에 의해 제기된 전례 없는 문제들을 극복하지 못할 것이다. 우리는 정치적인 해결책이 담긴 표준화된 메뉴얼에 의지할 수 없다. 왜냐하면 이 문제들은 현재 우리의 정치적 체계가 빚은 실패에 의해 정의되기 때문이다. 오직 시간 속에서 생각함으로써만 우리는 수 세기 더 번영할 수 있는 기회를 얻는다.

불을 다스림으로써 호랑이로부터 아이들을 안전하게 지키려 한 최초의 용감한 누군가가 있었다. 우리 아이들의 안전은 아마도 우리가 기후를 조절하는 법을 배우는 것에 있음을 깨닫는 용기 있는 사람은 과연 누구일까?

◈

2080년을 상상해보자. 그때는 기후 변화와 관련된 문제들이 호전되었다고 가정하자. 우리 아이들은 노인이 되었을 것이다. 어쩌면 의학의 발전으로 여전히 생의 한창때를 누리고 있을지도 모른다. 기후 변화로 인한 재난을 피한 덕에 그들의 사고는 어떻게 바뀌어 있을까?

여기에선 우리가 이산화탄소 배출을 통제하는 조치를 하지 않을 경우 그들의 관점이 어떨지 상상하는 것이 더 쉽다. 그들은 온도와 해수면 상승, 가뭄과 흉작과 같이 지금 난민으로 가득한 도시들이 겪는 문제에 직면하게 될 것이며, 우리는 그들이 우리에게 무엇을 말하려 할지 쉽게 상상할 수 있다.

그러나 우리가 이와 같은 모든 것을 피할 수 있는 지혜를 찾았다고 가정해보자. 우리는 그러한 성공을 가능하게 하는 방법으로부터 무엇을 배울 것인가? 그리고 이 위기를 해결함으로써 사회는 어떤 긍정적인 선善을(재난을 피하는 것이 아닌) 이룰 것인가? 기후 변화에 관한 문헌은 대부분 부정적인 측면에 초점을 맞춘다. 우리는 행동하지 않을 때 초래되는 두려운 결과에 대해 거듭 읽지만, 그 어느 곳에서도 우리가 이 문제를 해결했을 때 생기는 부수적인 이득에 대한 논의를 찾을 수 없다. 운동을 하고 식사를 잘하는 사람들은 질병과 이른 죽음을 피하고자 하는 동기를 넘어서는, 건강함에서부터 비롯되는 긍정적인 효과들을 발견할 것이다. 이와 유사하게 건강한 행성을 조성하는 경제 속에서 살아가는 데 따르는 긍정적인 이득이 존재할까?

기후 위기를 극복하면 어떤 결과로 이어질지 예측하기는 힘들다. 왜냐하면 이를 성공시키기 위해서는 전 지구적인 공학적 문제를 해결하는 것보다 많은 일을 해야 하기 때문이다. 이 위기의 심각성을 깨달은 사람들 사이에서도 두 개의 반대되는 관점—둘 다 틀렸지만—중 어느 하나를 고수하려는 것이 진정한 진보의 걸림돌이 된다. 세계를 경제학적 용어로 바라보는 사람들에게 자연이란 이용하고 극복해야 하는 하나의 자원이며, 기후 변화는 더 큰 규모의 농업 문제에 지나지 않고, 이 문제는 비용-편익 분석에 따라 해결되어야 한다. 환경 행동주의자들에게 자연은 가장 중요하고 깨끗한 것이며, 오직 문명의 침해에 의해서만 약해질 수 있다. 이들에게 기후변화란 보존과 관련된 또 다른 주제이다. 이 두 견해를 지지하는 사람들 모두 핵심 논점을 놓치고 있다. 왜냐하면 둘 다 자연과 기술을 상호 배타적인 범주로 가정하며, 둘 중 하나만 선택할 것을 요구하기 때문이다. 그러나 이 위기를 만족스럽게 해결하려면 자연적인 것과 인공적인 것 사이의 구분을 흐리게 해야 한다. 이 해결책은 자연과 기술 사이에서 선택을 요구하는 것이 아니라 이 둘이 각각에 대해서 갖는 관계를 재정의하는 것이다.

오늘날 기후를 불안정하게 만드는 원인이 바로 우리 인간이라는 데에는 압도적인 과학적 의견 일치가 존재하지만, 과거에 기후가 아주 다른 상태 사이에서 갑자기 요동했던 것 또한 사실이다. 만약 이와 같은 일이 다시 일어난다면—우리 인간의 행위에 의해서 촉발되든 그렇지 않든—이는 우리에게 끔찍한 결과를 안겨줄 것이다. 우리는 주요 기후 변화를 막거나 완화할 수 있으므로 반드시 그렇게 해야만 한다. 같은 이유로 지구와 충돌할 수도 있는 혜성들을 파괴할 방법을 찾아야만 한다. 이러한 위기를 해결한 후, 우리는 기후를 지속적으로 통제하여 인류가 번영할 수 있는 범위 내에서 그것을 유지하려고 할 것이다. 이는 우리의 기술을 이미 기후를 통제하고 있는 자연의 순환 체계와 혼합하는 것을 의미한다.

일단 기후를 통제하는 자연의 체계가 우리의 기술들에 어떻게 반응하는지를 이해하고 나면, 우리는 우리의 기술과 경제가 기후와 조화롭게 지낼 수 있도록 작동시키기 시작하고, 우리는 행성 규모에서 자연적인 것과 인공적인 것의 구분을 초월하게 될 것이다. 경제와 기후는 하나의 계를 이루는 다른 측면들이 될 것이다. 기후 위기에서 살아남기 위해 우리는 새로운 종류의 체계를 생각하고 이를 수립해야 한다. 기후를 결정하는 자연적 과정과 우리의 기술적 문명이 공생하는 체계 말이다.

우리는 우리 자신을 자연으로부터 분리되어 있는 것으로, 우리의 기술은 자연 세계에 대한 부담으로 보는 데 익숙해져 있다. 그러나 우리가 자연을 정복했다거나 자연이 우리를 생존하게 해준다는 환상과 관계없이, 우리는 우리가 자연으로부터 분리되어 있다는 개념의 유용함이 가진 한계에 도달했다. 만약 우리가 종으로서 살아남고자 한다면 우리는 우리 자신을 새로운 방법으로 바라보아야 한다. 이 방법에서 우리와 우리가 만들고 행하는 모든 것은 우리가 모든 호흡을 통해 참여하고 있는 탄소와 산소의 순환처럼 자연스럽게 여겨질 것이다.

이와 같은 과업을 시작하기 위해 우리는 인공적인 것과 자연적인 것을 구분하는 근원을 이해해야만 한다. 이는 **시간**과 아주 큰 관련이 있다. 우리가 넘어서야 하는 것은, 시간에 붙들려 있는 것은 환상이고 비시간적인 것은 실재적이라는 거짓된 개념이다.

이처럼 낡은 철학적 표현은 아리스토텔레스와 프톨레마이오스 우주론에 대한 기독교적 해석들에서 발견된다. 1장에서 기술했듯 지상계는 생명의 독특한 거주지지만 죽음과 쇠퇴의 영역이며, 지구 주변을 영원히 회전하는 완벽한 천구들에 둘러싸여 있다. 이 완벽한 천구에는 달, 태양, 행성이 포함된다. 별들은 가장 바깥에 있는 천구에 고정되어 있는데, 그 위에는 신과 천사들이 산다. 이러한 시나리오로부터 선과 진리는 우리 위에 존재하며 악과 오류는 아래 세계에 존재한다는 잘 알려진 개념이 솟아났다. 우리의 행성과 더불어 살아가는 것을 배우기 위해 우리는 행성으로부터 상승하고자 하는 이러한 오래된 열망의 잔재를 우리에게서 없애야 한다.

동일한 위계질서가 자연과 인공의 구분에도 적용된다. 비록 사람마다 이 구분을 다르게 보지만 말이다. 어떤 사람은 살아 있는 사물들로 구성된 자연적 세계보다는 인위적인 것에 더 가치를 매긴다. 왜냐하면 마음이 없고 엉망인 진화의 산물보다는 마음의 산물이 완벽함에 더 가깝고, 그렇기에 비시간성에 더 가깝다고 생각하기 때문이다. 다른 사람들은 자연이 인공적인 구성물에는 결여되어 있는 순수성을 가지고 있다는 이유로 자연을 더 존중한다.

어떻게 해야 우리는 자연적인 것과 인공적인 것을 분리하는 이분법적이고 위계적인, 세계의 개념적 구조를 제거할 수 있을까? 이와 같은 개념적 덫에서 벗어나기 위해 우리는 그 어떤 것이 비시간적일 수 있다는 개념을 제거할 필요가 있다. 우리는 우리 자신과 우리의 기술들을 포함해 자연에 있는 모든 것이 더 크고 계속 진화하고 있는 계의 일부분이며 시간에 붙들려 있는 것이라고 바라볼 필요가 있다. 시간 없는 세계는 초월될 수 없는 가능성들의 고정된 집합을 갖고 있는 세계다. 다른 한편, 만약 시간이 실재하며 모든 것이 시간에 종속된다면, 가능성들의 고정된 집합은 존재하지 않으며, 진정으로 새로운 개념을 발명하고 문제에 대한 해결책을 발명하는 것에 대한 장애물이 없어진다. 따라서 자연적인 것과 인공적인 것 사이의 구분 너머로 나아가고 그 둘 모두인 체계를 구축하기 위해 우리는 우리 자신을 시간 속에 위치시켜야만 한다.

우리에겐 새로운 철학이 필요하다. 이 철학은 그 속에서 인간 행위자가 자연 속에서 올바른 위치를 차지하는 자연과학과 사회과학의 통섭을 성취함으로써 자연적인 것과 인공적인 것의 통합을 촉진할 것이다. 이 철학은 우리가 진리이기를 원하는 모든 것이 진리일 수 있는 상대주의가 아니다. 기후 변화의 도전에서 살아남기 위해서는 무엇이 진리인지가 매우 중요하다. 우리는 또한 진리와 아름다움이 형식적 기준에 따라 결정된다는 근대적인 개념과, 실재와 윤리는 단순히 사회적인 구성물이라는 후기 모더니즘의 반발 모두를 버려야 한다. 우리에게 필요한 것은 관계주의다. 관계주의에 따르면 미래는 현재에 의해 결정지어지는 것이 아니라 제약되며, 따라서 새로움과 발명이 가능해진다. 이는 비시간적이고 절대적인 완벽함으로의 초월이라는 잘못된 희망을 인간 행위자의 영역이 끊임없이 확장되는 진정으로 희망적인 관점으로 대체할 것이며, 이러한 새로운 관점에서 우주의 미래는 열려 있다.

새로운 철학 프로그램 중 일부는 우주론적 규모에서 시간이 행하는 중심적인 역할을 인지함으로써 우주론을 비과학적인 의도로부터 구하는 것이다. 그와 같은 과학적 임무가 이 책의 핵심 주제였다. 하지만 그만큼 중요한 것은, 과학자들과 철학자들이 시간은 환상이고 미래는 고정되어 있다고 가르치는 문명은 정치 조직, 기술, 자연의 작용을 아우르는 공동체를 발명할 수 있는 상상력 넘치는 힘을 소환하기 어려울 것이라는 점이다. 우리가 이 세기를 넘어 지속가능하게 번영하는 데 이와 같은 공동체는 필수적이다.

◈

실재가 비시간적이라는 형이상학적 관점에 따라 행해진 가장 큰 해악은 경제학에 끼친 영향일 것이다.[1] 많은 경제학자의 사고에서 볼 수 있는 기본적인 오류는 시장이 단일한 평형 상태에 있는 계라고 간주하는 것이다. 이 상태는 가격이 조정되어 상품의 공급이 수요-공급 법칙에 따라서 수요와 정확히 일치하는 상태다. 더 나아가 그와 같은 상태는 모든 사람의 만족을 최적으로 충족시키는 것으로 기술된다. 심지어 평형 상태에서는 다른 누군가를 덜 행복하게 만들지 않는 한 누군가가 더 행복해질 수 없다는 수학적 정리마저 존재한다.[2]

만약 각각의 시장이 그와 같은 유일한 평형 지점을 가진다면 우리가 해야 하는 현명하고 윤리적인 일은 시장을 홀로 내버려두어서 그와 같은 평형점에 도달하게끔 만드는 것이다. 시장의 힘(생산자와 소비자가 가격 변화에 대응하는 방법이 그중 하나가 될 수 있다)은 이 일을 하기에 충분해야 한다. 이 개념의 최신 형태는 **효율적 시장 가설**인데, 이 가설에서는 가격이 시장과 관련된 모든 정보를 반영한다고 본다. 다수의 참여자가 그들의 응찰과 요구들로 자신들의 지식과 관점에 기여하는 시장에서는 그 어떤 자산도 오랫동안 가격이 잘못 책정될 수 없다. 주목할 만한 것은 이와 같은 방식의 추론이 우아한 수학적 모형들에 의해서 지지된다는 것이다. 이 모형 내에서는 평형점이 항상 존재한다는 형식적인 증명들이 존재한다. 즉 수요에 정확하게 균형을 맞춰 공급을 제공하는 가격의 선택이 항상 존재한다는 것이다.

시장이 항상 평형으로 향하는 상태를 회복하기 위해 작동한다는 이러한 단순한 그림은 평형점이 하나만 존재한다는 가정에 의존한다. 그러나 이는 사실이 아니다. 1970년대부터 경제학자들은 시장에 대한 자신들의 수학적 모형들이 전형적으로 수요와 공급이 균형을 이루는 다수의 평형점들을 가진다는 것을 알고 있었다. 그러한 평형점은 얼마나 많은가? 그 수를 추정하기는 어렵지만, 최소한 기업과 소비자의 수에 비례해서 증가하는 것은 분명하다. 오늘날의 복잡한 경제에서는 다수의 기업이 다수의 제품을 생산하고 다수의 소비자가 이들을 구매하므로, 수요와 공급이 균형을 이루도록 상품의 가격을 결정하는 방식이 다수 존재한다.[3]

시장의 힘이 균형을 이루는 다수의 평형점이 존재하는 까닭에 이 평형점 모두가 완전히 안정적일 수는 없다. 그렇다면 문제는 사회가 자신이 속할 평형점을 선택하는 방법이다. 이 선택은 시장의 힘들만으로는 설명될 수 없다. 왜냐하면 수요와 공급은 많은 가능한 평형점 각각에서 균형을 이루기 때문이다. 그렇다면 규제, 법률, 문화, 도덕, 정치가 시장 경제의 진화를 결정하는 데 필수적인 역할을 담당하게 된다.

영향력 있는 경제학자들이 어떻게 수십 년 동안 단일하고 유일한 평형점을 전제하여 자신들의 주장을 내세울 수 있었을까? 그들의 저명한 동료 학자들이 쓴 저술들에는 이것이 옳지 않다는 결론이 실려 있었는데도 말이다. 나는 그 이유가 시간에 붙들려 있는 것보다 비시간적인 것을 더 중시하는 사고방식에 있다고 믿는다. 만약 단일하고 유일한 평형점이 존재한다면, 시간에 따라 시장이 진화하게끔 만드는 동역학은 큰 관심거리가 되지 않기 때문이다. 무슨 일이 일어나든 시장은 평형점을 찾을 것이고, 만약 시간이 교란된다면 평형점 주변을 진동하다가 다시 평형점을 중심으로 안정화될 것이기 때문이다. 이와 다른 것은 전혀 알 필요가 없다.

만약 유일하고 안정적인 평형점이 존재한다면 인간 행위자를 위한 영역은 그다지 많지 않으며(각각의 기업은 자신의 이윤을 극대화하고 각각의 소비자는 자신의 만족을 최대화한다는 것은 별도로 하고), 할 수 있는 최선은 시장을 그러한 평형점에 도달하도록 내버려두는 것이다. 그러나 만약 다수의 평형점이 존재한다면 그 어떤 것도 완벽하게 안정적이지 않고, 그러면 인간 행위자가 참여하여 많은 가능성 중 하나의 평형점을 선택하는 식으로 동역학을 조정해야 한다. 규제 해체를 주창했던 경제 지도자들의 사고에서 인간 행위자의 역할은 무시되었으며 상상 속에 있는 신비로운 비시간적 자연 상태가 존중되었다. 이와 같은 깊은 개념적 착오가 정책적 오류의 계기를 제공하여 최근의 경제적 위기와 불황을 불러왔다.

이러한 착오를 말하는 또 다른 방법은 경로의존성과 경로독립성이라는 용어를 사용하는 것이다. 만약 한 계가 어떻게 하나의 배열에서 다른 배열로 진화했는지가 문제가 될 경우, 즉 우리가 있는 곳뿐 아니라 우리가 그곳에 도달한 과정에 달려 있는 경우, 그 계는 경로**의존적**이다. 만약 모든 것이 오직 그 계의 현재 배열에만 달려 있고 그 계가 여기에 도달한 방법으로부터는 그 어떤 영향도 받지 않는다면 그 계는 경로**독립적**이다. 경로독립적인 계에서 시간과 동역학은 아주 미미한 역할을 담당한다. 왜냐하면 그 어떤 시간에도 계는 고유한 상태에 있거나 그 상태 주변에서 미약하게 요동하기 때문이다. 경로의존적 계에서 시간은 중요한 역할을 담당한다.

신고전주의 경제학은 경제학을 경로독립적인 것으로 개념화한다. 효과적인 시장은 단일하고 안정된 평형점을 갖는 시장처럼 경로독립적이다. 경로독립적인 계에서는 그 어떤 가치도 생성하지 않은 채 교역에만 기대서 돈을 버는 것이 불가능하다. 이와 같은 종류의 활동은 재정 거래라고 불리는데, 기초 재정 이론에 따르면 효과적인 시장에서 재정 거래는 불가능하다. 왜냐하면 모든 것은 이미 비일관성이 존재하지 않는 방식으로 가격이 매겨져 있기 때문이다. 우리는 달러화로 엔화나 유로화를 샀다가 다시 달러화를 사서 이익을 얻을 수 없다. 그럼에도 헤지펀드와 투자은행들은 통화 시장에서 교역함으로써 이득을 본다. 이들의 성공은 효과적인 시장에서는 불가능해야 하지만, 이와 같은 사실이 경제학 이론가들을 불편하게 하는 것처럼 보이지는 않는다.

수십 년 전에 스탠퍼드대학교의 최연소 석좌교수였던 경제학자 브라이언 아서Brian Arthur는 경제학이 경로의존적이라 주장하기 시작했다.[4] 이러한 주장에 대한 그의 증거는 **수확 체감의 법칙**이라고 알려진 경제학 법칙이 항상 옳지는 않다는 것이었다. 이 법칙에 따르면 우리가 무언가를 더 많이 생산할수록 우리가 각각의 제품을 팔 때마다 얻는 이익이 줄어든다는 것이다. 이는 필연적으로 참이 아니다. 예를 들어 소프트웨어 산업에서는 프로그램의 추가적인 복제물을 만들어 유포하는 데 거의 비용이 들지 않으며, 따라서 모든 비용은 이미 지불된 상황이다. 아서의 작업은 일종의 이단으로 여겨졌다. 그리고 사실상 수확 체감을 가정하지 않고는 신고전주의 경제학 모형들에서 몇몇 수학적인 증명은 성립되지 않는다.

1990년대 중반에 하버드대학교의 경제학과 대학원생인 피아 맬러니Pia Malaney는 수학자 에릭 와인스타인Eric Weinstein과 작업하면서 경제학의 경로의존성에 대한 수학적 표현을 발견했다. 기하학과 물리학에는 **게이지 장**gauge field이라 불리는, 경로의존적인 계들을 연구하는 유명한 기법이 있다. 이 기법은 자연 속에 있는 모든 힘을 이해하는 데 필요한 수학적인 토대를 제공한다. 맬러니와 와인스타인은 이 방법을 경제학에 적용해서 경제학이 경로의존적이라는 것을 발견했다. 사실상 경로의존성을 측정하는 **곡률**이라는 쉽게 계산할 수 있는 양이 존재하며, 그들은 가격과 소비자 선호도가 변화하는 시장에 대한 전형적인 모형들에서 이 곡률이 0이 아님을 발견했다. 따라서 지구와 시공간의 기하학처럼 시장을 모형화하는 수학적 공간들은 굽어 있다. 맬러니는 박사학위 논문에서 그들의 모형을 소비자 가격 지표의 상승에 적용하여, 그들의 경제학적 모형들에 경로의존성을 감안하지 않은 경제학자들이 소비자 가격 지표를 잘못 계산해왔음을 보였다.[5]

대학의 경제학자들은 맬러니와 와인스타인의 연구를 무시했지만, 시장의 경로의존성은 일군의 물리학자들이 재발견했다. 이들은 게이지 이론을 시장에 적용하는 것이 자연스러운 일임을 발견했다.[6]

그것은 곡률을 측정함으로써, 즉 신고전주의 경제학에서는 존재한다고 여겨지지 않는 경로의존성을 측정함으로써 이루어졌다. 얼마나 많은 헤지펀드가 거래 기회를 찾아 이득을 얻고 있는지 알 방법은 존재하지 않지만, 분명 의심의 여지 없이 이러한 일은 현재 일어나고 있다.

경로의존적인 시장은 시간이 진정으로 문제가 되는 곳이다. 실제 세계에서 시장은 변화하는 기술, 선호도, 돈을 벌 수 있는 기회들이 지속적으로 생성되는 것에 대응해서 시간 속에서 진화한다. 신고전주의 경제학자들은 그들의 모형 속에서 존재하지 않는 것으로 여겨지는 이와 같은 사실에 어떻게 대처할 수 있을까? 신고전주의 경제학은 시간을 추상화하여 없애버리는 방식으로 시간을 다룬다. 신고전주의 모형에서 소비자는 하나의 효용 함수로 모형화된다. 이것은 우리가 살아가는 경제에서 구입될 수 있는 상품과 서비스의 모든 가능한 조합에 수를 부여하는 수학적 함수다. 이는 거대한 집합이지만 수학이다. 상품과 서비스의 집합체가 우리를 위한 효용을 더 많이 가질수록 우리는 그 집합체의 더 많은 구성원들을 구매하고자 할 것이다. 그러면 모형들은 우리가 최대로 살 수 있는 범위에서 우리의 효용 함수로 측정된 우리의 욕망을 최대화하는 상품과 서비스의 집합을 구매한다고 가정한다.

시간에 대해서는 어떨까? 상품들과 서비스들의 목록에는 우리가 평생 구매하려고 할 수 있는 모든 상품과 서비스가 포함되어 있다. 또한 예산 제약은 우리의 평생 수입에 대해 부과된다. 이제 이러한 가정들이 얼마나 어리석은지가 분명하게 드러난다. 어떻게 사람들이 지금으로부터 수십 년 뒤에 그들이 무엇을 원하거나 필요로 할지 알 수 있으며, 어떻게 자신의 평생 수입이 얼마일지를 알 수 있을까? 모형들은 그와 같은 우연적 사항들—평생 한 사람은 아주 많은 예측 불가능한 상황들에 직면한다는 사실—을 상품과 서비스의 목록에 묶어버림으로써 해결한다. 즉 모형들은 일어날 수 있는 모든 상황과 모든 시간에 대한 상품과 서비스의 모든 가능한 집합체에 명확한 가격이 존재한다고 가정한다. 심지어 수십 년 뒤의 미래에도 말이다. 즉 현재의 포드 머스탱에 대한 가격이 존재할 뿐만 아니라 2030년의 모든 가능한 상황에서의 포드 머스탱 가격이 존재한다는 것이다. 모형들은 또한 우리가 지금 살 수 있는 모든 상품과 서비스가 평형 속에서 완벽하게 가격이 매겨진다고 가정할 뿐만 아니라, 미래의 모든 우연한 상황에서의 상품과 서비스의 모든 집합체에도 완벽하게 가격이 매겨진다고 가정한다. 더 나아가 이들은 아주 다양한 관점을 가진 아주 많은 투자자가 존재해서 이 투자자들의 내기가 일어날 수 있는 우연한 상황과 상태의 공간 전체를 포괄한다고 가정한다. 이에 반해 실제 시장에 관한 연구 결과, 대부분의 거래자에 의해 적은 수의 위치만이 점유된다는 것이 발견되었다.[7]

신고전주의 경제학 모형들이 그처럼 어리석을 정도로 추상적 시간과 우연한 상황으로 나아가는 것은 시간이라는 주제가 얼마나 핵심적인지를 보여줄 따름이다. 시간이 아무런 역할을 하지 않는 이론에는 강력한 매력이 있다. 아마도 이러한 이론들이 이론가들에게 그들이 순수한 진리의 비시간적 영역에 살고 있다는 느낌을 주기 때문일 것이다. 이 영역과 비교하면 실제 세계의 시간과 우연성은 그 색이 바래진다.

우리는 발생하는 대부분의 우발적인 상황을 예측할 수 없는 세계에 살고 있다. 정치적 상황, 발명, 패션, 날씨, 기후 등은 모두 사전에 정확하게 구체화되지 않는다. 실제 세계에서는 진화하는 모든 우발적 상황들로 구성된 추상적 공간을 가지고 작업할 수 없다. 신화적인 요소 없이 실제적인 경제학을 하기 위해서는 시간이 실재적인 것으로 고려되며 더 나아가 원리상으로라도 미래가 사전에 구체화되지 않는 이론적 틀이 필요하다. 오직 그와 같은 이론적 맥락 속에서만 스스로의 미래를 만들어갈 수 있는 우리의 능력을 온전히 파악할 수 있을 것이다.

더 나아가 경제학과 생태학을 결합하려면 이들을 되먹임에 의해 통제되고 경로의존성과 다수의 평형점을 가지는, 시간 속에서 진화하는 열린 복잡계라는 공통된 용어로 생각할 필요가 있다. 이는 여기서 경제학에 대해 간략하게 제시한 기술과 잘 들어맞으며 생태학의 이론적 틀과도 잘 들어맞는다. 기후는 생물계의 기초적 순환들에 의해 추동되고 규제되는 화학적 반응들의 연결망이 표현된 결과의 종합으로 나타난다.[8]

◈

우리가 미래에 대해 건설적인 대화를 하고자 할 때 직면하는 어려움 중 하나는 현재의 문화가 비정합성으로 특징지어진다는 것이다. 지식의 한쪽 최전선에 있는 사람들은 다른 최전선에 있는 사람들이 무엇에 대해 이야기하고 있는지 알기가 어렵다. 우리의 대화는 전문 영역에 제한되어 있다. 대부분의 물리학자는 생물학에서의 혁신을 많이 알지 못하며, 사회이론의 최전선에서 일어나는 일은 말할 필요도 없다. 또한 영향력 있는 예술가들이 서로 어떤 질문을 던지는지도 잘 알지 못한다.

과거에는 물리학에서의 위대한 개념적 발전이 사회과학과 공명했다. 절대적 시간과 공간에 대한 뉴턴의 개념은 동시대인이었던 존 로크의 정치 이론에 커다란 영향을 미쳤다고 알려져 있다. 입자들의 위치 개념이 입자 서로에 대해서 정의되는 것이 아니라 절대적 공간에 대해서 정의된다는 이론은, 각각의 시민이 갖는 권리의 개념이 정의의 원리라는 불변하는 절대적 배경에 대해 정의된다는 사상에 반영되었다.

일반상대성은 물리학을 공간과 시간에 대한 관계론적인 이론의 자리로 옮겼다. 여기서 모든 속성은 관계적인 용어로 정의된다. 이 같은 사실이 사회이론에서의 유사한 운동에 반영되어 있을까? 나는 그렇다고 믿으며 이는 웅거 및 일련의 다른 사회이론가들의 저술 속에서 발견할 수 있다. 이 저술들은 사회이론의 맥락에서 관계론적 철학의 함축된 의미들을 탐구한다. 사회 체계 속에 존재하는 행위자들에 부여되는 모든 속성은 그 행위자들 사이의 관계 및 상호작용으로부터 비롯된다. 라이프니츠적인 우주론에서처럼 외부적인 비시간적 범주 또는 법칙은 존재하지 않는다. 미래는 열려 있다. 사회에 의해서 발명될 수 있는 새로운 조직화 방법은 사회가 전례 없는 문제와 기회를 지속적으로 직면할수록 끝없이 이어지기 때문이다.

이러한 새로운 사회이론은 현재 등장하고 있는 다민족적이고 다문화적인 사회들의 발전을 이끌 수 있는 전 지구적 형태의 정치 조직으로 민주주의를 재정립하고자 한다. 이렇게 재정립한 민주주의는 기후 변화로 제기된 지구적 위기에서 우리가 살아남기 위해 필요한 의사결정들을 행하는 임무 또한 수행해야 한다.

이것이 새로운 철학의 관계론적 관점에서 민주주의를 바라보는 나의 이해다. 동일한 개념이 과학이 어떻게 작동하는지에 대한 이해 역시 제공한다는 것은 주목할 만하다. 이는 중요하다. 왜냐하면 기후 변화라는 도전은 과학과 정치의 상호작용을 요구하기 때문이다.

민주적 통치와 과학 공동체의 작동 모두 인간 존재와 관련된 몇 가지 기본적인 사실을 다루기 위해 진화해왔다. 우리는 똑똑하지만 몇몇 특징적인 방식으로 결함이 있다. 우리는 한 사람의 일생 동안 자연 속에서의 우리 상황을 연구할 수 있고 여러 세대에 걸쳐 지식을 축적할 수 있다. 그러나 우리는 또한 사소한 사건에 대해서도 생각하고 행동하는 능력을 진화시켰다. 이는 우리가 많은 경우 실수를 하고 우리 자신을 기만한다는 것을 의미한다. 오류를 범하는 우리의 성향에 맞서기 위해, 우리는 미래 세대에 관한 문제에서 보수적인 집단과 혁신적인 집단 사이의 충돌을 받아들이는 사회들을 진화시켰다. 미래는 진정 알 수 없지만, 우리가 제법 확신할 수 있는 것 하나는 우리 후손들이 우리보다 더 많이 알 것이라는 점이다. 공동체와 사회 내에서 작업함으로써 우리는 개인으로서 할 수 있는 것보다 훨씬 많은 것을 성취할 수 있지만, 진보는 개인들이 새로운 개념들을 발명하고 시험하고자 한다면 커다란 위험을 감수하기를 요구한다.

과학적 공동체와, 이 공동체가 그 자신으로부터 진화한 더 광범위한 민주적 사회는 진보하는데, 그 이유는 과학적 공동체와 사회가 두 개의 기본적인 원리들에 따라 통제되기 때문이다.[9]

(1) 공적 증거로부터 비롯한 합리적 논증이 하나의 물음을 결정하기에 충분한 경우, 그와 같이 결정되어야 한다고 간주되어야 한다.
(2) 공적 증거로부터 비롯한 합리적 논증이 하나의 물음을 결정하기에 충분하지 않은 경우, 공동체는 신뢰할 만한 공적 증거를 발전시키기 위한 선의의 시도와 일관된 다양한 영역의 관점들과 가설들을 장려해야만 한다.

나는 이들을 **열린 미래의 원리**principle of the open future라고 부른다. 이 원리들은 계몽의 새롭고 다원적인 단계—현재 출현하고 있는 단계—의 근저에 있다. 우리는 추론이 결정적일 경우 그 힘을 존중하며, 그렇지 않을 때 우리와 동의하지 않는 선의의 사람들을 존중한다. 선의를 가진 사람들로 제한하는 것은 공동체 내에서 이러한 원리들을 받아들이는 사람들로 행위자를 제한한다는 것을 뜻한다. 그와 같은 공동체 안에서 지식은 진보할 수 있고, 우리는 완전히 알 수 없는 미래에 관해서도 현명한 결정을 내리기 위해 노력할 수 있다.

◈

열린 미래의 원리를 완벽하게 고수한다고 가정하더라도, 과학은 우리가 가장 답하고 싶어 하는 몇몇 질문에는 답하지 못할 것으로 보인다.

왜 아무것도 존재하지 않는 것이 아니라 무언가가 존재하는가? 나는 증거로 뒷받침되는 답은 말할 것도 없고, 이 질문에 대한 답이 될 수 있는 것을 상상할 수 없다. 이 지점에서는 종교마저도 실패한다. 왜냐하면 만약 답이 '신'이라면 시작할 때부터 신이라는 무언가가 존재했기 때문이다. 또한 **만약 시간에 시작이 없다면 모든 원인들은 무한히 먼 과거로 소급하는가?** 사물들에 대한 최종적인 원인은 존재하지 않는가? 이러한 것들은 진정한 질문들이지만, 만약 이들에 답이 있다면 그 답은 영원히 과학 바깥에 남아 있을 것이다. 그러면 과학이 현재 답하지 못하지만 분명 의미 있는 질문들이 존재하며, 미래의 언젠가 과학이 이 질문들을 다룰 수 있는 언어, 개념, 실험적 기법 등을 진화시킬 것이라고 바랄 수 있다.

나는 실재하고 참인 모든 것은 순간의 계열들 중 하나인 순간 속에서 실재하고 참이라고 주장했다. 그러나 실재하는 것이란 무엇인가? 이러한 순간들과 이들을 연결하는 과정의 실체는 무엇인가?

우리는 우주가 하나의 수학적 대상과 동일하거나 동형적이지 않다는 것에 동의할 수 있으며, 나는 우주의 복제물이 없다고 주장했으므로, 우주와 '닮은' 무언가는 존재하지 않는다. 그렇다면 우주란 무엇인가? 그 어떤 비유도 실패할 것이고 모든 수학적 모형은 불완전할 것이지만, 그럼에도 불구하고 우리는 세계가 무엇으로 구성되어 있는지 알고자 한다. **'이것은 무엇과 같은가?'**가 아니라, **'이것은 무엇인가?'**이다. 세계를 이루는 실체는 무엇인가? 우리는 물질이 단순하고 관성을 가진다고 생각하지만, 우리는 물질이 진정 무엇인지 모른다. 우리는 오직 물질이 어떻게 상호작용하는지만 알 뿐이다. 바위라는 존재의 본질은 무엇인가? 우리는 모른다. 원자, 핵, 쿼크 등에 관한 각각의 발견은 이러한 미스터리를 더 심화시킬 뿐이다.

나는 정말로 이 질문에 대한 답을 알고 싶다. 가끔씩 나는 잠들기 전에 바위에 대해서 생각하며, 어딘가에는 반드시 우주가 무엇인지에 대한 답이 있을 것이라고 생각하며 스스로 위안을 얻는다. 그러나 그 답을 어떻게 찾아야 하는지, 과학이 아니라면 다른 경로를 통해서 찾아야 하는지도 알지 못한다. 무언가를 지어내는 것은 너무나 쉬운 일이며, 책꽂이는 형이상학적 제안들로 가득 차 있다. 그러나 우리는 진정한 지식을 원한다. 진정한 지식이란 제안된 답을 입증할 수 있는 방법이 반드시 존재함을 의미한다. 이것이 우리를 과학이라는 분야에 머물도록 한다. 만약 과학 이외에 세계에 대한 신뢰할 만한 지식에 이를 수 있는 다른 경로가 존재하더라도 나는 이 경로를 취하지는 않을 것이다. 왜냐하면 나의 삶은 과학의 윤리를 지키는 것을 중심으로 형성되어 있기 때문이다.

과학 그 자체의 관점으로 보면, 우리는 미래를 예측할 수 없다(이것이 이 책의 핵심이다). 그러나 관계론적 관점은 나로 하여금 과학이 세계가 진정으로 무엇인지를 우리에게 말할 수 있지 않을까 의심하게 한다. 왜냐하면 관계주의는 물리학이 측정하고 기술할 수 있는 양들이 모두 관계와 상호작용에 관련된 것이라고 주장하기 때문이다.[10] 물질 또는 세계의 **본질**에 대한 질문은 그것이 내재적으로 무엇인지, 즉 그것이 관계와 상호작용이 없을 때는 무엇인지 묻는 것이다. 가끔 이 개념은 나에게 호소력을 갖지만, 가끔은 어리석게 여겨지기도 한다. 이는 사물들이 진정으로 무엇인지에 관한 질문을 말끔하게 없앤다. 그러나 두 개의 사물이 내재적으로 아무것도 아니라면, 서로 관계를 맺거나 상호작용한다는 것이 말이 되는가?

아마도 관계는 존재하기 위해 있어야 하는 모든 것일 수 있다. 그러나 만약 그렇다면 어떻게 이것이 가능한지 또는 어떻게 이것이 반드시 그러해야 하는지에 대해 우리가 더 얻어야 하는 통찰이 존재할까?

이와 같은 질문들은 나에게는 너무나 심오하다. 다른 훈련을 받고 다른 기질을 가진 누군가가 이 질문들에 관해 탐구해서 성과를 얻을 수도 있겠지만, 나는 아니다. 내가 할 수 없는 일 하나는 세계가 진정 무엇인가라는 질문이 어리석다는 이유로 이를 기각하는 것이다. 몇몇 과학 옹호자는 과학이 답하지 못하는 질문들은 의미가 없다고 주장하지만, 나는 이러한 입장이 신뢰할 만하지 않으며 매력적이지 않고 편협하다고 본다. 과학을 추구하는 과정에서 나는 미래는 열려 있으며 새로움은 실재한다는 결론에 이르게 되었다. 나는 방법론이 아니라 윤리학에 의거하여 과학을 정의하므로, 누구도 지금까지 생각하지 못했던 새로운 과학적 방법론의 가능성을 받아들일 수밖에 없다.

이는 우리에게 **정말로** 어려운 문제와 직면하게 한다. 바로 의식의 문제다.

나는 의식에 관해 아주 많은 이메일을 받는다. 나는 대부분 의식에 관한 진정한 미스터리들이 존재한다 하더라도 이 미스터리들은 현재의 과학 지식으로는 해결할 수 없다고 답변한다. 물리학자로서 나는 이 질문들에 대해 할 수 있는 말이 없다.

내가 나 자신에게 의식의 문제에 대해 이야기할 수 있도록 허락하는 유일한 사람이 있다. 친한 친구인 제임스 조지James George다. 퇴직한 외교관인 그는 캐나다의 고위직 공무원으로 인도와 스리랑카에 파견된 적이 있으며, 다른 여러 나라 중에서도 네팔, 이란, 페르시아만의 국가들에 대사로 파견되어 활동한 적이 있다. 그의 말에 따르면 그는 레스터 피어슨 및 피에르 트루도 총리 시절에 캐나다를 대표하는 외교관이었고, 이때 캐나다는 세계에 평화 유지라는 개념을 전파하는 중이었다. 이제 그는 90대 노인으로서 환경에 관한 주제들의 정신적 토대에 관한 저서를 집필하고 있으며, 환경 문제를 해결하기 위해 설립된 재단을 운영하고 있다.[11] (그는 2020년 세상을 떠났다.—옮긴이) 그는 현명한 조언으로 폭넓은 분야의 친구와 지인으로부터 큰 존경을 받고 있다. 그리고 그는 내가 얻을 수 있을 것이라고는 상상할 수 없는 수준의 지혜를 따라 사는, 내가 알고 있는 드문 사람 중 한 명이다.

따라서 그가 나에게 다음과 같이 말할 때, 나는 그저 듣고만 있다. "당신이 물리학에서 시간의 의미에 대해 하는 이야기는 아주 흥미롭지만, 당신은 당신의 모든 사고가 가리키고 있는 핵심 요소를 빠뜨리고 있는 것 같네요. 그것은 바로 우주에서 의식의 역할입니다." 나는 그의 말을 듣지만, 이에 대해 별로 할 말이 없다.

그러나 최소한 나는 그가 무슨 말을 하는지 대충은 안다. 내가 의식의 문제라고 할 때 무엇을 의미하는지 분명히 해보겠다. 나는 우리가 자신의 상태를 알거나 성찰하는 컴퓨터를 프로그래밍할 수 있는지를 이야기하는 것이 아니다. 또한 나는 계들이 화학 반응들의 연결망으로부터 어떻게 자율적인 행위자autonomous agent—이는 스튜어트 카우프만이 자기 자신의 이익을 위해 의사결정을 할 수 있는 계들을 지칭하기 위해 사용하는 용어다—로 진화하는지의 문제를 이야기하는 것도 아니다. 이러한 문제들은 어려운 문제지만 해결 가능한 과학적 문제로 보인다.

내가 이야기하는 **의식의 문제**는 다음과 같다. 내가 우리가 사용할 수 있는 물리과학과 생명과학의 모든 언어를 사용하여 누군가를 기술한다고 하더라도 무엇인가를 빠트린다. 그의 두뇌는 대략 1,000억 개의 세포들이 높은 수준으로 상호 연결된 광대한 연결망인데, 각각의 세포는 그 자체로 화학적 반응들의 통제된 연쇄 위에서 작동하는 복잡계다. 나는 이를 원하는 만큼 상세하게 기술할 수 있지만 결코 그가 내적인 경험, 즉 의식의 흐름을 가진다는 사실을 제대로 설명하지는 못할 것이다. 만약 내가 나 자신의 사례에서부터 스스로 의식을 갖고 있음을 알지 못했다면, 그의 신경 과정들에 관해 내가 알고 있더라도 그에게 의식이 있다는 것에 대한 의심에 근거를 제시하지 못했을 것이다.

물론 가장 신비로운 것은 우리 의식의 내용이 아니라 우리가 의식을 갖고 있다는 **사실**이다. 라이프니츠는 그 자신이 줄어들어 마치 방앗간 안을 돌아다니듯이 누군가의 두뇌 안을 돌아다니는 상황을 상상했다(오늘날에는 방앗간 대신 공장을 상상해볼 수도 있을 것이다). 방앗간이라면, 방앗간 안을 걸어다니는 사람이 무엇을 볼 것인지 기술함으로써 방앗간에 대한 완전한 기술을 제공할 수 있을 것이다. 그러나 두뇌에서는 그와 같은 일을 하지 못한다.

두뇌의 작동에 대한 물리적인 기술에 무언가가 빠져 있음을 이야기하는 하나의 방법은 물리적 기술이 답변하지 못하는 질문을 몇 언급하는 것이다. 친구와 내가 붉은 드레스를 입은 옆 테이블의 여성을 바라본다. 우리 각각은 (붉은색에 대한) 동일한 감각을 가지는 걸까? 친구가 붉다고 경험하는 것이 내가 푸르다고 경험하는 감각과 동일할 수 있을까? 우리는 이를 어떻게 말할 수 있을까?

우리의 시각이 자외선에까지 확장되었다고 해보자. 새로운 색깔은 어떻게 보일까? 이 색깔들에 대한 날것 그대로의 감각은 무엇일까?

우리가 색깔을 빛의 파장이나 두뇌에서 촉발되는 특정한 뉴런들이라고 기술할 때 놓치는 것은 붉은색이라는 지각 경험의 본질이다. 철학자들은 이러한 본질에 **감각질**感覺質, qualia이라는 이름을 붙였다. 문제는 왜 우리의 눈이 특정한 파장을 지닌 광자들을 흡수할 때 붉은색의 감각질을 경험하는가이다. 이것이 바로 철학자 데이비드 차머스David Chalmers가 **의식의 어려운 문제**hard question of consciousness라고 부르는 것이다.

또 다른 방식으로 이러한 질문을 던질 수 있다. 우리가 누군가의 두뇌에 있는 뉴런 회로들을 실리콘칩 위에 그려 그의 두뇌를 컴퓨터에 업로드한다고 가정하자. 그와 같은 컴퓨터는 의식을 가질까? 그것이 감각질을 가질까? 그러나 우리의 생각은 또 다른 질문으로 옮겨간다. 누군가가 아무런 해로움 없이 자신의 두뇌를 컴퓨터에 업로드할 수 있다고 가정하자. 그럴 경우 이제 그의 기억을 가진 두 개의 의식적 존재가 있고 이 존재들의 미래는 그 시점 이후로 분기되는 것일까?

감각질 또는 의식의 문제는 과학으로는 답하지 못할 것으로 보인다. 왜냐하면 이것은 우리가 입자들 사이에서의 모든 물리적 상호작용들을 기술하더라도 포괄할 수 없는 세계의 측면이기 때문이다. 이것은 세계가 진정으로 무엇인지에 관한 물음의 영역에 속하는 것이지, 이것이 어떻게 모형화되거나 표상될 수 있는지에 관한 물음의 영역에 속하는 것은 아니다.

몇몇 철학자는 감각질이 단순히 특정한 뉴런 과정과 동일하다고 주장한다. 이는 나에게는 잘못된 것으로 보인다. 감각질은 아마도 뉴런 과정과 밀접한 상관관계를 가질 수는 있겠지만 뉴런 과정과 동일하지는 않다. 뉴런 과정은 물리학과 화학으로 기술할 수 있지만 그런 용어들로 아무리 자세히 기술한다고 해도 감각질이 무엇과 같은지 혹은 왜 우리가 감각질을 지각하는지와 같은 질문들에는 답하지 못할 것이다.

나는 우리가 감각질과 두뇌의 관계를 더 잘 알게 되고 이러한 앎이 의식과 감각질의 문제를 과학적 문제로 공식화하는 데 더 가까이 갈 것임을 의심하지 않는다. 우리는 의식 주체에 대한 실험을 통해 뉴런 과정의 정확히 어떤 특징 또는 측면이 감각질과 연관되는지를 많이 배울 수 있을 것이다. 이는 과학적 질문이며 과학의 방법론으로 다룰 수 있다.

감각질에 관한 질문은 의식을 진정한 미스터리로 만들며, 이것은 아직도 과학의 방법론으로는 다루어지지 않고 있다. 나는 언젠가 이러한 일이 가능할지 그렇지 않을지 모르겠다. 아마도 우리가 생물학과 두뇌에 대해 더 많이 알게 된다면, 이를 통해 살아 있고 생각하는 동물들을 기술하는 데 사용하는 언어 내에서의 혁명적인 변환을 이끌어낼 수 있을 것이다. 그와 같은 혁명 이후에 우리는, 비록 지금은 상상하기 어렵지만, 의식과 감각질의 미스터리를 과학적 질문들로 공식화할 수 있게 해주는 개념과 언어를 갖게 될 것이다.

의식의 문제는 세계란 진정으로 무엇인가라는 질문 중 하나다. 우리는 바위, 원자, 전자가 진정으로 무엇인지 알지 못한다. 우리는 오직 이들이 다른 것들과 어떻게 상호작용하는지만 관측할 수 있고, 따라서 이들의 관계론적인 속성만을 기술할 수 있을 뿐이다. 아마도 모든 것은 외부적 측면과 내재적 측면을 갖고 있을 것이다. 외부적 측면은 상호작용을 통해 관계의 용어를 이용하여 과학이 포착하고 기술할 수 있다. 내재적 측면은 내재적 본성이다. 이것은 상호작용과 관계의 언어 안에서는 표현될 수 없는 실재다. 그것이 무엇이든 의식은 두뇌의 내재적인 본성이 갖는 하나의 측면이다.

의식의 또 다른 측면 중 하나는 그것이 시간 속에서 일어난다는 것이다. 내가 의식은 항상 세계 속에서의 특정한 시간에서 일어난다고 주장할 때, 사실상 나는 세계에 대한 나 자신의 경험이 항상 시간 속에서 일어난다는 사실로부터 추정하고 있는 것이다. 그러나 자신의 경험이라는 표현은 무엇을 의미하는 것일까? 나는 자신의 경험을 정보의 기록이라는 사례로서 과학적으로 이야기할 수 있다. 그와 같은 방식으로 이야기하는 경우 나는 의식 또는 감각질을 언급할 필요가 없다. 그러나 이러한 경험은 감각질에 대한 의식이라는 측면을 갖고 있으므로 그러한 이야기는 일종의 회피일 수 있다. 따라서 실재하는 것은 현재의 순간 속에서 실재한다는 나의 신념은 감각질이 실재한다는 나의 신념과 관련되어 있다.

과학은 인간의 위대한 모험들 중 하나다. 지식의 성장은 인간에 대한 모든 종류의 이야기에서 중추적인 역할을 한다. 그리고 운 좋게도 이 모험에 참여할 수 있게 된 사람들에게 과학은 삶의 핵심을 차지한다. 과학의 미래는 예측할 수 없지만—예측할 수 있다면 그 어떤 연구도 이루어지지 않을 것이다—유일하게 확실한 것은 미래에 우리가 더 많은 것을 알게 되리라는 점이다. 원자의 양자 상태에서부터 우주에 이르기까지 모든 크기의 규모에서, 우주 초기에 만들어진 광자에서부터 우리 인간이 가진 인격과 오늘날의 인간 사회에 이르는 모든 복잡성의 단계에서, 시간은 핵심적인 역할을 하며 미래는 열려 있다.

감사의 말

이 책을 쓰는 것은 아주 멋진 모험이었다. 이 책은 내가 시간의 본질에 관해 평생 탐구한 내용을 담고 있다. 모든 여행자가 그러하듯 나는 이 여정에서 나를 도와주고, 격려해주고, 안내해주고, 가끔 이 여정을 이끌어준 많은 사람에게 큰 빚을 지고 있다.

이 모험은 1980년에 시작되었다. 그 해 여름 나는 옥스퍼드대학교에서 로저 펜로즈의 초청을 받아 연구하고 있었다. 로저는 나에게 정말로 시간의 본성에 대해서 생각하고 싶다면 옥스퍼드 근처에 살던 그의 동료 줄리안 바버와 이야기를 나누어야 한다고 했다. 약속이 잡혔고, 나는 과학철학자인 아멜리아 레첼-콘과 함께 줄리안을 방문했다. 이 때의 논의 이후 줄리안은 나의 철학적 멘토가 되었다. 그는 나에게 라이프니츠의 저술 및 관계론적 공간과 시간의 개념을 소개해주었다. 나는 줄리안의 지도를 받으며 올바른 방향으로 사고하는 법을 배운 최초의 젊은 물리학자 중 한 명이었다.

이 모험은 1986년에 예상하지 못한 전환점을 맞이했다. 앤드루 스트로밍거는 나에게 엄청나게 많은 수의 끈이론을 발견했음을 말해주었고, 그는 이렇게 많은 수의 이론들이 있을 경우 순수한 원리들로부터 입자물리학의 표준모형을 도출하고자 하는 모든 시도는 실패할 것이라고 우려했다. 이 문제에 대해서 곰곰이 생각하던 나는 생물학에서의 적합도 풍경과 유사한 끈이론들의 풍경을 상상했다. 여기서는 자연선택과 유사한 기제가 법칙들의 진화를 통제할 것이었다. 의사이자 극작가인 나의 친한 친구 로라 쿡스와의 대화—그녀가 안타까운 죽음을 맞기 얼마 전에—로부터 용기를 얻은 나는 우주론적 자연선택의 개념을 발전시켰다. 이 개념은 나의 첫 번째 책인《우주의 일생》에 기술되어 1992년에 출판되었다.

내가 그 책을 마무리할 무렵 나의 또 다른 친구인 드루실라 코넬이 나에게 브라질의 철학자인 로베르토 망가베이라 웅거의 저술을 읽어보라고 이야기해주었다. 그 또한 사회이론에 관한 어느 책에서 우주론에서 법칙들이 진화해야 함을 주장했다. 그녀는 우리가 만날 수 있도록 주선해주었고, 하버드대학교의 그의 연구실에서 아주 흥미로운 대화를 나눈 이후 그는 나에게 시간의 실재성이 갖는 함축들에 관한 엄밀한 학술적 저서를 공동으로 저술하자고 제안했다. 지금까지 5년 동안 이어지고 있는 이 공동 작업은 이 책 속에 있는 개념들을 발전시키는 데 주된 동인이자 견인차 역할을 했다. 주로 로베르토의 명료하고 도발적인 사고에 힘입어 나는 시간이 실재한다는 제안이 갖는 급진성을 제대로 파악하게 되었다. 이 책의 에필로그의 핵심—열린 미래를 대비해 인간은 모든 규모에서 문제를 해결하는 새로운 해법들을 찾아야 한다는 것—은 주로 그의 저술들로부터 영감을 받은 것이다. 이 책에서 그 윤곽만을 그린 논증들에 대한 더 엄밀한 공식화를 원하는 독자들은《하나뿐인 우주와 시간의 실재성》을 참고하기를 권한다.

1986년에 나는 아비 아슈테카르가 그 전 해에 발명한 일반상대성의 새로운 공식화를 양자화하는 작업을 시작했다. 이러한 작업 덕에 나는 카를로 로벨리와의 협업을 통해 고리양자중력을 발견할 수 있었다. 우리의 기술적인 작업은 아비, 카를로, 루이스 크레인, 테드 제이콥슨, 크리스 이샴, 로렌트 프라이델, 주앙 마구에주, 포티니 말코폴로, 지오바니 아멜리노 카멜리아, 게오르기 코발스키-크리크만, 르네이트 롤과 더불어 진행한 시간의 본성에 관한 지속적인 토론에서 동기를 부여받고 틀을 잡아갔다. 실제로 나는 친구들 중 몇몇보다 다음의 개념을 더 늦게 파악했다. 우주론적 규모에서는 동시성의 상대성이 포기되어야 할 것이라는 개념 말이다. 안토니 발렌티니는 수 년 전에 이것이 숨은 변수 이론을 받아들일 때 치러야 하는 대가임을 이해했고, 주앙 마구에주는 우리가 1999년에 만났을 때 이미 상대성을 위반할 정도로 과감한 태도를 취하고 있었다. 포티니 말코폴로는 역의 문제의 중요성을 최초로 지적했으며, 시간이 근본적이며 공간이 출현하는 양자중력에 대한 접근법을 강력하게 옹호했다. 질서가 흐트러진 국소성과 기하 창조를 포함한 15장의 주요 개념들은 그녀에게 큰 영향을 받은 것이다.

비록 내가 물리학자이기는 하지만 나는 운 좋게도 과학철학의 논의에 자주 초청되었고, 여러 해에 걸쳐서 시간의 본성에 대해 명료하게 사고하고자 하는 나의 시도들을 주의 깊게 경청하고 비판적으로 읽어준 많은 친구를 사귈 수 있었다. 이들 중에는 사이먼 손더스, 스티브 와인슈타인, 하비 브라운, 패트리샤 마리노, 짐 브라운, 제넌 이스마엘, 체릴 미삭, 이언 해킹, 조셉 벌코비츠, 제레미 버터필드가 포함되며, 그중에는 물론 나에게 물리학의 철학을 처음으로 가르쳐준 애브너 시모니도 있다. 줄리안 바버, 짐 브라운, 드루실라 코넬, 제넌 이스마엘, 로베르토 망가베이라 웅거, 사이먼 손더스는 친절하게도 이 책의 초고 전체를 읽고 중요한 조언을 해주었다.

우주론적 주제에 관한 초고를 읽고 대화와 조언을 해줌으로써 원고를 다듬을 수 있도록 해준 숀 캐럴, 맷 존슨, 폴 스타인하트, 닐 투록, 알렉스 발렌킨에게 감사드린다. 이 책에서 기술된 양자 기초에 관한 나의 작업은 페리미터연구소의 기초 연구 공동체와의 의사소통에서 도움을 받았다. 특히 크리스 푹스, 루시엔 하디, 애드리언 켄트, 마커스 뮬러, 롭 스페켄스, 안토니 발렌티니가 큰 도움을 주었다. 세인트 클레어 세민, 재런 러니어, 도나 모일런은 초기 원고를 읽고 격려해주었으며 비판적인 통찰력을 주는 등 나에게 많은 도움을 주었다.

에필로그에서 제시된 기후 변화에 대한 우려는 정치 과학에서의 임계치 행동에 대한 세미나로부터 영감과 정보를 얻은 것이다. 이 세미나는 국제 문제에 관한 발실리학파의 토머스 호머-딕슨과 함께 조직한 세미나였다. 이 주제에 대해 토론하고 협력해준 태드 및 다른 참가자들, 특히 만야나 밀코레이트와 타티아나 발리에바에게 감사드린다.

책의 에필로그에 반영되어 있는, 경제학에 관한 나의 학습에 도움을 준 분들께 감사드린다. 이들은 2009년 5월에 페리미터연구소에서 개최한, 환경 위기와 그것이 경제 과학에 미치는 함의에 관한 컨퍼런스를 조직하기 위해 함께 일한 분들이다. 컨퍼런스 및 그 이후에 만났던 브라이언 아서, 마이크 브라운, 이매뉴엘 더만, 도인 파머, 리처드 프리먼, 피아 맬러니, 나심 탈렙, 에릭 와인스타인에게 감사드린다.

나는 우정과 협력 및 자기조직화에 대한 견해를 공유해준 스튜어트 카우프만과 펄 백에게 큰 빚을 졌다. 진심으로 감사드린다.

내가 이론물리학을 위한 페리미터연구소를 설립하는 데 기여할 수 있는 유일무이한 기회와 영광을 허락해준 하워드 버튼과 마이크 라자리디스에게 늘 감사드린다. 또한 혁신과 발견을 이루어내고자 하는 우리의 노력을 지속적으로 격려해준 닐 투록에게도 감사드린다. 모든 과학자를 비롯한 학자들은 내가 페리미터연구소에서 큰 꿈을 자극하고 지지하는 지적인 안식처를 찾은 것과 같은 멋진 행운을 누려야만 한다.

나의 물리학 연구는 NSF, NSERC, 제시필립스재단, Fqxi 및 템플턴재단의 소중한 지원을 받았다. 나의 연구를 지원해주고 앞길이 창창한 젊은 과학자들을 지원하고 지도해준 모든 분들에게 감사드린다.

이 책의 초고를 읽고 원고 전체 또는 일부에 대해 의견을 준 분들 덕에 책이 훨씬 더 나아질 수 있었다. 위에서 이미 언급했던 분들에 더해, 얀 암뵤른, 브라이언 아서, 크리스타 블레이크, 하워드 버튼, 마리나 코르테스, 이매뉴얼 더만, 마이클 더셰네스, 로런트 프라이델, 제임스 조지, 디나 그레이저, 토머스 호머-딕슨, 자비네 호젠펠더, 팀 코슬로프스키, 르네이트 롤, 포티니 마르코폴로, 캐서린 펠렉즈니, 나탈리 쿠아길로트, 헨리 라이히, 카를로 로벨리, 파울린 스몰린, 마이클 스몰린, 리타 투르코바, 안토니 발렌티니, 나타샤 왁스

먼, 릭 영에게 감사드린다.

나는 책 편집 작업을 사랑하는 저자 중 하나다. 나는 저자가 편집으로부터 도움을 얻는다는 사실을 고통스럽지만 잘 알고 있다. 헌신적인 편집자들의 노력이 있었기에 나의 책들은 우여곡절을 무릅쓰고 출판될 수 있었다. 이 책의 기본 개념은 현재는 크라운출판사에 있는 아만다 쿡의 노력에 의해서 형성되었다. 나는 이 책이 더 다듬어지고 논점이 분명해지기 위해서는 시간이 필요하다는 그녀의 확신과 이 책을 출판하고자 하는 그녀의 믿음에 큰 빚을 졌다. 휴턴미플린하코트출판사의 커트니 영과 새라 리핀콧은 많은 조언과 제안으로 저자가 원하는 최고의 편집자 역할을 해주었다. 크노프캐나다출판사의 루이즈 데니스는 현명한 통찰력으로 이 책에 큰 도움을 주었다. 중요한 순간에 격려를 해준 토머스 펜에게도 매우 감사드린다. 또한 많은 그림을 그려준 헨리 라이히에게도 고마움을 전한다. 나의 다른 모든 저서들에서와 같이 나는 존 브록만, 카틴카 맷슨, 맥스 브록만에게 매우 감사드린다. 이 책에 대한 그들의 믿음이 없었다면 이 책은 결코 출판되지 못했을 것이다.

오래도록 인내, 우아함, 책임감을 가르쳐준 로딜라 그레고리오에게 감사드린다. 이 책에서는 논의하지 않았지만 시간에 대해 내가 아는 모든 것을 가르쳐준 카이에게 감사드린다. 나에게 사랑을 주고 나를 신뢰해준 파울린, 마이크, 로나에게 감사드린다. 마지막으로 말로 표현할 수 없는 고마움을 디나에게 전하고자 한다. 그녀는 무한한 사랑과 인내를 통해 종종 내가 책을 정해진 시간에 마무리해야 한다는 압박감을 느낄 때에도 무너지지 않게 붙잡아주었다.

옮긴이의 말

철학의 역사 속에서 시간의 실재성 문제는 고대 그리스 시대 이후 지금까지 계속 제기되어왔다. 파르메니데스는 변화란 존재하지 않는다고 주장하며 시간의 실재성을 부정했지만, 헤라클레이토스는 오직 변화만이 존재한다고 주장하며 시간의 실재성을 긍정했다. 플라톤은 하늘 위를 가리키며 이성으로 파악할 수 있는 불변하는 수학적 이데아의 세계를 강조했지만, 그의 제자이자 경쟁자였던 아리스토텔레스는 하늘 아래 땅을 가리키며 형상 역시 오직 우리의 감각 경험을 통해 파악되는 질료 속에서만 찾을 수 있다고 강조했다.

17세기 말 뉴턴은《자연철학의 수학적 원리》에서 시간은 절대적이고 수학적이라 주장했다. 뉴턴의 이론에서 시간은 존재하지만, 그것은 더 중요한 불변하는 수학적 자연법칙을 추동하는 역할만을 담당한다. 만약 특정한 시점에 세계 속에 존재하는 모든 대상의 위치와 운동량을 파악하는 전능한 지성이 있다면, 그 지성에게는 과거와 현재와 미래 사이의 구분이 존재하지 않을 것이다. 바로 이것이 라플라스에서 정점에 이른 뉴턴 물리학의 결론이었다. 시간의 실재성은 오직 인간 지성의 불완전함으로부터 기인하는 것처럼 보였다.

20세기 초에 등장한 아인슈타인의 상대성이론은 상황을 복잡하게 만들었다. 상대성이론이 정의하는 시간과 공간에서는 인과적 과정인 신호 전달이 핵심적인 역할을 담당한다. 시간 질서를 통해 공간 질서를 정의할 수 있고 인과적 빛 신호 전달을 통해 시간 질서를 정의할 수 있으므로, 우리는 인과적 시간 질서가 세계의 기초라는 결론을 내릴 수 있다. 하지만 특수상대성이론을 일반상대성이론으로 확장할 때 사용된 4차원 시공간 표기법은 개념적 혼란을 일으켰다. 이 표기법 속에서 시간은 공간의 한 차원으로서 표상되었고, 이는 시간을 공간화하고 얼어붙게 만드는 결과를 초래했다. 현대 물리학의 또 다른 주축인 양자역학에서도, 시간은 존재했지만 그것이 거꾸로 흘러간다고 해도 아무런 문제가 생기지 않았다.

시간의 실재성에 대한 의문은 고대 그리스에서부터 이어져온 아주 오래된 문제이지만, 17세기 말을 지나 21세기에 이르기까지 수학적 물리학이 고도로 발전하면서 시간의 실재성은 점차 그 중요성을 잃어갔다. 스몰린과 함께 고리양자중력이론을 발전시킨 물리학자 카를로 로벨리의 경우, 세계를 기술하는 근본적인 방정식에서 시간을 볼 수 없으므로 "시간은 존재하지 않는다"고 주장한다. 그에 따르면 시간과 그 흐름은 온도와 같이 거시적인 규모에서 인간 경험에 나타나는 일종의 창발적 현상이다. 물리적 세계 기술에서 시간은 근본적이지 않다.

그런데 스몰린에 따르면 시간의 실재성 문제는 이미 확립된 성공적인 물리학 이론에 대한 사후적 해석의 문제에 그치는 것이 아니다. 시간의 실재성에 대해 어떤 종류의 입장을 갖는지가 현재 이론물리학이 당면한 문제들을 해결하는 데 결정적인 영향을 미친다.

만약 우리가 지금까지의 이론물리학 역사를 통해 타당하다고 밝혀진 몇몇 원리들(충분한 근거의 원리, 설명적 폐쇄의 원리 등)을 만족시키는 우주론을 정립하고자 한다면, 우리는 시간의 실재성을 긍정해야 한다. 또한 시간의 실재성을 긍정하는 우주론은 반증 가능한 예측을 제시한다. 이렇듯 시간의 실재성에 관한 철학적 고찰은 단순히 철학적인 차원에서 그치는 것이 아니라 이론물리학의 실천과 발전에 큰 영향을 미치는 것이다.

나는 이 책에서 스몰린이 시간의 실재성을 지지하며 제시하는 논증들이 결정적이라고 생각하지는 않는다. 스몰린이 스스로 인정하는 것처럼, 관계론적인 물리학을 추구하면서도 시간의 실재성을 부정하는 물리학자들(줄리안 바버, 카를로 로벨리) 역시 여전히 활발하게 활동하고 있다. 특히 최근에 물리학자 로벨리의 저서 다수가 우리말로 번역되었다. 독자들은 스몰린과 로벨리의 입장을 비교하면서, 두 사람의 입장 중 어느 입장이 더 합리적이고 설득력이 있는지를 판단해볼 수 있다. 스몰린과 로벨리는 함께 고리양자중력이론을 개발한 절친한 사이임에도 불구하고 시간의 실재성에 관해서는 철학적으로 서로 입장을 달리하고 있다.

스몰린과 로벨리 모두 물리학 탐구에서 철학적 사고가 중요함을 강조하고 있는 점을 주목할 필요가 있다. 스몰린은 과학철학자 파이어아벤트의 방법론적 다원주의로부터 큰 영향을 받았다. 로벨리 역시 대학생 시절부터 철학에 큰 관심을 가졌고 물리학을 하는 데에 철학적 사고가 필요함을 거듭 강조한 바 있다. 이 책에서도 스몰린의 논증 속에서 철학적 사고가 핵심적인 역할을 하고 있음을 알 수 있다. 아인슈타인 역시 물리학 탐구에서 철학적 사고가 중요함을 강조했지만, 20세기 후반에 다수의 물리학자가 취한 실용주의적 태도는 이러한 중요성을 크게 약화했다. 스몰린과 로벨리는 21세기에 철학적 과학자가 다시금 부활하고 있음을 잘 보여주는 인물들이다.

과학철학 연구자로서 언급할 필요가 있는 흥미로운 사항이 있다. 시간의 실재성에 관한 논쟁은 일반상대성이론이 완성된 직후부터 이미 여러 학자들 사이에서 있어왔다(그중 시간에 대한 아인슈타인과 베르그송의 논쟁이 가장 잘 알려져 있다). 그런데 1919년에 아인슈타인의 첫 번째 상대성이론 세미나를 수강했던 논리경험주의 과학철학자 한스 라이헨바흐는 아인슈타인과 달리 시간의 실재성을 긍정했고, 1925년경에 쓴 논문을 통해서는 과거와 미래 사이의 차이를 객관적으로 보일 수 있음을 논증했다. 시간 흐름의 실재성, 객관적인 의미의 '지금'을 긍정한 것이다. 이는 라이헨바흐와 더불어 논리경험주의를 대표하는 과학철학자 카르납(이 책에서도 언급되고 있다)의 입장과 대조된다.

스몰린, 로벨리와 같이 이론물리학의 최전선에서 작업하는 물리학자들에게 철학적 사유는 중요한 길잡이 역할을 할 수 있다. 이와 더불어, 현재 이루어지고 있는 이론물리학자들의 연구를 면밀하게 검토하여 그 의의를 밝히는 과학철학적 작업 역시 물리학 연구에 크게 기여할 수 있다. 아인슈타인과 동시대를 살았던 과학철학자 라이헨바흐가 당시 물리학자들의 통일장이론 연구를 비판적으로 검토한 것처럼, 오늘날의 과학철학자들 역시 현재 물리학자들이 사용하고 있는 철학적 원리와 물리학적 논증의 타당성을 검토하고 그 숨은 전제들을 드러내어 분석하는 작업을 할 수 있을 것이다.

나는 2019년에 장종훈 박사님과 더불어 미국의 실험물리학자인 리처드 뮬러의 《나우: 시간의 물리학》을 번역하여 출판했는데, 이 책에서 뮬러는 실험물리학자의 입장에서 시간 흐름의 실재성을 옹호했다. 스몰린의 책은 뮬러의 책과 마찬가지로 시간의 실재성을 긍정하면서도, 왜 역사적으로 이론물리학자들이 시간을 물리학에서 추방하게 되었는지, 왜 추방된 시간이 오늘날 다시 태어나야 하는지를 어렵지 않으면서도 설득력 있게 서술하고 있다. 독자들은 이 책을 통해 현대 이론물리학에서 벌어지고 있는 생생한 논의를 간접적으로나마 체험하고, 시간의 실재성 논쟁이 왜 중요한지도 이해할 수 있을 것이다.

이 책을 번역하는 것은 과학철학 연구자인 나에게 큰 행운이자 기쁨이었다. 철학적 사유가 과학을 성찰하고 과학을 좀 더 낫게 만드는 데 도움이 될 것이라는 나의 신념이 옳음을 확인할 수 있었기 때문이다. 다만 나의 부족함 때문에 스몰린의 원래 의도를 제대로 전하지 못한 부분이 있지나 않을까 걱정된다. 지금껏 나의 시공간 철학 연구를 이끌어주시고 이 책을 옮기는 데 많은 조언을 주신 한국교원대학교 양경은 교수님께 감사드린다. 또한 늘 곁에서 내게 사랑과 응원을 보내주는 아내 은혜, 첫째 지윤, 둘째 서윤, 셋째 태현에게도 감사의 마음을 전한다. 책 속 모든 번역의 오류는 역자에게 있음을 밝히며, 번역에 대해 좋은 의견 주시면 귀담아듣고 개선해 나갈 것을 약속드린다.

주

여는 글

1. 이 책은 로베르토 망가베이라 웅거와 함께 작업하고 있는, 엄밀한 자연철학적 논증을 담고 있는 저서—잠정적으로 《하나뿐인 우주와 시간의 실재성The Singular Universe and the Reality of Time》이라는 제목을 붙였다(이 책은 2014년에 출간되었다—옮긴이)—의 입문서 또는 대중서라고 볼 수 있다. 아직 출판되지 않은 이 저서에서 나와 웅거는 시간의 실재성과 법칙들의 진화를 옹호하며, 우리가 **메타법칙의 딜레마**라고 부른 것의 가능한 해결책들을 검토하고 있다(19장을 보라).
2. 여기서 제시된 논증들의 초기 판본들은 아래의 논문과 저술에서 찾을 수 있다.
   Lee Smolin, "A Perspective on the Landscape Problem," arXiv:1202.3373v1 [physics.hist-ph](2012)
   _____, "The Unique Universe," *Phys. World*, June 2, 21-6(2009)
   _____, "The Case for Background Independence," in *The Structural Foundations of Quantum Gravity*, ed. Dean Rickles *et al.*(New York: Oxford University Press, 2007)
   _____, "The Present Moment in Quantum Cosmology: Challenges for the Argument for the Elimination of Time," in *Time and the Instant*, ed. Robin Durie(Manchester, U.K.: Clinamen Press, 2000)
   _____, "Thinking in Time Versus Thinking Outside of Time," in *This Will Make You Smarter*, ed. John Brockman(New York: Harper Perennial, 2012)
   Stuart Kauffman & Lee Smolin, "A Possible Solution to the Problem of Time in Quantum Cosmology," arXiv:gr-qc/9703026v1(1997).

서문

1. 이 관점은 시간보다 많은 것들을 없앤다. 왜냐하면 이 관점에서는 세계에 대한 우리 경험의 모든 측면—색깔, 촉감, 음악, 감정, 복잡한 사고—을 원자의 재배열로 환원하기 때문이다. 이것이 데모크리토스와 루크레티우스가 제안한 세계에 대한 원자론자들의 관점에서 핵심이 되는데, 이는 존 로크의 '일차 성질과 이차 성질' 속

에서 공식화되었으며, 이후 일어난 과학 진보의 모든 양상에 의해서 입증된 것으로 보인다. 이 관점에서 실재하는 것은 운동이다. 현대적인 개념으로 말하자면 양자적 상태 사이에서의 전이다. 다른 모든 것들은 일정한 범위에서 환상이다. 나의 목적은 원자론의 지혜에 도전하는 것이 아니다. 원자론의 많은 부분은 참으로 여겨지고, 과학에 의해서 잘 지지된다. 나의 목적은 오직 마지막 단계, 즉 시간 역시 환상이라고 보는 이 단계에 도전하는 것일 뿐이다.

2. 11장에서 논할 것이지만, 만약 우리의 우주가 우주들의 집합체를 구성하는 전형적인 일원임을 주장할 수 있다면, 그것이 유일한 예외일 것이다.
3. 누군가는 즉시 법칙들의 진화를 통제하는 법칙들이 있어야 하는지 물을 것이다. 이는 19장에서 자세하게 논의된 메타법칙 문제로 이끈다.
4. Charles Sanders Peirce, "The Architecture of Theories," *The Monist*, 1:2, 161-76(1891).
5. Roberto Mangabeira Unger, *Social Theory: Its Situation and Its Task*, vol. 2 of Politics(New York: Verso, 2004), pp. 179-80.
6. Paul A. M. Dirac, "The Relation Between Mathematics and Physics," *Proc. Roy. Soc.*(Edinburgh) 59: 122-29(1939).
7. 제임스 글릭이 쓴 다음의 책에서 인용했다. James Gleick, *Genius: The Life and Science of Richard Feynmann*(New York: Pantheon, 1992), p. 93.
8. "Richard Feynmann- Take the World from another Point of View," *NOVA*(PBS, 1973). 인터뷰 내용은 다음의 사이트에서 확인할 수 있다. http://calteches.library.caltech.edu/35/2/PointofView.htm.
9. 이 개념을 최초로 출판한 것은 다음의 논문이다. Lee Smolin, "Did the Universe Evolve?" *Class. Quantum. Grav.* 9: 173-91(1992).
10. '동역학적'이라는 말은 내가 이 책에서 자주 사용하는 단어다. 이 단어는 법칙에 따라 변화 가능함을 의미한다.

1장 떨어진다는 것

1. 이슬람과 중세의 철학자들이 운동의 원인을 이해하고자 여러 진지한 시도를 했음에도 불구하고 그러했다.
2. 수학자들은 곡선, 수 등을 수학적 '대상'이라고 즐겨 말하는데, 이는 일종의 존재를 함축한다. 만약 언어의 습관에 따라 급진적인 철학적 입장을 수용하는 것이 편하지 않다면, 이들을 대상이 아니라 개념이라 부르고자 할 것이다. 나는 수학을 논의할 때 이 두 개념을 상호 교환 가능한 것으로 사용할 것이며, 이는 이 개념들이 어떤 종류의 존재성을 갖는지에 대한 물음에 편견을 갖지 않도록 하기 위해서이다.
3. 수학의 진리들이 시간 바깥에 있다고 말하는 것이 **완전히** 참인 것 역시 아니다. 왜

냐하면 인간으로서 우리의 지각과 사고는 시간의 특정한 순간들 속에서 일어나기 때문이다. 수학적인 대상들은 우리가 시간 속에서 생각하는 것들 중 하나다. 수학적 대상들은 그 자체로 시간 속에서 그 어떤 존재도 가지지 않는 것처럼 보일 뿐이다. 이 대상들은 변하지 않고 단순히 그 자체로 유지되게끔 탄생했다.

4. 알랭 콘과 같은 다른 위대한 수학자들 역시 이를 믿는다. 다음의 책을 참조하라. Jean-Pierre Changeux & Alain Connes, *Conversations on Mind, Matter, and Mathematics*, ed. & trans. M. B. DeBevoise(Princeton, NJ: Princeton University Press, 1998).

2장 사라진 시간

1. 우리는 고대인들 중 누군가가 분수에서 나오는 물이 포물선 경로를 따르는 것을 눈치 채지 않았는지 물을 수 있다. 분수에서 나오는 물이 포물선을 그리며 떨어지는 모습을 담은 그리스의 화병이 존재한다. 따라서 그리스의 어떤 수학자가 이를 관측하고 떨어지는 물체들이 일반적으로 포물선 궤적을 따르는지를 궁금해했을 수 있다.
2. Aristotle, *On the Heavens*, Book 1, chapter 3.
3. 나는 음악과 과학 사이에서 직업을 선택해야 했던 몇몇 수학자와 물리학자를 알고 있다. 그중 한 명이 주앙 마구에주Joao Magueijo인데, 그는 물리학으로 전공을 바꾸기로 결심하기 전까지는 현대 고전음악 작곡가 훈련을 받은 사람이었다. 전혀 다른 종류의 직업을 선택한 후 그는 지금까지 한 번도 피아노를 치지 않았다고 한다. 그를 아는 것은 갈릴레오의 성격을 상상해보는 데 도움이 된다.
4. 이 그림은 페트루스 아피아누스Petrus Apianus의 《코스모그라피아Cosmographia》(1539)에 있는 것이며, 다음의 책에서 재인용했다. Alexandre Koyre, *From the Closed World to the Infinite Universe*(Baltimore, MD; Johns Hopkins, 1957).
5. 스페인-칠레계 감독인 알레한드로 아메나바르Alejandro Amenabar의 2009년 영화 〈아고라*Agora*〉에서 제안된 바 있다.
6. 뉴턴이 《자연철학의 수학적 원리Philosophiae Naturalis Principia Mathematica》에서 운동 법칙들의 귀결들을 제시했을 때 그는 자신이 오래전에 발명한 미적분이 아니라 더 기초적인 수학을 사용했다. 이는 이해할 수 없는 것처럼 보이지만, 실제로 뉴턴이 미적분의 발견을 그때까지 출판하지 않았음을 감안하면 충분히 있을 수 있는 일이었다. 뉴턴은 독자들이 알고 있는 수학으로 자신의 발견을 설명해야만 했던 것이다.
7. 지구 표면에서 떨어지는 공 하나를 떠올려보라. 이 공을 끌어당기는 것은 지구를 구성하는 모든 원자들에 의한 중력이다. 뉴턴의 중요한 통찰은 이러한 모든 힘을 더할 경우 그 결과는 지구 중심에 있는 단일한 물체가 공을 잡아당기는 것과 그 효

과가 같다는 것이었다. 만약 내가 공을 위로 던지면 지구 중심으로부터의 거리는 몇 미터 증가할 것이지만 이는 아주 작은 변화인 까닭에 힘은 전혀 변하지 않을 것이다. 던져지거나 떨어지는 물체에 작용하는 힘은 일정하다고 간주될 수 있다. 이는 가속도가 일정함을 의미하기도 한다. 이것은 갈릴레오의 위대한 발견이었다.

3장 캐치볼 게임

1. 누군가는 수학이 시간을 부호화할 수 있다며 반론을 펼칠 것이다. 예를 들어 f(t)가 시간의 함수라는 것이다. 이러한 반론은 함수 f(t)가 비시간적이라고 하는 논점을 완전히 놓치고 있다.

4장 상자 속의 물리학

1. Sara Diamond et al., *CodeZebra Habituation Cage Performances*(Rotterdam: Dutch Electronic Arts Festival, 2003).
2. 이에 대해 논의해준 생 클레르 스몽Saint Clair Cemin에게 감사드린다.
3. 별들이 상호적인 중력 작용을 하며 움직이는 별들의 계를 떠올려보라. 두 별 사이의 상호작용은 정확하게 기술될 수 있다. 뉴턴은 이 문제를 풀었다. 그러나 세 개의 별의 중력 상호작용을 기술하는 문제에 대한 정확한 해는 존재하지 않는다. 세 개 이상의 물체로 이루어진 임의의 계는 근사적으로 다루어야만 한다. 그와 같은 계는 혼돈 및 초기 조건에 대한 극도의 민감성과 같은 다양한 범위의 행동을 보여준다. 비록 이것이 뉴턴이 17세기에 해결한 두 개의 별 문제 다음으로 단순한 문제라고 하더라도, 이러한 현상은 프랑스의 수학자 앙리 푸앵카레가 20세기 초에 처음으로 발견했다. 소위 3체 문제를 이해하기 위해서는 수학의 완전히 새로운 분야인 카오스 이론이 발명되어야 했다. 좀 더 최근에는 수천 또는 수백만 개의 물체들로 구성된 계들이 슈퍼컴퓨터의 시뮬레이션을 통해서 다루어지고 있다. 이는 우리에게 은하 안에 있는 별들의 행동 및 은하단에 있는 은하들 사이의 상호작용에 대한 통찰들을 제공해주었다. 그러나 이렇게 얻은 결과들이 유용함에도 불구하고 이들은 가장 거친 근사들에 기초한다. 광대한 수의 원자로 구성된 별들은 마치 점처럼 다루어지며, 대개 계 외부의 그 어떤 영향도 무시된다.

5장 새로움과 놀라움의 추방

1. 엔트로피는 오직 증가할 수만 있다는 법칙과 같이 열역학의 법칙들이 시간비가역적인 반면 더 근본적인 법칙들이 가역적이라는 명백한 모순을 제기하고 설명하는 대목이다.
2. Ludwig Boltzmann, *Lectures on Gas Theory*(Dover Publications, 2011).

6장 상대성과 비시간성

1. *The Principle of Relativity*(Dover Publications, 1952). 이 책은 아인슈타인의 논문 일곱 편, 헨드릭 안톤 로런츠의 논문 두 편, 헤르만 바일의 논문 한 편, 헤르만 민코프스키의 논문 한 편으로 구성되어 있다.
2. "On the Electrodynamics of Moving Bodies," *Ann. der. Phys.* 17(10): 891-921; "Does the Inertia of a Body Depend upon Its Energy Content?" *Ann. der. Phys.* 18: 639-41(1905).
3. 앞서 설명한 논증들을 보고 싶은 독자들은 www.timereborn.com의 온라인 부록을 참조할 수 있다.
4. 엄격하게 말해 빛의 속도가 속도의 한계라고 가정할 필요는 없지만, 이렇게 가정하면 가르치기가 쉬워진다.
5. 이는 두 사건이 동시적임을 보여주는 사실이 존재하지만 그 사실이 무엇인지 알 수는 없다고 말하는 것과 같지 않다. 서로 다른 관측자는 두 사건이 동시적인지에 대해서 의견을 달리할 것이기 때문에, 두 사건이 동시적인지 그렇지 않은지 말하는 것에는 객관적인 의미가 존재하지 않는다.
6. 이것은 모든 시계가 두 사건 사이에 동일한 수만큼 째깍거릴 것임을 의미하지 **않는다**. 두 개의 움직이는 시계가 서로 마주쳤을 때 정오를 가리킨 후 스쳐 지나갔다고 가정해보자. 두 시계 중 하나는 가속한 후 방향을 바꾸어서 다른 시계가 12시 1분을 가리킬 때 이와 다시 마주친다. 가속된 시계는 12시 1분과는 다른 시각을 가리킬 것이다. 그러나 여기서의 논점은 모든 관측자가 특정한 시계가 사건들 사이에서 몇 번 째깍거리는지에 대해 동의하리라는 것이다. 두 사건들 사이에서 가장 많이 째깍거리는 시계는 자유 낙하하는 시계다. 자유 낙하하는 시계가 측정하는 시간이 이와 같은 방식으로 구분되는 까닭에 우리는 이를 고유 시간proper time이라 부른다.
7. Hermann Weyl, *Philosophy of Mathematics and Natural Science*(Princeton, NJ: Princeton University Press, 1949).
8. 만약 시공간의 영역이 공간에서 제약된다면, 우리는 몇몇 중간 단계인 X들을 사용하여 몇 단계를 거침으로써 A로부터 A의 인과적 미래 안에 있는 그 어떤 B로도 갈 수 있다. 따라서 민코프스키 시공간을 무한히 연장하는 것은 논증을 우아하게 발전시키는 하나의 단계이긴 하지만 본질적인 것은 아니다.
9. Hilary Putnam, "Time and Physical Geometry," *Jour. Phil.* 64: 240-47(1967).
10. John Randolph Lucas, *The Future*(Oxford, U.K.: Blackwell, 1990), p. 8.
11. 시공간의 측지선은 공간과 반대로 가장 짧은 거리가 아니라 가장 많은 고유 시간을 필요로 하는 경로다. 이것은 시공간의 기하학이 공식화된 것의 핵심을 이야기해준다. 자유 낙하하는 시계는 두 사건 사이를 이동하는 그 어떤 시계에 비해서도

빠르게, 자주 째깍거린다. 이는 다음과 같은 충고로 이어진다. 젊음을 유지하고 싶다면 가속하라.

7장 양자우주론과 시간의 종말

1. Charles W. Misner, Kip S. Thorne & John Archibald Wheeler, *Gravitation*(San Francisco: W. H. Freeman, 1973).
2. 양자이론에 관한 다양한 해석 및 이들이 이 책의 논증에 대해서 갖는 함의들을 더 알아보고 싶은 독자는 온라인 부록을 참조하라.
3. 양자 상태는 이러한 확률들을 두 단계에 걸쳐서 제공한다. 첫 번째 단계에서 양자 상태는 모든 가능한 배열에 수를 제공함으로써 표상될 수 있는데, 이를 그 배열에 대한 **양자 진폭**이라고 부른다. 두 번째 단계에서는 각각의 배열에 대한 진폭을 제곱함으로써 계가 그 배열에 있을 확률을 얻는다. 왜 이와 같은 두 단계인가? 진폭은 복소수, 즉 두 개의 일반적인 실수들의 결합이다. 이와 같은 부호화는 운동량과 같은 다른 양에 대한 확률 분포가 동일한 양자 상태에 부호화되는 것을 허용한다.
4. 따라서 만약 다양한 장소에서 원자의 전자들을 찾을 확률에 대해 양자 상태로부터 비롯되는 예측을 점검하고자 한다면, 그 상태에 있는 많은 원자들을 준비하고 각각의 원자 안에 있는 전자들의 위치를 측정하면 된다. 이를 더함으로써 실험적인 확률 분포를 얻을 수 있다. 양자 상태로부터 계산된 이론적인 확률은 실험적인 확률과 비교할 수 있다. 만약 이 둘이 합리적인 오차 범위에서 일치한다면, 계가 특정한 양자 상태에 있다는 최초의 주장이 옳다는 것에 대한 증거를 갖게 된다.
5. 비율의 상수는 h로 유명한 플랑크 상수다. 이 상수는 에너지 양자의 값을 나타내며 그 발견자인 막스 플랑크의 이름을 따랐다.
6. 팽창하는 우주에 대응하는 양자우주론적 상태들에 대한 근사적인 기술들이 존재하지만, 이들은 초기 조건들에 대한 극도로 미세한 선택들에 의존한다. 포괄적 상태에서는 팽창하고 수축되는 우주들이 중첩되어 있다. 나는 이것이 양자우주론에서 시간을 제거하기 위한 유일한 논증이 아니지만 우리의 목적을 위해서는 충분함을 언급하고자 한다. 이에 관한 다른 논증들은 양자중력에 대한 경로 적분 접근법의 맥락에서 제시된다. 또한 콘과 로벨리는 우주가 유한한 온도를 가진 결과로 시간이 출현한다고 제안한다.
7. 그러나 또 다른 문제가 다음과 같은 사실로부터 비롯된다. 양자역학에서는 모든 속성이 모든 경우에 특정한 값을 갖는 것으로 관측되지 않는다. 따라서 계의 모든 양자 상태들이 계의 특정한 에너지값을 갖는 것은 아니며, 오직 몇몇 상태만이 그러하다. 이러한 명확한 에너지의 상태는 특정한 주기로 진동한다는 것 역시 드러난다. 사실상 그러한 진동이 상태들이 하는 모든 것이다. 한 장소에서 계의 에너지에 비례하는 주기로 진동하는 것이다.

많은 계의 경우 명확한 에너지를 가진 상태들의 이산적인 집합이 존재한다. 우리는 이러한 계들의 에너지가 양자화되었다고 말한다. 그러나 대부분의 양자 상태는 명확한 에너지 값을 갖지 않는다. 그러한 상태에서는 계가 서로 다른 에너지를 가질 확률이 존재한다. 또한 이러한 상태에 있는 계들은 명확한 진동수 값 역시 갖지 않는다.
하나의 양자계가 위치에서 단순히 진동하는 것보다 더 많은 일을 하게 만들려면 이 계를 명확한 에너지값이 없는 상태로 집어넣어야 한다. 이 일을 하기는 쉽다. **중첩 원리**라고 알려진 원리에 따르면 양자 상태들은 서로 더해질 수 있기 때문이다. 이는 양자계가 갖는 파동 특성들의 한 측면이다. 기타 또는 피아노의 줄은 몇몇 진동수로 동시에 진동할 수 있으며, 줄의 운동은 각각의 개별적인 진동수에서의 진동의 합이 된다. 물이 담긴 양동이에 돌멩이 두 개를 던져보라. 각각의 돌멩이는 파동을 생성하고, 파동이 만났을 때 물 위에 생성되는 문양은 각각의 첨벙거림이 만들어내는 문양들의 합이다. 중첩 원리는 그와 같은 방식으로 작동한다. 임의의 두 양자 상태가 주어지면 이 둘을 더함으로써 세 번째 상태를 만들 수 있다.
양자 상태들을 더하는 이와 같은 능력은 뉴턴 물리학이 양자역학을 근사적으로 설명한다는 우리의 논증에 본질적이다. 뉴턴 물리학에 따르면, 입자들이 공간 속에서 돌아다닐 때 배열이 변화한다는 단순한 사실을 재생산하는 데 이 능력이 필요하다. 이는 시간 속에서 단순히 진동하거나 특정한 에너지를 갖는 상태들로부터는 연역되지 않는다. 운동을 재생산하려면 반드시 그 행동이 좀 더 복잡한 상태들을 가져야 하며, 이는 비한정적인 에너지값을 갖는 상태들을 요구한다. 이 상태들은 서로 다른 에너지를 갖는 상태들을 더함으로써 또는 중첩시킴으로써 구성된다.
그러나 양자우주론에서는 모든 상태들이 동일한 에너지를 가지므로, 양자물리학으로부터 일반적인 운동을 추출해내는 일반적인 방법은 실패한다. 우리는 우주의 양자 상태로부터 일반상대성의 예측들을 연역하지 못한다.

8. Abhay Ashtekar, "New Variables for Classical and Quantum Gravity," *Phys. Rev. Lett.* 57:18, 2244-47(1986).
9. Ted Jacobson & Lee Smolin, "Nonperturbative Quantum Geometries," *Nucl. Phys. B.* 299:2, 295-345(1988).
10. Carlo Rovelli & Lee Smolin, "Knot Theory and Quantum Gravity," *Phys. Rev. Lett.* 61:10, 1155-58(1988).
11. Thomas Thiemann, "Quantum Spin Dynamics(QSD): Ⅱ. The Kernel of the Wheeler-DeWitt Constraint Operator," *Class. Quantum Grav.* 15, 875-905(1998).
12. 최근에 발전된 양자우주론의 모형들은 6장에서 논의한 바 있는 단순화된 우주론적 모형들에 대한 양자적 판본들을 연구한다. 이들은 고리양자우주론 모형이라 불

린다. 더 이른 양자우주론 모형들은 근본적인 주제들을 뭉뚱그리는 거친 근사들을 이용하여 연구되었다. 최근의 모형들은 이러한 방정식들에 정확한 해답을 제공할 수 있을 정도로 충분히 단순하고 정확하게 정의된다. 물론 이는 인상적인 결과지만 이 모형들이 아주 단순화된 것임을 강조할 필요가 있다. 특히 이 모형들은 시간에 대해서가 아니라 서로 다른 관측 가능량들의 값들 사이의 상관관계에 대해서 말함으로써 시간의 문제를 회피하고 있다.

하나의 장은 측정되는 다른 장들 안에서의 변화에 대해 일종의 시계로 간주된다. 이는 세계에 대한 비시간적 기술로부터 시간을 추출해내는 근사적이고 관계론적인 접근법을 제공한다. 게다가 문제는 고리양자중력 또는 고리양자우주론에 제한되지 않는다. 비록 이들이 그와 같은 맥락에서 가장 시급하다손 치더라도 말이다. 닫힌 우주론적 맥락에서 적용될 수 있는 한 끈이론은 휠러-디위트 방정식과 유사한 것을 가진다. 그리고 무한 우주, 영원한 급팽창 등에 관한 사변들 중 몇몇은 휠러-디위트 방정식의 맥락 속에 있다. 귀결되는 비시간적 우주를 해석하는 것의 문제는 통합 또는 아주 초기 우주에 대해서 생각하는 모든 이론가들에게 하나의 도전이다.

간주곡: 아인슈타인의 불만

1. 짐 브라운은 나에게 카르납이 일차적 양과 이차적 양 사이의 구분과도 같은 것을 염두에 두고 있었다고 이야기해주었다. 우리는 붉은색을 경험하지만 실제로 일어나는 것은 원자들이 진동하여 특정한 진동수를 가진 빛을 방출하는 것이다. 우리는 시간이 지나간다고 경험하지만 실제로 참인 것은 우리가 블록우주에서의 세계선들의 다발이라는 것이며, 우리에게는 지각하고 기억을 저장할 수 있는 능력이 있다는 것이다. 나의 생각에 이는 문제를 진술하는 하나의 방법이지만 이 문제를 해결하는 것은 아니다.
2. *The Philosophy of Rudolf Carnap: Intellectual Autobiography*, ed. Paul Arthur Schillp(La Salle, IL: Open Court, 1963), pp. 37-8.

8장 우주론적 오류

1. Carlo Rovelli, *The First Scientist: Anaximander and His Legacy*(Yardley, PA: Westholme Publishing, 2011).
2. Andrew Strominger, "Superstrings with Torsion," *Nucl. Phys. B* 274:2, 253-84(1986).
3. 딜레마란 수용할 수 없는 두 개의 결론 중 하나를 선택하게끔 유도하는 논증이다.
4. 누군가는 우리가 일반상대성의 우주론적 모형들을 구성할 때 우리가 전체 우주에 아인슈타인의 방정식들을 적용한다며 이 말에 반대할지 모른다. 그러나 우리는 그

렇게 적용하지 않는다. 우리는 아인슈타인 방정식들의 분절된 부분을 우주 곡률의 반경을 구성하는 부분계에 적용한다. 우리 관측자를 포함하는 작은 것들은 모형화되는 계로부터 삭제된다.

5. 예를 들어 표준모형은 극도의 거대 질량 입자들을 추가함으로써 보완될 수 있는데, 이는 우주의 역사 대부분에 영향을 미치지 않을 것이다.

9장 우주론적 도전

1. 다른 배경 고정적인 구조들은 양자 상태들이 존재하는 공간의 기하학을 포함한다. 그러한 공간에서의 거리 개념은 확률을 정의하기 위해서 사용된다. 이 기하학은 표준모형의 자유도가 존재하는 공간의 기하학이다. 일반상대성에서 사용된 배경 구조는 시공간의 미분 구조를 포함하며, 많은 경우 점근적 경계들의 기하학이다.
2. **배경의존적**이라는 용어와 **배경독립적**이라는 용어는 중력의 양자이론 논의에서 더 좁은 의미로 사용된다. 이 맥락에서 배경의존적인 이론은 고전적인 시공간의 고정된 배경을 전제하는 이론이다. 섭동하는 양자 일반상대성과 섭동하는 끈이론과 같은 섭동 이론은 배경의존적이다. 양자중력에 대한 배경독립적 이론에는 고리양자중력, 인과적인 동역학적 삼각화, 양자 도표성이 포함된다.
3. Amit P. S. Yadav & Benjamin Wandelt, "Detection of Primordial Non-Gaussianity(fNL) in the WMAP 3-Year Data at Above 99.5% Confidence," arXiv:0712.1148 [astro-ph], PRL100.181301.2008.
4. Xingang Chen *et al.*, "Observational Signatures and Non-Gaussianities of General Single Field Inflation," arXiv:hep-th/0605045v4(2008); Cliford Cheung *et al.*, "The Effective Field Theory of Inflation," arXiv.org/abs/0709.0293v2 [hep-th](2008); R. Holman & Andrew J. Tolley, "Enhanced Non-Gaussianity from Excited Initial States," arXiv:0710.1302v2(2008).
5. 이는 최소한 모형들의 고정된 부류 내에서 우주마이크로파배경의 초기 조건들의 효과가 급팽창 이론에서의 변화들로부터 결코 구분될 수 없음을 의미하는 것은 아니다. 다음의 논문을 보라. Ivan Agullo, Jose Navarro-Salas, Leonard Parker, arXiv:1112.1581v2. 이 점에 관해서 함께 논의해준 매튜 존슨에게 감사드린다.
6. 우주의 유일성 탓에 초기 우주에 대한 이론들을 시험하려는 다른 시도들은 큰 곤란에 빠졌다. 일반적인 실험실 물리학에서 우리는 항상 자료 속에 있는 통계적 불확실성 속에서 발생하는 잡음들을 다루어야 한다. 이러한 잡음들은 많은 경우 측정을 여러 번 함으로써 줄일 수 있다. 왜냐하면 무작위적 잡음의 효과는 더 많은 시행 결과들이 평균화될수록 줄어들기 때문이다. 우주는 오직 한 번만 일어나는 현상이기 때문에 몇몇 우주론적 관측과 관련해서는 이것이 불가능하다. 이러한 통계적 불확실성은 **우주적 분산**으로 알려져 있다.

7. Lee Smolin, "The Thermodynamics of Gravitational Radiation," *Gen. Rel. & Grav.* 16:3, 205-10(1984); "On the Intrinsic Entropy of the Gravitational Field," *Gen. Rel. & Grav.* 17:5, 417-37(1985).
8. 우리가 그 속에서 살아가고 있을지도 모르는 허구적 진공이 붕괴하는 것처럼, 아마도 상전이는 우리를 파멸시킬 것이다. 예를 들어 다음의 논문을 보라. Sidney Coleman & Frank de Luccia, "Gravitational Effects on and of Vacuum Decay," *Phys. Rev. D.* 21:12, 3305-15(1980).
9. 그런데 이는 떨어지는 물체들이 포물선을 따라서 이동하는 이유를 설명해준다. 이 곡선은 단순한 방정식들을 만족시킨다. 왜냐하면 이 곡선을 정의하는 데는 오직 두 종류의 자료만이 필요하기 때문이다. 중력에 의한 가속도와 운동의 초기 속력 및 방향이 그것이다.

10장 새로운 우주론을 위한 원리들

1. 여기서 나는 조지아공과대학의 명예교수이자 현대 물리학의 현자들 중 한 명인 데이비드 핀켈스타인David Finkelstein의 충고를 따랐다. 그는 예전에 나에게 우리가 물리학에서 필요로 하는 거대한 개념적 도약을 시작하기 위해서는 지난 네 세기 동안의 물리학의 역사를 숙고할 필요가 있다고 말했다.
2. 대칭성은 게이지 대칭성과 주의해서 구분해야 한다. 대칭성은 법칙들을 변하지 않도록 남겨두는 물리적 변환을 도출한다. 게이지 대칭성은 계의 배열에 대한 기술을 수학적으로 재서술하는 것이다. 내가 여기서 제시하는 논증은 대칭성은 배제하지만 게이지 대칭성을 배제하지는 않는다.
3. E. Noether, "Invariance Variationsprobleme," *Nachr. v. d. Ges. d. Wiss. zu Goettingen*, pp. 235-57(1918).
4. 이러한 일반적인 추론은 일반상대성의 범위에서 입증된다. 일반상대성이 닫힌 우주에 적용되면 대칭성과 보존 법칙 모두 갖지 않게 된다.
5. 로저 펜로즈는 아주 오래전에 이러한 논증을 제시했다. 실제로 우리는 끈이론의 사례에서 볼 수 있는 것처럼 한 이론이 대칭성을 많이 가질수록 그 설명력이 줄어든다는 것을 안다.
6. 퍼스의 결론 속에서 정확하지 않은 유일한 것은 그가 의미하는 진화다. 학자들은 그가 다윈적인 자연선택과 비슷한 무언가를 언급했다고 주장해왔다. 그가 다윈으로부터 아주 큰 영향을 받았음은 잘 알려져 있다. 그러나 문헌만 보면 그는 특정한 동역학적 과정에 따라서 시간에 입각해 변화하는 더 일반적인 의미에서의 진화를 말했다. 이러한 진화 개념은 현재 우리의 논의를 이어가기에 충분하다. 우리는 '왜 이러한 법칙들인가?'라는 물음에 과학적으로 설명하기 위해서는 오직 시간이 실재해야 한다는 것을 수립해야 하기 때문이다.

7. 로베르토 망가베이라 웅거의 원고 초고.

11장 법칙의 진화

1. Lee Smolin, "Did the Universe Evolve?," *Class. Quant. Grav.* 9: 173-91(1992).
2. Alex Vilenkin, "Birth of Inflationary Universes," *Phys. Rev. D*, 27:12, 2848-55(1983); Andrei Linde, "Eternally Existing Self-Reproducing Chaotic Inflationary Universe," *Phys. Lett. B.*, 175:4, 395-400(1986).
3. 우주론적 자연선택에 대한 몇몇 비평이 출판되었으며, 내가 알기로 이 모든 비평에 대한 답변이 《우주의 일생》의 부록 및 그 이후의 논문들에서 제시되었다. 비평에 관해서는 다음의 글들을 보라. T. Rothman and G. F. Ellis, "Smolin's Natural Selection Hypothesis," *Q. Jour. Roy. Astr. Soc.* 34. 201-12(1993); Alex Vilenkin, "On Cosmic Natural Selection," arXiv:hep-th/0610051v2(2006); Edward R. Harrison, "The Natural Selection of Universes Containing Intelligent Life," *Q. Jour. Roy. Astr. Soc.* 36, 193-203(1995); Joseph Silk, "Holistic Cosmology," *Science*, 277:5326, 644(1997); 그리고 John D. Darrow, "Varying G and Other Constants," arXiv:gr-qc/9711084v1(1997). 특히 (다른 모든 매개변수들을 고정한 상태에서) 뉴턴의 상수를 변화시키는 것이 블랙홀의 수를 증가시킨다는 쉬운 논증이 존재한다는 주장은 옳지 않다. 왜냐하면 은하와 별의 형성 및 별의 진화에 미치는 복잡한 효과들이 고려되지 않았기 때문이다.
4. 실제로 생물학적 진화에는 두 개의 지형이 존재한다. 가능한 유전자형(DNA 계열)을 기술하는 유전자 지형과, 유전자들의 물리적 표현인 표현형 지형이 바로 그것이다. 자연선택을 물리학에 적용할 때 우리는 또한 두 가지 수준의 기술을 가진다. 한 우주가 재생산할 확률은 표준모형의 매개변수들—이들은 표현형과 유사하다—의 값에 의존한다. 그러나 끈이론과 같은 근본적인 이론에서는 표준모형이 하나의 근사적 기술이다. 이의 근저에 있는 것은 이론에 대한 선택이다. 이는 유전형과 유사하다. 생물학적 진화에서 유전형과 표현형의 관계는 복잡하고 간접적일 수 있으며, 이는 물리학에서도 마찬가지다. 따라서 우리는 주의해서 끈이론과 같은 근본적 이론을 위한 제안의 지형과 표준모형의 매개변수들의 지형을 구분해야만 한다.
5. 다른 예들은 다음과 같다. (1) 양성자/중성자 질량 차이에 대한 기호의 역전. (2) 초신성에 의해서 방출되는 에너지와 물질에 영향을 줄 정도로 충분히 큰 페르미 상수의 증가 또는 감소. (3) 탄소를 비안정화시킬 정도로 충분히 큰 중성자/양성자 질량 차이의 증가, 전자 질량의 증가, 전자/뉴트리노 질량의 증가, 미세 구조 상수의 증가 또는 강한 상호작용 결합의 감소(또는 동일한 효과를 갖는 그 어떤 동시적 변

화).(4) 기묘 쿼크의 질량 증가.

6. James M. Lattimer & M. Prakash, "What a Two Solar Mass Neutron Star Really Means," arXiv:1012.3208v1 [astro-ph. SR](2010).

7. 우주론적 자연선택에 대한 원래 논문과《우주의 일생》에서 나는 임계 질량에 관한 낮은 추정치인 1.6태양질량solar mass을 사용했다. 태양 질량의 두 배가 되는 중성자별이 관측되었을 때 나는 우주론적 자연선택이 반증되었음을 지적하는 논문을 쓰기 시작했다. 나는 이를 기대하고 있었다. 왜냐하면 양자중력의 영역에서 일어날 수 있는 두 번째로 좋은 일은 실험에 의해서 논박되는 예측을 제시하는 것이기 때문이다. 그러나 나는 임계 질량에 대한 이론적 추정을 다시 들여다본 후, 전문가들이 이는 여전히 2태양질량 카온-중성자별을 허용한다고 짚은 것을 찾았다.

8. 다음의 저서를 보라. A. D. Linde, *Particle Physics and Inflationary Cosmology*(Chur, Switzerland: Harwood, 1990), pp. 162-8. 특히 방정식 8.3.17.을 유도하는 논문을 보라.(이 책은 또한 arXiv:hep-th/0503203v1에서 확인할 수 있다.) 밀도 요동을 높일 수 있는 매개변수는 인플라톤inflaton(급팽창하는 힘을 포함하고 있는 입자)의 상호작용에 의한 힘이다. 린데가 보여준 것처럼, 몇몇 단순한 모형들에서는 이 매개변수를 높이는 것이 이러한 상호작용 매개변수의 제곱근의 역에 지수함수적으로 비례해서 우주의 크기가 줄어들게 한다. 이 주제를 명료화할 수 있도록 대화해준 폴 스타인하트에게 감사드린다.

9. 우주론적 자연선택을 더 자세하게 알려면 나의 책《우주의 일생》또는 나의 다음 논문들을 참고하라. "The Fate of Black Hole Singularities and the Parameters of the Standard Models of Particle Physics and Cosmology," arXiv:gr-qc/9404011v1(1994); "Using Neutrons Stars and Primordial Black Holes to Test Theories of Quantum Gravity," arXiv:astro-ph/9712189v2(1998); "Cosmological Natural Selection as the Explanation for the Complexity of the Universe," *Physica A: Statistical Mechanics and its Applications* 340:4, 705-13(2004); "Scientific Alternatives to the Anthropic Principle," arXiv:hep-th/0407213v3(2004); "The Status of Cosmological Natural Selection," arXiv:hep-th/0612185v1(2006) 〈끈이론의 40년: 기초에 대한 성찰Forty Years Of String Theory: Reflecting On the Foundations〉(〈물리학의 기초Foundations of Physics〉 특별판으로 출간)에 수록된 다음의 논문을 보라."A Perspective on the Landscape Problem," DOI: 10.1007/s10701-012-9652-xarXiv:1202.3373.

10. 로저 펜로즈는 나에게 다음과 같은 반론을 펼쳤다. 블랙홀 특이점은 초기의 우주론적 특이점과는 매우 다른 기하학적 구조를 가지므로, 블랙홀이 우리의 우주와 다른 그 어떤 우주의 원천이 될 수 있을 것이라 보기 어렵다는 것이다. 이는 걱정

할 만한 문제기는 하지만, 특이점을 제거하는 데 양자 효과들이 커다란 역할을 했다면 해결될 수 있을 것이다.

11. 진화하는 법칙이라는 개념이 그 자체로 광역적 동시성을 요구하지는 않는다는 것에 주목하라. 법칙들 속에서의 변화는 오직 그 자신의 인과적 미래에 있는 사건들에만 영향을 주는 사건에서 일어날 수 있다. 6장에서 설명한 바 있듯 인과적 질서는 동시성의 상대성과 일관성이 있다. 그러나 우주론적 자연선택을 납득 가능하게 하기 위해서는 광역적 시간이 필요하다. 이는 사실상 동시성의 상대성과 상치된다.

12. 이를 정당화하는 것은 거품우주를 생성하는 물리학의 척도가 대개 대통합의 척도로 간주된다는 것이다. 이 척도는 최소한 표준모형의 쿼크와 렙톤 질량보다 크기의 자릿수가 15 정도 더 크다. 따라서 가벼운 페르미온의 질량은 거품우주가 형성되는 동안 반드시 무작위적으로 선택되고 말 것이다.

13. B. J. Carr & M. J. Rees, "The Anthropic Principle and the Structure of the Physical World," *Nature* 278: 605-12(1979); John D. Barrow & Frank J. Tipler, *The Anthropic Cosmological Principle*(New York: Oxford University Press, 1986).

14. Shamit Kachru *et al.*, "De Sitter Vacua in String Theory," arXiv:hep-th/0301240v2(2003).

15. Oliver DeWolfe *et al.*, "Type ⅡA Moduli Stabilization," arXiv:hep-th/0505160v3(2005); Jessie Shelton, Washington Taylor & Brian Wecht, "Generalized Flux Vacua," arXiv:hep-th/0607015(2006).

16. George F. R. Ellis & Lee Smolin, "The Weak Anthropic Principle and the Landscape of String Theory," arXiv:0901.2414v1 [hep-th](2009).

17. 워싱턴 테일러Washington Taylor 및 그의 동료들이 기술한, 음의 우주상수를 갖는 우주들은 우리의 우주와 두 가지 측면에서 서로 다르다. 첫째, 모든 끈이론에서 그러한 것처럼 이 우주들에는 여분의 차원이 포함되어 있다. 이들은 아주 작고 꼬여 있어 관측할 수 없으나 테일러의 우주들에서는 이들이 커질 수 있다. 이는 우주상수에 대한 잘못된 기호를 가지는 것보다도 훨씬 더 과격하게 관측과 모순되는 것으로, 끈이론의 또 다른 잘못된 예측으로 간주될 수 있다. 그러나 또한 이러한 세계들에서는 생명이 존재할 수 없을 것이라고 논증할 수 있다. 그 이유가 완전히 분명하지는 않지만, 입자들과 힘이 막이라 불리는 3차원 표면에서 살아가며, 이는 여분의 차원에서 떠다닌다고 보는 끈이론의 시나리오가 존재하기 때문이다. 그와 같은 종류의 배열에서 생명은 아마도 커다란 여분 차원들과 양립 가능할 것이다.
음의 우주상수를 가지는 가설적인 세계들은 또한 우리의 세계가 가지고 있지 않은 대칭성인 초대칭성을 갖고 있다. 이는 복잡한 구조의 형성을 막을 수 있다. 그러나 이 세계들 중 일부는 초대칭성이 자발적으로 붕괴하는 것을 허용할 것이며, 그럴 경우 그곳에서 생명이 번영할 수 있다. 음의 우주상수를 가지는 끈이론이 양의 우주상수를 가지는 끈이론보다 무한히 많이 존재하는 한, 설혹 전자의 우주들의 아주 작은 일부가 생명을 지원한다고 하더라도 이들은 후자를 잠식할 것이다. 이 주제에 관해 대화를 해준 벤 프라이포겔Ben Freivogel에게 감사드린다.

18. 우리는 기껏해야 우리 우주가 과거에 다른 우주와 충돌했던 것의 영향을 탐지할 수 있다. 이러한 가능성에 대한 연구가 이루어졌으며, 그 결과는 편향된 예측으로 귀결되었다. 즉 우리 자신의 우주가 다른 우주들과 충돌했다고 해석할 수 있는 어떤 흥미로운 것을 볼 수 있을 것인데, 만약 아무것도 보이지 않는다고 하면—이러한 일이 일어날 것으로 보이지 않지만—그 어떤 가설도 반증되지 않는다. Stephen M. Feeney et al., "First Observational Tests of Eternal Inflation: Analysis Methods and WMAP 7-Year Results," arXiv:1012.3667v2[astro-ph.CO](2011); 그리고 Anthony Aguirre & Matthew C. Johnson, "A Status Report on the Observability of Cosmic Bubble Collisions," arXiv:0908.4105v2[hep-th](2009) 그리고 *Rept. Prog. Phys.* 74:074901.
19. Steven Weinberg, "Anthropic Bound on the Cosmological Constant," *Phys. Rev. Lett.* 59:22, 2607-10(1987).
20. 플랑크 규모의 단위로 나타냈을 때.
21. Adam G. Riess et al, "Observational Evidence from Supernovae for an Accelerating Universe and a Cosmological Constant," *Astron. Jour.* 116, 1009-38(1998).
22. 와인버그의 논증이 다른 우주들이 존재한다는 가설에 대한 증거를 제공한다는 주장을 평가할 때, 우리는 우주상수가 아주 낮은 확률의 작은 값을 취한다는 것 자체가 우리 우주는 우주들의 광대한 집합 중 하나의 원소라는 주장에 대한 증거라고 그릇되게 추론하는 것에 주의해야 한다. 이 광대한 우주들의 집합에서 우주상수의 값이 무작위적으로 선택된다는 것이다. 이와 같은 추론은 철학자 이언 해킹Ian Hacking에 의해 논의된 바 있는, 도박꾼의 역추론 오류와 유사하다. 누군가가 방안으로 걸어 들어와 어떤 사람이 주사위를 두 번 던져 모두 6이 나오는 것을 보았다고 하자. 이를 본 사람은 주사위가 이전에 많이 던져졌거나 동시에 많은 장소에서 던져졌다고 결론 내리고 싶겠지만 이는 잘못된 결론일 것이다. 왜냐하면 연속으로 6이 두 번 나올 확률은 각각의 경우마다 동일하기 때문이다. 해킹은 이를 도박꾼의 역추론 오류라고 부른다. Ian Hacking, "The Inverse Gambler's Fallacy: The Argument from Design. The Anthropic Principle Applied to Wheeler Universes," *Mind* 96:383(July 1987), pp. 331-340. doi:10.1093/mind/XCVI.383.331. 존 레슬리는 아래의 논문에서 다음과 같이 반박했다. *Mind*

97:386(April 1988), pp. 269-272. doi:10.1093/mind/XCVII.386.269. 이 오류는 인류 논증에는 적용되지 않는다. 왜냐하면 우리는 생명에 호의적인 우주에 살고 있는 것이 분명하기 때문이다. 그러나 와인버그의 논증은 분명 호의성에 대한 것이 아니라 우주가 은하들로 가득 차 있는지에 대한 것이다. 우리는 오직 하나의 은하만이 형성된 우주에서 살았고 여전히 그 속에서 살고 있을 수 있다. 따라서 우주가 은하들로 가득 차 있다는 사실은 생명에 필수적인 것이 아니다.

23. 자움 가리가Jaume Garigga와 알렉스 빌렌킨Alex Vilenkin은 아래의 논문에서 다음과 같이 지적했다. "Anthropic Prediction for Lambda and the Q catastrophe," arXiv:hep-th/0508005v1(2005). 두 개의 상수들을 특정한 방식으로 결합하여 와인버그의 논증에 적용하면 더 잘 작동한다. 우주상수를 요동 규모의 세제곱으로 나눈 값이 바로 그것이다. 그러나 이는 두 개의 논제를 남긴다. 첫째, 무엇이 요동들의 크기를 결정하는가? 둘째, 우리는 이미 오직 우주상수가 고려되는 경우에만 논증이 잘 작동한다는 것을 알고 있다. 두 상수들을 조합할 수 있는 많은 방법들이 존재한다. 하나의 조합이 다른 조합들보다 잘 작동한다는 것은 놀라운 사실이 아니며, 설혹 이를 지지하는 논증이 존재한다고 하더라도 이는 우리의 우주가 광대한 다중우주 중 하나의 세계라는 가설에 대한 증거가 되지는 않는다.

24. Michael L. Graesser, Stephen D. H. Hsu, Alejandro Jenkins & Mark B. Wise, "Anthropic Distribution for Cosmological Constant and Primordial Density Perturbations," hep-th/0407174, *Phys. Lett.* B600, 15-21(2004).

25. 라파엘 소킨Rafael Sorkin과 그의 동료들은 인과적 집합 이론에 근거해서 우주상수의 값에 대한 와인버그의 설명과는 아주 다른 설명을 제시했다. Maqbool Ahmed *et al.*, "Everpresent Lambda," arXiv:astro-ph/0209274v1(2002).

12장 양자역학과 원자의 해방

1. 우주에 적용할 수 있는, 양자이론에 대한 대안적인 관점들이 존재한다. 내가 이러한 대안적 관점들이 실패한다고 보는 이유에 관해서는 온라인 부록을 참조하라.
2. 일반적인 입자들의 운동량은 이들의 질량과 속도를 곱한 값이다. 양립 불가능한 측정에 대한 또 다른 표현은 불확정성 원리인데, 이에 따르면 위치가 더 정확하게 측정될수록 우리는 운동량을 덜 정확하게 측정하게 되며 그 역도 마찬가지다.
3. 더 전문적인 설명은 다음의 논문을 참조하라. Lee Smolin, "Precedence and Freedom in Quantum Physics," arXiv:1205.3707v1 [quant-ph](2012).
4. Charles Sanders Peirce, "A Guess at the Riddle," in *The Essential Peirce, Selected Philosophical Writings*, ed. Nathan Houser & Christian Kloesel(Bloomington IN: Indiana University Press, 1992), p. 277. 퍼스의 저술이 명료하게 쓰인 것을 찾기 힘든 까닭에, 다음의 요약을 참조하라. Standard

Encyclopedia of Philosophy(http://plato.stanford.edu/entries/peirce/#anti).
퍼스는 자연이 진화하며 그것의 습성을 획득해가는 하나의 가능한 경로를 탐구했다. 그는 이후의 시행에서의 결과들이 갖는 확률이 이전의 시행에서 얻은 실제의 결과들과 독립적이지 않은 이른바 '비非베르누이 시행'으로 불리는 실험적인 상황을 통계적으로 분석했다. 퍼스는 만약 우리가 자연에서 특정한 기초 습성을 가정할 경우, 그 습성을 얻게 될 경향이 아주 작더라도 장기적인 관점에서 초래되는 결과는 높은 정도의 규칙성과 상당한 거시적 정확도임을 보였다. 이러한 이유로 퍼스는 먼 옛날에 자연은 지금보다 상당한 정도로 자발적이었으며, 일반적이고 전체적으로 자연이 보여주는 모든 **습성**은 진화해온 것이라고 제안했다. 개념, 지질학적 지층, 생물학적 종이 진화해온 것처럼 자연의 습성 역시 진화해왔다는 것이다.

5. John Conway & Simon Kochen, "The Free Will Theorem," *Found. Phys.*, 36:10, 1441(2006).
6. 완전성을 위해 나는 몇몇 물리학자들이 이 논증에 다음과 같이 반응한다는 것을 언급해야겠다. 이들은 강한 형식의 결정론을 옹호하는데, 이에 따르면 관측자들이 무엇을 측정할지에 대해서 자유롭다고 간주되어서는 안 된다. 이와 같은 '초결정론적' 관점으로부터 우리는 실험하기 오래전에 관측자들의 선택들과 원자들의 선택들 사이의 상관관계가 설정되어 있다고 상상할 수 있다. 이러한 가정을 받아들이면 우리는 콘웨이와 코헨의 정리에서 나오는 결론 및 벨의 정리에서 나오는 결론을 부정할 수 있다.
7. Lucien Hardy, "Quantum Theory from Five Reasonable Axioms," arXiv:quant-ph/0101012v4(2001).
8. Lluis Masanes & Markus P. Mueller, "A Derivation of Quantum Theory from Physical Requirements," arXiv:1004.1483v4[quant-ph](2011). 이와 관련된 연구는 다음의 저자들에 의해서 행해졌다. Borivoje Dakic & Caslav Brukner, "Quantum Theory and Beyond: Is Entanglement Special?", arXiv:0911.0695v1[quant-ph](2009).
9. 마커스 뮬러는 이 물음과 관련된 흥미로운 연구를 진행하고 있다.

13장 상대성과 양자의 전투

1. 드브로이의 업적에 대한 좀 더 상세한 논의 및 그의 1927년 논문의 영어 번역과 관련해서는 다음의 저술을 참고하라. Guido Bacciagaluppi & Antony Valentini, *Quantum Theory at the Crossroads: Reconsidering the 1927 Solvay Conference*(New York: Cambridge University Press, 2009). arXiv:quant-ph/0609184v2(2009)에서도 확인할 수 있다.

2. 다음의 저서를 보라. John S. Bell, *Speakable and Unspeakable in Quantum Mechanics: Collected Papers on Quantum Philosophy*(New York: Cambridge University Press, 2004).
3. John von Neumann, *Mathematische Grundlagen der Quantenmechanik* (Berlin, Julius Springer Verlag, 1932), pp. 167 ff. 또는 다음을 참고하라. *Mathematical Foundations of Quantum Mechanics*, R. T. Beyer, trans. (Princeton, NJ: Princeton University Press, 1996)
4. Grete Hermann, "Die Naturphilosophischen Grundlagen der Quantenmechanik," *Abhandlungen der Fries'schen Schule*(1935).
5. David Bohm, *Quantum Theory*(New York: Prentice Hall, 1951).
6. _____, "A Suggested Interpretation of the Quantum Theory in Terms of 'Hidden Variables. Ⅱ," *Phys. Rev.*, 85:2, 180-93(1952).
7. Antony Valentini, "Hidden Variables and the Large-Scale Structures of Space-Time," in *Einstein, Relativity and Absolute Simultaneity*, eds. W. L. Craig & Q. Smith(London: Routledge, 2008), pp. 125-55.
8. Lee Smolin, "Cound Quantum Mechanics Be an Approximation to Another Theory?" arXiv:quant-ph/0609109v1(2006).
9. Albert Einstein, "Remarks to the Essays Appearing in This Collective Volume," in *Albert Einstein: Philosopher-Scientist*, ed. P. A. Schillp(New York: Tudor, 1951), p. 671.
10. 좀 더 전문적인 설명을 위해서는 다음의 논문을 참조하라. Lee Smolin, "A Real Ensemble Interpretation of Quantum Mechanics," arXiv:1104.2822v[quant-ph](2011).

14장 상대성으로부터 다시 태어난 시간

1. 물론 블록우주 모형은 시간 속에서 법칙들이 변화한다는 개념을 포함할 수 있지만, 나는 이 모형으로는 법칙들이 어떻게 변화하고 왜 변화하는지 설명할 수 없다고 주장한다.
2. 마이컬슨-몰리 실험에 의해서 에테르가 폐기되었다고 생각할 수도 있겠지만, 1905년에 아인슈타인이 이와 같은 통찰을 제시하기 전까지는 누구도 이를 생각하지 못했다.
3. 이에 관한 논증은 단순한 기하학을 포함하고 있으나 나는 독자에게 이에 관한 부담을 주고 싶지는 않다. 이는 일반상대성에 관한 그 어떤 교재에서도 찾을 수 있다.
4. 누군가 이와 같은 특별한 관측자에 대해 상대적으로 북쪽으로 이동한다고 가정해 보라. 그는 북쪽에서 오는 우주마이크로파배경복사가 도플러 효과에 의해서 청색

편이되고, 북쪽으로부터 오는 각각의 광자 에너지가 더 커지고 온도가 더 높아지는 것을 보게 될 것이다. 남쪽으로부터 오는 우주마이크로파배경복사의 광자들은 정반대의 효과를 겪게 될 것이다. 이 광자들의 진동수는 적색편이될 것이고 그 온도는 낮아질 것이다. 따라서 그는 스스로 우주마이크로파배경에 대해 움직이고 있다고 결론내릴 수 있다. 역으로 모든 방향에서 온도가 동일하다고 보는 사람은 그가 우주마이크로파배경에 대해서 정지해 있다고 결론내릴 수 있다.

5. 최근 몇 년 사이에 상대성 원리의 타당성은 광자가 빛의 속력의 0.99999 정도의 속력으로 이동하는 것으로 관측되는 극단적인 환경 속에서 시험되었다. 이처럼 엄청나게 큰 속력에서는 상대성의 효과가 너무나 중요하다. 광자가 운반하는 에너지는 광자에 내재하는 질량 속에 있는 에너지의 100억 배가 된다. 만약 그러한 관측을 통해 상대성의 원리가 적용되지 않음이 드러났다고 하더라도 나는 놀라지 않았을 것이다. 왜냐하면 그러한 붕괴는 이 정도의 에너지에서 양자중력을 기술하는 몇몇 접근법들에 의해서 예측된 것이기 때문이다. 최근의 다른 관측들은 모든 광자들이 같은 속력을 가진다는 원리를 시험하고 입증했는데, 그 정확도는 관측을 통해 100억 년 동안 광자들의 한 쌍이 함께 이동한 후 하나의 광자가 다른 광자에 가까워졌는지를 밝힐 수 있을 정도였다. 이러한 결과는 양자중력 효과가 광자의 에너지에 의존하는 요소에 의해 빛의 속력을 변경할 것이라고 기대했던 이론가들을 실망시켰다. 또 다른 일련의 관측들은 뉴트리노가 빛과 동일한 속력 제한을 가진다는 것을 높은 정도로 입증했다(2011년에 초 광속 뉴트리노를 발견했다는 잘못된 보도들이 뉴스 1면을 장식했던 것과는 반대로 말이다).
6. 일반상대성에서 선호되는 시간 개념에 대한 다른 정의들이 제시된 바 있다. 어떤 정의가 올바른 것인지는 궁극적으로 이후의 발전에 의해서, 아마도 실험에 의해서 결정되어야 하는 과학적인 물음이다. 따라서 우리는 어떤 것이 선호되는 시간인지는 열린 문제로 남겨둔 채 선호하는 시간이 존재한다고 가정할 수 있다. 다른 제안들은 다음과 같다. Chopin Soo & Hoi-Lai Yu, "General Relativity Without Paradigm of Space-Time Covariance: Sensible Quantum Gravity and Resolution of the Problem of Time," arXiv:1201.3164v2[gr-qc](2012); Niall O Murchandha, Chopin Soo & Hoi-Lai Yu, "Intrinsic Time Gravity and the Lichnerowicz-York Equation," arXiv:1208.2525vi[gr-qc](2012); 그리고 George F. R. Ellis & Rituparno Goswami, "Space Time and the Passage of Time," arXiv:1208.2611v3(2012).
7. Henrique Gomes, Sean Gryb & Tim Koslowski, "Einstein Gravity as a 3D Conformally Invariant Theory," arXiv:1010.2481v2[gr-qc](2011).
8. 이는 AdS/CFT 대응이라는 기술적인 근거들로 알려져 있다.
9. 형태동역학에 대한 더 자세한 정보를 위해서는 온라인 부록을 살펴보라.

10. 이 장의 앞부분에서 나는 일반상대성에 대한 몇몇 대칭적 해들이 선호되는 정지 상태 및 선호되는 시간을 갖고 있다고 언급했다. 지금의 내용은 이와는 다르다. 앞선 사례는 특수한 해들로 제한되는 반면, 형태동역학에 의해서 식별된 선호되는 시간은 일반적이며 대칭성이 없는 시공간에서도 존재한다. 시공간에 대해서는 약한 제약이 존재하는데, 이는 일정한 평균 곡률 분할이라는 것을 갖는다. 이 때문에 우주론적 시공간에 이론이 적용되지 못한다고 생각되지는 않는다. 이러한 시간 개념은 광역적이며, 중력장과 물질에 의해서 동역학적으로 결정된다. 따라서 이는 뉴턴의 절대시간으로 퇴행하는 것이 아니다. 거칠게 말해, 선택된 시공간 분할은 최소한으로 굽어 있다. 동일한 의미에서 비누 거품은 그 곡률을 최소화하는 형태를 취하며, 시공간에 대한 분할은 그 곡률을 최소화할 수 있다.

15장 공간의 출현

1. 건축가인 소시에르+페롯아키텍처에 우리가 원하는 칠판의 공간을 말해주었더니, 그들은 건물 전체를 슬레이트와 유리로 덮을 수 있다고 제안했다. 그러면 우리는 건물 어디에서든 글씨를 쓸 수 있다.
2. 최근의 논평에 대해서는 다음을 참고하라. J. Ambjorn *et al.*, "Nonperturbative Quantum Gravity," arXiv:1203.3591v1 [hep-ph](2012); "Emergence of a 4-D world from Causal Quantum Gravity," *Phys. Rev. Lett.* 93(2004) 131301 [hep-th/0404156].
3. Fotini Markopoulou, "Space Does Not Exist, So Time Can," arXiv:0909.1861v1 [gr-qc] (2009).
4. Tomasz Konopka, Fotini Markopoulou & Lee Smolin, "Quantum Graphity," arXiv:hep-th/0611197v1(2006); Tomasz Konopka, Fotini Markopoulou & Simone Severini, "Quantum Graphity: A Model of Emergent Locality," arXiv:0801.0861v2(2008); Alioscia Hamma *et al.*, "A Quantum Bose-Hubbard Model with Evolving Graph as Toy Model for Emergent Spacetime," arXiv:0911.5075v3 [gr-qc](2010).
5. Petr Horava, "Quantum Gravity at a Lifschitz Point," arXiv:0901.3775v2 [hep-th] (2009).
6. T. Banks et al., "M Theory as a Matrix Model: A Conjecture," arXiv:hep-th/9610043v3(1997).
7. 전문가들은 부피와 영역이 물리적 관측 가능량이 아니라고 지적할 수 있다. 왜냐하면 이들은 시공간의 미분동형사상 아래에서 불변하지 않기 때문이다. 그러나 이들이 물리적인 경우들이 존재한다. 왜냐하면 이들은 미분동형사상이 고정되는 경계의 속성들이며 시간 게이지가 고정되면 해밀토니언hamiltonian에 의해서 진화에

대한 물리적 기술을 생성하기 때문이다.

8. 예를 들어 다음 논문을 보라. Aurelien Barrau *et al.*, "Probing Loop Quantum Gravity with Evaporating Black Holes," arXiv:1109.4239v2(2011).
9. 어떤 시간 안에서? 시간에 대한 임의적 정의 안에서! 고리양자중력에서 시간은 임의적이다. 왜냐하면 이것은 시간이 임의적으로 선택될 수 있는 일반상대성을 양자화한 것이기 때문이다. 이는 이 이론의 다면적인 본성을 반영한다.
10. 고리양자중력에 대한 원래의 접근법에서 도표는 오직 단순한 속성들만 갖는 3차원 공간 속에 포함된 것으로 간주되었다. 길이, 넓이, 부피와 같이 측정될 수 있는 것은 그 어떤 것도 고정되어 있지 않다. 그러나 공간적 차원의 수는 공간의 접속 또는 위상처럼 고정되어 있다(우리는 '위상'을 어떤 것이 전체적으로 연결되어 있는 방식을 의미한다고 본다. 이 방식은 형태가 극도로 왜곡되어도 변하지 않는다).
    위상은 2차원의 사례들을 통해 가장 잘 설명되며 가장 쉽게 시각화된다. 닫힌 2차원의 표면을 고려해보라. 이것은 구일 수도 있고 원환체(도넛의 형태)일 수도 있다. 우리는 구를 매끄럽게 변형시켜 다양한 형태를 만들 수 있지만, 원환체로 만들 수는 없다. 2차원 표면들의 다른 위상들은 구멍이 많은 도넛들과 닮았다고 할 수 있다.
    일단 우리가 공간의 위상을 고정하면 우리가 공간 속에 도표를 포함시킬 수 있는 다양한 방법들을 고려할 수 있다. 예를 들어, 도표의 모서리는 서로 묶일 수 있고 꼬일 수 있으며 서로 연결되어 있을 수 있다. 공간 속에 도표를 포함시키는 각각의 방법은 기하학의 서로 구분되는 양자 상태로 귀결된다(비록 양자중력에 대한 대부분의 최신 논의에서 도표들은 포함됨에 관한 그 어떤 언급도 없이 정의되기는 하지만 말이다).
11. 예를 들어 다음의 논문을 보라. Muxin Han & Mingyi Zhang, "Asymtotics of Spinfoam Amplitude on Simplicial Manifold: Lorentzian Theory," arXiv:1109.0499v2(2011); Elena Magliaro & Caludio Perini, "Emergence of Gravity from Spinfoams," arXiv:1108.2258v1(2011), Eugenio Bianchi & You Ding, "Lorentzian Spinfoam Propagator," arXiv:1109.6538v2[gr-qc](2011); John W. Barret, Richard J. Dowdall, Winston J. Fairbairn, Frank Hellmann, Roberto Pereira, "Lorentzian Spin Foam Amplitudes: Graphical Calculus and Asymptotics," arXiv:0907.2440; Florian Conrady & Laurent Freidel, "On the Semiclassical Limit of 4d Spin Foam Models," arXiv:0809.2280v1[gr-qc](2008); Lee Smolin, "General Relativity as the Equation of Spin Foam," arXiv:1205.5529v1[gr-qc](2012).
12. 기술적으로 말해, 3차원 다양체에 대한 삼각화의 이중성.
13. 다음의 논문을 참고하라. Fotini Markopoulou & Lee Smolin, "Disordered Locality in Loop Quantum Gravity States," arXiv:gr-qc/0702044v2(2007).
14. 이 개념은 내가 수년에 걸쳐 간헐적으로 작업한 연구 프로그램을 정의한다. 다

음 논문을 보라. Markopoulou & Smolin, "Quantum Theory from Quantum Gravity," arXiv:gr-qc/0311059v2(2004). 또한 다음의 논문을 참고하라. Julian Barbour & Lee Smolin, "External Variety as the Foundation of a Cosmological Quantum Theory," arXiv:hep-th/9203041v1(1992);
Lee Smolin, "Matrix Models as Nonlocal Hidden Variables Theories," arXiv:hep-th/0201031v1(2002);
_____, "Quantum Fluctuations and Inertia," *Phys. Lett. A*, 113:8, 408-12(1986);
_____, "On the Nature of Quantum Fluctuations and Their Relation to Gravitation and the Principle of Inertia," *Class. Quant. Grav.* 3:347-59(1986);
_____, "Stochastic Mechanics, Hidden Variables, and Gravity," in *Quantum Concepts in Space and Time*, ed. R. Penrose;
_____, "Derivation of Quantum Mechanics from a Deterministic Nonlocal Hidden Variable Theory. 1. The Two-Dimensional Theory," *IAS preprint*, July 1983. http://inspirehep.net/record/191936.

15. Chanra Prescod-Weistein & Lee Smolin, "Disordered Locality as an Explanation for the Dark Energy," arXiv:0903.5303v3[hep-th](2009).
16. 가설상의 물질인 암흑물질은 빛을 발산하지는 않지만 은하들의 회전을 뉴턴의 법칙들에 기초해 설명하고자 할 때 반드시 필요하다.
17. Lee Smolin, "Fermions and Topology," arXiv:gr-qc/9404010v1(1994).
18. C. W. Misner and J. A. Wheeler, *Ann. Phys.(U.S.A.)* 2, 525-603(1957), reprinted in *Wheeler Geometrodynamics*(New York: Academic Press, 1962).
19. Fotini Markopoulou, "Conserved Quantities in Background Independent Theories," arXiv:gr-qc/0703027v1(2007).
20. Francesco Caravelli & Fotini Markopoulou, "Disordered Locality and Lorentz Dispersion Relations: An Explicit Model of Quantum Foam" arXiv:1201.3206v3(2012); Caravelli & Markopoulou, "Properties of Quantum Graphity at Low Temperature," arXiv:1008.1340v3(2011); Caravelli et al., "Trapped Surfaces and Emergent Curved Space in the Bose-Hubbard Model," arXiv:1108.2013v3(2011); Florian Conrady, "Space as a Low-temperature Regime of Graphs," arXiv:1009.3195v3[gr-qc](2011). 기하 창조에 관한 또 다른 접근법으로는 다음 논문을 참고하라. Joao Magueijo, Lee Smolin & Carlo R. Contaldi, "Holography and the Scale-Invariance of Density Fluctuations," arXiv:astro-ph/0611695v3(2006).

21. 도표와 삼각화는 서로 긴밀하게 연관되어 있다. 삼각화가 주어지면 매듭들이 사면체를 나타내고, 서로 대응하는 사면체들이 한 면에서 만나면 두 매듭들이 연결된 도표를 만들 수 있다.
22. 이 그림은 1차원 공간과 1차원의 시간을 가진 양자우주를 보여주는데, 이는 저자들의 허락을 얻어 다음의 논문에서 인용한 것이다. R. Loll, J. Amgjorn, K. N. Anagnostopoulos, "Making the Gravitational Path Integral More Lorentzian, or: Life Beyond Liouville Gravity," arXiv:hep-th/9910232, *Nucl. Phys. Proc. Suppl.* 88, 241-44(2000).
23. Alioscia Hamma *et al.*, "Lieb-Robinson Bounds and the Speed of Light from Topological Order," arXiv:0808.2495v2(2008).

16장 우주의 삶과 죽음

1. Richard Dawkins, *Climbing Mount Improbable*(New York: W. W. Norton, 1996).
2. 요동이란 일반 독자의 혼동을 일으킬 수 있는 물리학 용어다. 요동이란 계의 작은 부분에서 일어나는 작은 무작위적 변화다. 하나의 요동은 계의 질서를 흐트러뜨릴 수 있다. 이는 붓에서 떨어진 물감 한 방울이 정교하게 그려진 초상화를 망치는 것과 같다. 그러나 요동은 또한 자발적으로 높은 정도의 조직화에 이르게 할 수 있다. 이는 DNA 분자에서의 무작위적 변화로부터 비롯된 변이가 더 적응한 동물을 생산해내는 것과 같다.
3. 유기적(전생물적) 분자들이 지구 위만이 아니라 운석, 혜성, 먼지와 기체로 구성된 성간구름에서도 탐지되었다는 사실을 상기하는 것은 흥미로운 일이다.
4. 왜냐하면 로그 1은 0이기 때문이다. 기술적인 이유로 인해 우리는 대개 엔트로피를 대등한 미시 상태들의 로그값으로 간주한다.
5. "Ueber die von der molekularkinetischen Theorie der Waerme geforderte Bewegung von in ruhenden Fluessigkeiten suspendierten Teilchen," *Ann. der. Phys.* 17(8): 549-60(1905).
6. Martin J. Klein, *Paul Ehrenfest: The Making of a Theoretical Physicist*(New York: Elsevier, 1970).
7. 예를 들어 다음을 보라. *Time's Arrow*, by Martin Amis 또는 F. 스콧 피츠제럴드가 쓴 짧은 이야기에 기초한 다음의 영화를 보라. *The Curious Case of Benjamin Button*.
8. 토론을 통해 시간의 전자기적 화살의 중요성을 나에게 확신시켜준 워털루대학교의 스티븐 와인스타인에게 많은 감사를 드린다. 그의 2011년 논문은 뒤따르는 절에 큰 영향을 미쳤다. "Electromagnetism and Time-Assymetry," arXiv:1004.1346v2.

9. Roger Penrose, "Singularities and Time-Asymmetry," in S. W. Hawking & W. Israel, eds., *General Relativity: An Einstein Centenary Survey*(Cambridge, U.K.: Cambridge University Press, 1979), pp. 581-638.

10. 많은 물리학자와 철학자는 정말로 구분되는 여러 시간의 화살들이 존재하는지 궁금하게 여겨왔다. 하나 이상의 화살이 다른 화살들에 의해 설명될 수 있을까? 시간의 우주론적 화살은 아마도 다른 화살들과 관련되지 않을 것이다.

너무 빨리 팽창해서 그 어떤 중력에 의해 붙들린 구조도 형성될 수 없었던 팽창 우주를 상상하는 것은 쉬운 일이다. 그와 같은 우주는 영원히 평형 상태로 남을 것이며 따라서 시간의 열역학적 화살을 가지지 않을 것이다. 따라서 우주가 팽창한다는 사실 그 자체로는 시간의 열역학적 화살을 설명하기에 충분하지 않다.

최대의 크기로 팽창한 다음 붕괴하는 우주를 상상하는 것 역시 가능하다. 현재 우리가 아는 한 이러한 우주는 우리가 살고 있는 우주는 아니지만, 이와 같은 방식으로 행동하는 일반상대성의 방정식에 대한 해들이 존재한다. 이러한 우주에서는 우주론적 시간의 화살 방향이 중간에서 역행할 것이다. 열역학적 화살도 역행하여 갑자기 엎질러진 우유가 스스로 깨끗해지고 험프티 덤프티는 스스로를 재조립할까? SF 작가들은 이러한 상상을 좋아하지만 이는 그다지 그럴듯하지 않다.

그러나 시간의 생물학적 화살은 열역학적 화살에 따르는 귀결일 수 있다. 이러한 주장에 따르면 세포 안에 무질서가 축적됨에 따라서 우리는 나이를 먹는다. 열역학적 화살은 또한 적어도 몇몇의 경험적 화살을 설명하는 것으로 간주된다. 우리는 과거를 기억하지만 미래를 기억하지 않는다. 왜냐하면 기억은 조직화의 한 형식이며, 조직화 정도는 미래에 감소하기 때문이다.

마지막으로, 시간의 열역학적 화살은 초기 조건들의 선택으로 환원될 수 있을까? 이는 펜로즈가 제안한 것인데, 그는 바일 곡률 가설이 시간의 열역학적 화살을 설명할 수 있다고 주장했다. 왜냐하면 초기에 블랙홀 또는 화이트홀을 갖지 않는 우주는 무작위적으로 블랙홀과 화이트홀이 채워져 있는 우주보다 훨씬 적은 엔트로피를 갖기 때문이다. 여기서 그는 블랙홀이 엔트로피를 갖는다는 개념에 의존하고 있다. 이 놀라운 사실은 1972년에 야코브 베켄슈타인Jacob Bekenstein이 발견하여 곧바로 스티븐 호킹이 발전시켰다. 블랙홀들은 거대한 양의 엔트로피를 갖고 있다. 왜냐하면 우리가 할 수 있는 가장 비가역적인 일은 무언가를 블랙홀 안으로 보내는 것이기 때문이다. 우주가 그 안에 블랙홀들을 포함한 채로 시작했다면 광대한 양의 엔트로피를 가졌겠지만, 초기에는 그 어떤 블랙홀도 없던 실제 우주는 거의 최소의 엔트로피 상태에서 시작했다.

펜로즈의 제안은 중력에 붙들린 구조들이 형성될 정도로 우주가 충분히 느리고 균일하게 팽창한다는 조건이 유지되는 한에서만 성공한다. 이 관점에서 보면 복잡한 우주는 확률이 아주 낮다. 왜냐하면 대부분의 초기 조건들은 평형에서 시작해서 머무르는 우주에로 이끌 것이기 때문이다. 이 우주는 처음부터 있었던 빛과 중력파로 가득 차 있을 것이며 과거 또는 미래의 상을 담고 있지 않을 것이다. 블랙홀과 화이트홀은 처음부터 우주를 잠식할 것이다. 시간대칭적인 법칙들의 통제를 받는 세계 안에서는 왜 우리가 복잡한 세계에 사는지에 대한 설명이 시간비대칭적인 초기 조건들에 대한 극도로 낮은 확률의 선택에 상당 부분 의존한다.

11. 근본적인 시간비대칭적 법칙은 높은 시공간 곡률을 갖는 곳에서 떨어진 낮은 에너지 상태에 대한 효과적인 이론에 의해 근사적으로 표현될 때 시간대칭적인 법칙들을 유도할 것이다. 따라서 시간비대칭성은 아주 초기의 우주에 존재했을 것으로 간주될 수 있고, 이는 고도로 시간비대칭적인 초기의 우주론적 조건들이 필요한 이유를 설명할 것이다.
12. 우주의 작은 부분계들이 가진 속성이 아니라 전체 우주의 속성에 대해서 이야기하고 있음을 주목하라. 우리는 우주의 작은 부분계 또는 영역에 항상 확률을 적용할 수 있다. 그러나 이는 우리가 우주에 대해서 알고자 하는 모든 것을 포괄하지는 않는다.
13. 물론 무한한 시간이 주어지면 모든 규모의 요동이 무한히 많은 수로 일어난다. 이는 드문 요동이 더 적게 일어난다고 말하기를 다소 어렵게 만든다. 왜냐하면 두 무한한 수의 비율이란 잘 정의되지 않기 때문이다.

17장 열과 빛으로부터 다시 태어난 시간

1. 독자는 라이프니츠의 식별 불가능자의 동일성 원리가 보즈 통계학bose statistics과 모순되지 않는지 물을 수 있을 것이다. 보즈 통계학에서는 보존들이 동일한 양자 상태를 갖는 것을 허용하고 장려하기 때문이다. 이에 대한 상세한 대답이 온라인 부록에 수록되어 있다. 간단히 답하자면, 라이프니츠의 원리는 양자장으로부터 동일한 기댓값을 갖는 두 사건을 금지한다.
2. 10장에서 지적했듯이, 이는 우주가 완벽하게 대칭적으로 되는 것을 금지한다.
3. 자기조직화에 대해 더 알고 싶다면 참고문헌에 수록된 Bak, Kauffman, Morowitz의 저술들을 참고하라. 추동된 자기조직화 원리의 한 판본은 모로비츠의 책에서 기술된 순환 정리이며, 또 다른 판본은 백의 책에서 기술된 자기조직화된 임계 현상이다.
4. Julian Barbour and Lee Smolin, "Variety, Complexity and Cosmology," hep-th/ 9203041.
5. Alan Turing, "The Chemical Basis of Morphogenesis," *Phil. Trans. Roy. Soc. Lond.* 237:641, 37-72(1952).

18장 무한한 공간 또는 무한한 시간?

1. 이는 아주 이해하기 어려운 내용이지만, 이를 지지하는 단순한 논증이 존재한다. 자세한 내용을 보려면 브라이언 그린의 저서를 참조하라. *The Hidden Reality: Parallel Universes and the Deep Laws of the Cosmos*(New York: Knopf, 2011). 또는 온라인 부록의 논의를 보라.
2. 편평한 2차원 평면을 상상해보라. 평면에서 한 점을 선택한 후, 그 점으로부터 밖으로 뻗어나가는 하나의 방향을 선택하자. 이는 평면에서의 선을 정의한다. 최대한 그 선을 따라가보자. 이렇게 따라가면 무한히 먼 거리까지 나아가겠지만, 그럼에도 불구하고 수학자의 마음의 눈은 이러한 이동이 어딘가에 도달하는 것을 본다. 이러한 이동의 도착점을 **무한히 멀리 있는 점**이라 부른다. 최초의 점으로부터 또 다른 방향을 선택하자. 또 다른 선을 얻는다. 이 선을 무한히 따라가보자. 이는 또 다른 무한점에 이른다. 무한점들은 하나의 원을 만든다. 한 점으로부터 갈 수 있는 방향들이 그 원을 정의한다. 이 방향들로 최대한 따라가면 무한대에 있는 점들의 경계에 도달한다. 동일한 것을 3차원의 편평한 공간에서도 얻을 수 있으며, 이 경우 무한대에 있는 점들은 구를 구성한다. 만약 우주가 무한하지만 말안장처럼 음의 곡률을 갖고 있는 경우에도 이를 얻을 수 있다.
   일반상대성의 방정식들을 풀고자 한다면 그와 같은 경계에서 무슨 일이 일어나는지에 대한 정보를 구체화해야만 한다. 그 경계로부터 무엇이 들어오고 무엇이 그 경계로 나가는지를 구체화해야 한다. 무한대의 경계에서 일어나는 일에 대한 정보를 구체화할 필요성은 선택적인 것이 아니다. 이것은 이론적 필요성에 따른 것이다(전문가들을 위해 서술하자면, 공간적으로 무한한 우주에 대한 아인슈타인의 방정식들은 작용에 경계 항들이 추가되고 공간적 무한대에서 경계 조건들이 구체화되지 않으면 변분 원리로부터 도출될 수 없다). 우주의 경계에 무엇이 들어가고 그것으로부터 무엇이 나오는지를 구체화하지 않고서는 우주에 무엇이 있는지를 기술할 수 없다. 설혹 그 경계가 무한히 멀리 있다고 하더라도 말이다.
3. 실제로 일반상대성을 적용할 때 우리는 많은 경우 고립계에 대한 편리한 모형으로서 무한대의 경계를 가진 공간들을 사용한다. 은하를 생각해보자. 실제로 은하는 우주의 작은 부분이지만, 몇몇 목적을 위해 우리는 은하를 고립된 것으로 모형화하고 싶을 수 있다. 예를 들어, 은하 중심에 있는 블랙홀이 은하 원반에 있는 별들과 상호작용하는 것을 모형화하려고 할 수 있다. 따라서 은하 주변에 경계를 그리고 그 경계 안에 있는 것만을 포함하는 일반상대성의 해를 구성한다. 그러나 유한한 경계에서 구체화되어야 하는 정보를 다룰 때도 몇몇 기술적 번거로움이 존재한다. 따라서 순전히 기술적인 편리함을 위해 우리는 상황을 이상화하여 경계를 무한대로까지 밀어낸다. 이는 기술을 상당히 단순화한다. 왜냐하면 이 모형에서는 모든 질량이 하나의 은하 속에 포함되어 있다는 조건을 부여할 수 있기 때문이다.

우리가 은하를 관측하는 데 사용할 수 있는 중력파 및 빛을 제외하고는 그 어떤 것도 들어오거나 나올 수 없다.
무한대의 공간을 이와 같이 사용하는 것은 실용적이고, 이에 대해서는 그 어떤 반대도 없을 것이다. 무한대의 경계로부터 오는 정보가 구체화되어야 한다는 사실은 우리로 하여금 우리가 우주의 한 부분을 잘라 마치 그것이 존재하는 전부인 양 기술하는 이상화된 모형을 다루고 있음을 상기시켜준다. 그러나 외부 경계가 있는 전체 우주를 모형화한다는 것은 말이 되지 않는다. 왜냐하면 무한한 우주의 밖으로부터 들어오는 정보를 구체화할 필요가 있기 때문이다. 그러나 만약 우리가 일반상대성을 우리의 우주론적 이론으로 사용하고 우주를 공간적으로 무한하다고 간주하려면 이러한 일을 반드시 해야만 한다.

4. 순환 우주론에 대해서 더 알고 싶다면 다음의 저서를 참고하라. Paul J. Steinhardt & Neil Turok, *Endless Universe: Beyond the Big Bang*(New York: Doubleday, 2007).
5. Martin Bojowald, "Isotropic Loop Quantum Cosmology," arXiv:gr-qc/0202077v1(2002);
_____, "Inflation from Quantum Geometry," arXiv:gr-qc/0206054vi(2002);
_____, "The Semiclassical Limit of Loop Quantum Cosmology," arXiv:gr-qc/0105113v1(2001);
_____, "Dynamical Initial Conditions in Quantum Cosmology," arXiv:gr-qc/0104072v1(2001);
Shinji Tsujikawa, Parampreet Singh & Roy Maartens, "Loop Quantum Gravity Effects on Inflation and the CMB," arXiv:astro-ph/0311015v3(2004).
6. Jean-Luc Lehners, "Diversity in the Phoenix Universe," arXiv:1107.4551v1 [hep-th](2011).
7. Roger Penrose, *Cycles of Time: An Extraordinary New View of the Universe*(New York: Knopf, 2011).
8. 원들이 탐지되었다고 주장하는 내용들은 다음의 논문들에 수록되어 있다.
V. G. Gurzadyan & R. Penrose, "CCC-Predicted Low-Variance Circles in CMB Sky and LCDM," arXiv:1104.5675v1 [astro-ph.CO](2011);
_____, "More on the Low-Variance Circles in CMB Sky," arXiv:1012.1486v1 [astro-ph.CO](2010);
_____, "Concentric Circles in WMAP Data May Provide Evidence of Violent Pre-Big-Bang Activity," arXiv.1011.3706v1 [astro-ph.CO](2010).
몇몇 논문들은 이것이 소음과 일관성이 있다고 주장한다.

I. K. Wehus & H. K. Eriksen, "A Search for Concentric Circles in the 7-Year WMAP Temperature Sky Maps," arXiv:1012.1268v1[astro-ph.CO](2010); Adam Moss, Douglas Scott & James P. Zibin, "No Evidence for Anomalously Low-variance Circles on the Sky," arXiv:10121305v3[astro-ph.CO](2011);
Amir Hajian, "Are There Echoes from the Pre-Big Bang Universe? A Search for Low-Variance Circles in the CMB Sky," arXiv:1012.1656v1(2010).

19장 시간의 미래

1. 이 개념은 나의 논문에 제시한 하나의 모형에서 구현되었다. Lee Smolin, "Matrix Universality of Gauge and Gravitational Dynamics," arXiv:0803.2926v2[hep-th](2008).
2. _____, "Unification of the State with the Dynamical Law," arXiv:1201.2632v1[hep-th](2012).
3. 휠러는 또한 다음과 같이 말했다. "관측되기 전까지는 그 어떤 현상도 실재하는 현상이 아니다." 말하자면, 나는 점점 더 성숙해질수록 그의 수수께끼 같고 도발적인 도전을 존중하게 되었다.

맺는 글

1. 여기서 발전된 관점에 대해 더 자세히 알고 싶거나 관련 참고문헌을 읽고 싶다면 다음의 논문을 보라. Lee Smolin, "Time and Symmetry in Models of Economic Markets," arXiv:0902.4274v1[q-fin.GN](2009).
2. 신고전주의 경제학 입문서로는 다음의 저서를 참고하라. Ross M. Starr, *General Equilibrium Theory*, 2nd edition(New York: Cambridge University Press, 2011).
3. 이는 소넨샤인-만텔-드브로이 정리 또는 '무엇이든 가능한 정리'에 의해서 밝혀졌는데, 이 정리는 1972년에 아주 영향력 있는 세 명의 경제학자가 증명했다. 이들 중의 한 명은 휴고 소넨샤인인데, 시카고 경제학파의 구성원은 아니지만 이 대학의 총장을 역임한 사람이다. 다음의 논문들을 참고하라. Hugo Sonnenschein, "Market Excess Demand Functions," *Econometrica*, 40:3, 549-63(1972). Debreu, G., "Excess Demand Functions," *Journal of Mathematical Economics* 1: 15-21(1974), doi:10.1016/0304-4068(74)90032-9; R. Mantel, "On the Characterization of Aggregate Excess Demand," *Jour. of Econ. Theory* 7:348-353(1974), doi:10.1016/0022-0531(74)90100-8.
4. W. Brian Arthur, "Competing Technologies, Increasing Returns, and Lock-In by Historical Events," *Econ. Jour.* 99:394, 116-31(1989).

5. Pia Malaney, "The Index Number Problem: A Differential Geometric Approach," Harvard PhD thesis, 1996.
6. 맬러니와 와인스타인의 개념은 당시 페리미터연구소의 박사후연구원이었던 사무엘 버즈퀘즈Samuel Vazquez를 자극해서 실제 시장 자료에서 경로의존성을 측정하게끔 만들었다. 그가 한 일은 신고전주의적 경제 이론의 틀에서 보면 불가능하고 이단적인 것이었으나, 실제 자료로는 성공적인 장단기 재정 거래 전략을 쓰는 펀드들이 존재한다고 볼 수 있고 이는 사실상 곡률이 존재한다는 것을 증명한다. 따라서 시장에는 경로의존성이 존재한다. 다음 논문을 참조하라. Samuel E. Vazquez & Simone Farinelli, "Gauge Invariance, Geometry and Arbitrage," arXiv:0908.3043v1[q-fin.PR](2009).
7. Vince Darley & Alexander V. Outkin, *A NASDAQ Market Simulation: Insights on a Major Market from the Science of Complex Adaptive Systems* (World Scientific, 2007).
8. 나는 이와 같은 공통 개념의 시작을 다음과 같은 사실에서 본다. 이론생물학자 스튜어트 카우프만과 법철학자 로베르트 망가베이라 웅거는 모든 가능한 배열들의 추상적인 비시간적 공간에서보다는 가능한 인접 공간—다음 단계들의 집합—의 용어로 그들의 영역을 공식화할 필요가 있다고 이야기한다.
9. 이 두 원리들이 갖는 함축적인 의미는 나의 2006년 저서인《물리학의 문제들The Trouble with Physics》17장에 더 발전되어 있다.
10. 관계는 정확히 수학이 표현하는 것임을 주목하라. 숫자에는 본질이 내재되어 있지 않으며, 공간에서의 점들도 마찬가지다. 이들은 숫자들 또는 점들의 체계에서 그것들이 차지하는 위치에 의해서 전적으로 정의된다. 이들의 모든 속성은 다른 숫자 또는 점과 맺는 관계들과 관련되어 있다. 이 관계들은 수학적 체계를 정의하는 공리에 의해 도출된다. 만약 관계와 상호작용 이외에 문제가 되는 것이 더 있다면 그것은 수학의 범위를 넘어선다.
11. 제임스 조지는 다음과 같은 저서 두 권을 썼다. *Asking for the Earth*(Barrytown NY: Station Hill Press, 2002), *The Little Green Book on Awakening*(Barrytown NY: Station Hill Press, 2009). 그는 드레스홀드재단의 공동 설립자이자 사다트피스재단의 이사장이기도 하며, 페르시아만 전쟁에 의해 야기된 환경 피해를 평가하기 위해 쿠웨이트로 파견된 국제 조직을 이끌었다.

참고문헌

아래에 제시되는 저술들은 대부분 물리학 또는 우주론(및 이와 관련된 주제들)에서 시간이라는 주제를 대중적으로 다루는데, 그중 다수가 이 책에서 내가 제시한 생각들과 상충되거나 대안적인 생각들을 제시하고 있다.

Guido Bacciagaluppi & Antony Valentini, *Quantum Theory at the Crossroads: Reconsidering the 1927 Solvay Conference*(New York: Cambridge University Press, 2009).

Per Bak, How Nature Works: The Science of Self-Organized Criticality(New York: Copernicus, 1996). 《자연은 어떻게 움직이는가?》(한승, 2012)

Julian B. Barbour, *The End of Time: The Next Revolution in Physics*(New York: Oxford University Press, 2000).

_____, *The Discovery of Dynamics: A Study from a Machian Point of View of the Discovery and the Structure of Dynamical Theories*(New York: Oxford University Press, 2001).

J. S. Bell, *Speakable and Unspeakable in Quantum Mechanics*, 2nd ed.(New York: Cambridge University Press, 2004).

James Robert Brown, Platonism, Naturalism, and Mathematical Knowledge(Oxford, U.K.: Routledge, 2011).

Bernard Carr, ed., *Universe or Multiverse?*(New York: Cambridge University Press, 2007).

Sean Carroll, *From Eternity to Here: The Quest for the Ultimate Arrow of Time*(New York: Dutton, 2010). 《현대물리학, 시간과 우주의 비밀에 답하다》(다른세상, 2012)

P. C. W. Davies, *The Physics of Time Asymmetry*(San Francisco: University of California Press, 1974).

David Deutsch, *The Fabric of Reality: The Science of Parallel Universes—and Its Implications*(New York: Allen Lane/Penguin Press, 1997).

Dan Falk, *In Search of Time: The History, Physics and Philosophy of Time*(New York: St. Martin's, 2010).

Adam Frank, About Time: Cosmology and Culture at the Twilight of the Big Bang(New York: Free Press, 2011). 《시간 연대기》(에이도스, 2015)

Rodolfo Gambini & Jorge Pullin, *A First Course in Loop Quantum Gravity*(New York: Oxford University Press, 2011).

Marcelo Gleiser, A Tear at the Edge of Creation: A Radical New Vision for Life in an Imperfect Universe(New York: Free Press, 2010). 《최종 이론은 없다》(까치, 2010)

Brian Greene, *The Hidden Reality: Parallel Universes and the Deep Laws of the Cosmos*(New York: Knopf, 2011). 《멀티 유니버스》(김영사, 2012)

Stephen W. Hawking & Leonard Mlodinow, *The Grand Design*(New York: Bantam, 2010). 《위대한 설계》(까치, 2010

Stuart A. Kauffman, *At Home in the Universe: The Search for the Laws of Self-Organization and Complexity*(New York: Oxford University Press, 1995). 《혼돈의 가장자리》(사이언스북스, 2002)

_____, *The Origins of Order: Self-Organization and Selection in Evolution*(New York: Oxford University Press, 1993).

Helge Kragh, *Higher Speculations: Grand Theories and Failed Revolutions in Physics and Cosmology*(New York: Oxford University Press, 2011).

Janna Levin, *How the Universe Got Its Spots: Diary of a Finite Time in a Finite Space*(Princeton, NJ: Princeton University Press, 2002). 《우주의 점》(한승, 2003)

João Magueijo, *Faster than the Speed of Light: The Story of a Scientific Speculation* (Cambridge, MA: Perseus, 2003). 《빛보다 더 빠른 것》(까치, 2005)

Roberto Mangabeira Unger, *The Self Awakened: Pragmatism Unbound*(Cambridge, MA: Harvard University Press, 2007).

Harold Morowitz, *Energy Flow in Biology*,(New York: Academic Press, 1968).

Richard Panek, *The 4-Percent Universe: Dark Matter, Dark Energy, and the Race to Discover the Rest of Reality*(Boston, MA: Houghton Mifflin Harcourt, 2011). 《4퍼센트 우주》(시공사, 2013)

Roger Penrose, *Cycles of Time: An Extraordinary New View of the Universe*(New York: Knopf, 2011). 《시간의 순환》(승산, 2015)

_____, *The Road to Reality: A Complete Guide to the Laws of the Universe*(New York: Knopf, 2005). 《실체에 이르는 길 1, 2》(승산, 2010)

_____, *The Emperor's New Mind: Concerning Computers, Minds, and the Laws of Physics*(New York: Oxford University Press, 1989). 《황제의 새 마음 상, 하》(이화여자대학교 출판문화원, 1996)

Huw Price, *Time's Arrow and Archimedes' Point: New Directions for the Physics of Time*(New York: Oxford University Press, 1996).

Lisa Randall, *Warped Passages: Unraveling the Mysteries of the Universe's Hidden Dimensions*(New York: Ecco/HarperCollins, 2005). 《숨겨진 우주》(사이언스북스, 2008)

Carlo Rovelli, *The First Scientist: Anaximander and His Legacy*(Yardley, PA: Westholme Publishing, 2011). 《첫 번째 과학자, 아낙시만드로스》(푸른지식, 2017)

Simon Saunders *et al., eds., Many Worlds? Everett, Quantum Theory, and Reality*(New York: Oxford University Press, 2010).

Lee Smolin, *The Life of the Cosmos*(New York: Oxford University Press, 1997).

_____, *Three Roads to Quantum Gravity*(New York: Basic Books, 2001). 《양자 중력의 세 가지 길》(사이언스북스, 2007)

_____, *The Trouble with Physics*(Boston, MA: Houghton Mifflin Harcourt, 2006).

Paul J. Steinhardt & Neil Turok, *Endless Universe: Beyond the Big Bang*(New York:

Doubleday, 2007). 《끝없는 우주》(살림, 2008)
Leonard Susskind, *The Cosmic Landscape: String Theory and the Illusion of Intelligent Design*(New York: Little, Brown, 2005). 《우주의 풍경》(사이언스북스, 2011)
Alex Vilenkin, *Many Worlds in One: The Search for Other Universes*(New York: Hill & Wang, 2006).

찾아보기

ㄴ

ㄷ

ㄹ

ㅅ

ㅇ

ㅈ

지구 중심적 우주Geocentric universe 66, 70
《지성적인 자서전Intellectual Autobiography》(루돌프 카르납) 169
지평선 복사Horizon radiation 379
직선Straight line 46~48, 73, 124, 132, 135~136, 183
진리Truth 11, 14~19, 32, 52~55, 117, 175, 200~202, 243, 386, 400~401, 414~415, 422, 448
진보Progress
–과학의 10, 17, 28, 68, 94, 202, 206, 406, 426, 448
–기술의 17, 406
–사회의 411, 425~426
진화생물학, 다윈의Evolutionary biology, Darwinian 18
진화적 동역학Evolutionary dynamics 18

질문들Questions
–양립 불가능한 244~245, 286
–대답 불가능한 427, 429~430, 433
–대답되지 않은 427, 434
질서가 흐트러진 국소성Disordering locality 302, 304, 438

ㅍ

포물선Parabolas 46~48, 50, 54, 57, 68, 70~71, 73, 88, 99, 100, 250, 449, 456

표면의 삼각화Triangulation of surface 306~307

표준모형, 입자물리학의Standard Model of Particle Physics 37, 113, 180, 182, 195, 199~200, 202~203, 205, 210, 212, 219, 221~222, 224, 228~229, 261, 332, 393, 436, 455, 457, 459

ㅎ